高职高专国家示范性院校课改教材

可编程控制器应用技术

(欧姆龙 CP 系列)

主编　叶　斌

西安电子科技大学出版社

内 容 简 介

本书结合行业、企业新的岗位技能要求，根据职业教育的特点，遵循“以能力培养为目标”的原则，按照“工作过程导向”的知识结构来设计组织教材。全书内容分为5大模块共16个任务，以欧姆龙CP1H系列PLC为原型机，贯穿“PLC控制功能实现”这一主线，系统介绍了PLC的常用指令及其编程、程序设计方法、工业控制应用实例等内容，具体包括：OMRON CP1H PLC的认知、电动机控制、灯光及显示控制、自动生产过程控制、欧姆龙CP系列PLC拓展应用。本书适用面广，技术针对性强，并且兼顾知识的完整性，重视对学生实践技能的培养。在每项任务完成后均配有技能训练、思考练习供读者练习、巩固之用。

本书既可作为高职高专院校电子信息类、自动化类、机电类、机械制造类等专业的教材，也可作为成人教育、自学考试、电视大学和PLC培训班的教材，还可作为相关行业工程技术人员的参考书。

图书在版编目（CIP）数据

可编程控制器应用技术：欧姆龙CP系列/叶斌主编. —西安：西安电子科技大学出版社，2017.6

高职高专国家示范性院校课改教材

ISBN 978-7-5606-4208-6

Ⅰ. ① 可… Ⅱ. ① 叶… Ⅲ. ① 可编程序控制器 Ⅳ. ① TP332.3

中国版本图书馆CIP数据核字(2016)第299866号

策　　划　秦志峰

责任编辑　杨天使　秦志峰

出版发行　西安电子科技大学出版社(西安市太白南路2号)

电　　话　(029)88242885　88201467　　邮　　编　710071

网　　址　www.xduph.com　　电子邮箱　xdupfxb001@163.com

经　　销　新华书店

印刷单位　陕西利达印务有限责任公司

版　　次　2017年6月第1版　2017年6月第1次印刷

开　　本　787毫米×1092毫米　1/16　印　张　17

字　　数　407千字

印　　数　1～2000册

定　　价　33.00元

ISBN 978-7-5606-4208-6/TP

XDUP 4500001-1

如有印装问题可调换

前　　言

可编程逻辑控制器(PLC)是在工业控制中应用广泛的控制设备，因此，掌握 PLC 的使用方法是高职院校机电一体化、电气自动化、计算机控制技术等专业的基本要求。

本书是为满足教育部对高等职业教育教学改革的要求而编写的。全书采用项目化的编写模式，具体内容体现了岗位需求，并邀请企业人员参与编写，以便更加贴近工程应用。本书既是一本 PLC 的理论教材，也是一本实用性较强的 PLC 实践教材。

本书以欧姆龙 CP 系列 PLC 为对象，通过“专题+项目+实例”的模式讲解了 PLC 技术及应用。书中首先通过五个模块讲解 PLC 的基础知识，包括 PLC 的基本指令、顺序控制、功能指令的应用等；然后采用项目导向情景设计的模式介绍 PLC 的控制功能；最后通过情景设计实例讲解了 PLC 控制系统的设计与实现。

本书以工作案例为核心展开知识体系：首先将学生带入工作情境，让学生知道要做什么，明确工作任务，然后带领学生解决问题，在解决问题的过程中，用到什么知识就教授什么知识，不作抽象的知识演绎，只作具体的知识陈述；之后还有检查评价或者拓展训练，让学生进行自我考核，分析总结自己对所学知识的掌握情况，并在拓展训练中检验自己是否会动手实践。所有工作案例都经过细致遴选，我们努力使其覆盖 PLC 的基本知识范围。

本书由陕西能源职业技术学院叶斌主编，江苏城市职业学院林小宁和陕西能源职业技术学院杨长兴为本书的编写提供了许多宝贵意见，在此表示感谢。

由于编者水平有限及工作经验不足，加之时间仓促，书中欠妥之处在所难免，敬请读者批评指正。

编　者

2016 年 9 月

目　　录

绪论 1
- 习题 18

模块 1　OMRON CP1H PLC 的认知 19
- 任务 1.1　OMRON CP 系列 PLC 的结构认知与安装 19
  - 任务目标 19
  - 前导知识　OMRON CP 系列 PLC 的组成结构 19
  - 任务内容 35
  - 任务实施 35
  - 检查评价 36
  - 相关知识 36
    - 相关知识一　PLC 控制系统与继电器控制系统的比较 36
    - 相关知识二　欧姆龙 CP1H 系列 PLC 的存储区分配 38
    - 相关知识三　PLC 的外接线 42
  - 技能训练 47
  - 思考练习 47
- 任务 1.2　OMRON CP 系列 PLC 的基本编程实践 48
  - 任务目标 48
  - 前导知识　CX-P 编程软件 48
  - 任务内容 53
  - 任务实施 54
  - 检查评价 56
  - 技能训练 56
  - 思考练习 57

模块 2　电动机控制 58
- 任务 2.1　三相异步电动机的连续控制 58
  - 任务目标 58
  - 前导知识 58
    - 前导知识一　触点及线圈指令及应用 59
    - 前导知识二　梯形图的特点与编程规则 65
  - 任务内容 67
  - 任务实施 67
  - 检查评价 69
  - 相关知识　梯形图设计 69
  - 技能训练 79
  - 思考练习 79
- 任务 2.2　三相鼠笼式异步电动机的联锁正反转控制 79
  - 任务目标 79
  - 前导知识 80
    - 前导知识一　PLC 联锁控制 80
    - 前导知识二　定时器 TIM/TIMX 指令 80
  - 任务内容 83
  - 任务实施 84
  - 检查评价 86
  - 相关知识　PLC 程序的经验设计法 86
  - 技能训练 87
  - 思考练习 87
- 任务 2.3　三相鼠笼式异步电动机星/三角换接启动控制 87
  - 任务目标 87
  - 前导知识　微分指令、置位指令及应用 88
  - 任务内容 94
  - 任务实施 94
  - 检查评价 96
  - 技能训练 96
  - 思考练习 97

模块 3　灯光及显示控制 98

任务 3.1　交通信号灯的控制 98
任务目标........................98
前导知识　计数器指令及应用........................98
任务内容........................102
任务实施........................103
检查评价........................105
相关知识　功能定时器指令........................105
技能训练........................112
思考练习........................112
任务 3.2　霓虹灯控制........................113
任务目标........................113
前导知识　数据传送、移位指令及应用........................113
任务内容........................122
任务实施........................123
检查评价........................125
相关知识　逻辑设计法........................125
技能训练........................129
思考练习........................129
任务 3.3　LED 数码显示的控制........................130
任务目标........................130
前导知识　数据比较指令........................130
任务内容........................133
任务实施........................134
检查评价........................137
相关知识　移位指令........................137
技能训练........................145
思考练习........................145

模块 4　自动生产过程控制........................146
任务 4.1　四节传送带控制........................146
任务目标........................146
前导知识　功能图在 PLC 程序设计中的应用........................147
任务内容........................152
任务实施........................152
检查评价........................156
相关知识　数制转换、时钟功能和显示功能指令........................156
技能训练........................161
思考练习........................162
任务 4.2　装配流水线控制........................163
任务目标........................163
前导知识　数据运算指令........................163
任务内容........................171
任务实施........................171
检查评价........................174
相关知识　时序控制指令及应用........................174
技能训练........................181
思考练习........................182
任务 4.3　自动送料装车控制........................182
任务目标........................182
前导知识　临时存储继电器指令........................183
任务内容........................184
任务实施........................185
检查评价........................188
相关知识　PLC 控制系统的结构形式及工作方式........................188
技能训练........................189
思考练习........................190
任务 4.4　机械手控制........................191
任务目标........................191
前导知识　转移 JMP/转移结束 JME...191
任务内容........................193
任务实施........................195
检查评价........................197
相关知识........................198
相关知识一　PLC 控制系统设计步骤........................198
相关知识二　PLC 的选型与硬件配置........................200
技能训练........................201
思考练习........................202

模块 5　欧姆龙 CP 系列 PLC 拓展应用........................204
任务 5.1　水塔水位控制程序设计........................204
任务目标........................204

相关知识..204
相关知识一　逻辑条件类指令编程 204
相关知识二　定时器指令编程 206
任务内容..209
任务实施..209
检查评价..211
技能训练..212
任务 5.2　液体混合装置控制程序设计 ...213
任务目标..213
相关知识..213
相关知识一　保持、微分指令编程 213
相关知识二　计数器指令编程 215
任务内容..216
任务实施..217
检查评价..219
技能训练..220
任务 5.3　自动售货机控制程序设计 220
任务目标..220
相关知识..220
相关知识一　数据的传送、转换、比较及运算指令编程 220
相关知识二　移位指令编程 222
任务内容..226
任务实施..226
检查评价..232
技能训练..232
任务 5.4　轧钢机控制程序设计 233
任务目标..233
相关知识..233
相关知识一　SFC 语言程序转化为梯形图程序 233
相关知识二　跳转与互锁指令编程 238
相关知识三　模拟电位器、LED 及系统时间的应用 241
相关知识四　三台电机的顺序启停控制 241
任务内容..244
任务实施..244
检查评价..247
技能训练..248
思考练习..250
附录　CX-P 软件的安装、使用 253
参考文献..264

绪论

可编程控制器(Programmable Controller)简称PLC或PC，是以微处理器为基础的，综合了计算机技术、自动控制技术和通信技术发展起来的一种通用工业自动控制装置。它具有体积小、功能强、程序设计简单、灵活通用等一系列优点，特别是它的高可靠性和较强的适应恶劣工业环境的能力，使其广泛应用于自动化控制的各个领域，并已成为实现工业生产自动化的支柱产品。目前国内在可编程控制器技术与产品开发应用方面也有了很快的发展，除了许多从国外引进的设备、自动化生产线之外，国产的机床设备已采用PLC控制系统取代传统的继电-接触控制系统。国产化的小型PLC性能也基本达到国外同类产品的技术指标。

近年来，可编程控制器与数控技术、工业机器人已成为现代工业控制的三大支柱。因此，作为一名电气工程技术人员，必须掌握PLC及其控制系统的基本原理与应用技术，以适应当前电气控制技术的发展需要。

1. 可编程控制器的产生

在可编程控制器问世以前，工业控制领域中是继电-接触控制占主导地位，这种控制结构的装置体积大、耗电多、可靠性差、寿命短、运行速度慢，特别是对生产工艺多变的系统适应性差，一旦生产任务或工艺变化，就必须重新设计，并改变硬件结构，造成人力、物力及财力的严重浪费。20世纪60年代，计算机技术已开始应用于工业控制，但由于计算机技术本身复杂，编程难度高，难以适应恶劣的工业环境以及价格昂贵等原因而未能广泛应用于工业控制。1968年，美国最大的汽车制造商通用汽车公司(GM)，为适应汽车型号的不断翻新，想寻找一种办法，在汽车改型时可以尽可能减少重新设计和更换继电器控制系统，以便降低成本、缩短时间。GM设想把计算机的完备功能、灵活性与通用性等优点和继电器控制系统的简单易懂、操作方便、价格便宜等优点结合起来，构成一种能适应工业环境的通用控制装置，并把计算机的编程方法和程序输入方式加以简化，用面向控制过程、面向问题的“自然语句”进行编程，使得不熟悉计算机的人也能方便地使用。GM对这种装置的要求充分体现在其提出的招标指标中，即

(1) 编程简单方便，可在现场修改程序；

(2) 硬件维护方便，采用插件式结构；

(3) 可靠性高于继电器控制装置；

(4) 体积小于继电器控制装置；

(5) 可将数据直接送入管理计算机；

(6) 成本上可与继电器控制装置竞争；

(7) 输入可以是交流 115 V；

(8) 输出可为交流 115 V、2 A 以上，能直接驱动电磁阀；

(9) 扩展时，原系统变更少；

(10) 用户程序存储器容量至少可扩展到 4 kB。

上述十项指标实际上较完整地描述了当今可编程控制器的最基本功能。将其归纳一下，其核心为：用计算机代替继电器控制装置。具体如下：

(1) 用程序代替硬接线；

(2) 输入/输出电平可与外部装置直接相连；

(3) 结构易于扩展。

1969 年，美国数字设备公司(DEC)研制出世界上第一台可编程控制器，并在通用汽车公司的自动装配线上试用，获得成功，从此开创了可编程控制器的新局面。

1971 年，日本开始生产可编程控制器；1973 年，欧洲开始生产可编程控制器；1974 年，我国也开始研制可编程控制器。在此期间，可编程控制器虽然采用了计算机的设计思想，但实际上只能完成顺序控制，仅有逻辑运算、定时、计数等控制功能。

70 年代到 80 年代初，微处理器技术日趋成熟，使得可编程控制器的处理速度大大提高，增加了许多特殊功能，如浮点运算、函数运算、查表等，使得可编程控制器不仅可以进行逻辑控制，而且可以对模拟量进行控制。1980 年美国电气制造商协会(NEMA)正式将其命名为可编程控制器，简称为 PLC。

80 年代之后，随着大规模和超大规模集成电路技术的迅猛发展，以 16 位和 32 位微处理器构成的微机化可编程控制器得到了惊人的发展，使之在概念上、设计上、性能价格比等方面有了重大突破。可编程控制器具有了高速计数、中断技术、PID 控制等功能，同时联网通信能力也得到了加强，这些都使得可编程控制器的应用范围和领域不断扩大。

从第一台 PLC 诞生，经过 30 多年的发展，现已发展到第四代。各代 PLC 的不同特点见表 0-1。

表 0-1 各代 PLC 的特点与应用

年 份	功 能 特 点	应 用 范 围
第一代 1969—1972	逻辑运算、定时、计数、中小规模集成电路 CPU、磁芯存储器	取代继电器控制
第二代 1973—1975	增加算术运算、数据处理功能，初步形成系列，可靠性进一步提高	能同时完成逻辑控制、模拟量控制
第三代 1976—1983	增加复杂数值运算和数据处理、远程 I/O 和通信功能，采用大规模集成电路、微处理器，加强自诊断、容错技术	适应大型复杂控制系统控制需要并用于联网、通信、监控等场合
第四代 1984 至今	高速、大容量、多功能，采用 32 位微处理器，编程语言多样化，通信能力进一步完善，智能化功能模块齐全	构成分级网络控制系统，实现图像动态过程监控、模拟网络资源共享

2. 可编程控制器的定义

可编程控制器一直在发展中，为使这一新型的工业控制装置的生产和发展规范化，1987年2月，国际电工委员会(IEC)颁布了可编程控制器标准，并给出了它的定义："可编程控制器是一种数字运算操作的电子系统，专为在工业环境下应用而设计，它采用了可编程存储器，用来在其内部存储程序，执行逻辑运算、顺序控制、定时、计数和算术运算等操作命令，并通过数字式和模拟式的输入与输出，控制各种类型的机械或生产过程。可编程控制器及其相关外围设备都按照易于与工业系统连成一个整体、易于扩充其功能的原则设计。"

本定义强调了可编程控制器应直接应用于工业环境，它必须具有很强的抗干扰能力、广泛的适应能力和应用范围，是区别于一般计算机控制系统的一个重要特征。

应该强调指出的是：可编程控制器与以往所讲的鼓式、机械式的顺序控制器以及继电器式的程序控制器在"可编程"方面有着质的区别，后者通过硬件或硬接线的变更来改变程序，而PLC引入了微处理半导体存储器等新一代的微电子器件，并用规定的指令进行编程，能灵活地修改，即用软件方式来实现"可编程"的目的。同时，还要注意可编程控制器(Programmable Controller)的简称PC不要与个人计算机(Personal Computer)的简称PC相混淆。

3. 可编程控制器的特点

可编程控制器出现后就受到普遍重视，其应用发展也十分迅速，原因在于与现有的各种控制方式相比，它具有一系列受欢迎的特点，主要是：

1) 可靠性高，抗干扰能力强

在恶劣的工业环境下工业生产对控制设备的可靠性提出了很高的要求。PLC是专为工业控制而设计的，由于采取了一系列措施，使PLC控制系统的平均无故障间隔时间一般能达到4万～5万小时，远远超过传统继电器控制和计算机控制系统。可以说，到目前为止尚无一种工业控制系统的可靠性能达到和超过PLC。保证PLC工作可靠性高、抗干扰能力强的主要措施是：

(1) 采用循环扫描、集中采样、集中输出的工作方式。

(2) 硬件设计采用模块式结构并采取屏蔽、滤波、隔离、联锁等一系列抗干扰技术，同时增加输出联锁、环境检测与故障诊断等功能以提高电路的可靠性。

(3) 软件设计中设置实时监控、自诊断、信息保护与恢复等程序，与硬件电路配合实现各种故障的诊断、处理、报警显示及保护功能。因此PLC优于计算机控制系统的首要特点是它能适应恶劣的工业环境。例如能在下列条件下可靠工作：

① 电源电压：AC 220 × (1±15%) V

② 抗振强度：10～55 Hz、0.5 mm、3轴方向各2 h；

③ 抗冲击强度：10g、3轴方向各3次；

④ 抗干扰强度：峰-峰值1000 V、脉宽1 μs、30～100 Hz噪声；

⑤ 工作温度：0℃～55℃；

⑥ 存放温度：−20℃～+70℃；

⑦ 湿度：35%～90% (不结雾)；

⑧ 耐压：AC 1500 V　1 min(各端子与接地端之间)。

2) 编程简单，易于掌握

这是 PLC 优于微机的另一个特点。梯形图编程方式是 PLC 最常用的编程语言，它与继电器控制原理图类似，具有直观、清晰、修改方便、易掌握等优点，即使未掌握专门计算机知识的人也能很快熟悉掌握，因而受到广大现场技术人员和操作者的欢迎。这种面向问题、面向控制过程的编程语言，虽使 PLC 内部增加了解释程序，延长了执行时间，但对大多数机电控制设备而言是无关紧要的。

3) 组合灵活，使用方便

尽管 PLC 内部是一台专用计算机，但由于采用了标准化的通用模块结构，其 I/O 电路设计又采用一系列抗干扰措施，因而用户无需进行硬件的二次开发就能灵活方便地组成各种不同规模、不同功能的控制系统。控制系统接线简单，工作量小，使用、维护都很方便。

4) 功能强，通用性好

现代 PLC 运用了计算机、电子技术和集成工艺的最新技术，在硬件和软件两方面不断发展，具备很强的信息处理能力和输出控制能力。适应各种控制需要的智能 I/O 功能模块，如温度控制、位置控制模块，高速计数、高速模拟量转换模块，远程 I/O 及各种通信模块等不断涌现，PLC 与 PLC，PLC 与上位机的通信与联网功能不断提高，使现代 PLC 不仅具有逻辑运算、定时、计数、步进等功能，还能完成 A/D 转换、D/A 转换、数字运算和数据处理以及通信联网、生产过程监控等。因此，它既可对开关量进行控制又可对模拟量进行控制；既可控制一台单机、一条生产线，又可控制一个机群、多条生产线；既可现场控制，又可远距离控制；既可控制简单系统，又可控制复杂系统，其控制规模和应用不断扩大。

以软件取代硬件控制的可编程性使 PLC 成为工业控制中应用最广泛的一种通用标准化、系列化控制器。同一台 PLC 可适用于不同的控制对象或同一对象的不同控制要求。同一档次、不同机型的功能也能方便地相互转换。

5) 开发周期短，成功率高

大多数工业控制装置的开发研制都会涉及机械、液压、气动、电气控制等部分，需要一定的研制时间，也包含着各种困难与风险。大量实践证明，采用以 PLC 为核心的控制方式具有开发周期短、风险小和成功率高的优点。其主要原因有两个：一是只要正确、合理选用各种各样的功能模块组成系统，就无需大量硬件配置和管理软件的二次开发；其二是 PLC 采用软件控制方式，控制系统一旦构成，便可在研制机械装置之前根据技术要求独立进行应用程序开发并可以方便地通过模拟调试反复修改直至达到系统要求，从而保证最终配套联试的一次成功。

6) 体积小，重量轻，功耗低

由于 PLC 采用了半导体集成电路，其体积小、重量轻、结构紧凑、功耗低，因而是机电一体化的理想控制器。例如法国生产的 TSX21 型 PLC，具有 128 个 I/O 接口，可以完成相当于 400 多个继电器组成的控制功能，但其重量只有 2.3 kg，体积只有 216 mm × 127 mm × 10 mm，不带接口的空载功耗只有 1.2 W，其成本也只有同功能继电器控制装置的 10%～20%。

PLC 的结构紧凑，坚固耐用，又具有较强的环境适应性和较高的抗干扰能力，因此是机电一体化控制设备的理想装置。

4. 可编程控制器的分类

通常各类PLC产品可按结构形式、I/O点数和存储容量、功能三方面进行分类。

1) 按结构形式分类

PLC产品按结构形式分类可分为整体式和模块式两类。

(1) 整体式PLC，又称为单元式或箱体式PLC。将电源、CPU、存储器及I/O等各个功能部分集成在一个机壳内，通常将它称为PLC主机或基本单元，如日本OMRON(欧姆龙)公司生产的CP1H系列的PLC。其特点是结构紧凑、体积小、价格低，小型PLC多采用这种结构。整体式PLC一般还配有扩展单元、各种特殊功能模块，使其功能得到扩大。

(2) 模块式PLC，又称积木式PLC。它是将构成PLC的各个部分按功能做成独立模块，如电源模块、CPU模块、I/O模块等，然后安装在同一底板或框架上。如日本OMRON(欧姆龙)公司生产的C200Ha系列的PLC，其特点是配置灵活、装配维护方便，一般大、中型PLC多采用这种结构形式。

此外，也有将整体式和模块式结合起来的结构形式，这种结构的PLC称为混合式PLC，其配置更为灵活。

2) 按I/O点数和存储容量分类

一般处理I/O点数比较多时，控制关系相对复杂，用户程序存储器容量设置相应也较大，要求PLC的指令及其他功能比较多，指令执行速度相应较快，按此要求通常PLC可分为小、中、大三个等级。

(1) 小型PLC：I/O点数在256点以下，存储器容量为2 KB，可用于逻辑控制、定时、计数、顺序控制等场合。部分小型PLC还带有模拟量处理、数据通信处理和算术运算功能，其应用范围更广。

(2) 中型PLC：I/O点数在256～2048点之间，存储容量达2～8 KB，具有逻辑运算、算术运算、数据传送、中断、数据通信、模拟量处理等功能，用于开关量、数字量与模拟量混合控制的较复杂控制系统。

(3) 大型PLC：I/O点数在2048点以上，存储容量达8 KB以上，具有数据运算、模拟调节、联网通信、监视记录、打印等功能，能进行中断、智能控制、远程控制，可用于大规模过程控制，也可构成分布式或控制网络以及整个工厂自动化网络控制。

还有的将I/O点数在64点以下的PLC称为超小型或微型PLC。当然，以上点数划分并无严格界限。

3) 按功能划分

PLC的应用范围很广，其功能、价格、复杂程度差异很大。按功能可分为低档、中档和高档机三大类。

(1) 低档机：具备微型、小型PLC的功能，主要用于逻辑控制、顺序控制或少量模拟量控制的单机控制系统。

(2) 中档机：除具有低档机的功能外，还有较强的模拟量处理、数值运算、数据处理、远程I/O及联网通信等功能。有些还增设了中断控制、PID控制等功能，适用于复杂控制系统。

(3) 高档机：除具有中档机的功能外，还增设有带符号算术运算、矩阵运算、位逻辑运算、平方根运算以及其他特殊功能运算和制表、表格传送等功能。高档机具有更强的通信联网能力，可用于大规模过程控制或构成分布式网络控制系统，实现工厂自动化。

5. 可编程控制器的结构

PLC 是一种专用于工业控制的计算机，尽管其产品品种繁多，结构形式、规模大小以及所具备的功能差异很大，但其基本组成与微型计算机是相同的，都是以微处理为核心的电子系统，各种功能的实现都是由硬件和软件共同来完成。

另一方面，由于 PLC 是直接用于工业控制，在 PLC 定义中强调 PLC 及其有关外围设备都按易于与工业系统连成一个整体，易于扩充其功能的原则而设计，所以在硬件、软件结构上，特别是在 I/O 通道、系统软件、系统 RAM 和模块化划分等方面又具有自身的特点，与微型计算机有着明显的差异。

为使 PLC 具备更大的灵活性，便于经济地组合成各种规模的控制系统，中小型 PLC 往往将必须具备的各个功能部件按一定规模组合成一个整体，称为基本单元或主机。而将其他特需部分以扩展单元或功能模块形式视需要通过接口组成 PLC 控制系统，结构示意框图如图 0-1 所示。

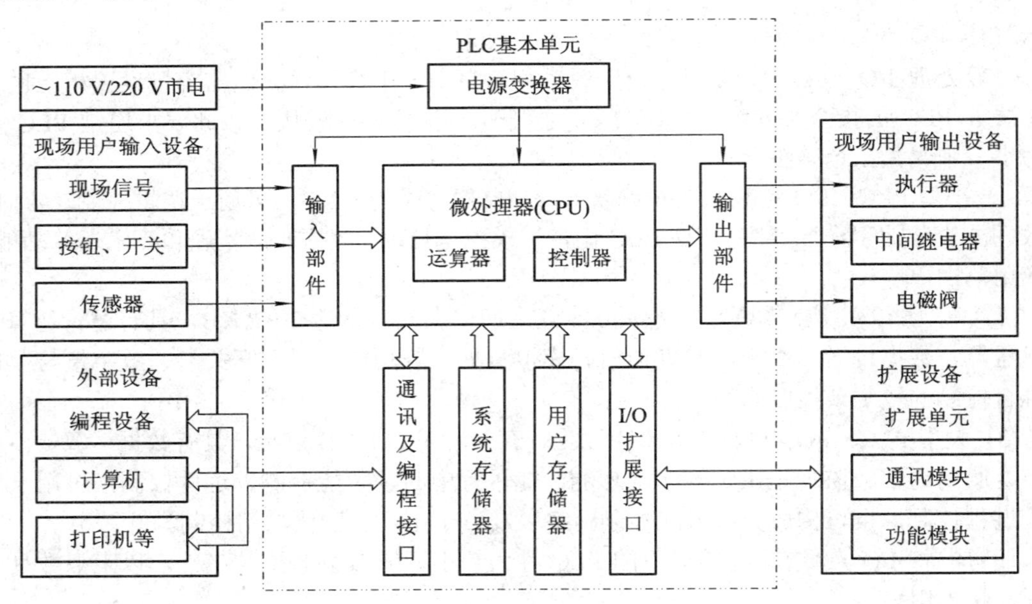

图 0-1　PLC 的硬件结构简化图

PLC 主机主要由 4 个部分组成，各部分的作用如下所述：

1) 微处理器(CPU)

CPU 是 PLC 的控制中枢，根据系统程序实现相应的功能。通常由它完成以下工作：

(1) 接受并存储从编程设备、上位机或其他外围设备输入的用户程序、数据等信息。

(2) 自诊断，即自行检查电源、存储器、I/O 和警戒定时器的状态以及用户程序中存在的语法错误。

(3) PLC 投入运行后，以扫描方式接受现场每个输入装置的状态和数据等信息，并分别存入 I/O 映像区，然后从用户程序存储器中逐条读取用户程序，经命令解释后按指令的规定执行逻辑或算术运算等任务，并将结果送入 I/O 映像区或数据寄存器中。待所有用户程序执行完毕后将输出寄存器位状态或数据寄存器的数据传送到相应的输出装置。如此循环运行，实现输出控制、制表打印、显示或数据通信等外部功能。

2) 存储器

与微型计算机一样，存储器是构成 PLC 软件的重要部分，与硬件共同完成 PLC 具备的所有功能。由于 PLC 的软件由两大部分组成，即系统软件和应用软件，所以 PLC 的存储器也有两种类型。

(1) 系统存储器。这种类型 PLC 存储器用于存放系统程序，其内容由制造商开发并固化在 EPROM 中，用户不能直接存取。包括系统监控程序、管理程序、命令解释程序、功能子程序、系统诊断程序等，与硬件共同作用决定该型 PLC 具备何种功能。

(2) 用户存储器。这种类型 PLC 存储器又称为系统 RAM 存储区，由三部分组成，包括 I/O 映像区(开关量 I/O、模拟量 I/O)、各类编程软件存储区以及用户程序与数据存储区(PLC 技术指标中的存储量通常就是指该区域的容量)，用于 PLC 运行中的各类信息的存取操作。

根据对上述两类软件读写操作的不同要求，两个存储区域采用不同类型的存储器，主要有以下几种：

(1) EPROM(Erasable Programmable Read Only Memory)，用于存储系统程序以及需永久保存的用户程序。它是一种可擦除的只读存储器，在紫外线连续照射 20 min 后能将其中的内容擦除，加高电平(DC 12 V、DC 5 V 或 DC 24 V)又可以写入程序，并在断电情况下能永久保持内容不变化、不丢失。

(2) RAM(Randem Access Memory)，用于存放用户程序或数据，保存工业现场输入的开关量或模拟量信息，以及存放 PLC 运行中系统软件的位状态或数据。它是一种读或写存储器，又称为随机存储器，读写操作方便，存取速度快。当 PLC 内部配置有锂电池支持时，其内容具有保持功能。

(3) EEPROM(Electrical Erasable Programmable Read Only Memory)，它被称为电可擦除只读存储器，兼有 EPROM 和 RAM 的优点。可以对其存储器内容进行修改。因此在上述两种存储空间中均可使用。其主要缺点是读写操作次数有限(约一万次)，并且只有在先擦除原有内容后才能写入新内容。

3) 输入、输出单元(I/O 通道)

PLC 在程序执行过程中要调用 I/O 映像区中各种输入的开关量或数字量信号，当程序全部执行完毕又要将 I/O 映像寄存器中各输出状态或数据传送到相应的输出装置，I/O 映像寄存器所有信息的进出都要通过 I/O 通道。输入、输出接口电路是内部硬件的一个重要组成部分，也是 PLC 与微型计算机在结构上的重要区别。PLC 专用于工业控制，要求能与工业、现场的各类设备直接相连接，I/O 接口电路是必不可少的。其电路组成与 PLC 内部 I/O 映像区的关系等内容后面将做更详细的介绍。

4) 电源单元

PLC 是一种执行逻辑运算与算术运算的电子系统，为保证系统高可靠性，其内部电路工作需要一个高质量直流电源。但在工业现场通道 PLC 是由交流直接供电(电网电压允许在+10%～−15%范围内波动)，因此 PLC 内部一般都配置有一个高质量的开关电源(DC 12 V 或 DC 24 V)，除供内部电路工作外还可提供一定容量给外部传感器等输入装置使用。当交流电网波动过大或附近存在强大干扰源时，PLC 控制系统要求外加交流稳压器、电源隔离措施和正确合理的接地方式。此外，当外部 I/O 模块或输入设备较多超出了 PLC 内部直流电源容量时，控制系统要求外配直流电源。同时在停机或突然失电时，它能保证 RAM 中的信息不丢失。一般 PLC 采用锂电池作为 RAM 的后备电源，锂电池的寿命为 3～5 年。若电池电压降低，在 PLC 的工作电源为接通(ON)时，面板上相关的指示灯会点亮或闪烁，应根据各 PLC 操作手册的说明，在规定时间内按要求更换电池。

5) I/O 扩展模块和扩展单元

用于增加 I/O 点数。模块或单元内包含输入接口电路(输入扩展)、输出接口电路(输出扩展)或兼具输入、输出接口电路(输入、输出扩展)。扩展模块内部电子电路是通过 I/O 模块接口由主机电源供电，而当输入扩展点数较多且内部配有电源时称其为扩展单元。主机及扩展模块的 I/O 点数按一定规模组合，例如图 0-2 为 CP1H CPU 单元的扩展，输入 CH 编号从 2CH 开始，输出 CH 编号从 102CH 开始，分配各自单元占有的输入、输出 CH 数。

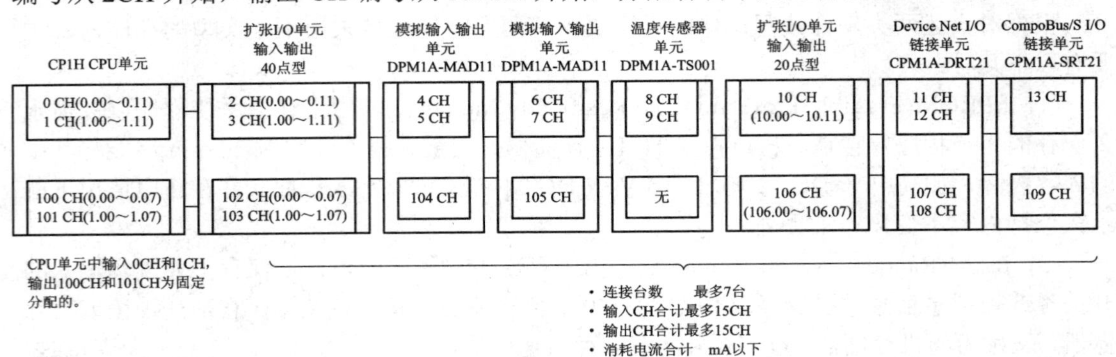

图 0-2 CP1H CPU 单元的连接顺序

6) I/O 特殊功能模块

该模块包括高密度 I/O 单元、模拟 I/O 单元、模糊单元、温度传感单元、温度控制单元、热冷控制单元、凸轮控制单元、PID 单元、位置控制单元、高速技术单元和语音单元等。这些单元越多，说明 PLC 的功能越强。

7) 通信接口

一般 PLC 的 CPU 模块上至少有一个 RS232 通信口或 RS485 通信口。PLC 可以通过 RS232 通信口直接和上位机通信。若是 RS485 通信口，则和上位计算机通信时需要一个连接器。无论是 RS232 还是 RS485 通信口都可以和 PLC 配套的编程器通信。

PLC 上还有通信模块，通过这些模块，PLC 可以组成网络或上下位分散控制系统。

8) 编程器及其他外围设备

如图 0-1 所示，通过外设 I/O 接口可与编程器、打印机、图形监视器等外围设备相连，用以应用程序的输入、读出、修改、故障诊断，或用户程序的存储、输出打印，也可以与上位计算机连成一体，构成 DCS 控制系统。

6. 可编程控制器的工作原理

与其他控制装置一样，PLC 根据输入信号的状态，按照控制要求进行处理判断，产生控制输出。PLC 采用循环扫描的工作方式，其过程如图 0-3 所示。这个过程分为读输入、程序执行、写输出三个阶段。整个过程进行一次所需要的时间称为扫描周期。

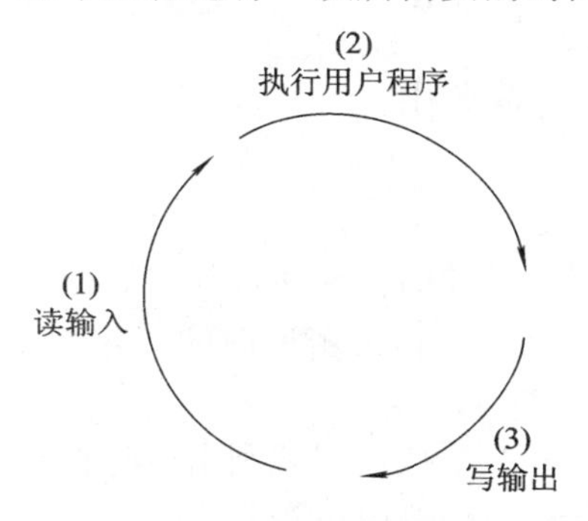

图 0-3 循环扫描过程

1) 三个阶段的工作过程

以下详细叙述 PLC 三个阶段的工作过程。

三个阶段的工作过程如图 0-4 所示。

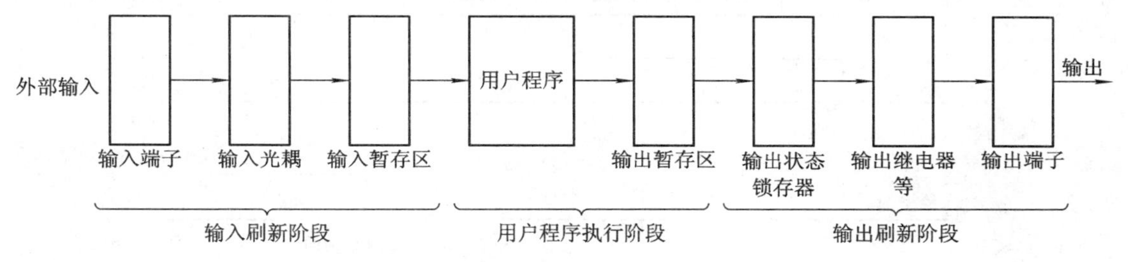

图 0-4 PLC 三个阶段的工作过程

(1) 读输入(输入刷新)阶段。PLC 在读输入阶段，以扫描方式依次地读入所有输入信号的通/断状态，并将它们存入存储器输入暂存区的相应单元内，这部分存储区也被特别地称为输入映像区。在读输入结束后，PLC 转入用户程序执行阶段。

(2) 用户程序执行阶段。PLC 在程序执行阶段，按照先后次序逐条执行用户程序指令，从输入映像存储区中读取输入状态、上一扫描周期的输入状态以及定时器、计数器状态等条件。根据用户程序进行逻辑运算，不断得到运算结果，运算得到的结果并不直接输出，而是将其对应地先存入输出暂存区的相应单元中，输出暂存区也称为输出映像区，直到用户程序全部被执行完。用户程序执行完，得到最后的可以输出的结果。

本扫描周期内的用户程序执行阶段结束，PLC 转入写输出阶段。

(3) 写输出(输出刷新)阶段。当扫描用户程序结束后，PLC 就进入输出刷新阶段，在此期间 PLC 根据输出映像区中的对应状态刷新所有的输出锁存电路，再经隔离驱动到输出端子，向外界输出控制信号，控制指示灯、电磁阀、接触器等，这才是 PLC 的实际输出。

2) 响应时间

由于采用了扫描工作方式，所以，从 PLC 输入端有一个输入信号发生变化到输出端对该输入变化做出反应，需要一段时间，这段时间就称为 PLC 的响应时间或滞后时间。这段时间往往较长，但是对于一般的工业控制，这种滞后是允许的。响应时间的大小与如下因素有关：

(1) 输入电路的时间常数；

(2) 输出电路的时间常数；

(3) 用户语句的安排和指令的使用；

(4) PLC 的循环扫描方式；

(5) PLC 对 I/O 的刷新方式。

其中，前三个因素可以通过选择不同的模块和合理编制程序得到改善。

由于 PLC 是循环扫描工作方式，因此响应时间与收到输入信号的时刻有关，在此给出最短和最长响应时间。

(1) 最短响应时间。如果 $n-1$ 个扫描周期刚结束时收到一个输入信号，则第 n 个扫描周期一开始，这个信号就被采样，使输出更新，这时响应时间最短，如图 0-5 所示。如果考虑到输入电路造成的延迟，最短响应时间可以用下式计算：

最短响应时间 = 输入延迟时间 + 一个扫描周期 + 输出延迟时间

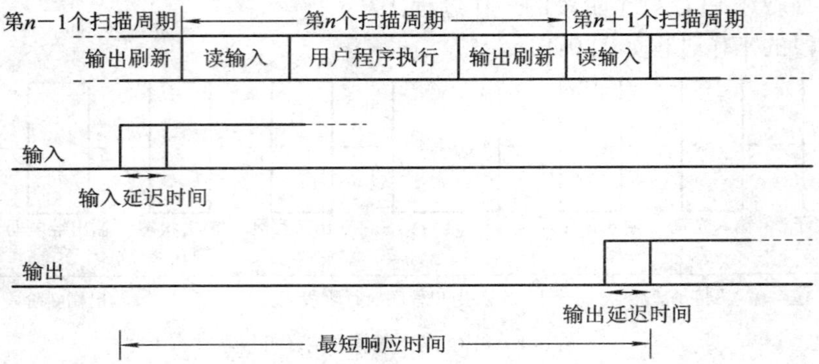

图 0-5　最短响应时间

(2) 最长响应时间。如果在第 n 个扫描刚执行完输入刷新后输入发生了变化，在该扫描周期内这个信号不会发生作用，要到 $n+1$ 个扫描周期的输入刷新阶段才能采样到输入的变化，在输出刷新阶段输出做出反应，这时响应时间最长，如图 0-6 所示，可用下式表示：

最长响应时间 = 输入延迟时间 + 两个扫描周期 + 输出延迟时间

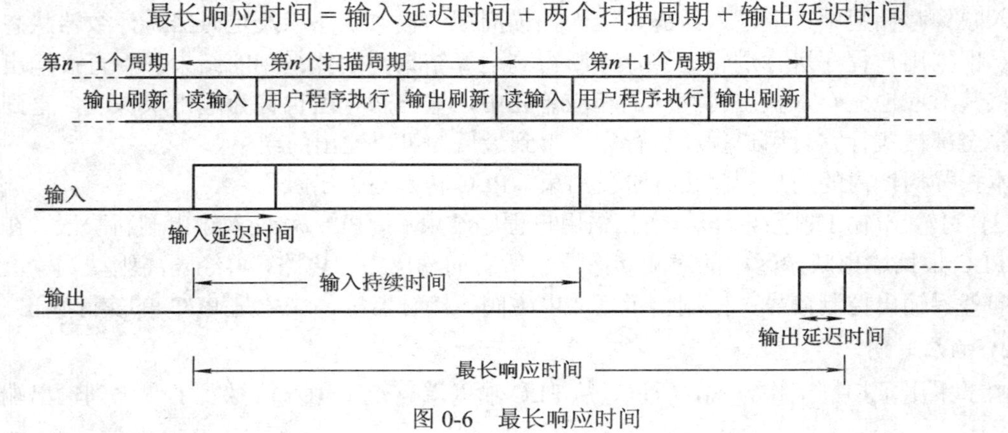

图 0-6　最长响应时间

从图 0-6 可以看出，对输入信号的持续时间也是有一定要求的，输入信号的持续时间不能小于一个扫描周期(所谓窄脉冲)，否则输入就不能确保被采样，也就不能被响应。

在 PLC 中读输入和输出刷新时间基本固定不变，并且占扫描周期的份额较小，扫描周期的长短主要由用户程序执行的时间决定。用户程序执行时间取决于用户程序量和 CPU 的运算速度。通常情况下，PLC 的扫描周期小于 100 ms，从控制角度，这个时间还是可以接受的。

PLC 为什么要采用统一输入采样、用户程序执行、审查同意刷新这种循环扫描工作呢？

最初研制生产 PLC 的目的是为了代替传统的继电器、接触器构成的控制装置，而继电器控制装置采用硬逻辑并行运行方式。如果一个继电器的线圈通电或断电，则该继电器所有的触点(包括常开和常闭触点)在继电器控制电路中都会同时动作，发挥控制作用。继电器控制电路的并行工作方式，也可以理解为控制装置随时根据所有输入条件/状态或其他条件/状态，由控制电路做出判断，随时产生输出。

PLC 是计算机控制装置，计算机的根本特征是串行工作的，即每一时刻只能做一件事情，因此为了模拟传统的继电器控制装置的工作特点，以梯形图方式编程，只能统一采样同一时刻的输入状态，然后执行用户程序，进行逻辑运算，最后统一刷新所有输出，这样的扫描过程循环不断地始终进行。如果 PLC 的扫描过程足够短(小于 100 ms)，接近继电器的动作时间延迟，则 PLC 与继电器控制装置的处理结果就没有什么区别了。

事实上，PLC 在一个扫描周期内除了完成上述三个阶段工作外，还要做一些辅助工作，例如内部诊断、通信等工作。

顺序扫描工作方式简单直观，便于程序设计和 PLC 自身检查。因为在扫描完成后，其结果马上会被紧随其后的扫描所利用：一般在 PLC 内设置有监视定时器，用来监视每次扫描的时间是否超出规定值，避免由于 PLC 内部的 CPU 故障，使程序进入死循环。

扫描程序可以是固定的，也可以是可变的。一般小型 PLC 采用固定的扫描顺序，大中型 PLC 采用可变的顺序扫描。这是因为大中型 PLC 扫描的点数多，每次扫描只对需要扫描的点数进行扫描，可以减少扫描的点数，缩短扫描周期，提高实时控制中的响应速度。

PLC 的工作过程如下所述：

大中型 PLC，例如，欧姆龙 CHX/HG/HE PLC 的扫描工作过程如图 0-7 所示。

只要 PLC 一通电，就立即执行最初的 3 个操作。剩下的各个操作以扫描的形式执行，在一个扫描周期中包含以下 9 个基本操作：

(1) 监督检查(需要 0.7 ms)；

(2) 执行程序(需要的时间随执行指令时间的长短而定)；

(3) 计算扫描周期(执行时间可以忽略)；

(4) I/O 刷新(需要的时间随点数不同而不同)；

(5) 上位机链接单元服务(最多需要 0.6 ms)；

(6) RS232C 端口服务(不连接设备时需要 0 ms，连接设备时最少需要 0.26 ms)；

(7) 外围设备服务(不连接设备时需要 0 ms，连接设备时最少需要 0.26 ms)；

(8) 通信板服务(需要时间为 0.5 ms + 每个端口处理时间)；

(9) SYSMAC LINK 和 SYSMAC NET 服务(不安装通信单元需要 0 ms，安装时取决于通信单元数)。

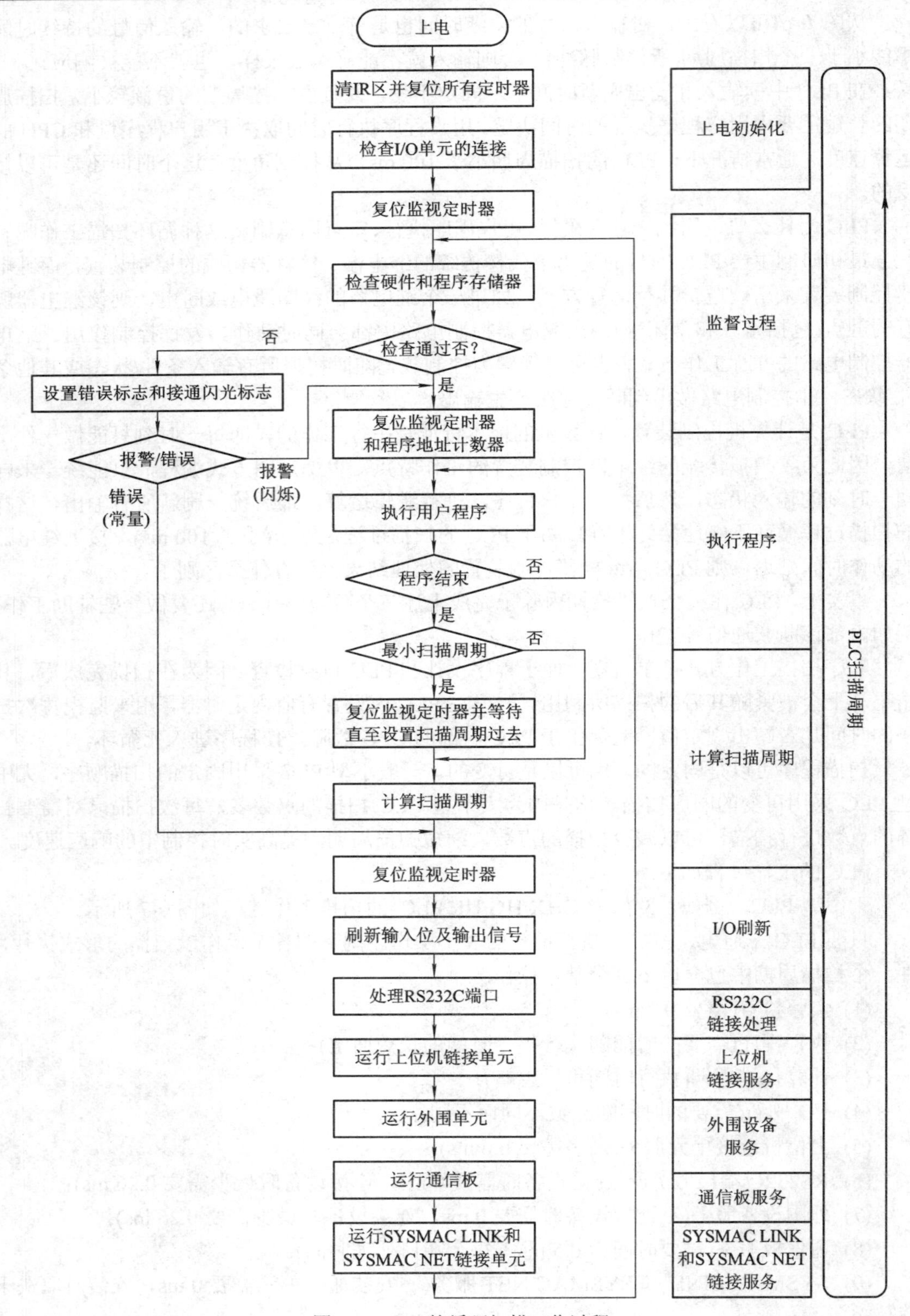

图 0-7　PLC 的循环扫描工作过程

实际上整个扫描周期分为：自监视扫描阶段、网络通信扫描阶段、用户程序扫描阶段和I/O刷新扫描阶段。

在自监视扫描阶段，PLC进行自我监视或自我诊断，这主要是由监视定时器WDT(Watch Dog Timer)完成的。若是由于故障或用户程序太长，WDT复位不及时，WDT就会停止PLC运行并报警。

只有配有网络的PLC系统中才有通信扫描阶段。在这一阶段，PLC与PLC之间、PLC与上位计算机之间进行信息交换。

在用户程序扫描阶段，对于用户程序存储器所存的指令，PLC从输入状态暂存区中取出输入端状态，从第一条程序开始执行，并且将每一步的执行结果送入输出暂存区。

在I/O刷新扫描阶段，CPU将输入的状态读入输入暂存区，将输出暂存区的状态写入输出状态锁存器。

采用这样的扫描过程具有如下的特点：

(1) 输入刷新阶段，将输入端子的状态存入输入暂存区，暂存区的数据取决于输入刷新阶段各个实际输入点的通/断状态。在用户程序执行阶段，输入状态暂存区的数据不再随输入的变化而变化。

(2) 在用户程序执行阶段，输出状态暂存区的内容随程序执行的结果不同而随时改变，但是输出状态锁存器的内容不变。

(3) 在输出刷新阶段，将用户程序执行阶段的最终结果由输出状态暂存区传递到输出状态锁存器。输出端子的状态由输出状态锁存器决定。

对于需要快速做出反应的控制要求，一定要考虑PLC的响应时间，若是PLC的响应速度不够，则可以采用特殊的PLC模块以弥补PLC速度慢的缺点。

7. PLC的存储区

PLC中用户程序的操作数都是存储区中的存储单元，若想操作这些单元的内容，就需要知道单元地址，这些单元地址有些是PLC系统程序指定的，有些是用户指定的，怎样确认这些地址，是使用PLC首要解决的问题。例如，对应某输入开关量应该有一个存储单元，要想使用该开关控制一个输出，就需要知道该开关的地址，当具有模数转换单元模块时，模拟量经过转换后被放在哪些存储单元中，怎样确定这些单元的地址；增加了扩展模块，这些扩展模块的存储单元地址如何指定，这些都是使用PLC时可能遇到的问题。

厂家在资料中给出的内部存储器容量是用户程序存储器容量和数据存储器容量。用户程序是在用户环境下由使用者编写的应用程序。所谓用户环境，是指用户数据结构、用户元件区分配、用户程序存储区以及用户参数等。用户程序是用户使用编程器输入的编程指令或使用编程软件由计算机下载的梯形图程序。数据存储器用于存放定时器、计数器、内部继电器的状态、中间运算结果、系统运行状态、指令执行的结果等系统数据和用户数据。

因为早期的PLC是针对顺序控制和逻辑控制的继电器-接触器电路设计的，为了方便电气人员使用PLC，使用继电器电路的术语对PLC的内部存储器区进行分配，现以CP1H系列机为例介绍内部存储器区域。

1) I/O(输入/输出通道)继电器区

I/O继电器区可用于控制输入继电器/输出继电器(I/O点)的数据，输入继电器对应于输入单元，输出继电器对应于输出单元。I/O 继电器区也可用作内部处理和存放数据的工作位。另外，XA 型的内置模拟输入输出单元也在 I/O 区内，还有可扩展的 CJ 系列高功能特殊 I/O 单元继电器和 CPU 总线单元继电器。在 I/O 继电器区，每个继电器都是“软继电器”，它对应于某个内部存储器(或称映像寄存器)的某个位。普通的输入/输出单元都有相应的通道号或字号，例如，CP1H 机的内置 24 点晶体管输入单元对应的输入继电器通道(或字)地址为 CIO0000 和 CIO0001，该输入单元的 24 个端子按顺序对应于地址 CIO0000 的 0～11 位和 CIO0001 的 0～11 位共 24 个输入继电器。又如，内置 16 点的晶体管输出单元对应的输出继电器通道(或字)地址 CIO0100 和 CIO0101，该输出单元的 16 个端子，按顺序对应于地址 CIO0100 的 0～7 位和 CIO0101 的 0～7 位共 16 个输出继电器。

2) 内部辅助继电器区

内部辅助继电器只能在程序内使用，它们不能用于与外部 I/O 端子的 I/O 信息交换，可作为程序中的中间继电器使用。

3) 特殊辅助继电器区

特殊辅助继电器区用来存储 PLC 的工作状态信息，如特殊 I/O 单元的错误标志、链接系统操作错误标志、远程 I/O 主单元错误标志、从站机架错误标志、特殊 I/O 单元重启动、链接系统操作重启动、远程 I/O 单元重启动、时钟设置位以及数据跟踪标志等。

4) 保持继电器区

保持继电器用于存储/操作各种数据并可按字或按位存取，当系统操作方式改变、电源中断或 PLC 操作停止时，保持继电器能够保持其状态。

5) 定时器/计数器区

定时器用于需要定时、延时 ON 及延时 OFF 等场合。计数器用于记录外部输入脉冲信号。计数器分为两种，一种是单向计数器，另一种是双向计数器亦称可逆计数器。双向计数器有两个脉冲输入端，当“加”脉冲输入端有一个脉冲输入时，计数器的存储器内容加 1，当“减”脉冲输入端有一个脉冲输入时，计数器的存储器内容减 1。

8. PLC 的编程语言

PLC 常用的语言是梯形图语言和助记符语言，因为 PLC 是专为工业控制开发的装置，主要使用对象是广大技术员，他们可能不十分懂电气，但是对生产流程却非常在行，梯形图和助记符语言就是为他们开发的语言。

梯形图语言一般都在计算机屏幕上编辑，使用起来简单方便，特别是对继电器控制电路有所了解的技术人员来说，就更容易使用梯形图语言。

助记符语言与计算机编程序类似。若是有编写程序的基础，学习助记符语言会更容易些，只要理解各个指令的含义，就可以像写计算机程序一样书写 PLC 的控制程序。

两种语言各有特点，最好是两种语言都会使用，因为在 PLC 编程软件中，这两种语言是可以相互转换的。

一般的感觉是简单控制使用梯形图语言比较容易做到，但对于有子程序、分支、中断和复杂指令的程序来说，还是助记符语言要好用些。

各个 PLC 厂家使用的梯形图语言基本类似，互相转换比较容易些，但是各个厂家助记符语言是完全不同的，转换起来比较困难。

需要指出的是 PLC 实际上只认识助记符语言，梯形图语言是需要转换成助记符语言后存入 PLC 的存储器中的。

9．可编程控制器的性能指标

各厂家的 PLC 产品或同一厂家不同系列的 PLC 产品，在性能指标上都有较大的差异，如 CP1H 型 CPU 单元具有中断功能、快速响应功能(50 μs)、高速计数功能(100 kHz)、速度控制功能、定位控制功能以及占空比可变的脉冲即脉冲宽度调制(PWM)等功能，适用该 CPU 单元并配以适当的外部设备就可以构成定位控制系统。因此，深入地了解 PLC 的性能指标是系统设计和系统组态工作中的重要环节。可以从以下几个方面了解 PLC 产品的性能指标。

1) 输入/输出(I/O)点数

早期的 PLC 用于顺序控制和逻辑控制，因此其规模用开关量输入/输出(I/O)点数来表示，通常所说的 I/O 点数是指开关量输入点数之和，对于整体式 PLC，开关量输入点数通常是总点数的 60%，开关量输出点数是总点数的 40%，例如 40 点的 PLC，其开关量输入点数是 24 点，即有 24 个输入端子可以接无源开关元件或有源开关元件，开关量输出点数是 16 点，即有 16 个输出端子可以直接或经驱动再去接负载。

为了将 PLC 用于运动控制和过程控制，各厂家陆续推出各种特殊 I/O 单元，如模拟量输入/输出单元、温度传感器用模拟量输入单元、温度调节单元、高速脉冲计数单元、高速脉冲输出单元、凸轮控制单元、定位控制单元、运动控制单元以及通信链接单元等。

这些特殊 I/O 单元大多具有自己的 CPU、存储器和专用集成电路，它们能够与主机(即 CPU 单元)并行工作。各厂家的特殊 I/O 单元的硬件和软件不尽相同，占用主机(CPU 单元)资源的情况也有所差异，因此，表述特殊 I/O 单元所占用的 I/O 点数(或将其“折合”成 I/O 点数)时，各厂家提供的数据相差较大，即便是同一厂家的同类产品，随着系列型号的不同，其数据也有所不同。下面给出部分厂家提供的数据。

(1) 模/数转换(A/D)单元：三菱公司的 AOJ2-68AD(8 通道)占用 64 点 I/O，A1S68AD(8 通道)占用 32 点 I/O，A1S64AD(4 通道)也占用 32 点 I/O，FX_{2N}-4AD(4 通道)占用 8 点 I/O，FX_{2N}-4AD(2 通道)占用 8 点 I/O；松下公司的 FP3 型 A/D 单元(4 通道)占用 16 点 I/O；西门子公司的 SR21(4 通道)单元占用 16 点 I/O；欧姆龙公司的 CP1H-XA40DR-A 的内置模拟输入(4 通道)占用 14 点 I/O。

(2) 数/模转换(D/A)单元：三菱公司的 A1S62DA(2 通道)占用 32 点 I/O，A1S68DAV/A1S68DAI(8 通道)占用 32 点 I/O，FX_{2N}-2DA(2 通道)占用 8 点 I/O。另外，欧姆龙公司的 CP1H-XA40DR-A 的内置模拟输出(2 通道)占用 7 点 I/O。

(3) 温度控制单元：三菱公司的 A1S62TCRT-S2(2 通道，PT100 传感器)占用 32 点 I/O，A1S62TCTT(2 通道，R、K、J、S、B、E、、N、U、L、PL 等型传感器)占用 32 点 I/O；松下公司的 FX_{2N}-2PLC(热电耦或热电阻传感器)占用 8 点 I/O。

(4) 高速计数单元：三菱公司的 A1SD61(1 通道)占用 32 点 I/O，A1SD62(2 通道)也占用 32 点 I/O，而 FX_{2N}-1HC(1 通道)仅占 8 点 I/O。欧姆龙公司的 CP1H 系列内设置了 4 点高速计数器，占用 12 点 I/O。

(5) 定位控制单元：松下公司的 FX_{2N}-10GM(单轴)占用 8 点 I/O，FX_{2N}-20GM(双轴)也占用 8 点 I/O；三菱公司的 A1SD75P1-S3(1 轴)/A1SD75P2-S3 (2 轴)/ A1SD75P3-S3 (3 轴)均

占用 32 点 I/O；欧姆龙公司的 CP1H 系列同样内置了脉冲输出功能，可构成定位控制系统。

在表述 PLC 的控制规模时，有些厂家在 CPU 的指标中分别列出开关量点数或模拟量点数，如西门子公司 S7-300 系列 PLC 的 314 型 CPU 单元，其 DI/DO(开关量输入/输出)最大为 1024 点，或 AI/AO(模拟量输入/输出)最大为 256 点。

2) 存储器容量

PLC 的存储器包括系统程序存储器、用户程序存储器和数据存储器。系统程序存储器存放管理程序、标准子程序、调用程序、监控程序、检查程序以及用户指令解释程序，一般存储在 ROM 或 EPROM 之中。系统程序由 PLC 生产厂家编写并写入 ROM 之中，用户不能读取。

厂家在资料中给出的是用户存储容量和数据存储器容量。用户程序是用户使用编程器输入的编程指令或用户使用编程软件由计算机下载的梯形图程序，用户存储器是存放用户程序的 RAM、EPROM 及 EEPROM 存储器，这三种存储器也用于存放数据，称为数据存储器。为了防止 RAM 中的信息在掉电时丢失，通常用后备锂电池作保护，保存用户程序和数据。有些 PLC 产品采用了高性能的闪存，作为内置存储器和外置扩展存储器。

用户存储器容量的大小决定了 PLC 可以容纳用户程序的长短和控制系统的水平。用户存储器容量通常以字为单位，每个字由 16 位二进制数组成。有些 PLC 产品的用户存储器容量以步为单位，在 PLC 中程序是按“步”存放的，每条指令长度一般为 1～7 步。一“步”占用一个地址单元，一个地址单元占两个字节。

存储器容量和 I/O 点数是相适应的，厂家在资料中都会给出，如欧姆龙公司的 C200HE-CPU42 型 CPU 单元，用户程序存储器容量为 7.2 K 字，数据存储器容量为 6 K 字，受支持的 I/O 最大点数为 880 点；CJ1G-CPU45 型 CPU 单元用户程序存储器容量为 60 K 字，数据存储器容量为 128 K 字，受支持的 I/O 最大点数为 1280 点。CP1H-XA40DR-A 型 CPU 单元用户程序存储器容量为 20 K 字，数据存储器容量为 32.768 K 字，受支持的 I/O 最大点数为 320 点。关于存储器容量，也可以采用以下公式估算出内部存储器的容量：

$$M = k_m[10 \times D_I] + (5 \times D_O) + (200 \times A_I)$$

式中，M 为内存字数；K_m 为每个节点所占内存字数；D_I 为数字(开关量)输入点数；D_O 为数字(开关量)输出点数；A_I 为模拟量输入通道(路)数。

3) 扫描周期

在可编程控制器的工作原理中已介绍了扫描周期的概念。扫描周期短(或者说扫描速度快)，表示 PLC 系统运行速度快，允许扩大控制规模和提高控制系统的水平。通常用执行 1K 步程序所用的时间来表示扫描速度快慢，例如 CP1H 系列的扫描速度是 0.1 ms/1K 步(条件：基本指令占 50%，MOV 指令占 30%，算术指令占 20%)，而 CJ1 系列仅为 0.04 ms/1K 步，扫描速度是前者的两倍多。

4) 编程指令的种类和条数

编程指令的种类和条数是衡量 PLC 软件功能强弱的主要指标，指令种类和条数越多，软件功能也就越强，能适应更复杂的控制系统。如 CP1H 系列 PLC 有 381 条指令，其中一些是一般 PLC 所没有的新指令，如任务控制指令、文本字符串处理指令、块程序指令、数据控制指令、文本存储指令、数据处理指令等，从而提升了 PLC 的控制水平。

一般 PLC 的几种典型指令如下：

(1) 顺序输入指令、顺序输出指令、逻辑指令及程序控制指令。这类指令用于顺序控制和逻辑控制，如 LD 表示取，LD NOT 表示取非，AND 表示与，AND NOT 表示与非，OR 表示或，OR NOT 表示或非，OUT 表示输出，OUT NOT 表示输出非，ANDW 表示逻辑与，ORW 表示逻辑或，XORW 表示逻辑异或，COM 表示取补，IL 表示联锁，ILC 表示联锁解除，JMP 表示跳转，JME 表示跳转结束以及 END 表示结束等。

(2) 数据处理指令。这类指令用于数据比较、数据移位及数据转换等处理，如 CMP 表示单字比较，MCMP 表示多字比较，SFT 表示移位寄存器，ROL 表示循环左移，ROR 表示循环右移，MOV 表示数据传送，MOVB 表示位传送，BIN 表示 BCD 码转换为二进制码，BCD 表示二进制码转换为 BCD 码以及 SDEC 表示 7 段译码等。

(3) 数据运算指令。这类指令用于数据的加、减、乘、除、增量、浮点数运算及特殊运算，如 ADD 表示 BCD 码加法，SUB 表示 BCD 码减法，MUL 表示 BCD 码乘法，DIV 表示 BCD 码除法，FDIV 表示浮点数除法，ROOT 表示平方根，AVG 表示求平均值以及 APR 表示数学处理等。

(4) 特殊指令。特殊指令用于特殊功能，包括报警、循环时间、跟踪存储器采样、信息显示、长信息、终端方式、数据搜索、特殊 I/O 单元读、特殊运算、I/O 刷新、中段控制、串行通信以及网络等。

(5) 特殊 I/O 单元(高功能模块或智能模块)。为了拓宽 PLC 的应用领域，各厂家纷纷推出面向对象的特殊 I/O 单元，如模拟量输入(A/D)、模拟量输出(D/A)、温度传感器输入、温度控制、PID 控制、模糊控制、闭环控制、ID 传感器、称重传感器、脉冲捕捉、高速脉冲计数、高速脉冲输出、定位控制(电压输出/脉冲输出)、高速中断、电子凸轮控制、位置解码器、运动控制、通信以及网络系统等单元。特殊 I/O 单元大多具有自己的 CPU、存储器和专用集成电路(ASIC)，在主机(CPU 单元)的协调管理下，能够与主机并行工作而不受主机扫描周期的影响，从而使 PLC 能够完成复杂的高精度的控制任务。可见，特殊 I/O 单元种类的多少及功能的强弱是衡量 PLC 产品水平的重要指标。

(6) 远程 I/O 单元(终端)和网络系统。整体式 CP1H 系列 PLC 中，CPU 单元通过扩展 I/O 连接电缆连接 CPM1A 系列扩展单元，也可通过 DIN 导轨连接 CJ 系列高功能总线单元。

随着控制系统规模的扩大和复杂程度的提高，本地配置模式的 I/O 布线繁杂且线缆数量和长度也相当可观。采用远程 I/O 单元并构成网络系统是解决上述问题的有效方案，这种 PLC 网络系统是计算机综合自动化生产系统的重要组成部分。

所谓远程 I/O 单元，就是具有通信接口的 I/O 单元和特殊单元，这些单元通常称为终端，如欧姆龙公司的远程晶体管输入终端(16 点)DRT1-ID16、远程晶体管输出终端(16 点)DRT1-OD16、传感器终端(16 点输入)DRT1-HD16S、温度输入终端(4 点热电偶输入)DRT1-TS04T、温度输入终端(4 点铂电阻输入)DRT1-TS04P、B7AC 接口单元(30 点)DRT1-B7AC、模拟量输入终端(4 路输入)DRT1-AD04、模拟量输出终端(2 路输入)DRT1-DA02 以及 CPM1A 系列扩展远程 I/O 单元(32 点输入/32 点输出)CPM1A-DRT21 等。

欧姆龙 PLC 的网络系统有多种类型(或称为级别)，下面介绍其中的两种网络。

(1) CompoBus/D(DeviceNet)网络。这是一种基本的设备级(器件级)的网络，采用 DeviceNet 标准协议，由 C200HW-DRM21 型主站(即主单元)和从站(即远程 I/O 单元)组成，主站安装在 CPU 机架上或扩展 I/O 机架上，最多可连接 50 个从站，I/O 点数最多为 1600 点。采用专用通信电缆，通信协议符合设备网络通信协议。当通信电缆长度不超过 100 m 时，允许最高通信速率为 500 kb/s，通信电缆长度不超过 500 m 时，允许最高通信速率为 125 kb/s。

这种网络的从站可以是开关量 I/O 终端、模拟量输入终端、模拟量输出终端以及传感器终端等。CompoBus/D 网络的开放性表现在可以与符合 deficient 通信协议的其他厂家的设备联网。

(2) CompoBus/S 网络。该网络采用专用的 CompoBus/S 通信协议，通信速率为 750 kb/s，当干线长度不超过 100 m 并使用专用电缆时，最多可连接 32 个从站。该网络由 CompoBus/S 主单元 C200HW-SRM21 和从单元组成。从站是各种开关量的 I/O 终端。

习　题

1．可编程序控制器具有可靠性高、抗干扰能力强的主要原因是什么？
2．PLC 如何分类？整体式与模块式结构各有什么特点？
3．PLC 主机内部通常由哪几部分组成？各部分的作用是什么？
4．PLC 中存储器的类型有哪些？作用是什么？
5．PLC 采用什么样的工作方式？其特点是什么？
6．扫描周期主要由哪些部分组成？起决定作用的是什么时间？与什么因素有关？
7．什么是扫描周期？它主要受什么影响？
8．为什么输入“窄脉冲”信号可能得不到响应？
9．PLC 的技术指标主要有哪些？在 PLC 选型时应考虑哪些方面？

模块 1

OMRON CP1H PLC 的认知

PLC 是在电器控制技术和计算机技术的基础上开发出来的，并逐渐发展成为以微处理器为核心，将自动化技术、计算机技术、通信技术融为一体的新型通用工业控制装置。它集三电(电控、电仪、电传)为一体，具有高性能价格比、高可靠性的特点，已成为自动化工程的核心设备，使用量高居首位，是现代工业自动化的三大技术支柱(PLC、机器人、CAD/CAM)之一。

OMRON CP 系列 PLC 是欧姆龙公司推出的一种小型 PLC。它以紧凑的结构、良好的扩展性、强大的指令功能、低廉的价格，已经成为目前各种小型控制工程的理想控制器。

学习目标

通过两项任务的实施，初步了解 OMRON CP 系列 PLC 的硬件组成及功能特性；熟悉 OMRON CP1H 系列 PLC 的安装配线；熟悉 OMRON CP 系列 PLC 的编程软件 CX-P 的使用，能初步运用编程软件进行联机调试。

任务 1.1　OMRON CP 系列 PLC 的结构认知与安装

任务目标

(1) 从 OMRON CP 系列 PLC 实物入手，认知 OMRON CP 系列 PLC 的结构。

(2) 了解 OMRON CP 系列 PLC 的硬件组成及功能特性。

(3) 初步掌握 OMRON CP 系列 PLC 的安装接线。

前导知识　OMRON CP 系列 PLC 的组成结构

在欧姆龙 SYSMAC 各系列 PLC 型号中，SYSMAC CP1H 是用于实现高速处理、高功能的程序包型 PLC。配备与 CS/CJ 系列共通的体系结构，与以往产品 CPM2A 40 点输入输出型为相同尺寸，但处理速度可达到 CPM2A 约 10 倍的性能。

1. OMRON CP 系列 PLC 的硬件组成

CP1H CPU 单元包括 X(基本型)、XA(带内置模拟输入输出端子)、Y(带脉冲输入输出专用端子)三种类型。下面以 CP1H-XA40DR-A 型 CPU 单元为例介绍其结构。CPU 单元结构如图 1-1 所示。

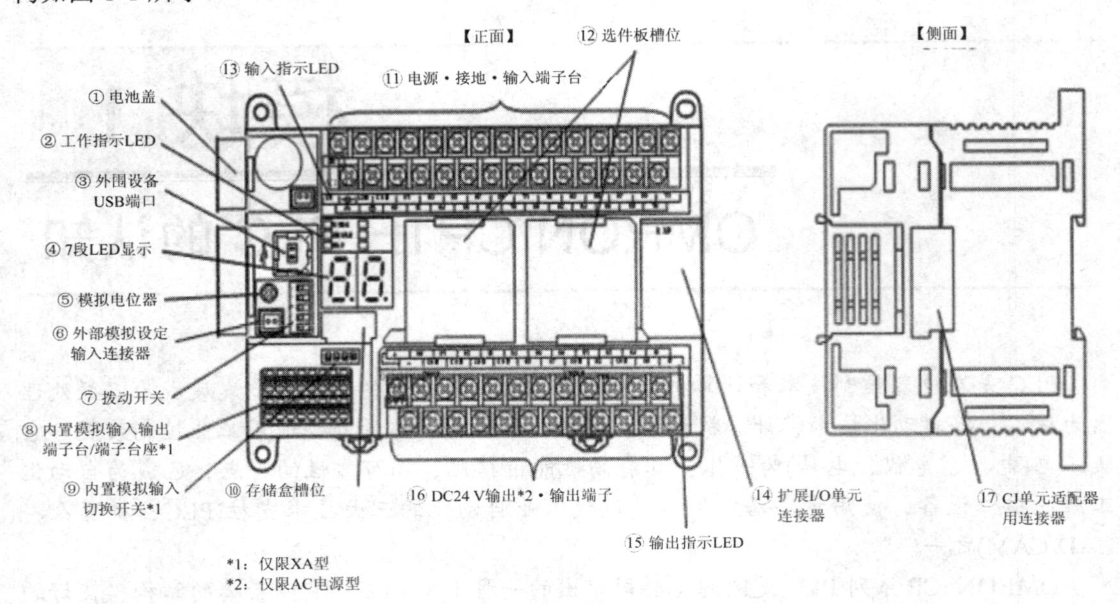

图 1-1　CPU 单元结构图

其各部分功能简要说明如下：

(1) 电池盖。打开盖可将电池装入，用作 RAM 的后备电源，将保持继电器、数据内存、计数器(标志·当前值)进行备份。

(2) 工作指示 LED。通过 LED 灯的各项显示指示 CP1H 的工作状态。具体 LED 灯的指示作用如表 1-1 所示。

表 1-1　LED 灯指示与 CP1H 工作状态的对应关系

POWER(绿)	灯亮	通电时
	灯灭	未通电时
RUN(绿)	灯亮	CP1H 正在「运行」或「监视」模式下执行程序
	灯灭	「程序」模式下运行停止中，或因运行停止异常而处于运行停止中
ERR/ARM(红)	灯亮	发生运行停止异常(包含 FALS 指令的执行)，或发生硬件异常(WDT 异常)，此时，CP1H 停止运行，所有的输出都切断
	闪烁	发生异常继续运行(包含 FAL 指令执行)，此时，CP1H 继续运行
	灯灭	正常时
INH(黄)	灯亮	输出禁止特殊辅助继电器(A500.15)为 ON 时灯亮，所有的输出都切断
	灯灭	正常状态时
BKUP(黄)	灯亮	正在向内置闪存(备份存储器)写入用户程序、参数、数据内存或访问中。此外，将 PLC 本体的电源 OFF→ON 时，用户程序、参数、数据内存复位过程中也灯亮。 注：在该 LED 灯亮时，不要将 PLC 本体的电源置 OFF
	灯灭	上述情况以外
PRPHL(黄)	闪烁	外围设备 USB 端口处于通信中(执行发送、接收中的一种的过程中)时，闪烁
	灯灭	上述情况以外

(3) 外围设备 USB 端口。与电脑连接，由 CX-Programmer 进行编程及监视。

(4) 7 段 LED 显示。在 2 位的 7 段 LED 上显示 CP1H CPU 单元的异常信息及模拟电位器操作时的当前值等 CPU 单元的状态。此外，可用梯形图程序显示任何代码。

(5) 模拟电位器。通过旋转电位器，可使 A642CH 的值在 0～255 范围内任意变更。

(6) 外部模拟设定输入连接器。通过外部施加 0～10 V 电压，也可将 A643CH 的值在 0～255 范围内任意变更。

(7) 拨动开关。拨动开关设置方式如表 1-2 所示。

表 1-2　拨动开关设置

NO	设定	设 定 内 容	用　途	初始值
SW1	ON	不可写入用户存储器(注)	在需要防止由外围工具(CX-Programmer)导致的不慎改写程序的情况下使用	OFF
	OFF	可写入用户存储器		
SW2	ON	电源为 ON 时，执行从存储盒的自动传送	在电源为 ON 时，可将保存在存储盒内的程序、数据内存、参数向 CPU 单元展开	OFF
	OFF	不执行		
SW3	—	未使用	—	OFF
SW4	ON	在用工具总线的情况下使用	需要通过工具总线来使用选件板槽位 1 上安装的串行通信选件板时置于 ON	OFF
	OFF	根据 PLC 系统设定		
SW5	ON	在用工具总线的情况下使用	需要通过工具总线来使用选件板槽位 2 上安装的串行通信选件板时置于 ON	OFF
	OFF	根据 PLC 系统设定		
SW6	ON	A395.12 为 ON	在不使用输入单元而用户需要使某种条件成立时，将该 SW6 置于 ON 或 OFF，在程序上应用 A395.12	OFF
	OFF	A395.12 为 OFF		

注：通过将 SW1 置于 ON 设置为不可写入时的数据包括：

· 所有用户程序(所有任务内的程序)；

· 参数区域的所有数据(PLC 系统设定等)。

此外，该 SW1 为 ON 的情况下，即使执行由外围(CX-Programmer)将存储器全部清除的操作，所有的用户程序及参数区域的数据也不会被删除。

(8) 内置模拟输入/输出端子台。模拟输入 4 点、模拟输出 2 点，将配备的端子台安装到端子台座上使用。

(9) 内置模拟输入切换开关。将各模拟输入在电压输入下使用还是电流输入下使用之间进行切换。内置模拟输入切换开关设置如表 1-3 所示。

(10) 存储器盒槽位。安装 CP1W-ME05M(512 千字)，可将 CP1H CPU 单元的梯形图程序、参数、数据内存(DM)等传送并保存到存储盒。

(11) 电源、接地、输入端子台，如表 1-4 所示。

(12) 选件板槽位。可分别将选件板安装到槽位 1 和槽位 2 上，包括 RS-232C 选件板

CP1W-CIF01 和 RS422A/485 选件板 CP1W-CIF11。

表 1-3 内置模拟输入切换开关设置

<table>
<tr><th></th><th>No.</th><th>设定</th><th colspan="2">设 定 内 容</th><th>出厂时的设定</th></tr>
<tr><td rowspan="8">ON ON
OFF 1 2 3 4</td><td rowspan="2">SW1</td><td>ON</td><td>模拟输入 1</td><td>电流输入</td><td rowspan="8">OFF</td></tr>
<tr><td>OFF</td><td>模拟输入 1</td><td>电压输入</td></tr>
<tr><td rowspan="2">SW2</td><td>ON</td><td>模拟输入 2</td><td>电流输入</td></tr>
<tr><td>OFF</td><td>模拟输入 2</td><td>电压输入</td></tr>
<tr><td rowspan="2">SW3</td><td>ON</td><td>模拟输入 3</td><td>电流输入</td></tr>
<tr><td>OFF</td><td>模拟输入 3</td><td>电压输入</td></tr>
<tr><td rowspan="2">SW4</td><td>ON</td><td>模拟输入 4</td><td>电流输入</td></tr>
<tr><td>OFF</td><td>模拟输入 4</td><td>电压输入</td></tr>
</table>

表 1-4 电源、接地、输入端子

电源端子	供给电源(AC 100～240 V 或 DC 24 V)
接地端子	功能接地(⏚)：为了强化抗干扰性、防止电击，必须接地 (仅限 AC 电源型) 保护接地(⏚)：为了防止触电，必须进行 D 种接地(第 3 种接地)
输入端子	连接输入设备

(13) 内置输入端子及其指示灯 LED。内置输入 24 点。

(14) 扩展 I/O 单元连接器。可连接 CPM1A 系列的扩展 I/O 单元(输入输出 40 点/输入输出 20 点/输入输出 8 点)及扩展单元(模拟输入输出单元、温度传感器单元、CompoBus/S I/O 连接单元、DeviceNET I/O 连接单元)，最大 7 台。

(15)、(16) 外部供给电源/输出端子台及输出指示灯 LED。DC 24 V、最大 300 mA 的外部电源供给，内置输出 16 点。

(17) CJ 单元适配器用连接器。CP1H CPU 单元的侧面连接要用 CJ 单元适配器 CP1W-EXT01，故可以连接 CJ 系列特殊 I/O 单元或 CPU 总线单元，最多合计 2 个单元。但是注意 CJ 系列的基本 I/O 单元不可以连接。连接框图如图 1-2 所示。

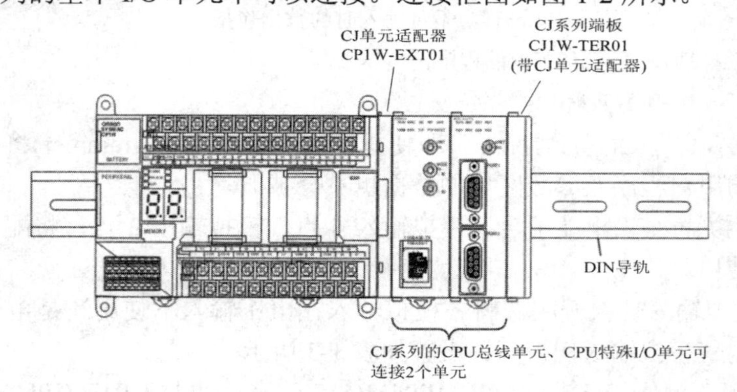

图 1-2 CP 系列扩展单元连接示意图

除了一般的内置规格外，CP1H-XA40DR-A 型 CPU 单元最显著的特点是它的内置模拟输入输出规格，模拟输入输出端子台排列及引脚功能如图 1-3 所示。内置模拟量输入输出规格如表 1-5 所示。

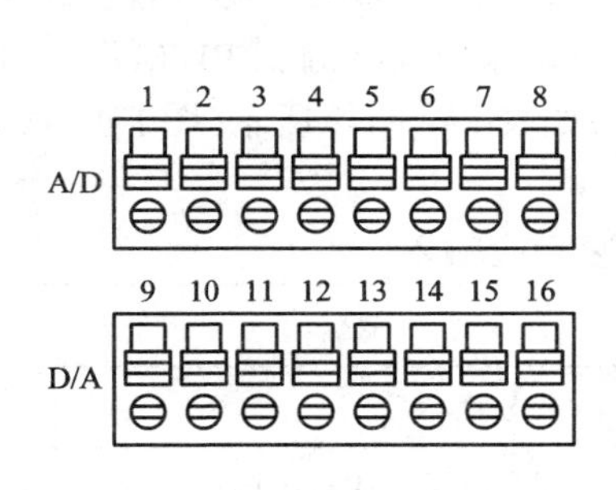

引脚No.	功能
1	IN1＋
2	IN1－
3	IN2＋
4	IN2－
5	IN3＋
6	IN3－
7	IN4＋
8	IN4－

引脚No.	功能
9	OUT V1＋
10	OUT I1＋
11	OUT1－
12	OUT V2＋
13	OUT I2＋
14	OUT2－
15	IN AG*
16	IN AG*

*：不连接屏蔽线。

图 1-3　模拟输入输出端子台排列及引脚功能

表 1-5　内置模拟量输入输出规格

项　目		电压输入输出*1	电流输入输出*1
模拟输入部	模拟输入点数	4 点(占用 200～203CH，共 4CH)	
	输入信号量程	0～5 V、1～5 V，0～10 V，−10～10 V	0～20 mA、4～20 mA
	最大额定输入	±15 V	±30 mA
	外部输入阻抗	1 MΩ 以上	约 250 Ω
	分辨率	1/6000 或 1/12000(FS：满量程)*2	
	综合精度	25℃ ± 0.3%FS/0～55℃ ± 0.6%FS	25℃± 0.4%FS/0～55℃± 0.8%FS
	A/D 转换数据	−10～10 V 时：满量程值 F448(E890)～0BB8(1770)Hex 上述以外：满量程值 0000～1770(2EE0)Hex	
	平均化处理	有(通过 PLC 系统设定来设定各输入)	
	断线检测功能	有(断线时的值 8000 Hex)	
模拟输出部	模拟输出点数	2 点(占用 210～211Ch，共 2CH)	
	输出信号量程	0～5 V、1～5 V、0～10 V、−10～10 V	0～20 mA、4～20 mA
	外部输出允许负载电阻	1 kΩ 以下	600 Ω 以下
	外部输出阻抗	0.5 Ω 以下	—
	分辨率	1/6000 或 1/12000(FS：满量程)*2	
	综合精度	25℃ ± 0.4%FS/0～55℃ ± 0.8%FS	
	D/A 转换数据	−10～10 V 时：满量程值 F448(E890)～0BB8(1770)Hex 上述以外：满量程值 0000～1770(2EE0)Hex	
转换时间		1 ms/点*3	
隔离方式		模拟输入输出与内部电路间：光电耦合器隔离(模拟输入输出间为不隔离)	

*1：电压输入/电流输入的切换由内置模拟输入切换开关来完成。(出厂时设定为电压输入)

*2：分辨率 1/6000、1/12000 的切换由 PLC 系统设定来进行。所有的输入输出通道通用分辨率的设定。不可以进行输入输出通道的逐个设定。

*3：合计转换时间为所使用的点数的转换时间的合计。使用模拟输入 4 点 + 模拟输出 2 点时为 6 ms。

另外该 CPU 单元还具有中断功能、快速响应功能(50 μs)、高速计数功能(100 kHz)、速度控制功能、定位控制功能，以及占空比可变的脉冲即脉冲宽度调制(PWM)等功能，使用该CPU单元就可以构成定位控制系统。各功能的规格如表1-6～1-9所示。图1-4为CP1H-XA型 PLC 功能图。

表 1-6　中断输入和快速响应输入

项　目		规　　格
中断输入和快速响应输入点数		共用内置输入端子，共 8 点
中断输入	输入中断直接模式	在输入信号的上升沿或下降沿，中断 CPU 单元的循环程序，并且执行相应 I/O 中断任务，响应时间为 0.3 ms
	输入中断计数器模式	输入信号的上升沿或下降沿的次数被增量或减量计数，当计数值达到时，相应的中断任务开始执行。输入响应频率为 5 kHz 以下
快速响应输入		小于循环时间(最小为 50 μs)的信号可作为 ON 信号的一个周期处理

表 1-7　高速计数器输入

项　目		规　　格			
高速计数器点数		4 点(高速计数器 0～3)			
计数模式		相差输入(相 A、B 和 Z)	升和降脉冲输入(增量脉冲、减量脉冲和复位输入)	脉冲 + 方向输入(脉冲、方向及复位输入)	增量脉冲输入(增量脉冲和复位输入)
响应频率	24 V DC 输入	50 kHz	100 kHz	100 kHz	100 kHz
计数器类型		线性计数器或循环计数器			
计数范围		线性计数器：80000000～7FFFFFFF(十六进制)			
		循环计数器：00000000～循环计数器设定值			
高速计数器当前值储存字		高速计数器 0：A270(低 4 位)和 A271(高 4 位) 高速计数器 1：A272(低 4 位)和 A273(高 4 位) 高速计数器 2：A316(低 4 位)和 A317(高 4 位) 高速计数器 3：A318(低 4 位)和 A319(高 4 位) 可用这些值作为目标值比较输入和区域比较输入			
控制方式	目标值比较	最多可登录 48 个目标和中断任务编号			
	区域比较	最多可登录 8 个高限、低限和中断任务编号			
计数器复位方式		Z 相信号 + 软件复位：当复位位为 ON 及 Z 相输入转为 ON 时，计数器复位 软件复位：当复位位为 ON 时，计数器复位 复位位：A531.00(高速计数器 0)；A531.01(高速计数器 1)；A531.02(高速计数器 2)；A531.03(高速计数器 3)			

表 1-8　定位及速度控制功能

项　目	规　　格
输出模式	连续模式(速度控制用)或单独模式(位置控制用)
输出频率	1 Hz～100 kHz(单位 1 Hz)2 点(脉冲输出 0，1)；1 Hz～30 kHz(单位 1 Hz)2 点(脉冲输出 2，3)
频率加速/减速	1 Hz～2 Hz(每 4 ms)，设定以 1 Hz 为单位，加速速率和减速速率可单独设定
指令执行中改变设定值	可以改变目标频率、加速/减速速率及目标位置。目标频率和加速/减速速率只能在恒速定位时改变
脉冲输出方式	CW/CCW 或脉冲 + 方向，固定占空比 50%
输出脉冲数	相对坐标规格：00000000～7FFFFFFF(十六进制)(十进制为 0～214 748 364 7) 绝对坐标规格：80000000～7FFFFFFF(十六进制)(−2147483647～2 147 483 647)
原点搜索/复位	ORG(ORIGIN SEARCH)：用于执行原点搜索或按设定值复位
定位及速度控制指令	PLS2(PULSE OUTPUT)：用于分别设定加速和减速速率进行梯形定位控制的输出脉冲 PULS(SET PULSES)：用于设定输出脉冲数 SPED(SPEED OUTPUT)：用于无加速或减速作用的输出脉冲 ACC(ACCELERATION CONTROL)：用于控制加速/减速速率 INI(MODE CONTROL)：用于停止脉冲输出
脉冲输出当前值存储区	AR 区字 脉冲输出 0：A276(低 4 位数)和 A277(高 4 位数) 脉冲输出 1：A278(低 4 位数)和 A279(高 4 位数) 脉冲输出 2：A322(低 4 位数)和 A323(高 4 位数) 脉冲输出 3：A324(低 4 位数)和 A325(高 4 位数) 作为公共处理的一部分，当前值将被每次循环更新

表 1-9　占空比可变的脉冲(PWM)输出功能

项　目	规　　格
占空比	0.0%～100.0%，设定单位 0.1%
频率	0.1～6553.5 Hz，设定单位 0.1 Hz
PWM 用指令	PWM(可变占空比的脉冲)：用于输出指定占空比的脉冲
输出点数	2 点。PWM 输出 0：位地址 101.00；PWM 输出 1：位地址 101.01

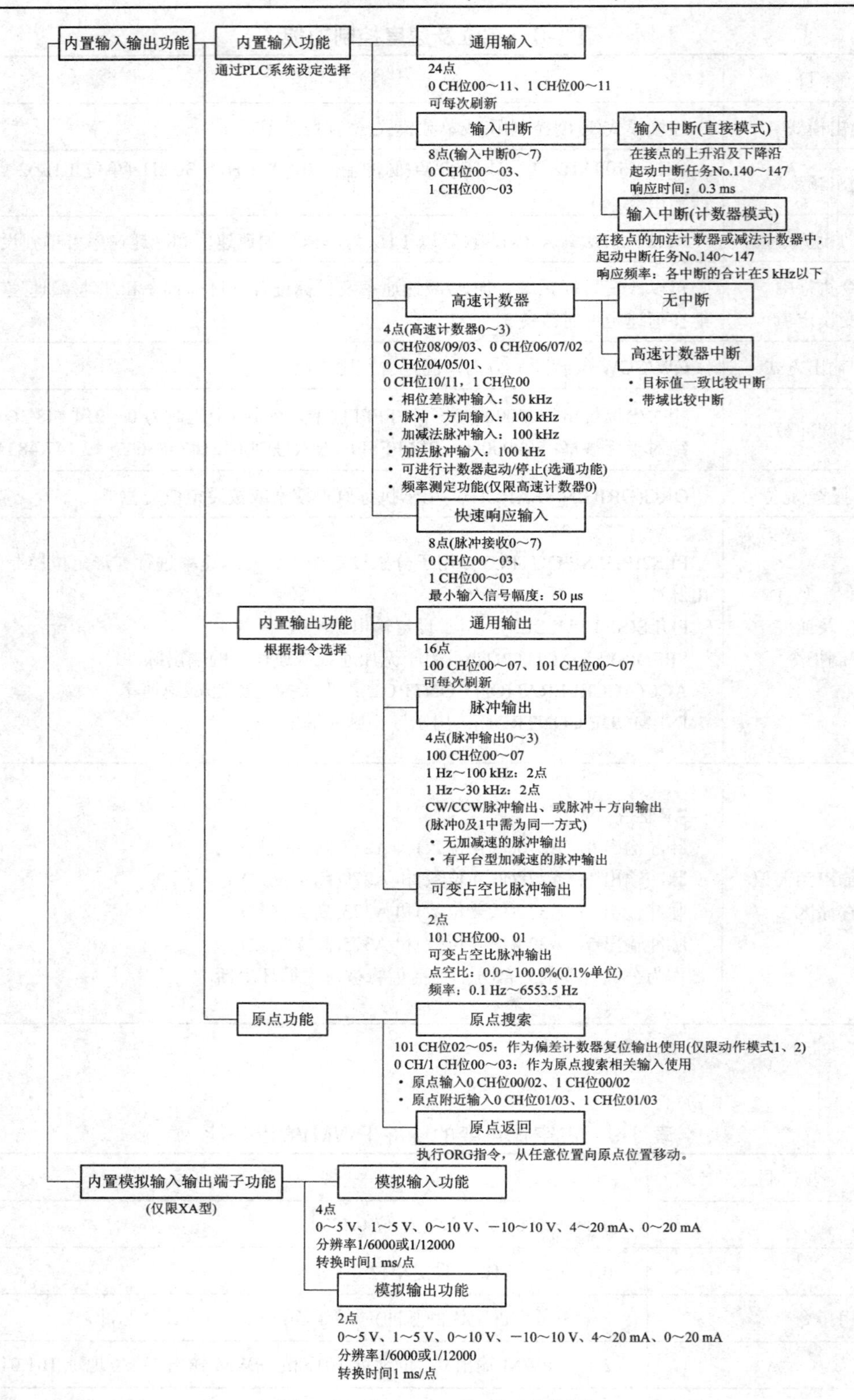

图 1-4　CP1H-XA 型 PLC 功能图

2. 输入/输出单元

输入/输出单元是 PLC 与用户现场设备相互连接的接口，输入单元接收需要输入到 PLC 的各种控制信号，如按钮开关、行程开关、波段开关、接近开关、光电开关以及拨码开关等元件的开关量信号，可使用开关量输入单元接收这些开关量信号；接收来自速度传感器和位置传感器的运动控制信号；接收来自温度传感器、压力传感器、流量传感器、液位传感器、成分传感器以及相应变送器的过程控制信号。上述传感器及相应变送器发出的信号，有的是脉冲信号，如增量式旋转式编码器发出的脉冲信号，可使用高速计数单元接收脉冲信号；有的是数字量信号，如 10 位绝对值旋转编码器发出的 10 位格雷码数字信号，可使用快速响应的开关量输入单元接收二进制格雷码信号；有的是模拟信号，如温度传感器及变送器发出的直流电压信号，称重传感器及变送器发出直流电压信号，可使用模拟量输入(A/D)单元接收这些模拟信号。有的公司生产的输入单元可直接连接传感器，如连接 Pt100 铂电阻温度传感器，省去了变送器。输入单元将接收到的各种现场信号转换成 CPU 能够接收和处理的信号。

输出单元通常有开关量输出、脉冲输出和模拟量输出三种输出单元。开关量输出单元用于驱动控制继电器、接触器、电磁阀以及指示灯等。脉冲输出单元用于连接具有步进电机的驱动器，驱动步进电机，构成定位控制系统；也可以连接具有脉冲输入端口的交流伺服驱动器，驱动交流永磁同步电动机，构成位置闭环控制系统。模拟量(D/A)输出单元可用于连接具有模拟量输入端口的直流驱动器，驱动直流电动机构成直流调速系统或位置控制系统；也可用于连接具有模拟量输入端口的交流伺服驱动器，驱动交流伺服电动机，构成速度控制系统、位置控制系统或同步控制系统；还可以与气动调节阀以及气缸等构成气动控制系统，或与伺服阀(或比例阀)以及液压缸(或液压马达)等构成液压控制系统。

1) 数字量(开关量)输入单元

欧姆龙公司的 CP1H 带有内置输入输出端子，其端子台排列如图 1-5 所示。其数字量(开关量)输入单元的接点分配如图 1-6 所示。X/XA 型 CPU 单元的输入继电器占用 0CH 的位 00～11 的 12 点，1CH 的位 00～11 的 12 点，共计 24 点。因为 0CH/1CH 的高位位 12～15 通常被系统清除，故不可作为内部辅助继电器使用。电路图如图 1-7 所示，性能指标如表 1-10 所示。图 1-7(a)中点画线框内为输入电路，框外左侧为现场用户接线；3.0 kΩ 为限流电阻；910 Ω 电阻与 1000 pF 电容构成滤波器，用于除去输入信号中的高频干扰；虚线框内为光电耦合器，由发光二极管和光敏三极管组成，它将输入电路与内部电路(控制电路)隔离，提高输入单元的抗干扰能力；输入指示灯在外部输入电路接通时亮，表示有信号输入。图 1-7(b)、(c)所示电路的原理与(a)一样，并且可以看出直流电源的极性接法是任意的。

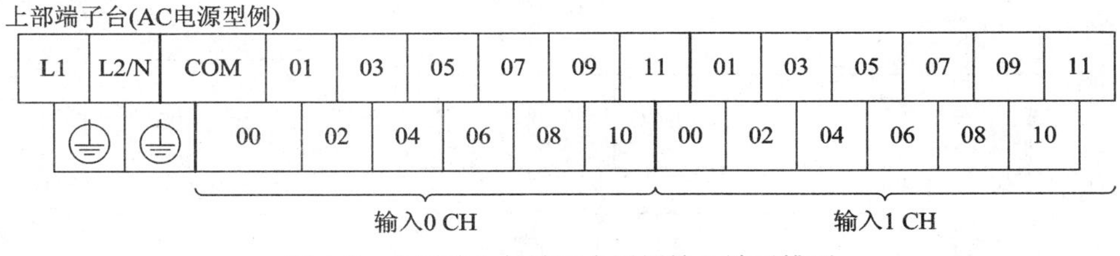

图 1-5　内置输入与端子台通用输入端子排列

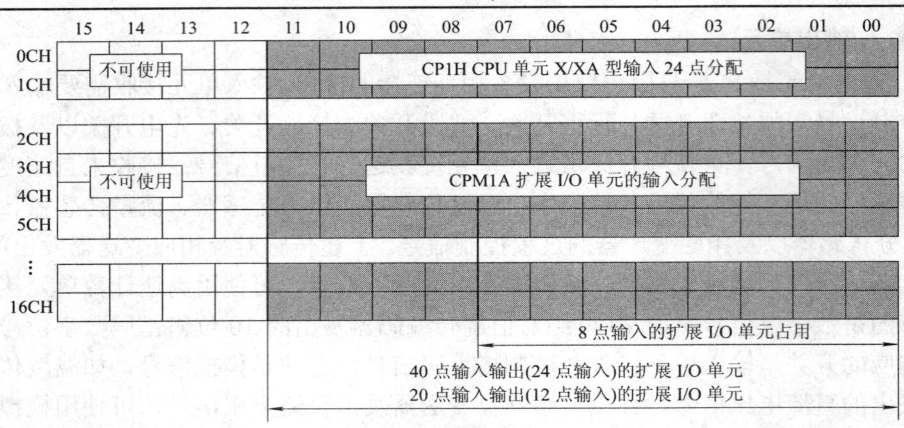

图 1-6　CP1H-X/XA 型输入接点的分配

对于开关类元件，通常分为无源元件和有源元件两大类。按钮开关、行程开关、位置开关以及干簧管等为无源元件，采用这类输入元件时，使用外接 24 V 直流电源，如图 1-7 所示。光敏类接近开关和磁敏类接近开关属于有源元件，采用分立元件或集成电路，需要提供器件电源。这些开关元件通常由三极管集电极输出。

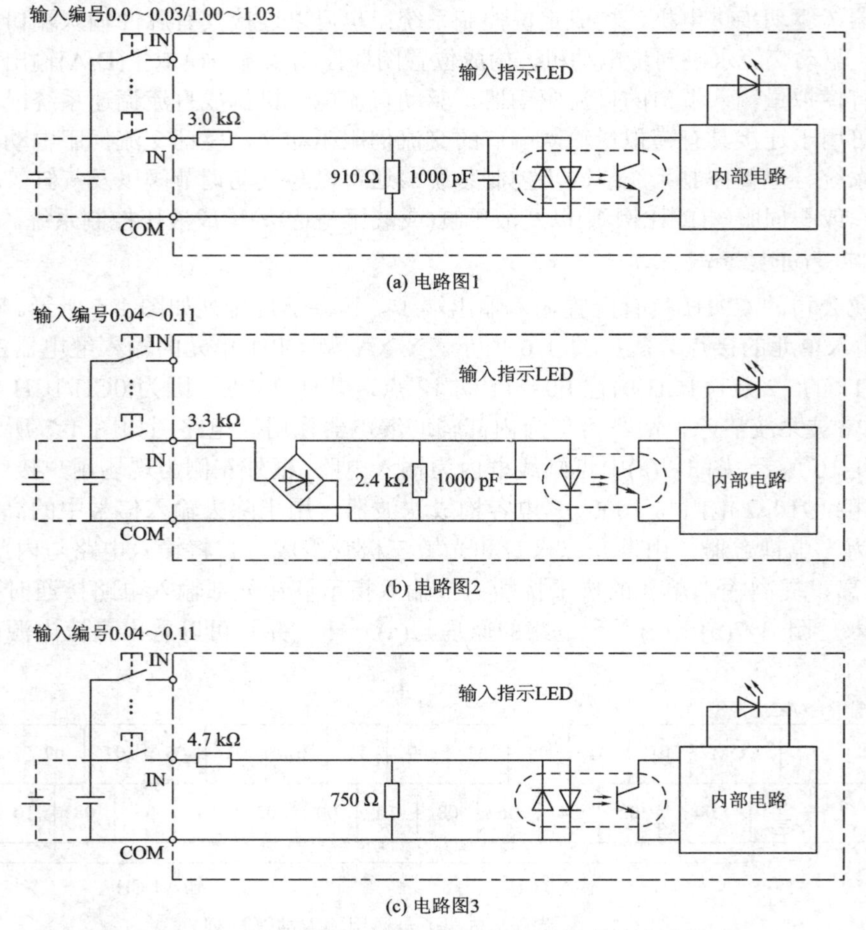

图 1-7　CP1H-XA 型数字量(开关量)输入单元电路图

表 1-10　CP1H-XA 型数字量(开关量)输入单元性能指标

项　目	规　格		
	0.04～0.11	0.00～0.03/1.00～1.03	1.04～1.11
输入电压	DC 24 V、+10%、−15%		
对象传感器	2 线式		
输入阻抗	3.3 kΩ	3.0 kΩ	4.7 kΩ
输入电流	7.5 mA TYP	8.5 mA TYP	5 mA TYP
ON 电压	最小 DC 17.0 V 以上	最小 DC 17.0 V 以上	最小 DC 14.4 V 以上
OFF 电压/电流	最大 DC 5.0 V 1mA 以下	最大 DC 5.0 V　1 mA 以下	最大 DC 5.0 V 1 mA 以下
ON 响应时间	2.5 μs 以下	50 μs 以下	1 ms 以下
OFF 响应时间	2.5 μs 以下	50 μs 以下	1 ms 以下

在选用开关量输入单元和开关类元件时，应注意以下几点：

(1) 关于有源开关元件的输出电压。有源开关元件的输出电压应符合表 1-10 规定的电压范围，如光敏类接近开关和磁敏类接近开关，可在现场调整开关元件与移动件的距离来得到符合表 1-10 规定的电压范围，并由开关量输入单元的 LED 指示灯来确认。

(2) 关于开关元件的动作频率。以 CP1H-XA 型开关量输入单元为例，它的响应时间最大为 1 ms，OFF 响应时间最大为 1 ms，从而限制了开关元件的动作频率。例如，采用增量式旋转编码器检测一个机械轴的转速或转角，编码器每转发出 100 个脉冲，由输入单元的某一位来计数，则机械轴的转速不能超过 5 转/秒，以确保计数准确。

(3) 关于输入单元的公共端(COM)。在生产现场，有些开关元件不能有公共端，因此在选用输入单元时应注意它的回路数，CP1H 输入单元的回路数为 1，在这种情况下，应选择多回路数且公共端在内部是隔离的输入单元。

(4) 关于电源的极性。不同类型的有源开关元件对电源的极性有不同的要求，故各公司 PLC 开关量输入单元的外接电源可任意，但是在一个回路中必须是同一极性的。

(5) 关于同时接通点数的限制。在高温下，同时接通的输入点数是受限制的，如图 1-8 为 CP1H-XA40DR-A 型 PLC 输入点数与环境温度关系图，因为过热会导致内部器件过早损坏。在生产现场，应将常开和常闭开关元件进行搭配，从而延长输入单元的使用寿命。

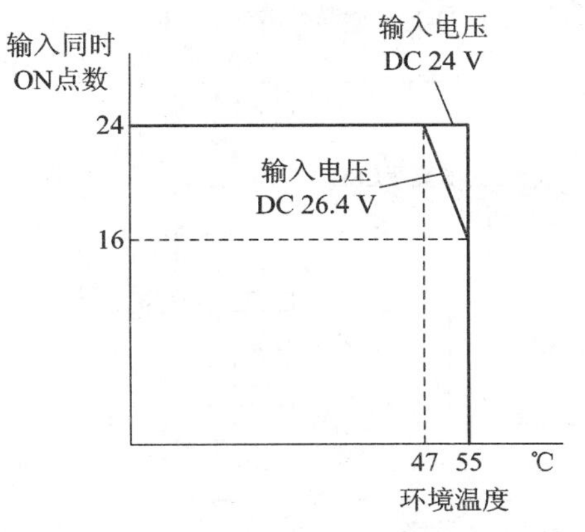

图 1-8　输入同时 ON 点数与环境温度的关系

2) 数字量(开关量)输出单元

输出端子台排列如图 1-9 所示。开关量输出单元通常有接点(继电器)输出单元、晶体管输出单元以及双向晶闸管(可控硅)输出单元。

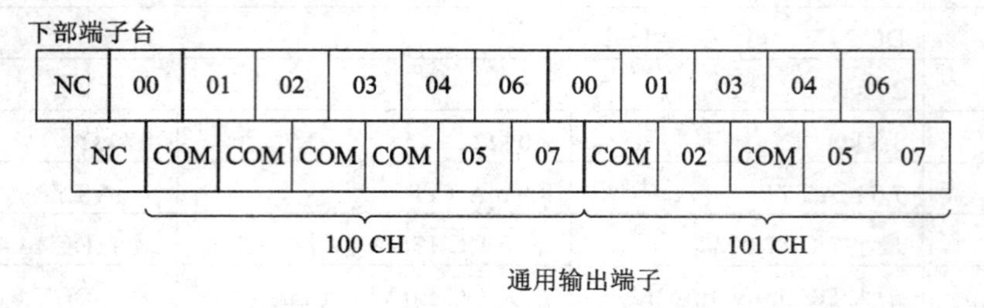

图 1-9　内置输出端子台排列的关系

(1) 接点(继电器)输出单元。图 1-10 是 CP1H-XA 型输出单元的接点分配图。X/XA 型 CPU 单元的输出继电器占用 100CH 的位 00～07 的 8 点，101CH 的位 00～07 的 8 点，共计 16 点。100CH/101CH 的高位位 08～15 可作为内部辅助继电器使用。图 1-11 是电路图，内部有 16 只小型 24 V 直流继电器，性能指标如表 1-11 所示。图中点画线框内是接点单元的输出电路，框外右侧为现场用户接线，图中仅画出 1 位接点的输出电路，其他各接点的输出电路均相同。

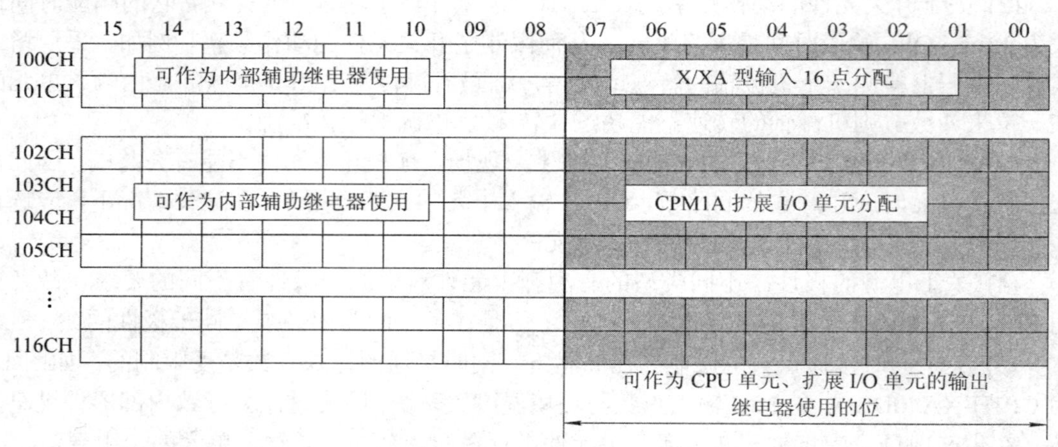

图 1-10　CP1H-XA 型数字量(开关量)输出接点的分配

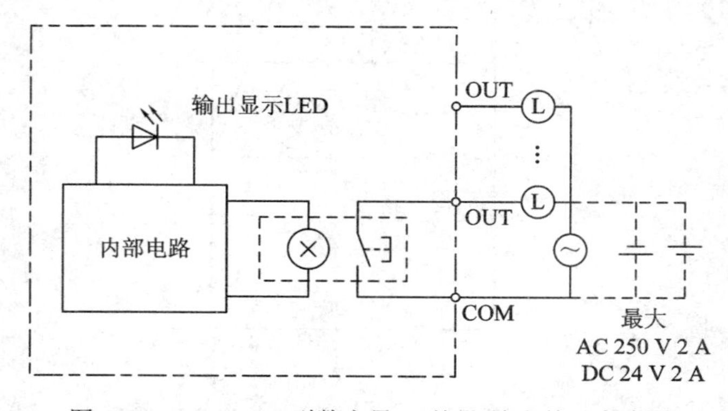

图 1-11　CP1H-XA 型数字量(开关量)输出单元电路图

接点输出单元的负载可以是接触器、牵引电磁铁、比例电磁铁、气动电磁阀、液压电磁阀、信号灯以及报警器等。外接电源视负载类型而定，可选用直流或交流电源。使用直流电源时，电源极性任意。

表 1-11　CP1H-XA 型数字量(开关量)输出单元性能指标

项　目			规　　格
最大开关能力			AC 250 V/2 A(cos φ =1) DC 24 V/2 A(4 A/公共)
最小开关能力			DC 5 V、10 mA
继电器寿命	电气	阻性负载	10 万次(DC 24 V)
		感性负载	48 000 次(AC 250 V cos φ =0.4)
	机械		2 000 万次
ON 响应时间			15 ms 以下
OFF 响应时间			15 ms 以下
回路数			6

在选用接点输出单元和负载时，应注意以下几点：

① 关于负载。当负载为感性负载时，应该在负载上并联合适的浪涌吸收器，防止噪声，减小碳化物和氧化物沉积的产生，延长继电器的寿命。

电阻、电容串联电路是最基本的浪涌吸收器，适用于交流或直流外接电源，如果电源电压为 24 V 或 48 V，浪涌吸收器并联在负载上，如果电源电压为 100 V 或 200 V，浪涌吸收器并联在接点上，对于交流电路，应使用无极性电容。每 1 A 接点电流，电容器容量为 0.5～1 μF，每 1 V 接点电压，电阻器的阻值应为 0.5～1 Ω，这些数值随负载特性的不同而变化，可通过实验来确定。

压敏电阻也是一种浪涌吸收器，利用压敏电阻的恒压特性来防止节点间产生高压。如果电源电压为 24 V 或 48 V，压敏电阻并联在负载上，如果电源电压为 100 V 或 220 V，压敏电阻并联在接点上。

若外接电源仅为直流电源，也可采用二极管作为浪涌吸收器，反向并联在负载上，二极管将感性负载线圈内积聚的电能转变为流入线圈的电流，该电流通过感性负载的电阻被转化为焦耳热，二极管反向耐压值应至少为电源电压值的 10 倍。二极管正向电流应不小于负载电流。雪崩二极管(TRS)利用其雪崩效应来实现过电压钳位，响应速度更快。

② 关于接点的开关频率。CP1H 接点输出单元的 ON 响应时间一般为 15 ms 左右，OFF 响应时间一般为 15 ms 左右，从而限制了开关元件的动作频率。表 1-11 中的电器寿命是在最大 1800 次/小时和环境温度为 23℃实验条件下得到的，对于感性负载，若以此频率运行，继电器可使用 55.55 小时，按每天两个班次计算，继电器仅能使用 3.47 天。另外，各种浪涌吸收器都会延长继电器原有的 ON 和 OFF 的响应时间。因此，接点输出单元不宜用在频繁动作的场合。

③ 关于接点输出单元的公共端(COM)。在生产现场，有些负载不能有公共端，因此在选用接点输出单元时应注意它的回路数，如 C200H-OC225 的回路数为 1(16 点、公共端)，

在这种情况下，应选用多回路数且公共端在内部是隔离的输出单元或独立接点输出单元，CP1H-XA40DR-A 有 6 个独立的公共端和 6 组独立接点。

④ 关于电源的极性。不同类型的负载要求不同的电源，故各公司 PLC 接点输出单元的外接电源可为交流电源或直流电源，且直流电源的接法可任意，但是在一个回路中必须为同一极性。

⑤ 关于同时接通点数的限制。在高温下，同时接通的接点数是受限制的，因为过热会导致内部器件过早损坏。在生产现场，应将经常处于通态和经常处于断态的负载进行搭配，从而延长输出单元的使用寿命。

(2) 晶体管输出单元。CP1H-XA 型的晶体管输出单元的电路如图 1-12 所示，性能指标如表 1-12 所示。

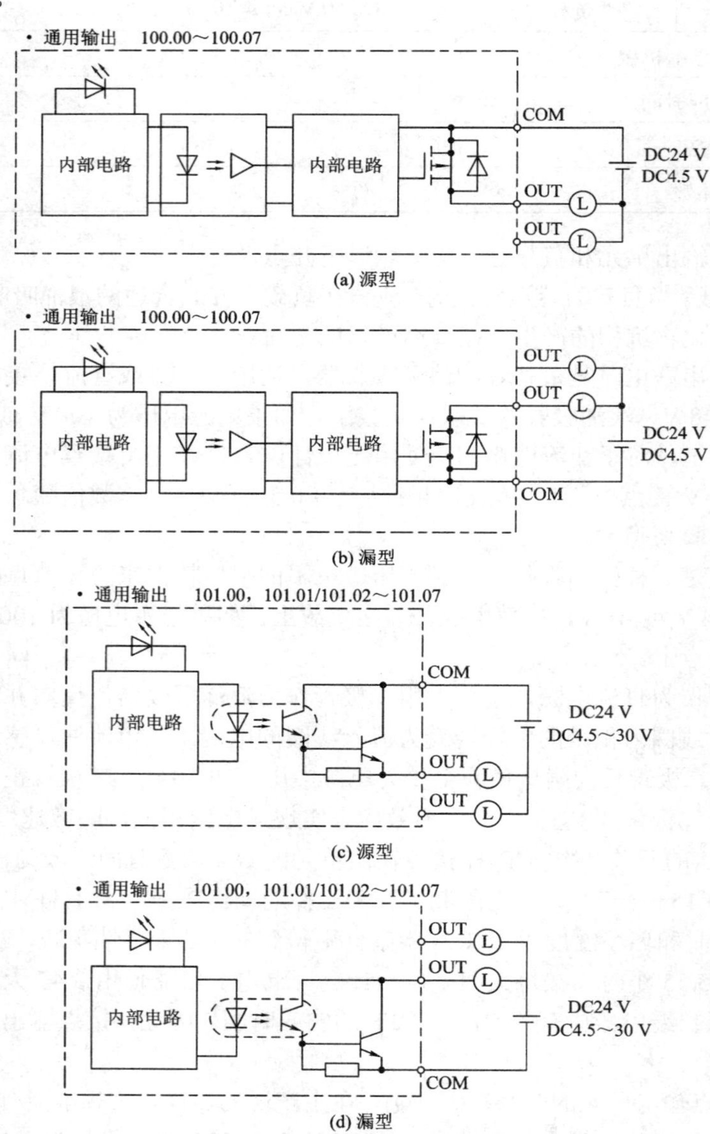

图 1-12　CP1H-XA 型晶体管输出单元电路图

表 1-12　CP1H-XA 型晶体管输出单元性能指标

项　目	规　格		
	100.00～100.07	101.00，101.01	101.02～101.07
最大开关能力	DC 4.5～30 V　300 mA/点　0.9 A/公共　3.6A/单元②③		
最小开关能力	DC 4.5～30 V 1 mA		
漏电流	0.1 mA 以下		
残留电压	0.6 V 以下	1.5 V 以下	
ON 响应时间	0.1 ms 以下		
OFF 响应时间	0.1 ms 以下		1 ms 以下
保险丝	有(1 个点)①		

注：① 不可以由用户更换保险丝。

② 请在 100.00～100.03 的合计为 0.9 A 的情况下使用。

③ 环境温度为 50℃以下的情况下，每个公共开关的电流可达到最大 0.9 A。

图 1-12(a)、(b)为 CP1H-XA 型晶体管输出单元 100CH 的电路图，(c)、(d)为 101CH 的电路图。图(c)中点画线框内是晶体管输出单元内部的输出电路，框外右侧为现场用户接线。外接电源为 24 V 直流电源。虚线框内为光电耦合器，外面的三极管为功率无触点开关元件，用于接通或断开负载电路。图(d)原理相同。图中只画出一位即一个输出电路，其它输出点的输出电路均相同。

晶体管作为无触点开关元件，寿命长且响应时间短，如本例中晶体管输出单元 ON 响应时间为 0.1 ms 左右，OFF 响应时间为 0.1 ms 左右。最大通断能力在 DC 1～300 mA，4.5～30 V 之间。

通常晶体管输出单元采用光电耦合器作为输出级，使得内部电路(控制电路)与输出电路隔离，内部电路不直接受到负载电流的影响，提高了输出单元抗干扰能力。

对于晶体管输出单元，当负载为感性负载时，应采用浪涌吸收器，用以吸收浪涌电压。此外，还应有过电流和过载保护电路。

选用晶体管输出单元时应注意以下几点：

① 关于通断能力。晶体管输出单元的通断能力即负载能力大小，点数越多通断能力越小，如 CP1H-XA 型为 16 点输出，最大通断能力为 300 mA。

② 关于开关频率。晶体管作为无触点开关，响应快，输出单元的 ON 响应时间(最大)在 0.1～1.5 ms 范围内，OFF 响应时间(最大)在 0.1～2 ms 范围内。当负载为感性负载时，需要使用浪涌吸收器，这就使得输出单元原有的 ON 响应时间和 OFF 响应时间被延长，例如，用二极管并联在感性负载的线圈上，用于吸收浪涌电压，使关断时的反压仅为 0.6 V，但是，OFF 响应时间却增大到 65 ms，这就是“电流拖尾”现象，从而降低了开关频率。

③ 关于公共端(COM)。在生产现场，有些负载不能有公共端，应选用多回路数且公共端在内部是隔离的输出单元或独立输出单元。

④ 关于外接电源的极性。不同类型的负载要求不同的电源接法，而且，不同型号的晶体管输出单元的输出电路也有差别，有 PNP 输出和 NPN 输出之分等，例如选用 CP1H-XA40DT-D 晶体管输出单元时，外接电源的负极连接输出单元的公共端(COM)，使

用时应予以注意。

⑤ 关于同时接通点数的限制。在高温下，同时接通的接点数是受限制的，因为过热会导致内部器件过早损坏。在生产现场，应将经常处于通态和经常处于断态的负载进行搭配，从而延长晶体管输出单元的使用寿命。

⑥ 关于输出隔离。有的晶体管输出单元的内部电路(控制电路)与输出电路(功率级)之间没有电隔离，有的晶体管输出单元采用光电耦合器进行隔离，选用时均应予以注意。

3. 输入/输出扩展单元

与其他 PLC 一样，CP1H 系列当 I/O 点数不够用或需要模拟量 I/O 时，可增设扩展 I/O 单元，对 20 点和 40 点的 CP1H，可连接 7 台扩展 I/O 单元(CPM1A 系列)，最大输入输出点数可达 320 点。开关量扩展 I/O 单元有 40 点输入输出型(24 点输入和 16 点输出)和 20 点输入输出型(12 点输入和 8 点输出)等，模拟量扩展 I/O 单元有 2 路模拟量输入和 1 路模拟量输出。扩展结构图如图 1-13 所示。

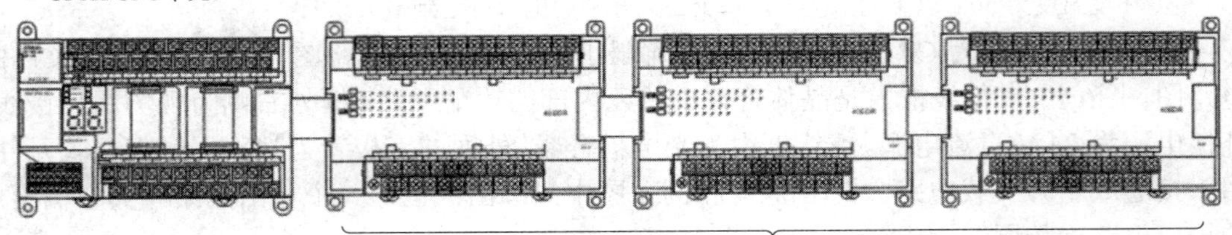

图 1-13　CP1H 的 CPU 机架结构图

另外，如前文所述，通过 CJ 单元适配器，连接 CJ 系列的特殊 I/O 单元、CPU 总线单元最大 2 单元。CJ 系列扩展单元连接示意图如图 1-2 所示。

同时连接 CPM1A 系列用扩展(I/O)单元及 CJ 系列特殊 I/O 单元，CPU 总线单元的情况如图 1-14 所示，其中要使用 I/O 连接电缆，如采用 CP1W-CN811 电缆，可延长 80 cm，并可用 2 段并行，可扩展单元达到最大 7 单元 × 最大 40 点，因此可扩展输入输出点数最大为 280 点。

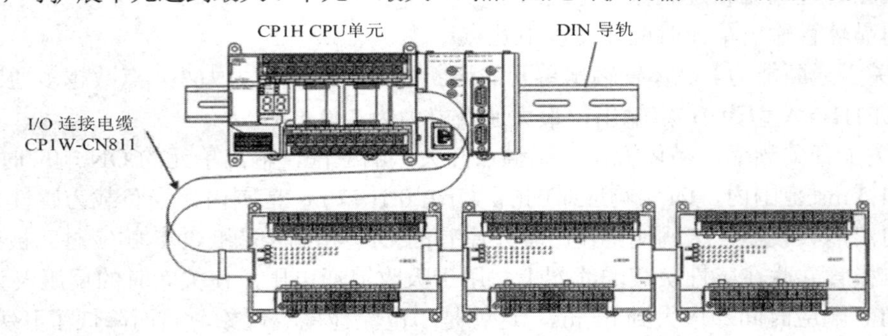

图 1-14　连接 CPM1A 和 CJ 系列扩展单元示意图

4. 编程器

CP1H 系列机使用个人计算机编程，在 PC 上装上基于 Windows 环境的 CX-P 编程软件，用通信电缆将 PC 的 RS-232C 端口与 CP1H 的 RS-232C 端口相连，或用专用电缆将 PC 的 USB 端口与 CP1H 的 USB 端口相连。

■ 任务内容

图1-15是CP1H-XA-AC/DC继电器的端子连接图，请根据该图对PLC进行端子接线，并借助输入按钮进行试车验收。

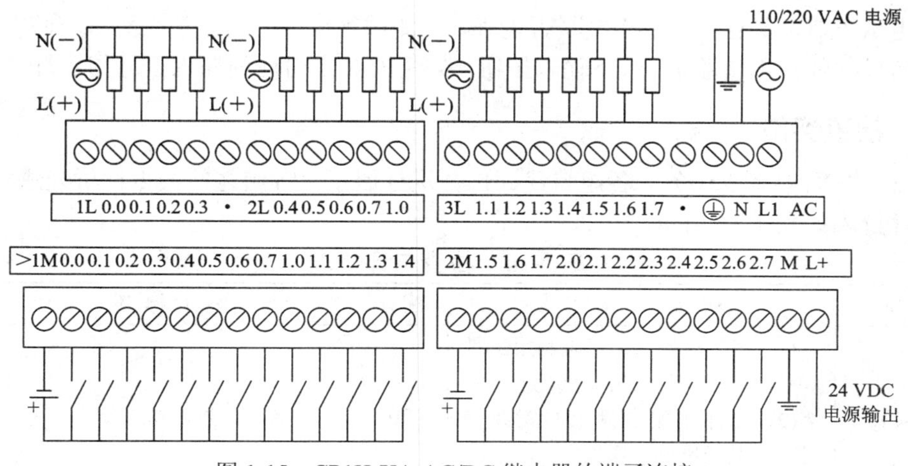

图1-15　CP1H-XA-AC/DC继电器的端子连接

任务实施

1. 电器元件的检查与安装

按表1-13所列的任务器材清单配齐所用电器元件，并进行质量检查，然后安装固定。

表1-13　任务器材清单

序号	名　称	型号与规格	单位	数量	备注
1	三相四线电源	～3×380/220 V，20 A	处	1	
2	单相交流电源	～220 V和36 V，5 V	处	1	
3	PLC	S7-226或自定	台	1	
4	配线板	500 mm×600 mm×20 mm	块	1	
5	组合开关	HZ10-25/3	个	1	
6	交流接触器	CJ10-20，线圈电压380 V	只	3	
7	熔断器及熔芯配套	RL6-60/20	套	3	
8	熔断器及熔芯配套	RL6-15/4	套	2	
9	三联按钮	LA10-3H或LA4-3H	个	2	
10	接线端子排	JX2-1015，500 V、10 A、15节或配套自定	条	1	
11	木螺钉	φ3 mm × 20 mm；φ3 mm × 15 mm	个	30	
12	平垫圈	φ4 mm	个	30	
13	塑料软铜线	BVR-1.5 mm^2，颜色自定	M	20	
14	塑料软铜线	BVR-0.75 mm^2，颜色自定	M	10	
15	开口冷压端子	UT2.5-4，UT1-4	个	40	
16	行线槽	TC3025，两边打φ3.5 mm孔	条	5	
17	异型塑料管	φ3 mm	M	0.2	

2. 布线安装

根据板前线槽布线操作工艺，按照图 1-15 进行布线安装。接线时，注意 PLC 端子接线要用开口冷压端子接线。

3. 试车、交付

通电试车前，要复验一下接线是否正确，并测试绝缘电阻是否符合要求。通电试车时，必须有指导教师在现场监护。按下输入按钮，观察 PLC 上对应的输入信号指示灯是否点亮。

检查评价

在规定时间内完成任务，各组自我评价并进行展示，各组之间根据评价表进行检查。检查与评价表如表 1-14 所示。

表 1-14　检查与评价表

项　目	要　　求	配分	评 分 标 准	得　分
元件安装	(1) 按图样要求，正确利用工具和仪表，熟练地安装电气元件。 (2) 元件在配电盘上布置要合理，安装要准确、紧固。 (3) 按钮盒不固定在板上	20	不合理，每处扣 5 分	
布线	(1) 要求美观、紧固。 (2) 配电板上进出线要接到端子排上，进出的导线要有端子号	50	不规范，每处扣 5 分	
通电试车	在保证人身和设备安全的前提下，通电试车一次成功	20	第一次试车不成功扣 5 分；第二次试车不成功扣 10 分	
文明安全	安全用电，无人为损坏仪器、元件和设备，小组成员团结协作	10	成员不积极参与，扣 5 分；违反文明操作规程扣 5～10 分	
总　分				

相关知识

相关知识一　PLC 控制系统与继电器控制系统的比较

1. 接线程序控制与存储程序控制的基本概念

接线程序控制系统中支配控制系统工作的“程序”是由分立元件(继电器、接触器、电子元件等)用导线连接起来实现的，该程序就在接线之中。控制程序的修改必须通过改变接线来实现。继电器控制系统为典型的接线程序控制系统。

存储程序控制系统中支配控制系统工作的程序是存放在存储器中的，系统要完成的控制任务是通过存储器中的程序来实现的，其程序是由程序语言表达的。控制程序的修改不需要改变控制器的内接线(即硬件)，而只需要通过编程器改变存储器中某些语句的内容即可。PLC 控制系统为典型的存储程序控制系统。

图 1-16 所示为继电器控制系统框图，图 1-17 所示为 PLC 控制系统框图。显而易见，PLC 控制系统的输入/输出部分与传统的继电器控制系统基本相同，其差别仅仅在于控制部

分。前者是用硬接线将许多继电器按某种固定方式连接起来完成逻辑功能，因此其逻辑功能不能灵活改变，并且接线复杂，故障点多；而后者是通过存放在存储器中的用户程序来完成控制功能的。在 PLC 控制系统中，由用户程序代替了继电器控制电路，使其不仅能实现逻辑运算，还具有数值运算及过程控制等复杂控制功能。由于 PLC 采用软件实现控制功能，所以可以灵活、方便地通过改变用户程序以实现控制功能的改变，从而从根本上解决了继电器控制系统的控制电路难以改变逻辑关系的问题。

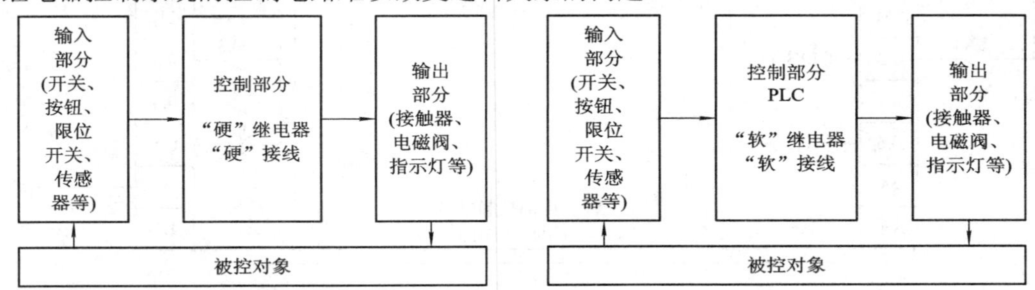

图 1-16　继电器控制系统框图　　图 1-17　PLC 控制系统框图

下面以接触器控制电动机单向旋转电路为例进一步说明两种系统的不同。如图 1-18(a)所示为其主电路，如图 1-18(b)所示为其接触器控制电路图，要想实现控制功能必须按图完成接线，若改变功能必须改动接线。如图 1-18(c)所示为使用 PLC 时完成同样功能需进行的接线。从图中可知，只需将启动按钮 SB1、停止按钮 SB2、热继电器 FR 接入 PLC 的输入端子，将接触器线圈连接到 PLC 的输出端子即可完成接线，具体的控制功能是由输入 PLC 的用户程序来实现的，不仅接线简单，而且当需要改变功能时不用改动接线，只要改变程序即可，非常方便。

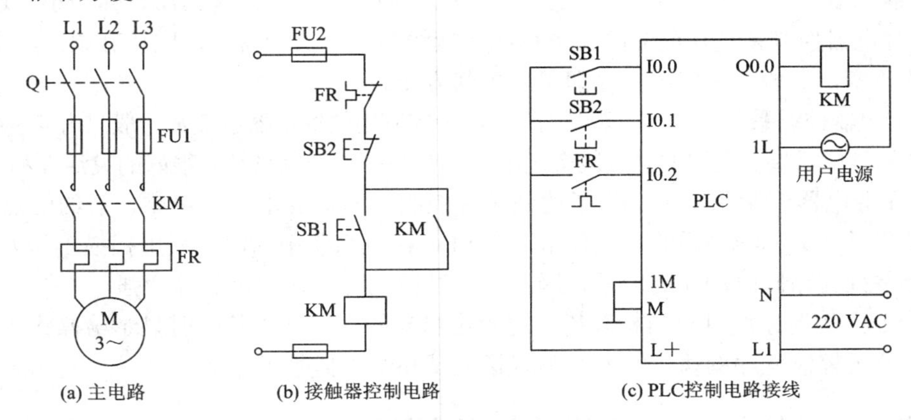

图 1-18　接触器控制电动机单向旋转电路

2．PLC 的等效工作电路

为了进一步理解 PLC 控制系统和继电器控制系统的关系，必须了解 PLC 的等效工作电路。PLC 的等效电路可分为三个部分：收集被控设备(开关、按钮、传感器等)的信息或操作命令的输入部分，运算、处理来自输入部分信息的内部控制电路和驱动外部负载的输出部分。

图 1-19 给出了 PLC 控制系统内部等效电路。图中的 I0.1、I0.2、I0.3 等为 PLC 输入继电器，Q0.1、Q0.2 等为 PLC 输出继电器。图中的继电器并不是实际的继电器，它实质上是存储器中的某一位触发器。该位触发器为“1”态时，相当于继电器得电；该位触发器为“0”

态时，则相当于继电器失电。因此，这些继电器在 PLC 中也称“软继电器”。

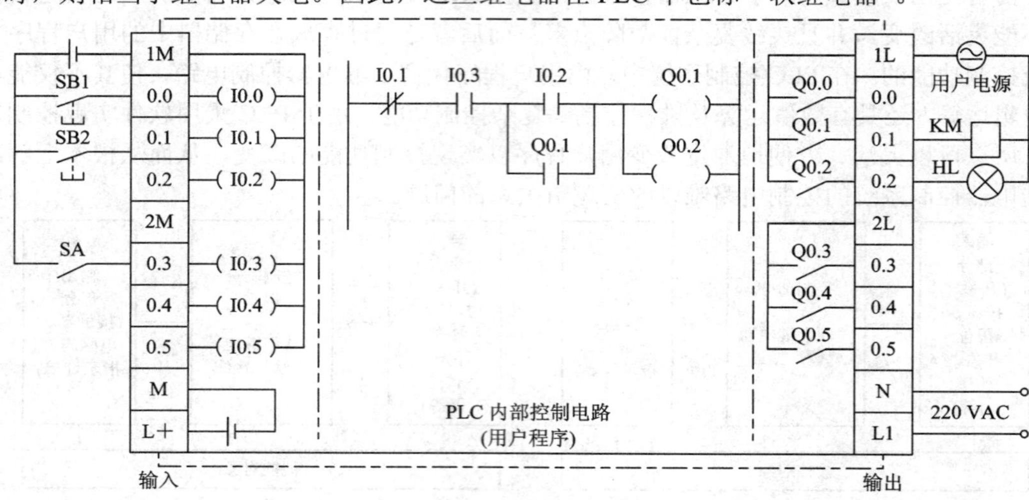

图 1-19　PLC 控制系统内部等效电路

3. PLC 控制系统与继电器控制系统的区别

PLC 控制系统是由继电器控制系统和计算机控制系统发展而来的，与传统的继电器控制系统相比，其主要不同表现在以下几个方面：

(1) 继电器控制系统采用许多硬器件、硬触点和“硬”接线连接组成逻辑电路实现逻辑控制要求，而且易磨损、寿命短；而 PLC 控制系统内部大多采用“软”继电器、“软”触点和“软”接线连接，其控制逻辑由存储在内存中的程序实现，且无磨损现象，寿命长。

(2) 继电器控制系统的体积大、连线多，PLC 控制系统的结构紧凑、体积小、连线少。

(3) 继电器控制系统功能的改变需拆线、接线乃至更换元器件，比较麻烦；而 PLC 控制功能的改变，一般仅需修改程序即可，极其方便。

(4) 继电器控制系统中的触点数量有限，用于控制用的继电器触点数一般只有 4～8 对；而 PLC 每个软继电器供编程用的触点数有无限对，使得 PLC 控制系统有很好的灵活性和扩展性。

(5) 在继电器控制系统中，为了达到某种控制目的，要求安全可靠，节约触点用量，因此，设置了许多制约关系的联锁环节。在 PLC 控制系统中，由于采用扫描工作方式，不存在几个并列支路同时动作的因素，因此设计过程大为简化，可靠性增强。

(6) PLC 控制系统具有自检功能，能查出自身的故障，将其随时显示给操作人员，并能动态地监视控制程序的执行情况，为现场调试和维护提供了方便。

相关知识二　欧姆龙 CP1H 系列 PLC 的存储区分配

要实现正确的控制，就需要各种类型的数据、逻辑变量和状态变量。为了方便地对它们进行管理，PLC 提供了各类存储器区域，每个区域都有各自的功能，每个区域分配一定数量的存储器单元，并按不同的区域进行编号。下面介绍 CP1H 系列的存储器区域，表 1-15、表 1-16 给出了每个区域的名称、大小及范围，数据和存储区域常用简称，如通道 I/O(CIO)区域、内部辅助继电器(WR)区域、暂时存储继电器(TR)区域、保持继电器(HR)区域、特殊辅助继电器(AR)区域、定时器当前值(T)、计数器当前值(C)、数据存储器(DM)区域、变址寄存器(IR)区域以及数据寄存器(DR)区域等。

对于 CP1H 系列 PLC，将内部存储器区域划分为用户程序区域、I/O 存储器区域和参数区域三大部分。I/O 存储器区域是指指令执行时用操作数指定的区域，其分配表如表 1-15、表 1-16 所示，其中的 CIO 区域、WR 区域、TR 区域、HR 区域、AR 区域、T 的当前值、C 的当前值、DM 区域、IR 区域以及 DR 区域等合称为 I/O 存储器区域(IOM)。参数区域是指保存 PLC 系统设定、高功能 CPU 单元系统设定等的 CPU 单元的系统区域。

表 1-15　存储器区域分配表(一)

<table>
<tr><th colspan="3">区　域</th><th>大　小</th><th>范　围</th><th>注　释</th></tr>
<tr><td rowspan="8">CIO(通道 I/O)区域</td><td rowspan="2">输入输出继电器区域</td><td>输入继电器</td><td>272 点</td><td>0～16CH</td><td rowspan="2">用于分配到 CP1H CPU 单元的内置输入输出及 CPM1A 系列扩展 I/O 单元或扩展单元的继电器区域，不使用的输入继电器 CH 及输出继电器编号可作为内部辅助继电器使用</td></tr>
<tr><td>输出继电器</td><td>272 点</td><td>100～116CH</td></tr>
<tr><td rowspan="2">内置模拟输入输出继电器(仅限 XA 型)</td><td>内置模拟输入继电器</td><td>4CH</td><td>200～203CH</td><td rowspan="2">用于分配 CP1H CPU 单元 XA 型的内置模拟输入输出的继电器区域，不可作为内部辅助继电器使用</td></tr>
<tr><td>内置模拟输出继电器</td><td>2CH</td><td>210～211CH</td></tr>
<tr><td colspan="2">数据链接继电器</td><td>3200 点(200CH)</td><td>1000～1199CH</td><td>在 Controller Link 自动设定的数据链接下，区域种类为链接继电器时或 PLC 链接时使用</td></tr>
<tr><td colspan="2">CPU 总线单元继电器</td><td>6400 点(400CH)</td><td>1500～1899CH</td><td>连接 CJ 系列 CPU 总线单元时使用</td></tr>
<tr><td colspan="2">总线 I/O 单元继电器</td><td>15360 点(960CH)</td><td>2000～2959CH</td><td>连接 CJ 系列特殊 I/O 单元时使用</td></tr>
<tr><td colspan="2">串行 PLC 链接继电器</td><td>1440 点(90CH)</td><td>3100～3189CH</td><td>用于与其他 PLC CP1H CPU 单元或 CJ1M CPU 单元进行的数据链接</td></tr>
<tr><td rowspan="2">CIO(通道 I/O)区域</td><td colspan="2">DeviceNet 继电器</td><td>9600 点(600CH)</td><td>3200～3799CH</td><td>CJ 系列 DeviceNet 单元中使用的、可通过远程 I/O 通信(固定分配)来分配各从站的区域</td></tr>
<tr><td colspan="2">内部辅助继电器</td><td>4800 点(300CH)
37504 点(2344CH)</td><td>1200～1499CH
3800～6143CH</td><td>仅可在程序上使用的继电器区域，不可进行与外部输入输出端子的输入输出。作为内部辅助继电器，相比该区域，优先使用 WR 区域</td></tr>
<tr><td></td><td colspan="2">内部辅助继电器区域</td><td>8192 点(512CH)</td><td>W000～W511CH</td><td>仅可在程序上使用的继电器区域，不能用作和外部 I/O 端子的 I/O 交换输出，作为内部辅助继电器，基本上优先使用该区域</td></tr>
<tr><td></td><td colspan="2">暂时存储继电器区域</td><td>16 个</td><td>TR0～TR15</td><td>当编制某种类型的分支梯形图时，用于临时存储和读取执行条件</td></tr>
<tr><td></td><td colspan="2">保持继电器区域</td><td>8192 点</td><td>H000～H511</td><td>当 PLC 掉电时，用于存储数据和保留数值</td></tr>
</table>

表 1-16　存储器区域分配表(二)

区　域	大　小	范　围	注　释
特殊辅助继电器区域	15360 点(960CH)	A000～A959 CH	包括标志位和特殊功能位，掉电时保留状态
定时器当前值	4096CH	T0000～T4095	用于定义定时器以及存储结束标志、PLC 和 SV 值
计数器当前值	4096CH	C0000～C4095	用于定义计数器以及存储结束标志及 PLC 和 SV 值
数据存储器区域	32768CH	D00000～D32767	用于读/写通道字处理
变址寄存器区域	16 个	IR0～IR15	保存 I/O 存储器的有效地址(RAM 上的地址)
数据寄存器区域	16 个	DR0～DR15	仅用于在变址寄存器中对该数据寄存器的内容相加的值进行指定

1. CIO(通道输入输出继电器)区域

通道输入输出继电器可用于控制 I/O 点的数据，也可以用于内部处理和存储数据的工作位，可以按字或按位存取。每个 CIO 继电器都是“软”继电器，它对应于某个内部存储器的某一位。在 CIO 区域中，用来控制 I/O 点的字称为 I/O 字或通道，I/O 字中的位称为 I/O 位。

1) I/O 字和 I/O 位

CP1H 系列晶体管输入单元位于 CPU 单元上的 0CH 和 1CH，该输入单元的 24 个端子按顺序对应于地址 0CH 的 0～11 位和 1CH 的 0～11 位(12～15 位不可用)，即位地址从 0.00～0.11 和 1.00～1.11 共 24 个继电器。若该输入单元的 0 号端子外接开关接通，即输入位置 ON，则可在程序通过 I/O 位读取输入状态。

CP1H 系列晶体管输出单元位于 CPU 单元上的 100CH 和 101CH，该输入单元的 16 个端子按顺序对应于地址 100CH 的 0～7 位和 101CH 的 0～7 位(8～15 位可作为内部辅助继电器用)，即位地址从 100.00～100.07 和 101.00～101.07 共 16 个继电器。若要使连接在 0 号端子外部的器件得电，相应的 100.00 就要置 ON。

在编程中不用考虑输入位的次序，而且每个输入位可被任意次使用。输出位用于输出程序的执行结果，在编程中也不用考虑次序，每一位输出只能用于一条控制其状态的指令。

2) CPU 单元和扩展(I/O)单元的分配

对于 CP1H 系列 PLC，除了 CPU 单元外，CPM1A 扩展 I/O 单元、扩展单元的台数不超过 7 个单元。此外，CP1H CPU 单元的侧面连接要用 CJ 单元适配器 CP1W-EXT01，可以连接 CJ 系列特殊 I/O 单元或 CPU 总线单元，最多合计两个单元。CP1H CPU 单元的内置输入占用 0CH 和 1CH，内置输出占用 100CH 和 101CH，此外输入 CH 数和输出 CH 数必须在 17H 以下 ，超过限制的情况下会出现 I/O 点数超出(运行停止、异常)而不能运行。CPM1A 系列扩展(I/O)单元中，输入继电器为 2CH，输出继电器为 102CH，按照连续顺序自动地分配扩展单元。

2. WR(内部辅助继电器)区域

WR 区域作用于内部辅助继电器，仅可在程序上使用。WR 区域的字地址范围是 W000～W511，位地址是 W0.00～W511.15。WR 区域包括两种，一是 1200～1499CH、3800～6143CH，在 CPU 单元扩展时可分配其他特定用途；二是 W000～W511，在 CPU 单元功能扩展，不能分配其他特定用途。内部辅助继电器通常推荐优先使用 W000～W511。可进行强制的置位/复位。

3. AR(特殊辅助继电器)区域

AR 区域用于已事先决定的继电器，包括系统设定的继电器和用户进行设定操作的继电器，由自诊断发现的异常标志、初始设定标志、操作标志、运行状态监视数据等构成。

AR 字的地址为 A000～A959CH，AR 位的地址为 A0.00～A959.15。AR 区域包括读取专用区域 A000～A447CH 和可读取/写入区域 A448～A959CH，对于可读取/写入区域，也不可进行强制的置位/复位。

4. HR(保持继电器)区域

HR 区域用于存储/操作各种数据并可按字或位存取，字地址为 H000～H511，位地址为 H0.00～H511.15。HR 位可按任何次序使用，并可与普通位一样用于程序。当系统操作方式改变、电源中断或 PLC 停止操作时，HR 区域能够保持状态。

HR 区域的字和位可用于在 PLC 操作中止后保留数据，HR 的位还有各种特殊应用。

5. TR(暂时存储继电器)区域

TR 区域只给 LD 指令和 OUT 指令提供 16 个位，用于某些分支类型梯形图程序。TR 区域地址为 TR0～TR15。允许同一 TR 位在同一指令块重复使用，每位可以任意次序并任意次数使用。

6. T/C(定时器/计数器)区域

T/C 区域用来生成和编制定时器/计数器，并能保存定时器/计数器的结束标志，设定值(SV)和当前值(PV)，通过 T/C 号(T0000～T4095，C0000～C4095)可存取这些数。每一个 T/C 号可定义一个定时器或一个计数器 ，但所有的定时器/计数器的 T/C 号不能重复。

定时器/计数器在电源中断时能保持定时器/计数器的设定值(SV)，保持定时器的当前值(PV)，但不能保持计数器的当前值(PV)。

7. DM(数据存储器)区域

DM 区域为 32K 字，用来存放内部运算的中间结果及最终结果、处理数据的中间结果及最终结果、转换数据、由外部设备输入的各种数据以及特殊 I/O 单元的设定数据等。DM 区域的分配如表 1-17 所示。

表 1-17　DM(数据存储器)区域

地　址	用户读/写	用　　途
D00000～D19999	读/写	普通 DM
D20000～D29599		特殊 I/O 单元用(100 字/单元)
D29600～D29999		普通 DM
D30000～D31599		CPU 总线单元用(100 字/单元)
D31600～D32199		普通 DM
D32200～D32249		Modbus-RTU 简单固定分配区域(串行端口 1)
D32250～D32299		普通 DM
D32300～D32349		Modbus-RTU 简单固定分配区域(串行端口 2)
D32350～D32767		普通 DM

相关知识三　PLC 的外接线

PLC 的外接线至关重要，一旦接错，就可能使得 PLC 无法正常工作或产生误动作，故在接线时一定要注意。下面主要从电源/接地、输入输出等几方面介绍接线时应注意的问题。

1. 电源/接地线的布线

电源单元向 CPU 和 I/O 单元提供电源，电源单元有直流(DC)和交流(AC)两种输入，可以按照需要选择。

1) AC 电源型

AC 电源输入布线方式如图 1-20 所示。

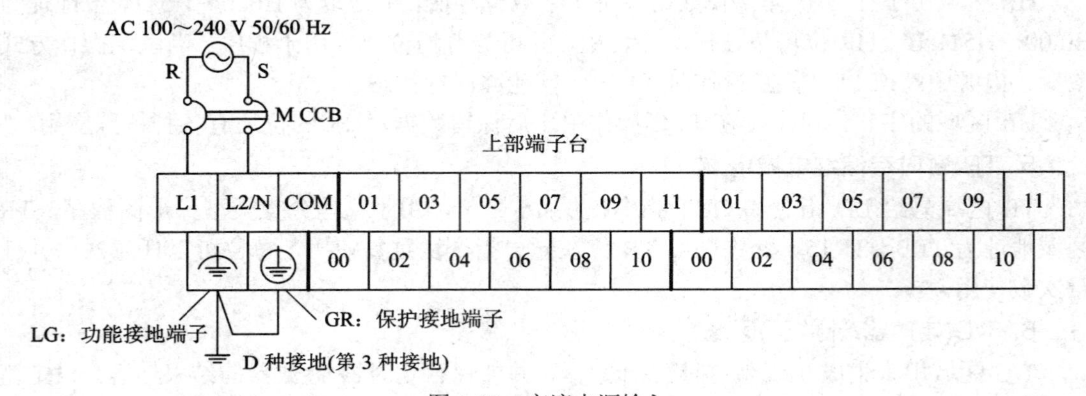

图 1-20　交流电源输入

该电源采用交流输入，可以连接 100～120 V 或 200～240 V 电源，(允许波动 85～132 V 或 170～264 V)，使用时注意按照电源的电压调整接线；为了不发生因其他设备的启动电流及浪涌电流导致的电压降低，电源电路应与动力电路分别布线。使用多台 CP1H 的情况下，为了防止浪涌电流导致电压降低及断路器的误动作，最好分别布线供电。为防止电源线发出的干扰，请将电源线扭转后使用。或在电源单元和供电电源之间采用连接 1∶1 的隔离变压器，该变压器的副边不接地，这样可以减小 PLC 和大地之间的噪声，还可以保证人员的安全。

接线时注意 LG 端子和 GR 端子的作用，GR 端子应该接地，注意接线电阻不大于 100 Ω (采用线芯截面为 2 mm^2 的线)。而 LG 端子是电源过滤器的中间抽头，一般不要求接地，但当干扰很大时，可以将该端子与 GR 连接在一起接地(第三种接地方式)。不过最好不要将 PLC 和 PLC 外的设备共用一个接地点。

2) DC 电源型

DC 电源输入布线方式如图 1-21 所示。

该电源单元为直流 24V 输入，电源的布线请务必采用压接端子或使用单线。消耗功率为 50 W 以下。注意接通电源时，会发生约 5 倍的浪涌电流。GR 为保护接地端子。为了防止触电，请用专用的接地线(2 mm2 以上的电线)安装进行 D 种接地(第 3 种接地)。允许电源电压波动为 20.4～26.4 V，而当扩展台数为 2 台以上时，允许电源电压波动为 21.6～26.4 V。

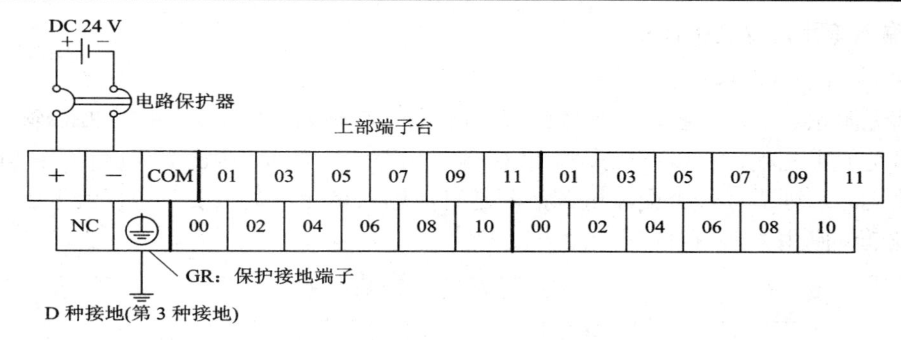

图 1-21　直流电源输入

2. 输入输出的布线

布线时确认输入输出的规格，特别要注意在 I/O 单元中，对于输入模块不要提供超过最大输入电压的供电电源，对于输出单元，不应超过最大开关能力，否则会造成故障、破损、火灾。此外，要注意不要颠倒电源中正负的指定。X/XA 型的输入电路为 24 点/公共型电路。COM 端子的电线请使用有充足电流容量的电线。AC 电源型的下部端子台中含有 DC 24 V 输出端子，可作为输入电路用的 DC 电源使用。如图 1-22 为 X/XA 型的输入布线图，图 1-23 为 X/XA 型(继电器输出)的输出布线图。

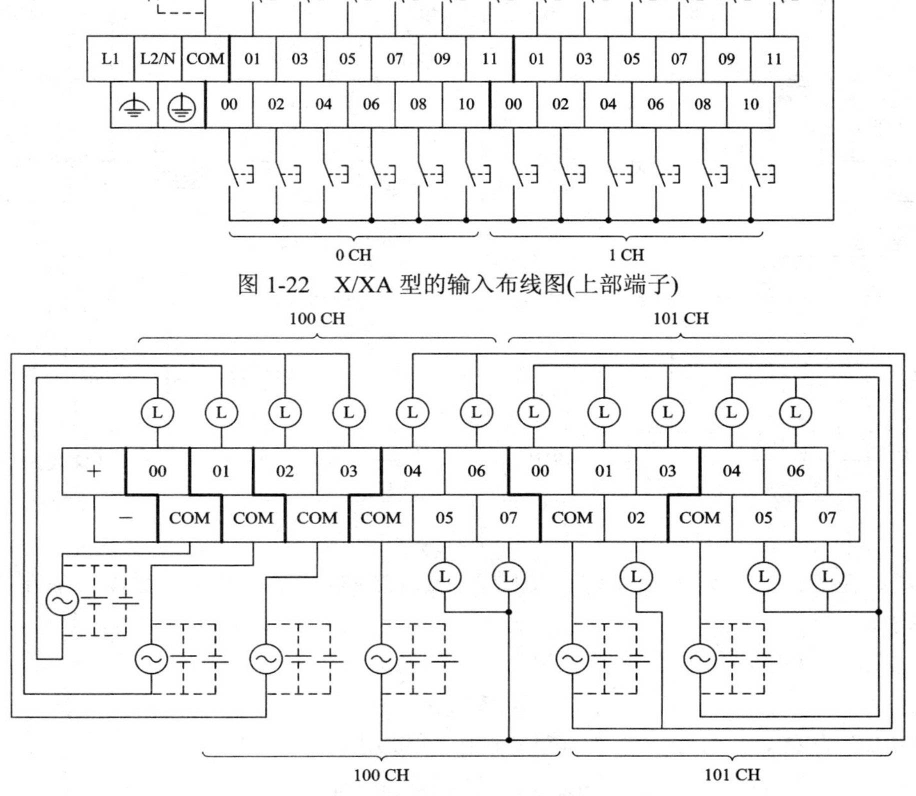

图 1-22　X/XA 型的输入布线图(上部端子)

图 1-23　X/XA 型的输出布线图(继电器输出)

3. 输入单元可以连接设备

1) 无源触点输出设备

所谓无源触点输出设备，就是按钮或继电器的常开或常闭触点。由于 PLC 输入单元的输入电路是一个光耦，所以在触点和 PLC 输入电路之间需要串联一个电源。当 PLC 是交流输入单元时，则需要一个交流电源；若是直流输入单元，则需要一个直流电压源。触点与 PLC 之间的连接如图 1-24 所示。

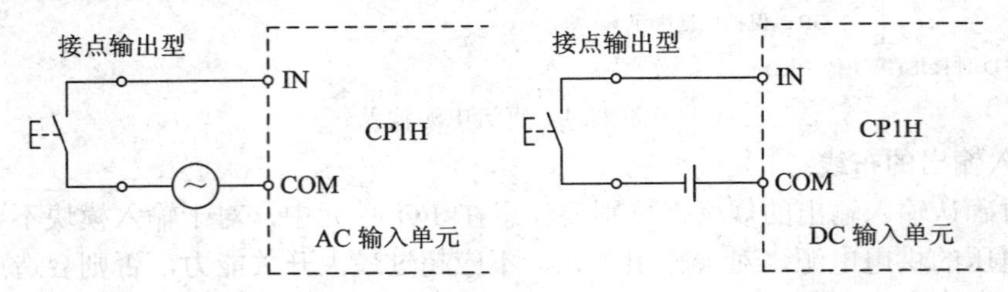

图 1-24　触点与 PLC 的连接

2) 三极管作为开关的输出设备

三极管的集电极和发射极之间也可以作为开关使用。当三极管导通时，相当于开关闭合；当三极管截止时，相当于开关断开。图 1-25 所示为三极管作为开关的接线图。

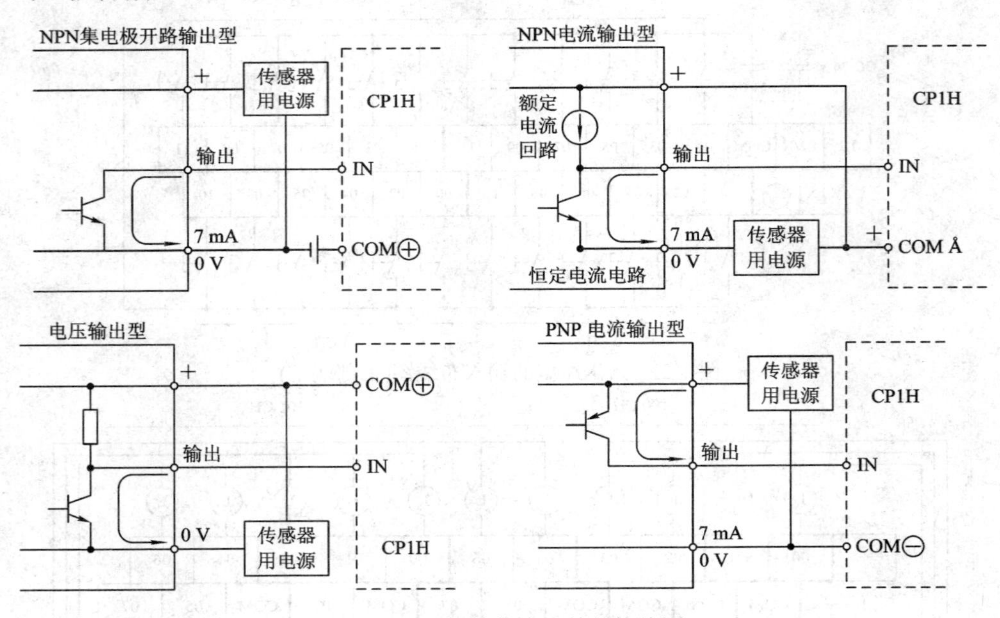

图 1-25　三极管作为开关的接线图

注意：在 DC 24 V 输入设备中，使用 2 线式传感器时，请确认满足以下条件，否则会造成误动作。

(1) PLC 的 ON 电压与传感器的剩余电压的关系：

$$V_{ON} \leqslant V_{CC} - V_R$$

(2) PLC 的 ON 电流与传感器的控制输出(负载电流)的关系：

$$I_{OUT(min)} \leqslant I_{ON} \leqslant I_{OUT(max)}$$

$$I_{ON}=(V_{CC}-V_R-1.5\times[\text{PLC 的内部剩余电压}])/R_{IN}$$

I_{ON} 比 $I_{OUT(min)}$小的情况下，请连接泄放电阻 R。

泄放电阻的常数可根据以下公式求出：

$$R\leqslant\frac{V_{CC}-V_R}{I_{OUT(min)}-I_{ON}}$$

$$\text{功率 }W\geqslant\frac{(V_{CC}-V_R)^2}{R}\times 4[\text{余裕度}]$$

(3) PLC 的 OFF 电流与传感器的漏电流的关系：

$$I_{OFF}\geqslant I_{leak}$$

I_{leak} 比 I_{OFF} 大的情况下，请连接泄放电阻 R。

泄放电阻的常数可根据以下公式求出：

$$R\leqslant\frac{R_{IN}\times V_{OFF}}{I_{leak}\times R_{IN}-V_{OFF}}$$

$$\text{功率 }W\geqslant\frac{(V_{CC}-V_R)^2}{R}\times 4(\text{余裕度})$$

各参数说明如表 1-18 所示。

表 1-18　参数说明表

V_{CC}：电源电压	V_R：传感器的输出剩余电压
V_{ON}：PLC 的 ON 电压	I_{OUT}：传感器的控制输出(负载电流)
V_{OFF}：PLC 的 OFF 电压	
I_{ON}：PLC 的 ON 电流	I_{leak}：传感器的漏电流
I_{OFF}：PLC 的 OFF 电流	R：泄放电阻
R_{IN}：PLC 的输入阻抗	

3) 2 线式传感器的连接

2 线式传感器连接电路如图 1-26 所示。

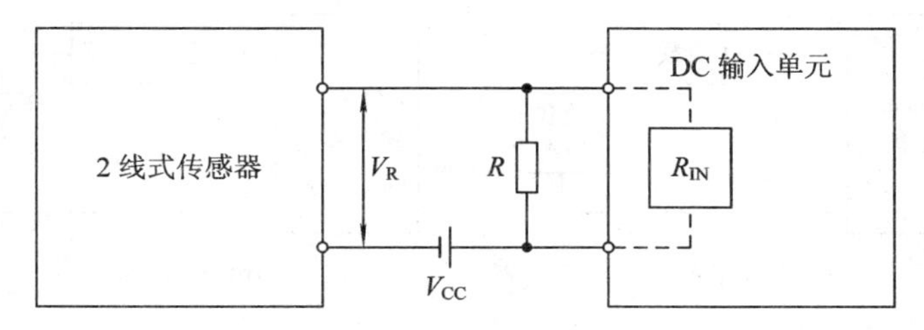

图 1-26　2 线式传感器连接电路图

4) 对传感器的浪涌电流的考虑

如果 PLC 的电源先置为 ON，传感器的电源再置于 ON，有时会因传感器的浪涌电流而导致误输入。确认从传感器的电源接通后到稳定动作为止的时间，使用传感器电源接通后定时器延迟的相应措施通过应用程序进行处理。

5) 输出短路保护

输出端子上连接的负载发生短路的情况下，输出元件及印刷电路板有烧毁的危险，所以推荐在输出上插入保护保险丝。保险丝的容量应为输出额定值的 2 倍。

6) 与 TTL 的连接

使用晶体管输出的情况下，因为晶体管的剩余电压的缘故，不可直接与 TTL 连接。此时，用 CMOS-IC 接收后，再与 TTL 单元连接。此外，晶体管输出需要用电阻来上拉。电路如图 1-27 所示。

7) 晶体管输出的漏电流

由于晶体管输出电路的 OFF 状态时，会有 0.1 mA 左右的漏电流，当负载是晶体管或晶闸管时，可能引起误动作，解决的办法是在负载两端并联一个电阻，如图 1-28 所示。

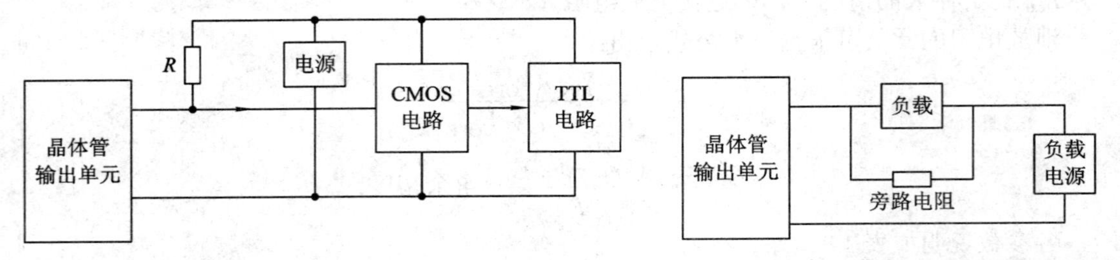

图 1-27　晶体管输出单元与 TTL 电路的连接　　图 1-28　消除晶体管输出单元漏电流的接线图

电阻 R 的数值由下式计算：

$$R < \frac{U_{ON}}{I}$$

式中，U_{ON} 为负载 ON 时的电压；I 为漏电流；R 为旁路电阻。

8) 输出开启电流

有些负载在刚通电时的电流是正常工作时电流的数倍，常称为负载的开启电流。使用晶体管或晶闸管输出的情况下，连接白炽灯等浪涌电流大的负载时，需要考虑到不要损坏输出晶体管或输出可控硅。抑制浪涌电流采用图 1-29 所示电路连接。

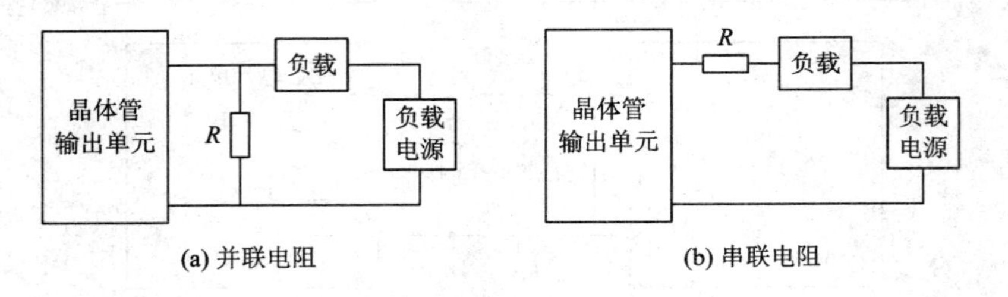

图 1-29　抑制浪涌电流的连接图

9) 感性负载措施

在输入输出上连接了感性负载时，请与负载并联连接浪涌抑制器或二极管，如图 1-30 所示。这样由负载产生的反电动势就被吸收了。一般情况下，电阻阻值选为 50 Ω，电容容量选为 0.47 μF，而二极管的耐压应该至少是负载电源电压的 3 倍，电流至少应该为 1 A。

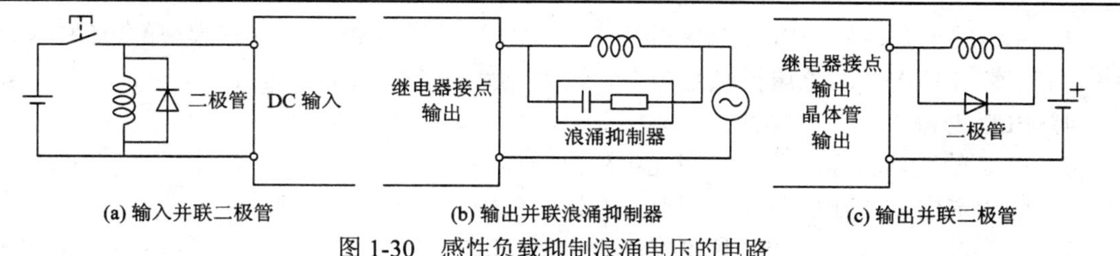

图 1-30　感性负载抑制浪涌电压的电路

10) 互锁电路

对于控制电机正反转的电路，为了防止正反转输出同时接通造成电源短路，一般应该加入图 1-31 所示的互锁电路。

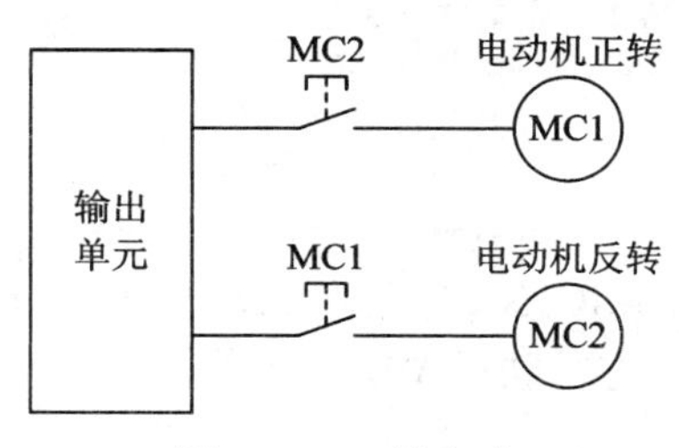

图 1-31　互锁电路

技能训练

如图 1-32 所示是 CP1H-XA-DC 的端子连接图。训练要求如下：

(1) 列出任务清单，配齐所用电器元件并进行质量检查；

(2) 对 PLC 进行端子接线并借助输入按钮进行试车验收。

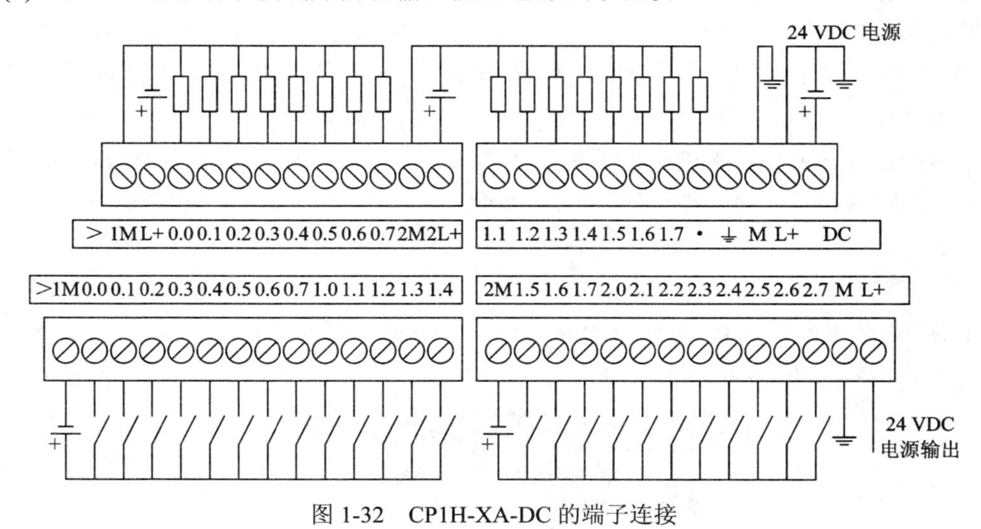

图 1-32　CP1H-XA-DC 的端子连接

思考练习

1．为什么要电源与供电单元之间接入 1∶1 的隔离变压器？

2．若是 PLC 的电源电压为 220～240 V，该 PLC 允许的电压波动范围是多少？

3. PLC 的电源模块输出的 24 V 电源与电源模块提供给 PLC 的其它模块的电源之间有何关系？该 24 V 电源的电压范围是多少？输出电流是多少？

4. PLC 的输入方式有哪几类？

5. PLC 的输入输出电路中采用光电隔离的作用是什么？

6. 使用继电器的输出单元时应该注意什么问题？

7. 开启冲击电流对晶体管和可控硅输出型 PLC 有什么危害？怎样解决？开启冲击电流对继电器输出型 PLC 有无危害？为什么？

任务 1.2　OMRON CP 系列 PLC 的基本编程实践

任务目标

(1) 根据任务内容，熟悉 OMRON CP 系列 PLC 的编程软件 CX-P 的使用。

(2) 能够熟练运用编程软件进行联机调试。

前导知识　CX-P 编程软件

1. CX-P 编程软件简介

CX-Programmer 是一个对 OMRON PLC 进行编程和对 OMRON PLC 设备进行维护的工具，可用于建立、测试和维护程序，支持 PLC 设备和地址信息，支持 OMRON PLC 和相关网络设备进行通信。

本实验装置使用的编程软件是 CX-Programmer 5.0 版本，在做实验前，首先根据软件安装的提示将该软件安装到计算机上，然后用编程线将计算机和实验装置连接到一起。

1) 系统需求

CX-Programmer 需在配有奔腾或以上(包括奔腾 II)的中央处理器的计算机上运行。它需要在 Windows 操作环境下运行(Win95/98/2000 或 XP 以及 NT4.0 with Service Pack 5 或更新版本)。

2) 软件的安装

在配套光盘里面找到 CX-Programmer\ Disk1\Setup 文件并双击。

(1) 选择中文，如图 1-33 所示。

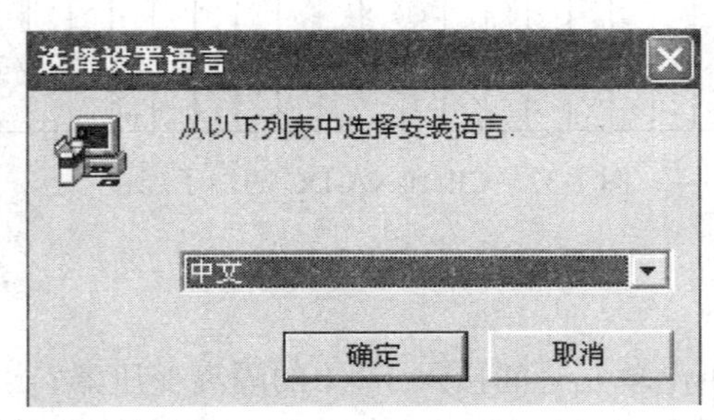

图 1-33　选择安装语言窗口

(2) 按页面提示单击下一步到出现如图 1-34 所示界面时，输入序列号 9010-9971-0919-9159。

(3) 单击继续按钮，在如图 1-35 所示界面选择安装路径。

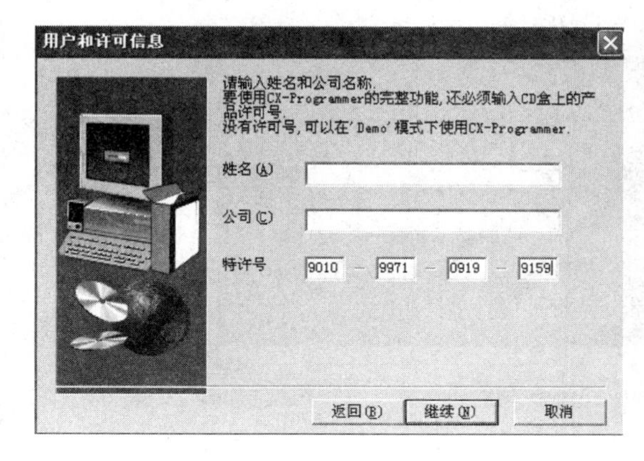

图 1-34　安装序列号窗口

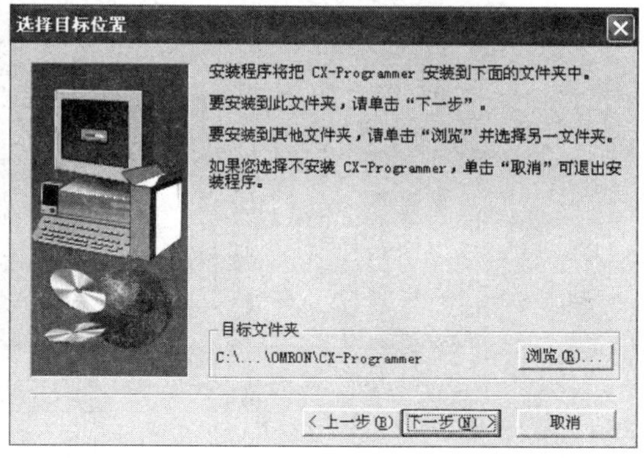

图 1-35　安装路径窗口

(4) 单击下一步，按照页面提示继续安装。注意以后仅点击下一步按钮安装即可，不需理会页面提示的其他问题，本软件即可完成安装。

2. 软件的使用

1) CX-P 界面

CX-P 编程软件用的是完全 Windows 风格的界面。有窗口、菜单、工具条、状态条。可以用鼠标操作，也可以用键盘操作，并可以打开多例程(INSTANCE 或工程)、多窗口、多 PLC、多程序进行处理。

(1) 主体窗口，如图 1-36 所示。

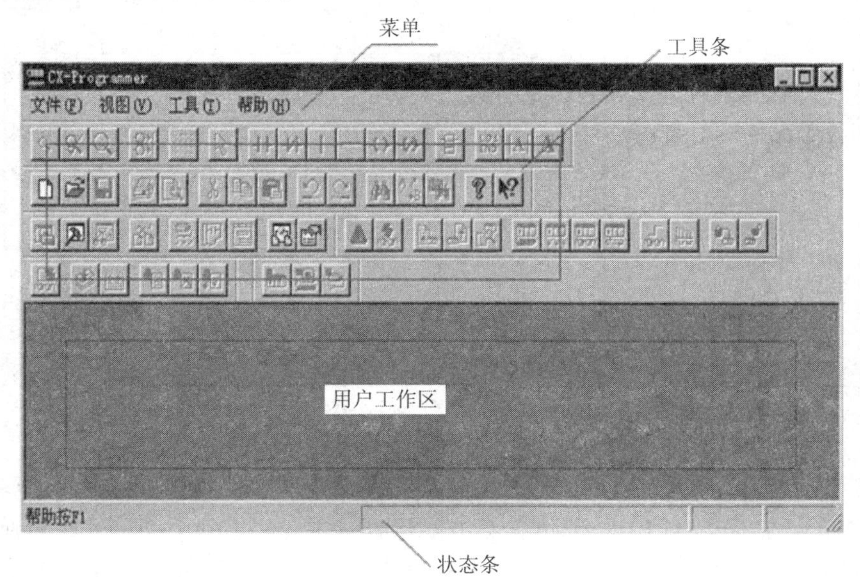

图 1-36　CX-P 主界面

(2) 子窗口，如图 1-37 所示。

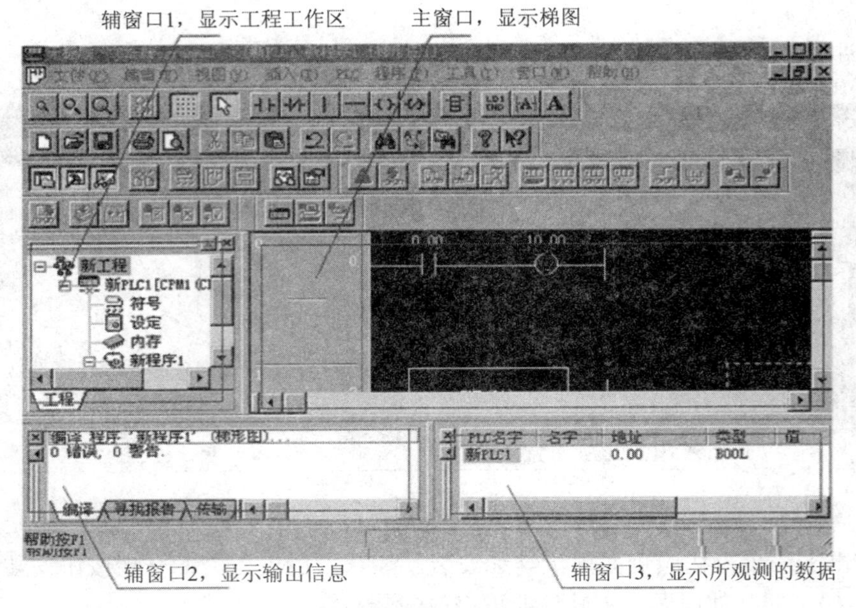

图 1-37 子窗口界面

(3) 内存窗口，如图 1-38 所示。

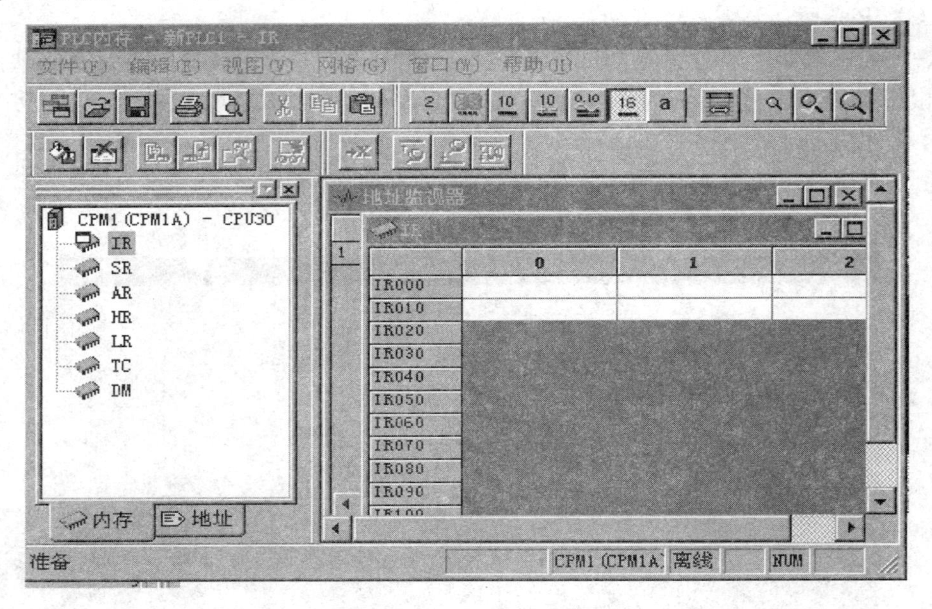

图 1-38　内存窗口界面

2) 编辑、示图、插入、PLC、程序、工具、窗口、帮助等的使用

弹出菜单：在不同窗口、不同位置右击鼠标时，多会弹出一个菜单，此即弹出菜单。所弹出菜单的内容，依右击鼠标时所在的窗口或位置不同而有所不同。在工程工作区新PLC[CS1G]离线处右击鼠标时弹出如图 1-39 所示菜单窗口。

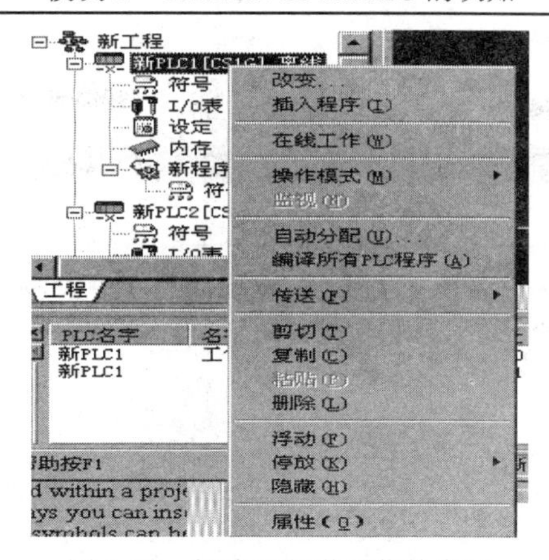

图 1-39　新建工程弹出菜单窗口

3) 工具条

共有七个工具条。它们是：标准、符号表、图、查看、插入、PLC、程序，如图 1-40 所示。

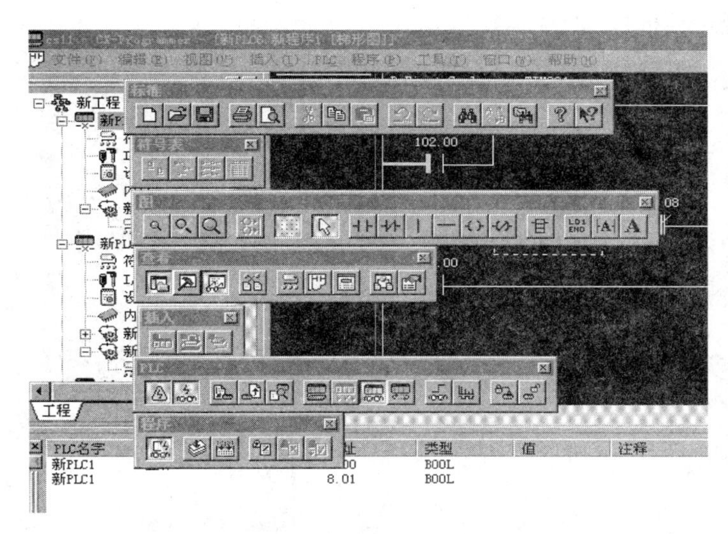

图 1-40　工具条菜单窗口

4) 操作

CX-P 软件可用鼠标或键盘进行操作。

鼠标：如同其他 Windows 界面，鼠标有四种操作：左单击、左双击、右单击、按左键时拖放，在不同窗口或不同的项目或不同的界面下，对这四种操作做些测试，就可得知这些操作各有什么功能。

键盘：用以输入数据及对系统进行操作，输入数据按提示进行操作，对系统操作则用热键。用热键操作再与输入数据结合，速度快，是提高编程效率所必须要做的。

5) 脱机编程序

脱机编程是 PLC 编程的第一步。但编程之前当然要清楚工艺及 PLC 的配置，这里主要有三个工作：PLC 的配置、符号(即 I/O 或地址分配)编辑及梯形图编辑。脱机编程窗口如

图 1-41 所示。

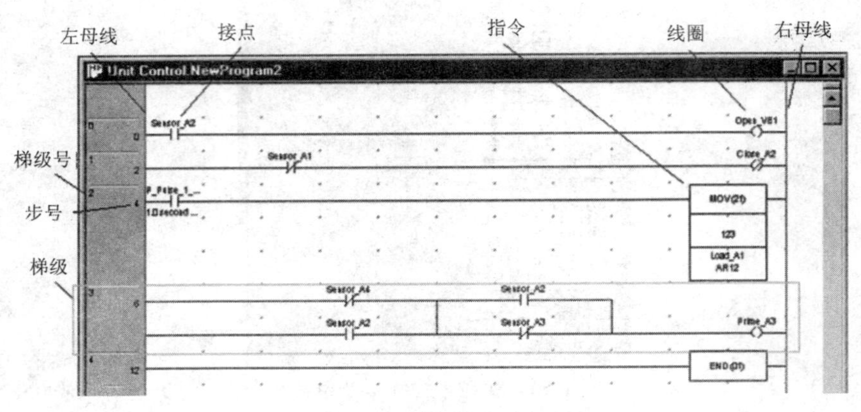

图 1-41　脱机编程窗口

6) 监控

与 PLC 联机还有一个目的就是对 PLC 进行监控。CX-P 软件有多种方法进行监控。

(1) 梯形图监控窗口，如图 1-42 所示。

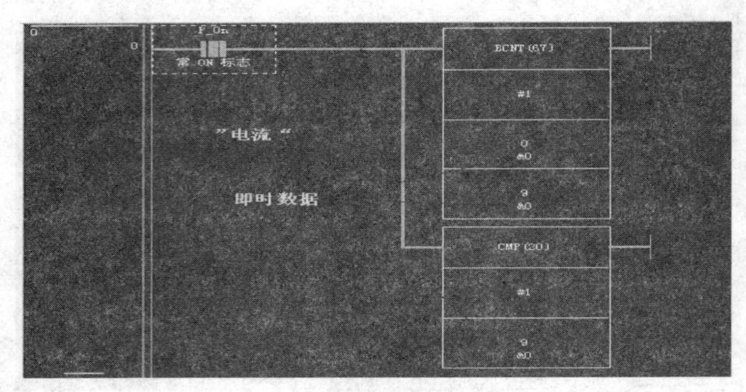

图 1-42　梯形图监控窗口

(2) 观察监控窗口，如图 1-43 所示。

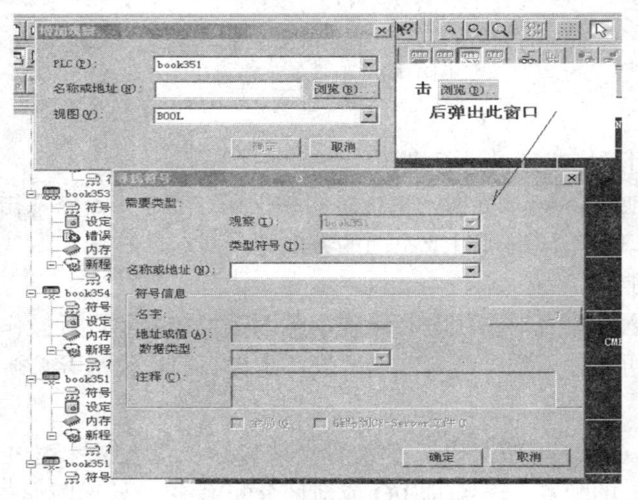

图 1-43　观察监控窗口

(3) 时序图监控窗口，如图 1-44 所示。

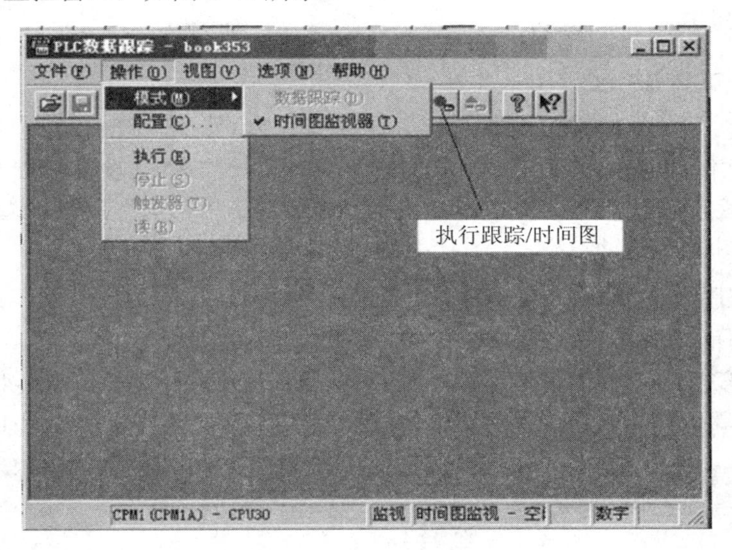

图 1-44　时序图监控窗口

任务内容

三相异步电动机定子绕组串接电阻减压启动控制主电路及 PLC 控制外部接线图如图 1-45 所示。

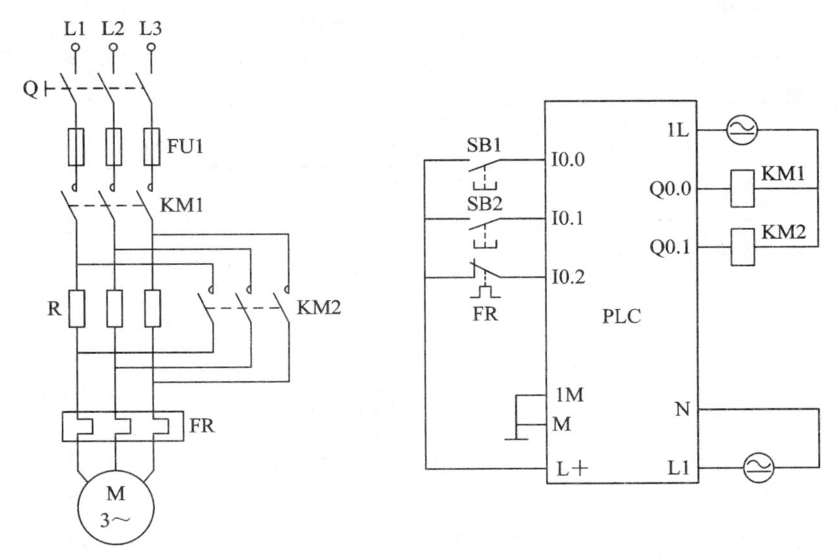

图 1-45　定子绕组串接电阻减压启动控制主电路及 PLC 接线图

其工作过程如下：按下启动按钮 SB1 后，接触器 KM1 主触点闭合，电动机 M 的定子绕组串联启动电阻进行减压启动，延时 3 s 后，减压启动结束，接触器 KM2 主触点闭合，将启动电阻 R 短接，电动机全压运行；按下停止按钮 SB2 后，电动机停止。该系统具有热继电器 FR，用于过载保护。

任务实施

1. 连接计算机与 PLC

在断电状态下，用 PC/PPI 电缆连接好计算机与 PLC，然后给计算机与 PLC 通电，打开 CX-P 编程软件，创建一个项目。用菜单命令“PLC”→“类型”设置 PLC 型号，如 CP1H。用菜单命令“工具”→“选项”，在弹出的对话框中单击“常规”按钮，选择 SIMATIC 编程模式和梯形图编辑器。

2. 输入程序

(1) 双击桌面图标 CX-Programmer “CX-Program...” 进入编程软件。

(2) 点击 文件(F) 选择 新建(N)...，更改设备名称与设备类型，如图 1-46 所示。

(3) 点击 设定(e)...，再选择 驱动器，更改端口名称、波特率，如图 1-47 所示。

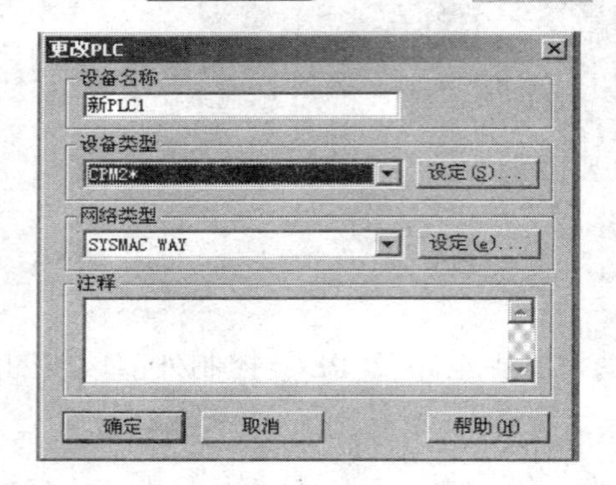

图 1-46　更改设备名称、设备类型窗口

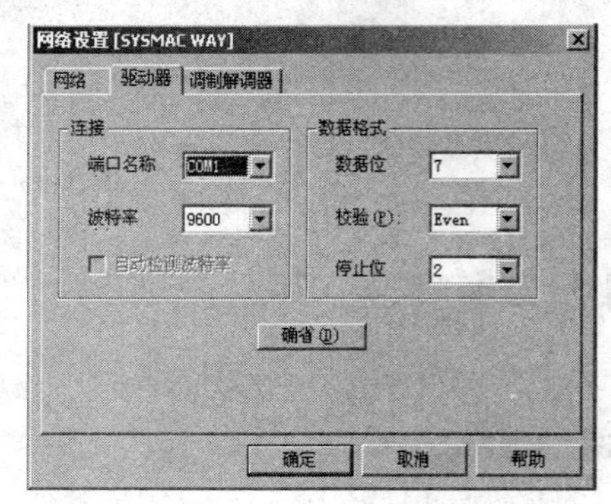

图 1-47　更改端口名称、波特率窗口

(4) 编辑梯形图，如图 1-48 所示。

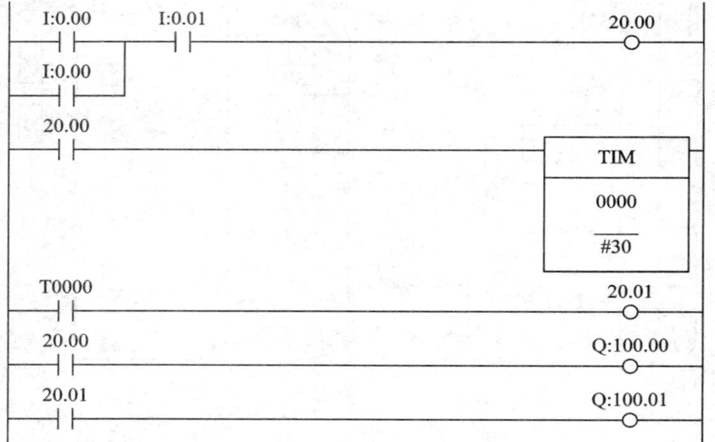

图 1-48　延时程序

3. 程序下载

点击图标，梯形图变为绿色表明已经连上，点击图标就可将程序下载到 PLC(只需下载这一项)，点击 ☑ 程序 使 PLC 处于运行状态。程序下载窗口、仿真窗口如图 1-49、图 1-50 所示。

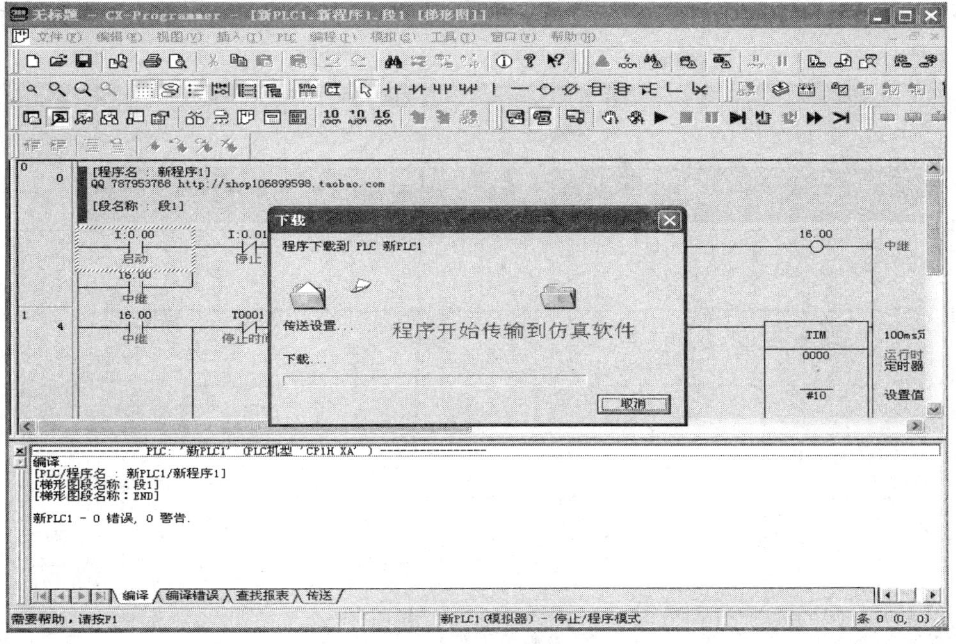

图 1-49　下载程序窗口

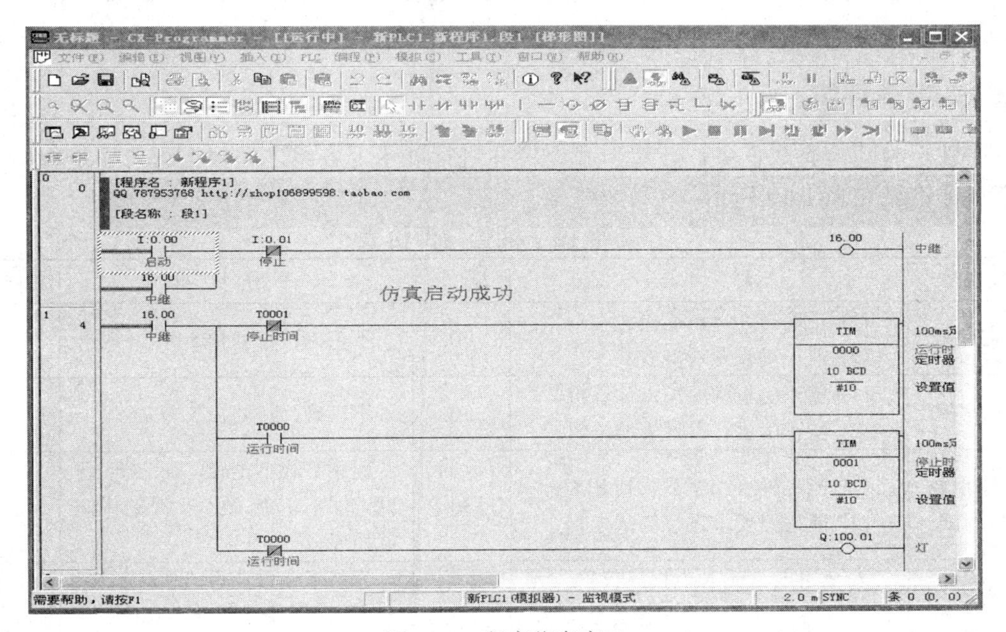

图 1-50　程序仿真窗口

注 1：只有“编程模式”“ ”下才能进行下载，请注意切换 PLC 的工作模式。

注 2：如果遇到 PLC 连不上的情况，请选择“自动在线”中的“选择串口”或双击左边窗口的“新PLC1[CPM2*]”选择 COM 口。

4．模拟调试

运行程序：上电后，按启动按钮 I0.00，Q100.0 指示灯亮，过 3 秒，Q100.01 指示灯亮，按 0.01，则 Q100.00、Q100.01 指示灯灭。请判断你的运行结果是否正确。程序运行窗口如图 1-51 所示。

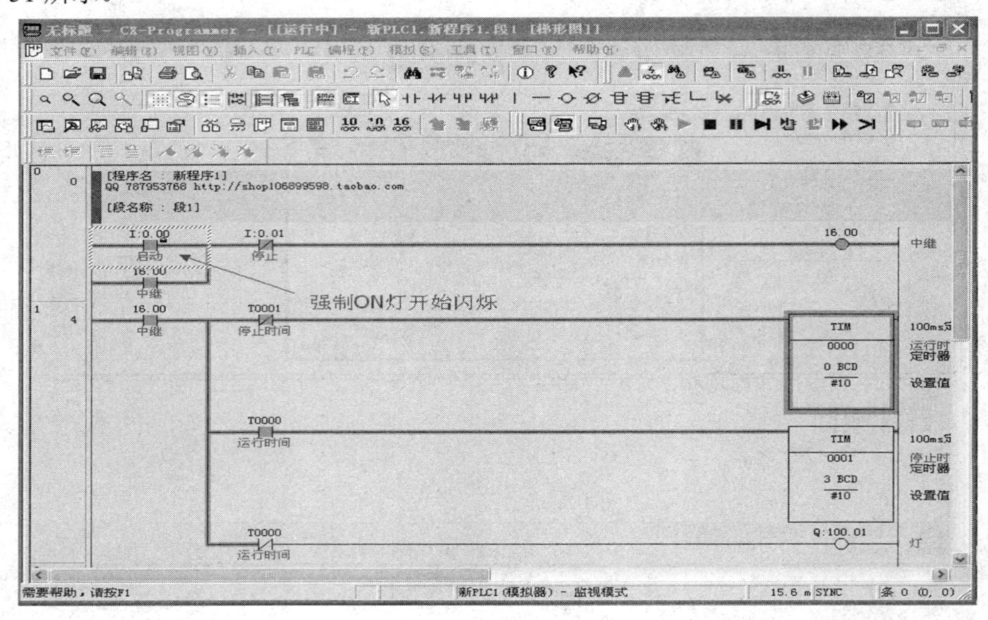

图 1-51　程序运行窗口

检查评价

在规定时间内完成任务，各组自我评价并进行展示，各组之间根据评价表进行检查。检查与评价表如表 1-19 所示。

表 1-19　检查与评价表

项　目	要　　求	配 分	评 分 标 准	得 分
PLC 联机	(1) 正确与计算机连接。 (2) 能正确设置通信参数	30	不正确，每处扣 5 分	
程序输入	(1) 能正确将程序输入计算机。 (2) 能正确进行符号表的编辑	30	不正确，每处扣 5 分	
程序下载与调试	(1) 能正确将程序下载到 PLC。 (2) 能按照要求进行调试	30	程序下载不正确，扣 5 分；调试方法不正确，缺少一个动作调试扣 5 分	
文明安全	安全用电，无人为损坏仪器、元件和设备，小组成员团结协作	10	成员不积极参与，扣 5 分；违反文明操作规程扣 5～10 分	
总　分				

技能训练

(1) 认知 PLC。记录所使用的 PLC 型号、输入/输出点数，观察主机面板的结构及 PLC 和 PC 机之间的连接。

(2) 打开 PC 和 PLC，新建一个项目。

(3) 建立符号表。建立如图 1-52 所示的符号表，在梯形图程序中选择操作数，显示形式为符号和地址同时显示。

			符号	地址	
1			启动按钮1	I0.1	
2			启动按钮2	I0.2	
3			停止按钮1	I0.3	
4			停止按钮2	I0.4	
5			灯	Q0.0	

图 1-52　符号表的建立

(4) 编译。编译程序并观察编译结果，若提示错误，则修改，直到编译成功。

(5) 下载。下载程序到 PLC 中。

(6) 运行程序。

(7) 进入状态表监控状态：

① 输入强制操作。因为不带负载进行运行调试，所以采用强制功能模拟物理条件。对 I0.1 或 I0.2 进行强制 ON，在对应 I0.1 或 I0.2 的新数值列输入 1，对 I0.3 或 I0.4 进行强制 OFF，在对应 I0.3 或 I0.4 的新数值列输入 0。然后单击工具条中的“强制”按钮。

② 监视运行结果。在状态表中观察数据的变化情况，在状态趋势图中观察时序变化。

(8) 梯形图程序状态监控。通过工具栏进入“程序状态监控”环境，根据触点线圈的高亮显示情况，了解触点线圈的工作状态。

? 思考练习

1．如何设置 CX-P 编程软件的语言环境？

2．程序状态监控和状态表监控有什么异同？

3．强制有什么特点和作用？

4．如何给程序设置和取消密码？

5．如果一个正确的 PLC 程序没有进行过独立的编译步骤，是否可以直接下载到 PLC 中？为什么？

6．什么是符号地址？采用符号地址有哪些好处？

模块 2

电动机控制

电动机作为自动控制中最常用的设备之一，在电气控制系统中起着举足轻重的作用。为使在电动机的启动、调速、制动等方面控制得更加准确可靠，构建复杂控制系统时常采用 PLC 来实现。

学习目标

通过 3 项与电动机控制相关的任务的实施，达到熟悉梯形图的编程规则、掌握基本逻辑指令的应用，进一步掌握 PLC 的接线方法，熟练运用编程软件进行联机调试；了解经验设计法的一般步骤，了解联锁控制的意义并掌握 PLC 联锁控制的设计要点；掌握堆栈操作指令的应用；掌握定时器的种类及基本用法；掌握定时器常见的基本应用电路；掌握复位/置位指令、边沿触发指令的用法。

任务 2.1　三相异步电动机的连续控制

任务目标

(1) 熟悉梯形图的编程规则。

(2) 掌握基本逻辑指令的应用。

(3) 进一步掌握 PLC 的接线方法，能够熟练运用编程软件 CX-P 对三相异步电动机的连续控制系统进行联机调试。

前导知识

OMRON CP 系列 PLC 具有丰富的指令集，按功能可分为基本逻辑指令、算术与逻辑指令、数据处理指令、程序控制指令及集成功能指令 5 部分。其中前 4 部分是编写 PLC 基本应用程序经常用到的，称为基本指令，最后一部分是 PLC 完成复杂的功能控制所需要的，称为功能指令。

指令是程序的最小独立单位，用户程序是由若干条顺序排列的指令构成。对于各种编程语言(如梯形图和语句表)，尽管其表达形式不同，但表示的内容是相同或类似的。

基本逻辑指令是PLC中应用最多的指令，是构成基本逻辑运算功能指令的集合，包括基本位操作、取非和空操作、置位/复位、边沿触发、逻辑堆栈、定时、计数、比较等逻辑指令。从梯形图指令的角度来讲，这些指令可分为触点指令和线圈指令两大类。这里先仅仅介绍与本任务有关的部分指令。

前导知识一　触点及线圈指令及应用

1. 触点指令

触点指令是用来提取触点状态或触点之间逻辑关系的指令集。触点分为常开触点和常闭触点两种形式。在梯形图中，触点之间可以自由地以串联或并联的形式存在。

触点指令代表CPU对存储器的读操作，常开触点和存储器的位状态一致，常闭触点和存储器的位状态相反。常开触点对应的存储器地址位为1状态时，触点闭合，常闭触点对应的存储器地址位为0状态时，触点闭合。用户程序中的同一触点可以多次使用。OMRON CP系列PLC部分触点指令的格式及功能如表2-1所示。

表2-1　OMRON CP系列PLC部分触点指令的格式及功能

梯形图 LAD	语句表STL		功　能	
	操作码	操作数	梯形图含义	语句表含义
bit —┤ ├—	LD	bit	将一常开触点bit与母线相连接	将bit装入栈顶
	AND	bit	将一常开触点bit与上一触点串联，可连续使用	将bit与栈顶相与后存入栈顶
	OR	bit	将一常开触点bit与上一触点并联，可连续使用	将bit与栈顶相或后存入栈顶
bit —┤ / ├—	LD NOT	bit	将一常闭触点bit与母线相连接	将bit取反后装入栈顶
	AND NOT	bit	将一常闭触点bit与上一触点串联，可连续使用	将bit取反与栈顶相与后存入栈顶
	OR NOT	bit	将一常闭触点bit与上一触点并联，可连续使用	将bit取反与栈顶相或后存入栈顶
—┤NOT├—	NOT	无	串联在需要取反的逻辑运算结果之后	对该指令前面的逻辑运算结果取反

说明：

(1) 语句表程序的触点指令由操作码和操作数组成。在语句表程序中，控制逻辑的执行通过CPU中的一个逻辑堆栈来实现，这个堆栈有9层深度，每层只有1位宽度，语句表程序的触点指令运算全部都在栈顶进行。

(2) 表中的操作数bit寻址寄存器I、Q、M、SM、T、C、V、S、L的位值。

2. 线圈指令

线圈指令是用来表达一段程序的运行结果的指令集。线圈指令包括普通线圈指令、置位及复位线圈指令、立即线圈指令等。

线圈指令代表 CPU 对存储器的写操作，若线圈左侧的逻辑运算结果为“1”，则表示能流能够到达线圈，CPU 将该线圈所对应的存储器的位置“1”；若线圈左侧的逻辑运算结果为“0”，则表示能流不能够到达线圈，CPU 将该线圈所对应的存储器的位写入“0”，在同一程序中，同一线圈一般只能使用一次。OMRON CP 系列 PLC 普通线圈指令的格式及功能见表 2-2。

表 2-2　OMRON CP 系列 PLC 普通线圈指令的格式及功能

梯形图 LAD	语句表 STL		功　能	
	操作码	操作数	梯形图含义	语句表含义
	OUT	bit	当能流流进线圈时，线圈所对应的操作数 bit 置 1	复制栈顶的值到指定 bit

说明：

(1) 线圈指令的操作数 bit 寻址寄存器 I、Q、M、SM、T、C、V、S、L 的位值；

(2) 线圈指令对同一元件(操作数)一般只能使用一次。

3．触点及线圈指令的使用

梯形图指令和时序输出指令是使用频率最高的指令，是梯形图不可缺少的部分。

对于梯形图指令，必须了解它们的几个共同点：

(1) 梯形图指令支持上升沿微分@条件、下降沿微分%条件及立即刷新!，以及复合条件上升沿时 1 周期逻辑开始且每次刷新指定条件(如!@LD)和下降沿时 1 周期逻辑开始且每次刷新指定条件(如%@LD)。

(2) 梯形图指令的执行结果不影响标志位。

(3) 梯形图指令最多只有一个操作数(AND/AND NOT 和 OR/OR NOT 没有操作数)。

(4) 梯形图指令的操作区域是一样的，均可以取自：CIO、WR、HR、AR、T/C、TR 和 IR。

1) 读 LD/读非 LD NOT 指令

(1) 读 LD 指令，梯形图符号如图 2-1 所示。

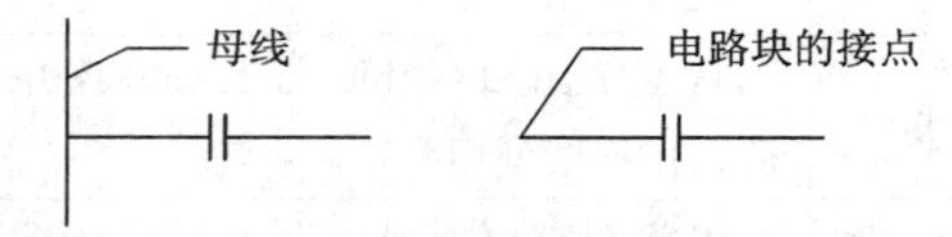

图 2-1　LD 梯形图符号

指令功能：表示逻辑起始，读取指定接点的 ON/OFF 内容。

(2) 读非 LD NOT 指令，梯形图符号如图 2-2 所示。

指令功能：表示逻辑起始，将指定接点的 ON/OFF 内容取反后读入。

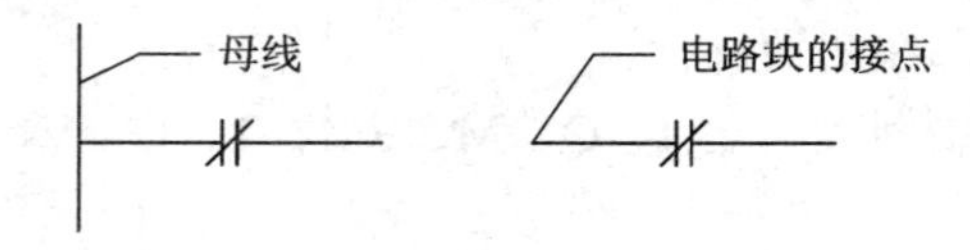

图 2-2　LD NOT 梯形图符号

LD/LD NOT 指令用于母线开始的第一个接点，或者电路块的第一个接点。如图 2-3(a)

所示，虚线框就是LD与LD NOT指令，其中左边的两条指令①LD和④LD NOT都用于母线开始的第一个接点；另外两条指令②LD和③LD则用于各自所属电路块的第一个接点。它们对应的语句如图2-3(b)所示。

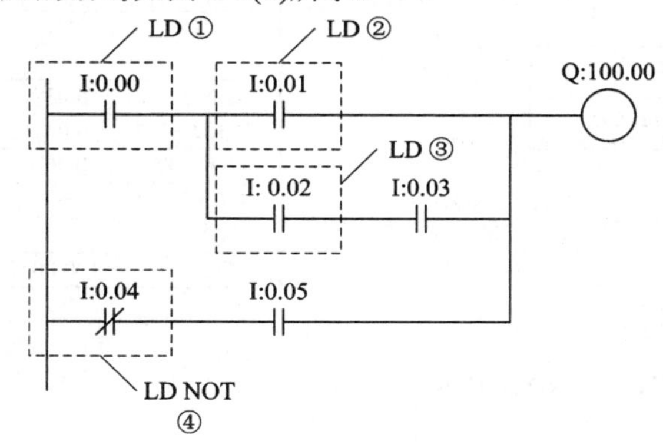

指令	数据	
LD	0.00	①
LD	0.01	②
LD	0.02	③
AND	0.03	
OR LD	—	
AND LD	—	
LD NOT	0.04	④
AND	0.05	
OR LD	—	
OUT	100.00	

(a) 梯形图　　　　(b) 语句表

图2-3　LD、LD NOT指令的应用

2) 与AND/与非　AND NOT指令

(1) 与AND指令，梯形图符号如图2-4所示：

指令功能：取指定接点的ON/OFF 内容与前面的输入条件之间的逻辑积。

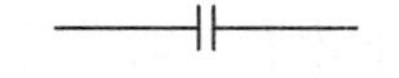

图2-4　AND梯形图符号

(2) 与非AND NOT指令，梯形图符号如图2-5所示：

指令功能：对指定接点的ON/OFF 内容取反，取与前面的输入条件之间的逻辑积。

图2-5　AND NOT梯形图符号

如图2-6所示，三个条件都满足，W0.00才能得电，否则不得电。也就是I0.00为“1”、I0.01为“0”、I0.02为“1”时，W0.00才得电。因此，W0.00的得电条件用逻辑条件表达表示就是：

$$\text{W0.00的得电条件} = 0.00 \cdot \overline{0.01} \cdot 0.02$$

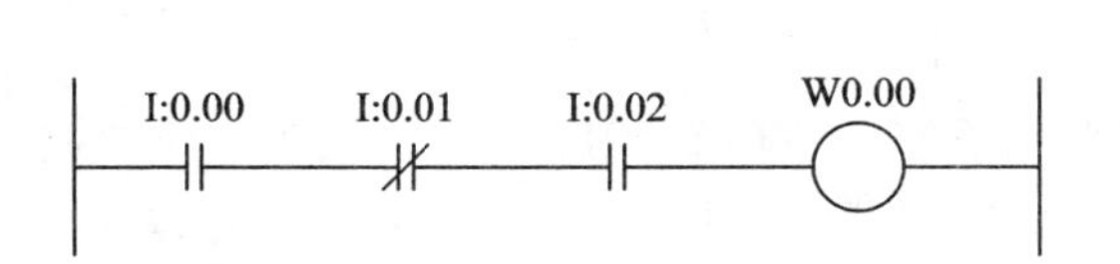

指令	数据
LD	0.00
AND NOT	0.01
AND	0.02
OUT	W0.00

图2-6　三个条件串联的梯形图及语句表

AND和AND NOT指令用于串联的接点，不能直接连接在母线上，也不能用于电路块的开头。如图2-7(a)所示，虚线框是AND与AND NOT指令，其中指令①AND(也就是b段)前有LD指令(a段)，指令②AND(也就是d段)前有LD指令(c段)，③AND NOT(也就是

f 段)前有 LD 指令(e 段)。它们对应的语句如图 2-7(b)所示。

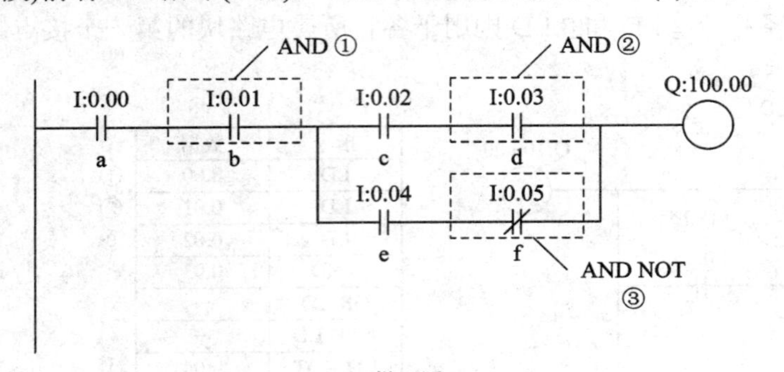

(a) 梯形图

指令	数据	
LD	0.00	①
AND	0.01	
LD	0.02	
AND	0.03	②
LD	0.04	
AND NOT	0.05	③
OR LD	—	
AND LD		
OUT	100.00	

(b) 语句表

图 2-7　AND、AND NOT 指令的应用

3) 或 OR/或非 OR NOT 指令

(1) 或 OR 指令，梯形图符号如图 2-8 所示：

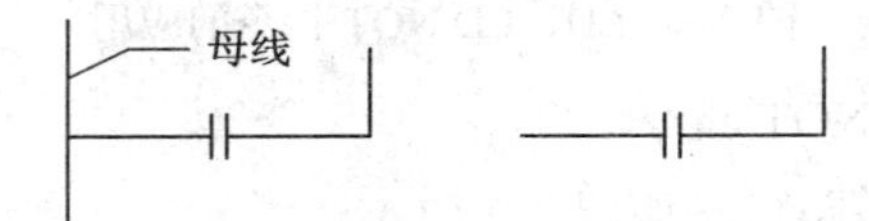

图 2-8　OR 梯形图符号

指令功能：取指定接点的 ON/OFF 内容与前面的输入条件之间的逻辑和。

(2) 或非 OR NOT 指令，梯形图符号如图 2-9 所示。

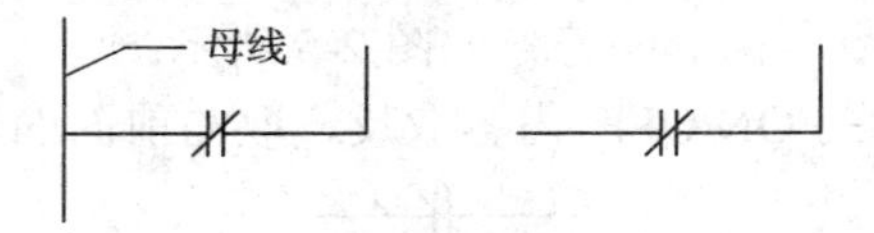

图 2-9　OR NOT 梯形图符号

指令功能：对指定接点的 ON/OFF 内容取反，取与前面的输入条件之间的逻辑和。

OR 和 OR NOT 指令用于并联连接的接点，从(连接于母线或电路块的开头的)LD/LD NOT 指令开始，构成与到本指令之前为止的电路之间的 OR(逻辑和)的接点。当两个或多个条件是放置在相互独立的指令行时，并且这些指令并联相接，则它们之间的关系就是“或”的关系。

如图 2-10 所示，只要三个条件中的任何一个条件为“ON”，W0.00 就得电。因此，W0.00 的得电条件用逻辑条件表达表示就是：

$$\text{W0.00 的得电条件} = 0.00 + \overline{0.01} + 0.02$$

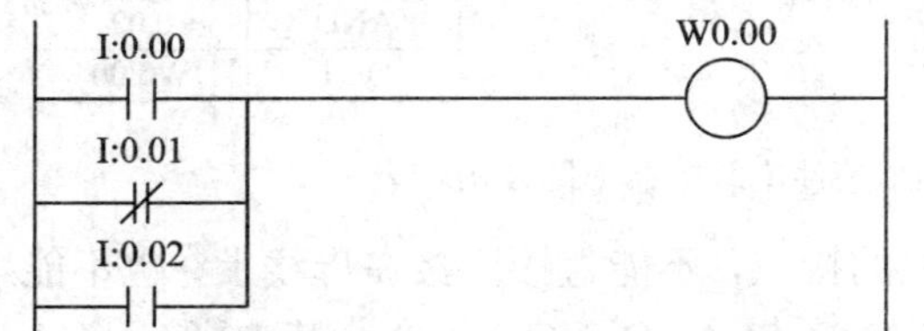

指令	数据
LD	0.00
OR NOT	0.01
OR	0.02
OUT	W0.00

图 2-10　三个条件的并联的梯形图及语句表

4) AND 和 OR 指令的组合使用

在更加复杂的梯形图中对 AND 和 OR 指令进行结合时，情况会复杂一些，例如图 2-11 所示的梯形图。

W0.00 的得电条件用逻辑表达式表示为：

$$\text{W0.00 的得电条件} = ((0.00 \cdot \overline{0.01}) + 0.02) \cdot 0.03 \cdot 0.04$$

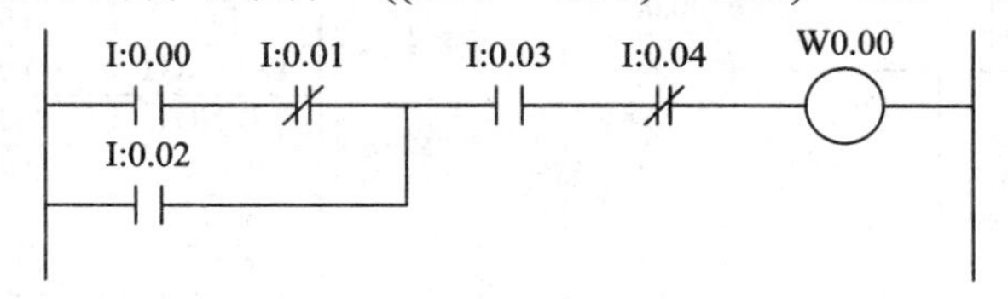

图 2-11　AND 和 OR 组合应用的梯形图

5) 块与 AND LD 指令

梯形图符号如图 2-12 所示。

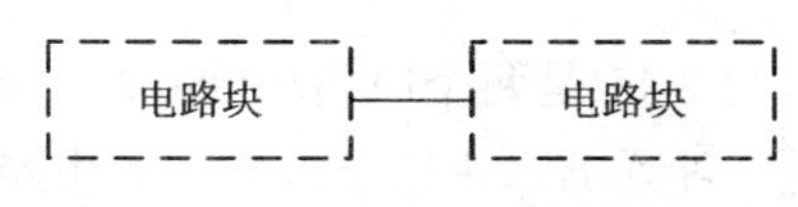

图 2-12　AND LD 梯形图符号

指令功能：取电路块间的逻辑积。

所谓电路块是指，从 LD/LD NOT 指令开始，到下一个 LD/LD NOT 指令之前的电路。如图 2-13(a)的两个虚线框就是电路块 A 和电路块 B；对应的指令表(如图 2-13(b)所示)，第一个 LD 是电路块 A 的开始，第二个 LD 是电路块 B 的开始。

指令 AND LD 的作用就是把电路块 A 和电路块 B 串联起来。

图 2-13 是两个电路块的串联，如果要串联 3 个以上的电路块时，可以采取顺次连接的形式，即先通过本指令串联 2 个电路块后，再通过本指令串联下一个电路块。

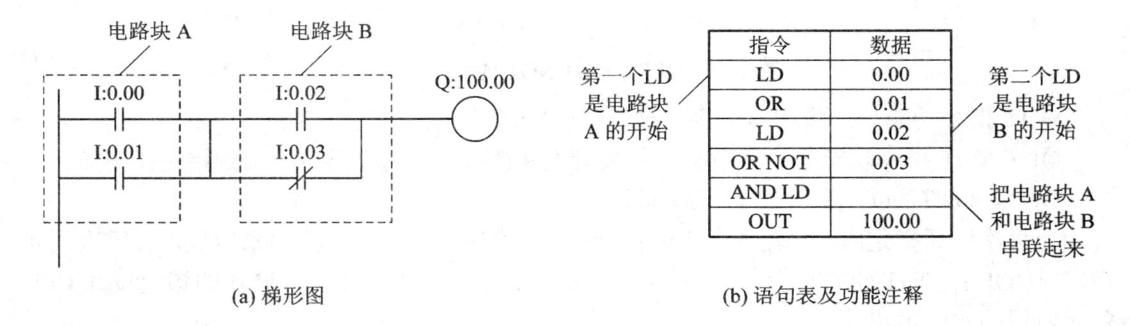

指令	数据
LD	0.00
OR	0.01
LD	0.02
OR NOT	0.03
AND LD	
OUT	100.00

(a) 梯形图　　(b) 语句表及功能注释

图 2-13　AND LD 的应用

6) 块或 OR LD 指令

梯形图符号如图 2-14 所示。

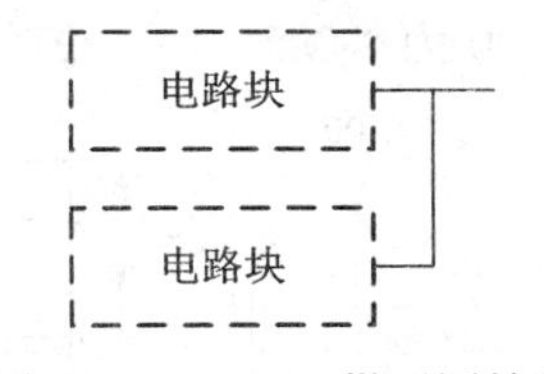

图 2-14　OR LD 梯形图符号

指令功能：取电路块间的逻辑和。

如图 2-15(a)的两个虚线框就是电路块 A 和电路块 B；对应的指令表(如图 2-15(b)所示)，第一个 LD 是电路块 A 的开始，第二个 LD 是电路块 B 的开始。

指令 OR LD 的作用就是把电路块 A 和电路块 B 并联起来。

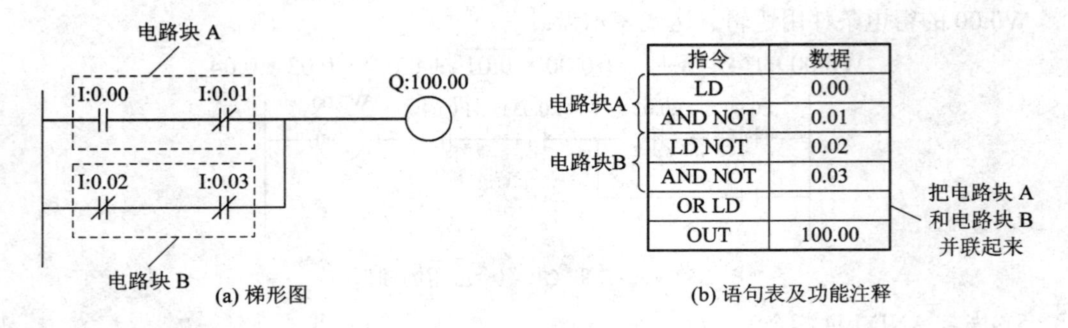

指令	数据
LD	0.00
AND NOT	0.01
LD NOT	0.02
AND NOT	0.03
OR LD	
OUT	100.00

图 2-15　OR LD 的应用

图 2-15 是两个电路块的并联，如果要并联三个以上的电路块时，可以采取顺次连接的形式，即先通过本指令并联两个电路块后，再通过本指令并联下一个电路块。

以上介绍的是 12 条使用频率最高的梯形图指令，利用它们就可以表示出复杂的梯形图。下面再介绍两条指令：OUT 和 END。

7) 输出 OUT/输出非 OUT NOT 指令

梯形图符号如图 2-16 所示。

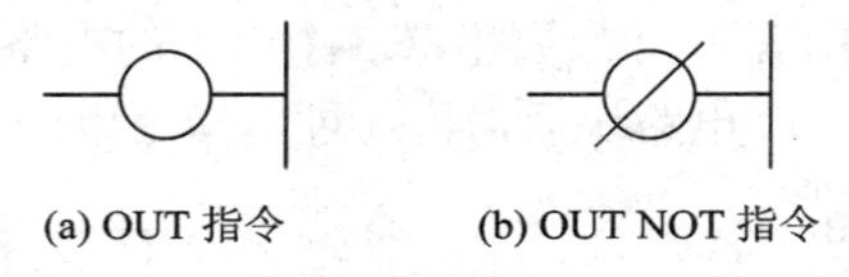

(a) OUT 指令　　(b) OUT NOT 指令

图 2-16　OUT、OUT NOT 的梯形图符号

OUT 指令功能是：将逻辑运算处理结果(输入条件)输出到指定接点；

OUT NOT 指令功能是：将逻辑运算处理结果(输入条件)取反后输出到指定接点。

OUT、OUT NOT 指令支持每次刷新。

无每次刷新指定时，将输入条件(功率流)的内容写入 I/O 存储器的指定位。有每次刷新指定时(!OUT/!OUT NOT)，将输入条件(功率流)的内容同时写入 I/O 存储器的指定位和 CPU 单元内置的实际输出接点。

如图 2-17 所示，当 I0.00 为“OFF”时，OUT 指令将该条件输出到指定的点 Q100.00，则 Q100.00 也为“OFF”，不得电；当 I0.00 为“ON”时，Q100.00 也为“ON”，得电。相反地，当 I0.00 为“OFF”时，OUT NOT 指令将该条件取反后，再输出到指定的点 Q100.12，则 Q100.12 为“ON”，得电；当 I0.00 为“ON”时，Q100.12 为“OFF”，失电。

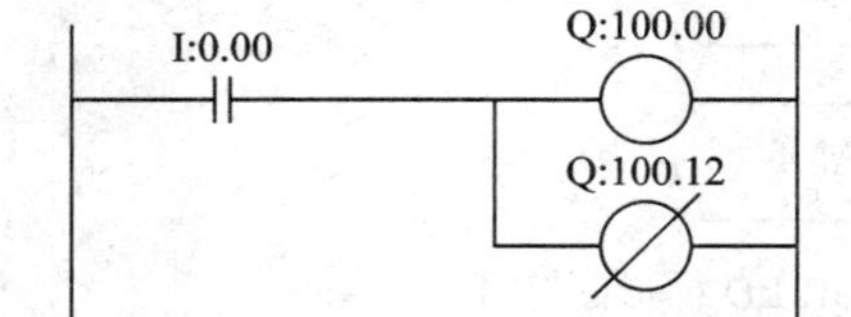

指令	数据
LD	0.00
OUT	100.00
OUT NOT	100.01

图 2-17　OUT、OUT NOT 指令

8) 结束 END

梯形图符号图 2-18 所示。

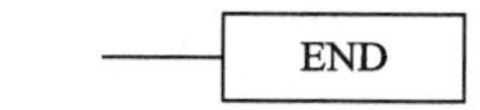

图 2-18 END 梯形图符号

指令功能：表示一个程序的结束。

对于一个程序，通过本指令的执行，结束该程序的执行。因此，END 指令后的其它指令不被执行。在一个程序的最后，必须输入该 END 指令。无 END 指令时，将出现程序错误。用 CX-P 软件编辑梯形图时，不必特别输入 END 指令，因为该软件自动为每个程序段添加上 END 指令。

前导知识二 梯形图的特点与编程规则

梯形图直观易懂，与继电器控制电路图相近，很容易为电气技术人员所掌握，是应用最多的一种编程语言。尽管梯形图与继电器控制电路图在结构形式、元件符号及逻辑控制功能等方面是相类似的，但它们又有很多不同之处。梯形图具有自己的特点及设计规则。

1. 梯形图的特点

(1) 梯形图按自上而下、从左到右的顺序排列。每个继电器线圈为一个逻辑行，即一层阶梯。每一逻辑行起于左母线，然后是触点的连接，最后终止于继电器线圈及右母线。

注意：左母线与线圈之间一定要有触点，而线圈与右母线之间则不能有任何触点。

(2) 梯形图中的继电器不是物理继电器，每个继电器均为存储器中的一位，因此称为“软继电器”。当存储器的相应位的状态为“1”时，表示该继电器线圈得电，其常开触点闭合或常闭触点断开。也就是说，线圈通常代表逻辑“输出”结果，如指示灯、接触器、中间继电器、电磁阀等。

对 OMRON CP 系列 PLC 来说，还有一种输出“盒”(也称为功能框或电路块或指令盒)，它代表附加指令，如定时器、计数器、移位寄存器以及各种数学运算等功能指令。

因此，可以说梯形图中的线圈是广义的，它只代表逻辑“输出”结果。

(3) 梯形图是 PLC 形象化的编程手段，梯形图两端的母线并非实际电源的两端。因此，梯形图中流过的电流也不是实际的物理电流，而是“概念”电流，也称为“能流或使能”，是用户程序执行过程中满足输出条件的形象表示方式。

在梯形图中，能流只能从左到右流动，层次改变只能先上后下。PLC 总是按照梯形图排列的先后顺序(从上到下、从左到右)逐一处理。

(4) 一般情况下，在梯形图中，某个编号继电器线圈只能出现一次，而继电器触点(常开或常闭)可无限次引用。

如果在同一程序中，同一继电器的线圈使用了两次或多次，则称为“双线圈输出”。对于“双线圈输出”，有些 PLC 将其视为语法错误，绝对不允许；有些 PLC 则将前面的输出视为无效，只有最后一次输出有效；而有些 PLC 在含有跳转、步进等指令的梯形图中允许双线圈输出。

(5) 在梯形图中，前面所有逻辑行的逻辑执行结果将立即被后面逻辑行的逻辑操作所利用。

(6) 在梯形图中，除了输入继电器没有线圈，只有触点外，其他继电器既有线圈，又有触点。

2．梯形图编程规则

梯形图的设计必须满足控制要求，这是设计梯形图的前提条件。此外，在绘制梯形图时，还要遵循以下基本规则。

(1) 在每一个逻辑行中，串联触点多的支路应放在上方，如图 2-19(a)所示。如果将串联触点多的支路放在下方，则语句增多、程序变长，如图 2-19(b)所示。

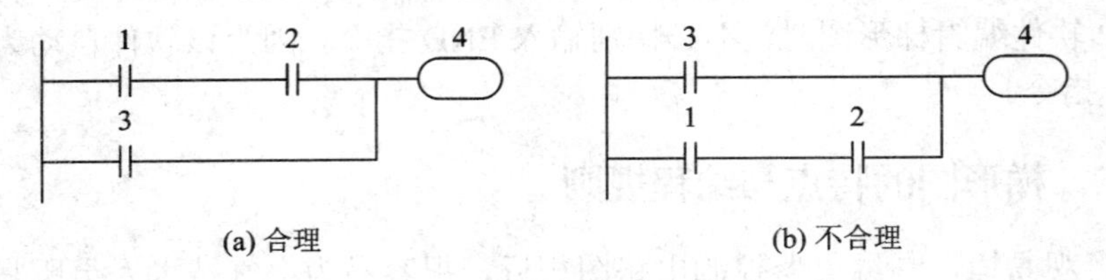

图 2-19　梯形图编程规则(1)

(2) 在每一个逻辑行中，并联触点多的电路应放在左方，如图 2-20(a)所示。如果将并联触点多的电路放在右方，则语句增多、程序变长，如图 2-20(b)所示。

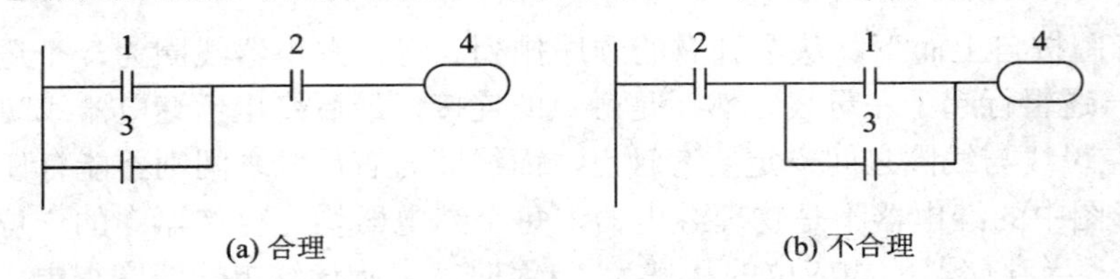

图 2-20　梯形图编程规则(2)

(3) 在梯形图中，不允许一个触点上有双向能流通过。如图 2-21(a)所示，触点 5 上有双向能流通过，该梯形图不可编程。对于这样的梯形图，应根据其逻辑功能进行适当的等效变换，再将其简化成为图 2-21(b)。

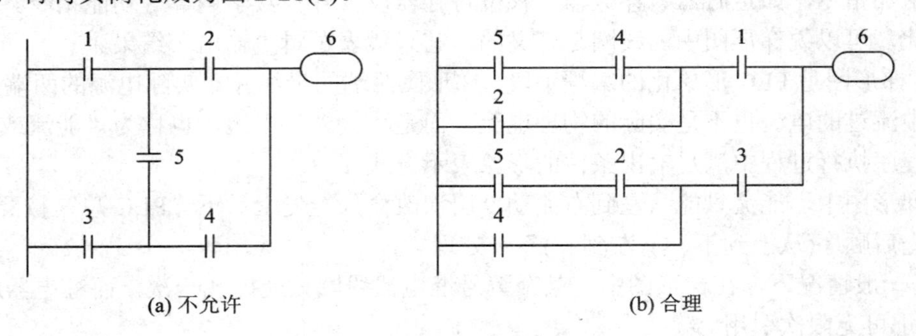

图 2-21　梯形图编程规则(3)

(4) 在梯形图中，当多个逻辑行都具有相同条件时，为了节省语句数量，常将这些逻辑行合并，如图 2-22(a)所示，并联触点 1、2 是各个逻辑行所共有的相同条件，可合并成如图 2-22(b)所示的梯形图，利用堆栈指令或分支指令来编程。当相同条件很复杂时，这样做可节约许多存储空间，这对存储容量小的 PLC 很有意义。

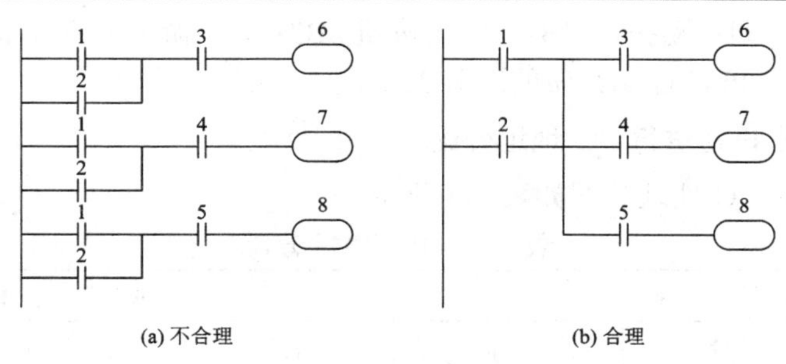

图 2-22　梯形图编程规则(4)

任务内容

如图 2-23 所示是采用继电器控制的电动机单向连续运行控制电路。主电路由电源开关 Q、熔断器 FU1、交流接触器 KM 的常开主触点、热继电器 FR 的热元件和电动机 M 构成；控制电路由熔断器 FU2、启动按钮 SB1、停止按钮 SB2、交流接触器 KM 的常开辅助触点、热继电器 FR 的常闭触点和交流接触器线圈 KM 组成。

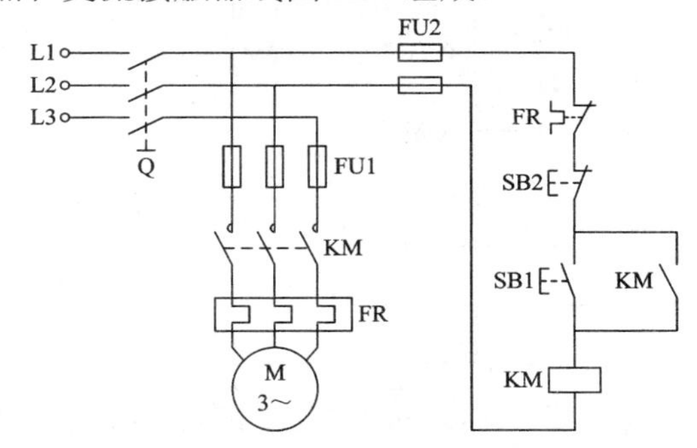

图 2-23　电动机单向连续运行控制电路

采用继电器控制的电动机单向连续运行控制电路的工作过程如图 2-24。

图 2-24　继电器控制的电动机单向连续运行控制电路的工作过程

试设计 PLC 控制的三相异步电动机单向连续运行控制系统，功能要求如下：

(1) 当接通三相电源时，电动机 M 不运转；

(2) 当按下启动按钮 SB1 后，电动机 M 连续运转；

(3) 当按下停止按钮 SB2 后，电动机 M 停止运转；

(4) 电动机具有长期过载保护。

任务实施

1. 分析控制要求，确定输入/输出设备

通过对采用继电器控制的电动机单向连续运行控制电路的分析，可以归纳出电路中出

现了 2 个输入设备，即启动按钮 SB1、停止按钮 SB2；1 个输出设备，即接触器 KM。这是将继电器控制转换为 PLC 控制必做的准备工作。

2. 对输入/输出设备进行 I/O 地址分配

根据电路要求，I/O 地址分配如表 2-3 所示。

表 2-3　I/O 地址分配

输入设备			输出设备		
名称	符号	地址	名称	符号	地址
启动按钮	SB1	I0.00	接触器	KM	Q100.00
停止按钮	SB2	I0.01			

3. 绘制 PLC 外部接线图

根据 I/O 地址分配结果，绘制 PLC 外部接线图(见图 2-25)。

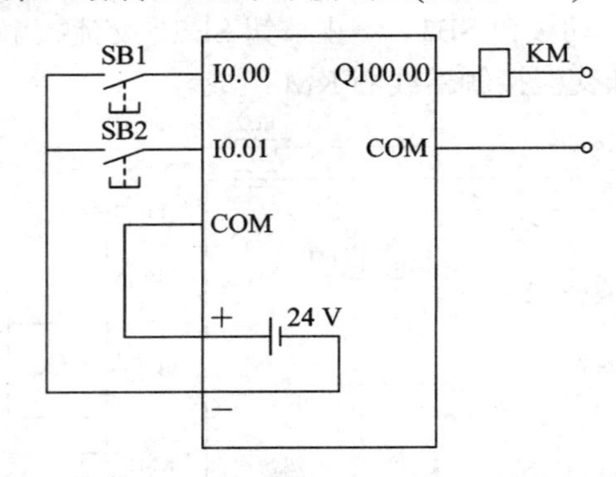

图 2-25　三相异步电动机单向连续运行控制 I/O 接线图

4. PLC 程序设计

根据控制电路的要求，设计 PLC 控制程序，如图 2-26 所示。

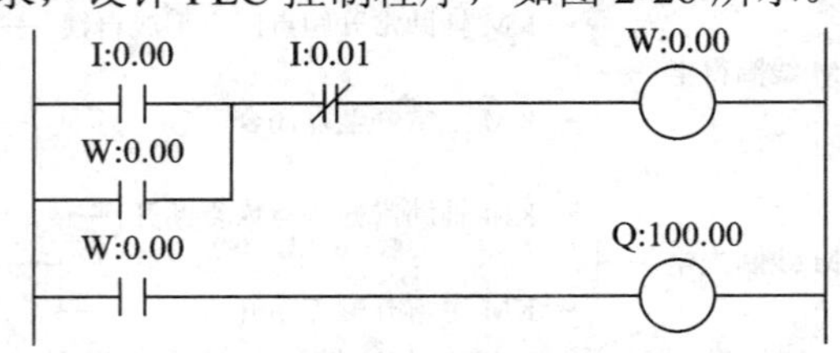

图 2-26　三相异步电动机单向连续运行控制电路的 PLC 控制程序

5. 安装配线

按照图 2-25 进行接线，安装方法及要求与继电器控制电路相同。

6. 运行调试

(1) 在断电状态下，连接好 PC/PPI 电缆。

(2) 在作为编程器的 PC 上，运行 CX-P 编程软件，打开 PLC 的前盖，将运行模式开关拨到 STOP 位置，或者单击工具栏中的“STOP”按钮，此时 PLC 处于停止状态，可以进行程序输入或编写。

(3) 执行菜单命令“文件”→“新建”，生成一个新项目；执行菜单命令“文件”→“打开”，打开一个已有的项目；执行菜单命令“文件”→“另存为”，可以修改项目名称。

(4) 执行菜单命令“PLC”→“类型”，设置 PLC 型号。

(5) 设置通信参数。

(6) 编写控制程序。

(7) 单击工具栏的“编译”按钮或“全部编译”按钮来编译输入的程序。

(8) 下载程序文件到 PLC。

(9) 将运行模式选择开关拨到 RUN 位置，或者单击工具栏的“RUN”按钮使 PLC 进入运行方式。

(10) 按下启动按钮 SB1，观察电动机是否启动。

(11) 按下停止按钮 SB2，观察电动机是否能够停止。

(12) 再次启动按钮 SB1，如果系统能够重新启动运行，并能在按下停止按钮 SB2 后停车，则程序调试结束。

检查评价

在规定时间内完成任务，各组自我评价并进行展示，各组之间根据评价表进行检查。检查与评价表如表 2-4 所示。

表 2-4　检查与评价表

项目	要求	配分	评分标准	得分
I/O 分配表	(1) 能正确分析控制要求，完整、准确确定输入/输出设备。 (2) 能正确对输入/输出设备进行 I/O 地址分配	20	不完整，每处扣 2 分	
PLC 接线图	按照 I/O 分配表绘制 PLC 外部接线图，要求完整、美观	10	不规范，每处扣 2 分	
安装与接线	(1) 能按照 PLC 外部接线图正确安装元件及接线。 (2) 线路安全简洁，符合工艺要求	30	不规范，每处扣 5 分	
程序设计与调试	(1) 程序设计简洁易读，符合任务要求。 (2) 在保证人身和设备安全的前提下，通电试车一次成功	30	第一次试车不成功扣 5 分；第二次试车不成功扣 10 分	
文明安全	安全用电，无人为损坏仪器、元件和设备，小组成员团结协作	10	成员不积极参与，扣 5 分；违反文明操作规程扣 5～10 分	
总分				

相关知识　梯形图设计

1. 梯形图程序的基本思维方式

由于 CP 系列按照存储器中保存的指令语言的顺序(助记符的顺序)来执行各指令，因此必须具有正确的编程思维方式和正确的执行顺序。

1) 梯形图的构成要素

梯形图由左右母线、连接线、接点、输出线圈、应用指令组成。如图 2-27 所示。

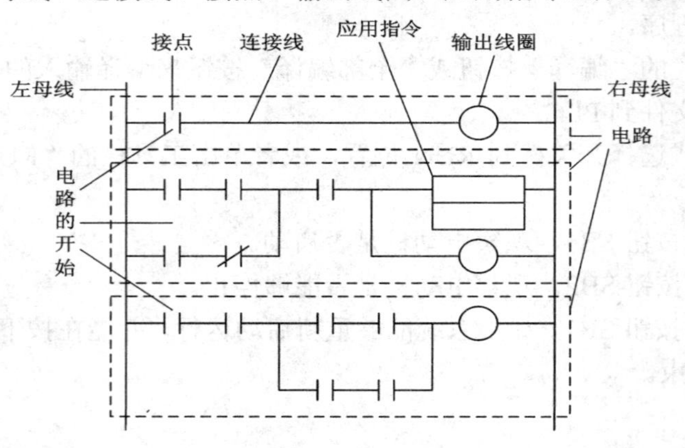

图 2-27　梯形图的构成要素

程序由多电路构成。所谓电路，是指切断母线时可以分割的单位。电路由以 LD/LD NOT 指令为前端的电路块构成。在梯形图里电路也叫梯级，在 CX-P 梯形图编辑器里一个梯级(电路)占用一个虚线框。图 2-27 的三个虚线框就是三个电路。

2) 助记符程序

助记符程序又称语句或语句程序，是指用指令语言记述梯形图的一系列程序。具有程序地址，一个程序地址等于一个指令语言。它也是常用的 PLC 编程语言。PLC 程序就是按照助记符程序从上到下的顺序来执行的。

梯形图必须使用 CX-P 软件或 CPT 软件才能输入到 PLC 中，而在一般的手持编程器中不能使用梯形图，而只能使用助记符形式的语言。助记符可以提供与梯形图完全相同的内容，而且能够直接输入到 PLC 的存储器中。实际中，梯形图转换成助记符是很容易的。如何转换，我们会在后面学习。

如图 2-28 所示的梯形图和助记符程序是同一个程序。

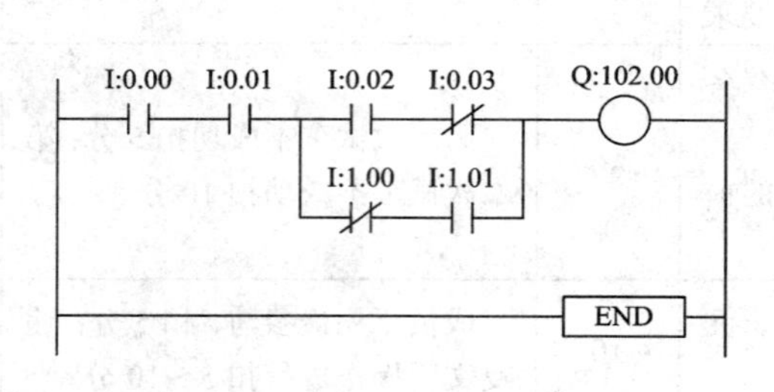

程序地址	指令语言(助记符)	操作数
0	LD	0.00
1	AND	0.01
2	LD	0.02
3	AND NOT	0.03
4	LD NOT	1.00
5	AND	1.01
6	OR LD	
7	AND LD	
8	OUT	102.00
9	END	

图 2-28　梯形图程序与助记符程序

3) 梯形图程序的基本思维方式

梯形图程序的基本思维方式包括：

(1) 用 PLC 执行梯形图程序时，信号(功率流)的流向为左→右。对于希望由右→左转动的动作不能进行程序化。请注意由一般控制继电器构成的电路的动作不同。

例如由 PLC 执行图 2-29 的梯形图程序时，括弧内的二极管作为插入的电路进行动作，不能转入接点 D 来驱动线圈 R2。实际上按照右侧所示的助记符的顺序执行。

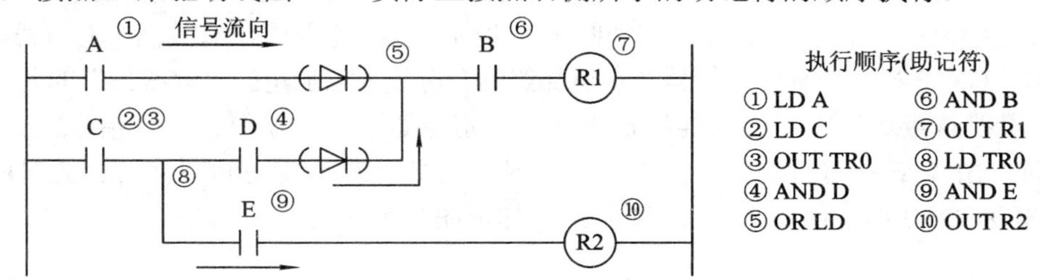

图 2-29　梯形图信号流示意图

实现不存在二极管的电路动作时，需要改写电路。此外，对如图 2-30 所示，转入接点 E 的电路不能在梯形图中表现，电路动作不能直接程序化，需要进行改写。

(2) 在输入输出继电器、内部辅助继电器、定时器等接点的使用次数没有限制。但是，与节约接点使用数的复杂电路相比，结构简单的电路在维护等方面可以算是一种最佳的设计方法。

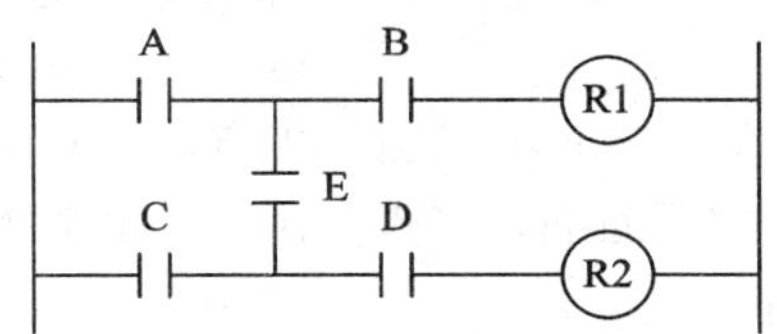

图 2-30　不能程序化的梯形图

(3) 在串联·并联电路中，构成串联的接点数和构成并联的接点数没有限制。

(4) 能够并联连接 2 个或 2 个以上输出线圈或输出系指令。如图 2-31 所示，(a)图并联两个输出线圈，(b)图并联一个输出线圈一个输出系指令。

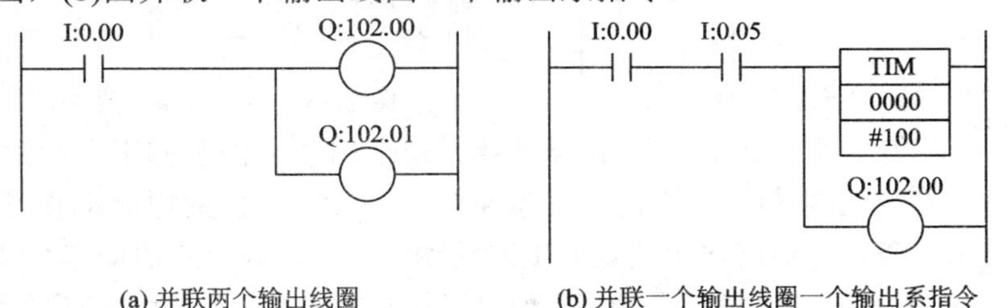

(a) 并联两个输出线圈　　(b) 并联一个输出线圈一个输出系指令

图 2-31　并联输出梯形图

(5) 能够将输出线圈作为接点使用。如图 2-32 所示，输出线圈 Q102.00，箭头所指的是它作常开触点用的符号及地址，线圈 Q102.02 得电，则它的常开触点为“ON”，常闭触点为“OFF”。

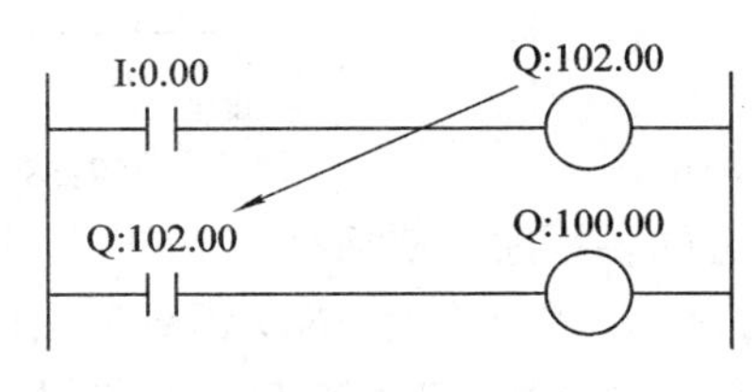

图 2-32　线圈作触点用

4) 梯形图程序构成上的限制

梯形图程序构成上的限制有：

(1) 必须按照从左母线的信号(功率流)向右母线流动的顺序来关闭梯形图程序。没有关闭时为“电路出错”(但是可以运行)。如图 2-33 所示，第二个梯级没有关闭于右母线。“电路出错”时，CX-P 梯形图程序编辑器会在该梯级的左母线上以加粗的“红线条”的警告。

(2) 不能直接通过左母线来连接输出线圈、定时器、计数器等输出系指令。直接连接左母线时，由 CX-P 进行的程序检查中会出现“电路出错”(但是可以运行。此时的 OUT 指令和 MOV 指令不动作)。如图 2-34 所示的梯形图是错误的。

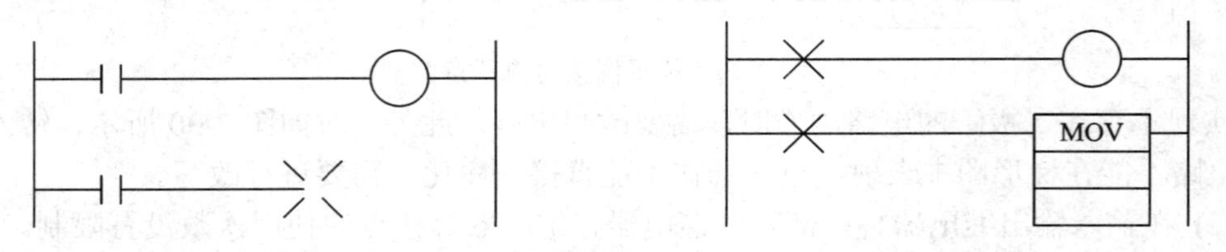

图 2-33　错误的梯形图(1)　　　　图 2-34　错误的梯形图(2)

若要始终为 ON 输入时，请插入不使用的内部辅助继电器的接点或条件标志的 ON(始终 ON 接点)。如图 2-35 所示。

(3) 输出线圈等输出系指令的后面不能插入接点。接点必须插到输出线圈等输出系指令的前面。如果在输出系指令的后面插入接点，由 CX-P 进行的程序检查中会出现“配置出错”的警告。如图 2-36 所示。

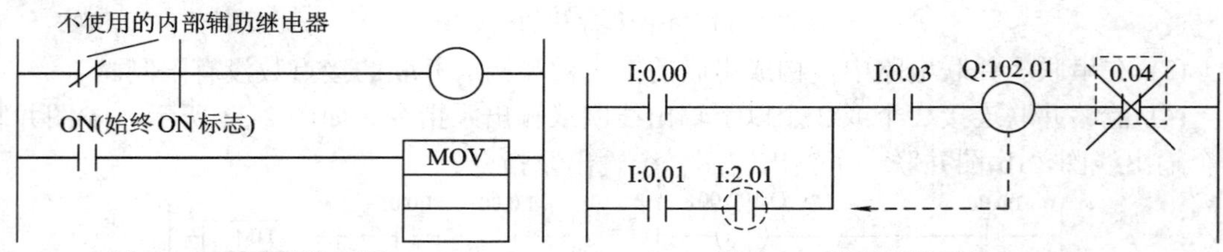

图 2-35　正确的梯形图(1)　　　　图 2-36　错误的梯形图(3)

(4) 不能重复使用输出线圈的继电器编号。一个周期中由于梯形图程序按照从高位电路到低位电路的顺序来执行。因此即使双重使用时，较低侧的电路动作结果会将高位电路的动作结果覆盖掉，最终输出的是低电路的动作结果，高电路的动作结果得不到。有重复线圈输出的，CX-P 在编译时会警告，但可以运行。如图 2-37 所示的梯形图是错误的。

(5) 输入继电器在输出线圈(OUT)中不能使用。如图 2-38 所示的梯形图是错误的。

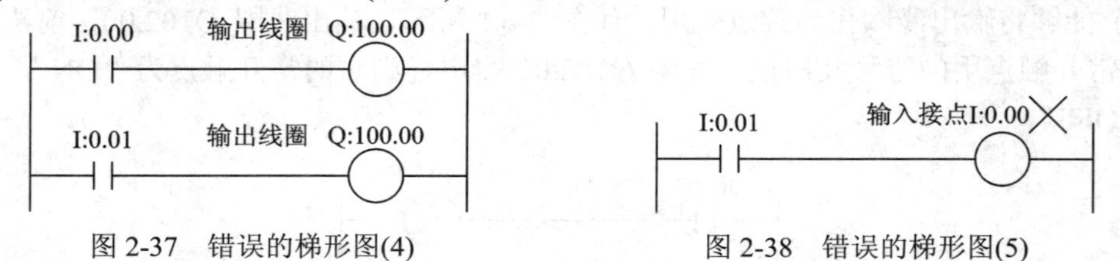

图 2-37　错误的梯形图(4)　　　　图 2-38　错误的梯形图(5)

(6) 请务必在分配到各任务的各程序的最后插入 END 指令。

运行没有 END 指令的程序时，作为“无 END 指令”出现“程序出错”。CPU 单元前的“ERR/ALM”LED 灯亮，不执行程序。在 CX-P 梯形图程序编辑器中，不必特别地加入

END 指令，CX-P 会自动地在每个程序段后加入 END 指令。

程序中有多个 END 指令时，仅执行到最初的 END 指令为止的程序。试运行时，每个时序电路的分段插入 END 指令。确认程序后，如果删除当中的 END 指令，则可以较顺利地进行试运行。如图 2-39 所示是 END 指令在梯形图中的作用。

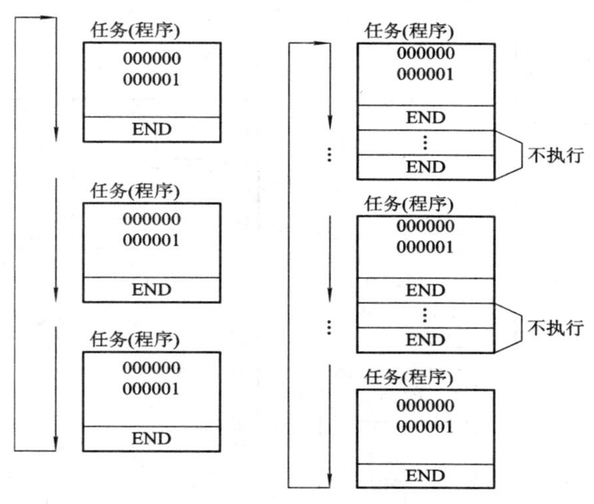

图 2-39　END 指令的作用

2. 助记符输入的方法

由 LD/LD NOT 指令开始执行逻辑开始。从逻辑开始后到下一个 LD/LD NOT 指令之前的指令为止，为 1 个电路块。

根据需要由 AND LD 指令对这个电路块进行 AND 连接(将从 LD 开始的块作为 AND)，或由 OR LD 指令进行 OR 连接(将从 LD 开始的块作为 OR)后，构成一个电路。

以图 2-39 所示复杂的电路为例，对助记符输入方法(电路的汇总方法和顺序)进行说明。

(1) 首先将电路分割成小的块(a)～(f)，如图 2-40 所示。

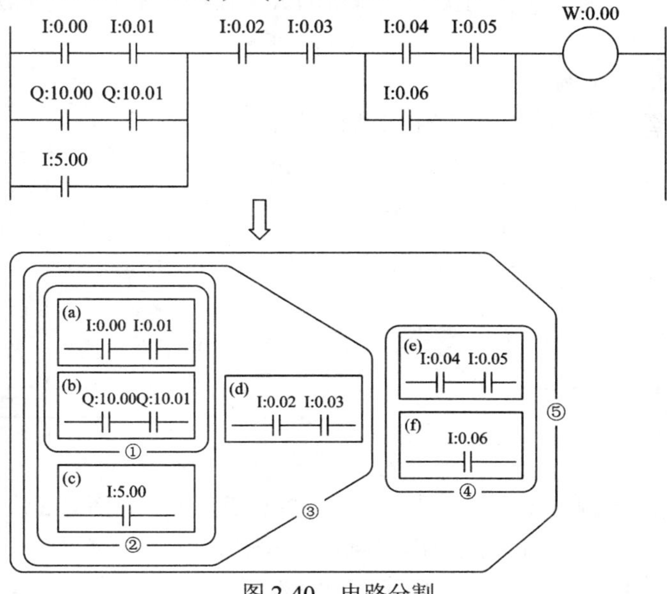

图 2-40　电路分割

(2) 如图 2-41 所示，每个块按照①→⑤的顺序进行程序化，最终形成如较大的⑤所示的 1 个块。各块中按左→右的顺序进行程序化。块之间首先按上→下，然后按左→右的顺序进行程序化。注意右表标有的(a)～(f)的程序语句与电路中电路块的对应，程序合并后①～⑤较大电路块与电路中的对应(与图 2-40 的下图进行比较)。

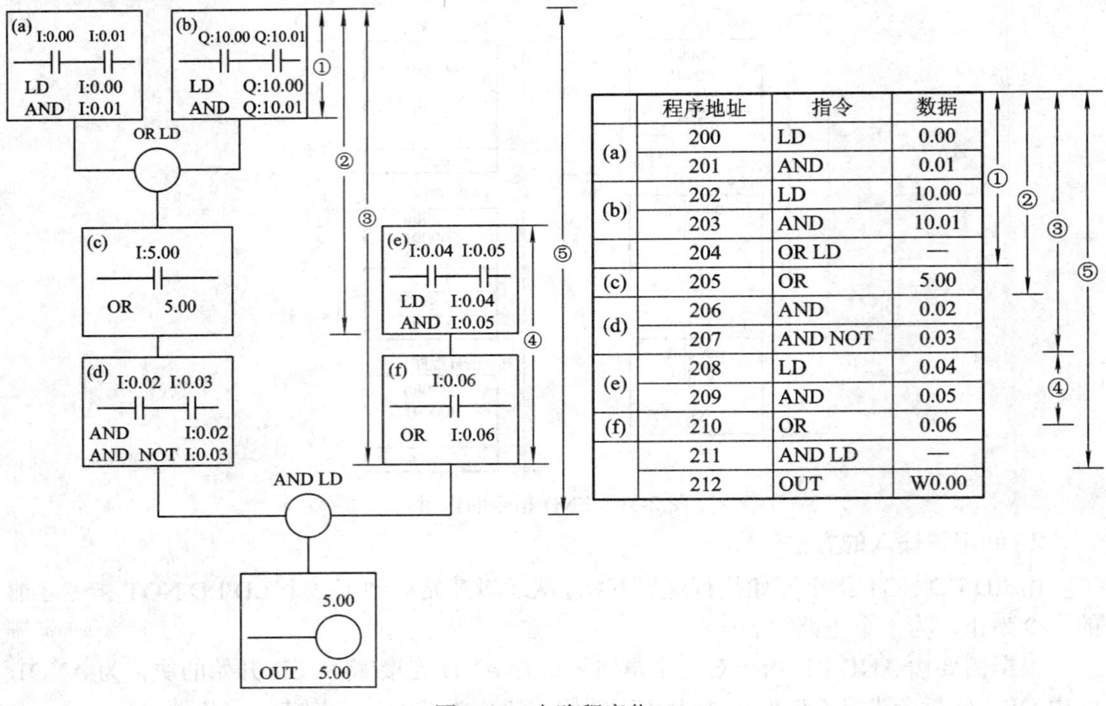

	程序地址	指令	数据
(a)	200	LD	0.00
	201	AND	0.01
(b)	202	LD	10.00
	203	AND	10.01
	204	OR LD	—
(c)	205	OR	5.00
(d)	206	AND	0.02
	207	AND NOT	0.03
(e)	208	LD	0.04
	209	AND	0.05
(f)	210	OR	0.06
	211	AND LD	—
	212	OUT	W0.00

图 2-41　电路程序化(1)

掌握了如何对电路进行分割、如何按顺序进行程序化，就掌握了助记符的输入方法。下面从简到难举几个电路程序化的例子，以帮助大家很好地掌握上述方法。

(3) 程序示例。

① 并联/串联电路示例。

例 2-1　把图 2-42 所示的电路转化成助记符程序。

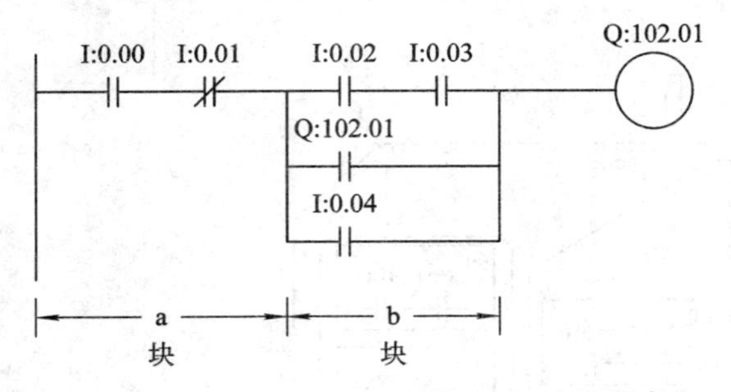

指令	数据
LD	0.00
AND NOT	0.01
LD	0.02
AND	0.03
OR	102.01
OR	0.04
AND LD	—
OUT	102.01

图 2-42　电路程序化(2)

解　首先把电路分割为 a 块和 b 块(如图 2-42 所示)，然后分别对 a 块、b 块进行程序化，最后由 AND LD 来汇总 a 块和 b 块(如图 2-42 中右表所示)。

例 2-2　把图 2-43 所示的电路转化成助记符程序。

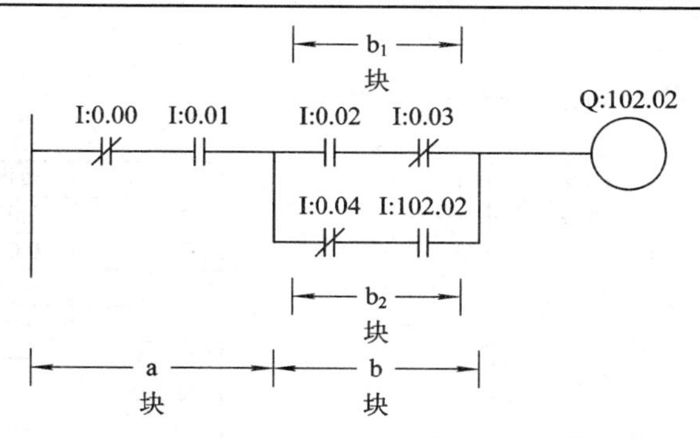

指令	数据	
LD NOT	0.00	a
AND	0.01	
LD	0.02	b_1
AND NOT	0.03	
LD NOT	0.04	b_2
AND	102.02	
OR LD	—	b_1+b_2
AND LD	—	a—b
OUT	102.02	

图 2-43　电路程序化(3)

解　先把电路分割为 a、b 两块，再把 b 块分割 b1、b2 两块(如图 2-43 所示)。然后对 a 块进行程序化，对 b1 块进行程序化之后再对 b2 块进行程序化，用 OR LD 来汇总 b1 块和 b2 块，最后用 AND LD 来汇总 a 块和 b 块(如图 2-43 右表所示)。

② 串联电路的串联连接示例。

例 2-3　把图 2-44 所示的电路转化成助记符程序。

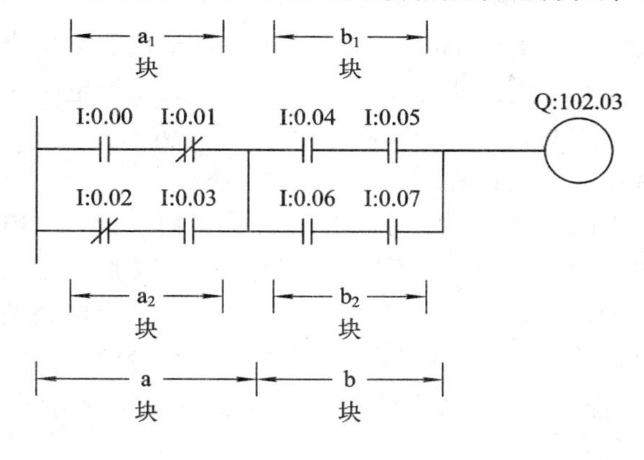

指令	数据	
LD	0.00	a_1
AND NOT	0.01	
LD NOT	0.02	a_2
AND	0.03	
OR LD	—	a_1+a_2
LD	0.04	b_1
AND	0.05	
LD	0.06	b_2
AND	0.07	
OR LD	—	b_1+b_2
AND LD	—	a·b
OUT	102.02	

图 2-44　电路程序化(4)

解　先把电路分割为 a、b 两块，再把 a 块分割为 a1、a2 两块，把 b 块分割为 b1、b2 两块(如图 2-44 所示)。然后对 a 块进行程序化。依据程序化的顺序，先对 a 块进行程序化后再对 b 块进行程序化；而在 a 块中先对 a1 块进行程序化再对 a2 块进行程序化，然后用 OR LD 把它们合并为 a 块；b 块的程序化过程跟 a 块类似；a、b 两块都程序化后再用 AND LD 来汇总 a 块和 b 块(如图 2-44 右表所示)。

如图 2-45 所示的 a～n 中为连续时，程序化该电路的方法也一样。依据程序化的顺序，有：a 块程序化→b 块程序化→(a·b)合并→c 块程序化→(a·b·c)合并→d 块程序化→……

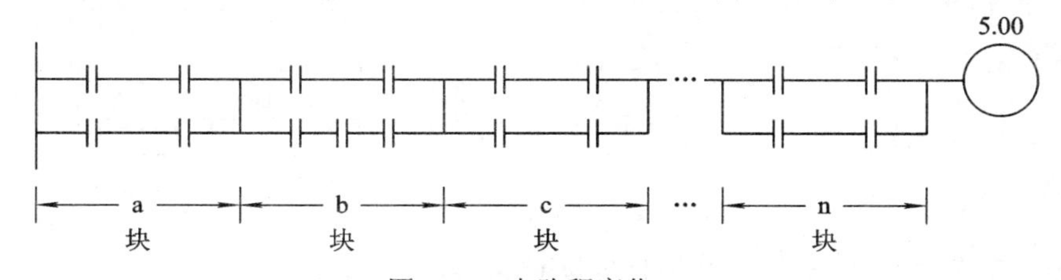

图 2-45　电路程序化(5)

③ 复杂的电路示例。

例 2-4　把图 2-46 所示的电路转化成助记符程序。

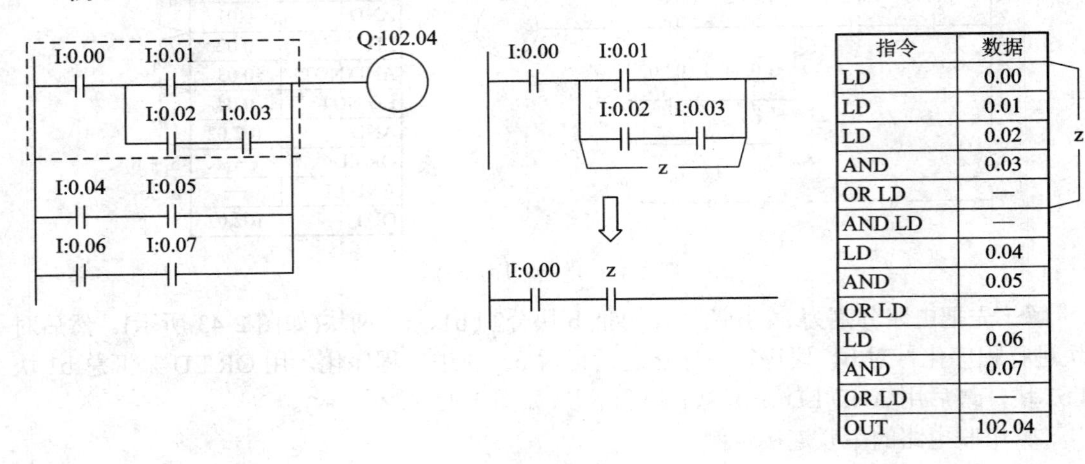

指令	数据	
LD	0.00	
LD	0.01	z
LD	0.02	z
AND	0.03	z
OR LD	—	z
AND LD	—	
LD	0.04	
AND	0.05	
OR LD	—	
LD	0.06	
AND	0.07	
OR LD	—	
OUT	102.04	

图 2-46　电路程序化(6)

解　图 2-46 所示的电路的复杂部分在虚线框部分，我们先把这部分电路拿出来进行简化(简化过程如图中右边所示)。这样一来，我们就可以把该电路看作是三个电路块的并联了，程序化起来就简单多了。程序化后的助记符程序如图 2-46 中右表所示。

例 2-5　把图 2-47 所示的电路转化成助记符程序。

解　图 2-47 所示的电路比上一题的要复杂，我们解题的思路跟上题一样，对电路进行简化，首先把电路分割成左右两大部分(如图 2-47 垂直虚线所分割的)，然后再把右部分虚线框所框的复杂部分进行简化，简化的过程跟上一题类似。这样一来，整个电路的程序化过程就简单明了了：把 c、d、e 三块合并成一块，再与 b 块合并成右部分的一大块，最后把左部分(也就是 a 块)与右部分合并。程序化后的助记符程序如图 2-47 右表所示(注意各电路块在表中对应的语句)。

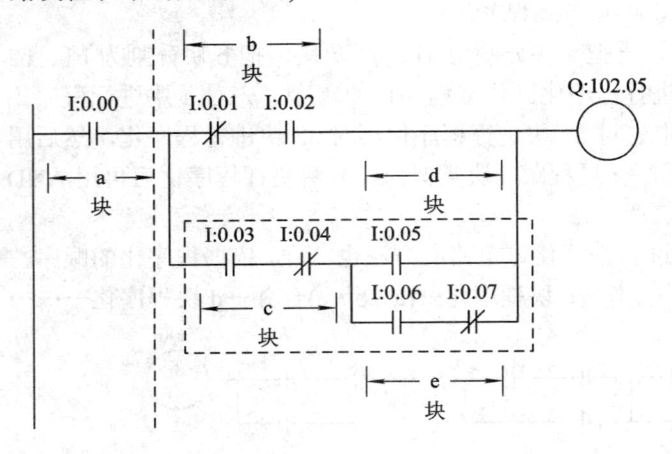

指令	数据	
LD	0.00	a
LD NOT	0.01	b
AND	0.02	b
LD	0.03	c
AND NOT	0.04	c
LD	0.05	d
LD	0.06	e
AND NOT	0.07	e
OR LD	—	d+e
AND LD	—	(d+e) • c
OR LD	—	(d+e) • c+b
AND LD	—	[(d+e) • c+b] • a
OUT	102.05	

图 2-47　电路程序化(7)

例 2-6　把图 2-48 所示的电路转化成助记符程序。

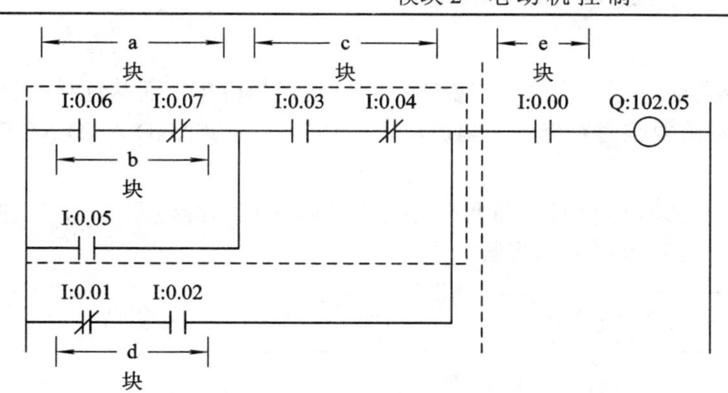

指令	数据
LD	0.06
AND NOT	0.07
OR	0.05
AND	0.03
AND NOT	0.04
LD NOT	0.01
AND	0.02
OR LD	
AND	0.00
OUT	102.05

图 2-48 电路程序化(8)

解 对比图 2-47 与图 2-48 的电路，不难发现它们极其相似，因此对图 2-48 电路的分割与上一题相似，先分成左右两部分，再对左部分进行分割。分割完毕后再顺序进行程序化。程序化的结果见图 2-48 中的右表。

3. 电路的优化

细心的读者或许会发现图 2-47 与图 2-48 两个电路相似、接点一样、功能相同，但程序化后它们的助记符程序是不一样的，后者比前者少了三条语句(少了两个 AND LD、一个 OR LD)。后者程序比较短，程序占用 PLC 的内存较小、效率较高。这说明，电路要设计得好，才能减少不必要的程序语句，提高程序的工作效率。因此，对一些电路设计得不好的需要进行优化，下面列出几种电路需要进行优化的。

1) 电路块并联时，单个接点的写在下面

对如图 2-49 左边的电路进行程序化时，需要 OR LD 指令把上、下两个电路块合并。但改写成右边的电路，则不必用到 OR LD 语句，节约了步数。

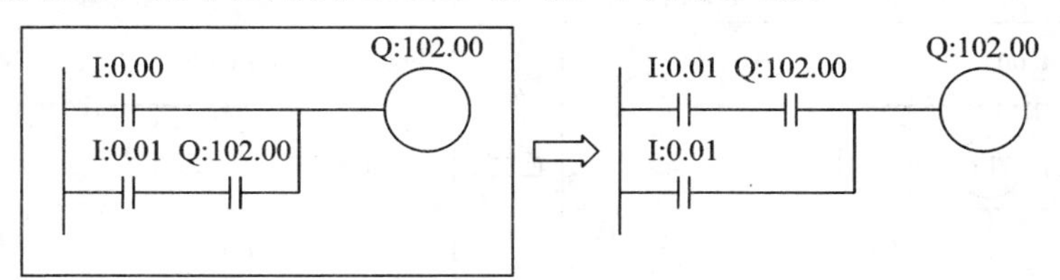

图 2-49 电路优化(1)

2) 并、串联电路时，把分支多的写在母线左侧，把单个分支的写在右侧

对如图 2-50 左边的电路进行程序化时，需要 AND LD 指令把虚线左、右两个电路块合并。但改写成右边的电路，则不必用到 AND LD 语句，节约了步数。

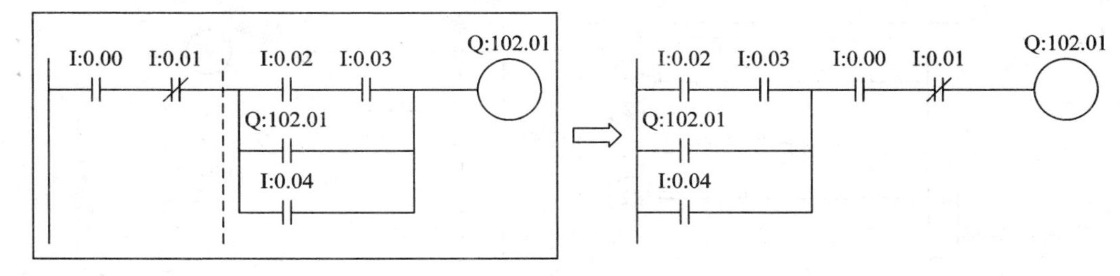

图 2-50 电路优化(2)

3) 输出系指令的分支

在 AND/AND NOT 指令之前进行分支时，需要临时存储继电器(TR)，而从连接直接输出系指令的点进行分支时，不需要临时存储继电器(TR)，能够直接继续 AND/AND NOT 指令和输出系指令。

对图 2-51 左的电路进行直接程序化时，需要在分支点的临时存储继电器 TR0 的输出指令以及加载(LD)指令。通过改写可以节约步数。

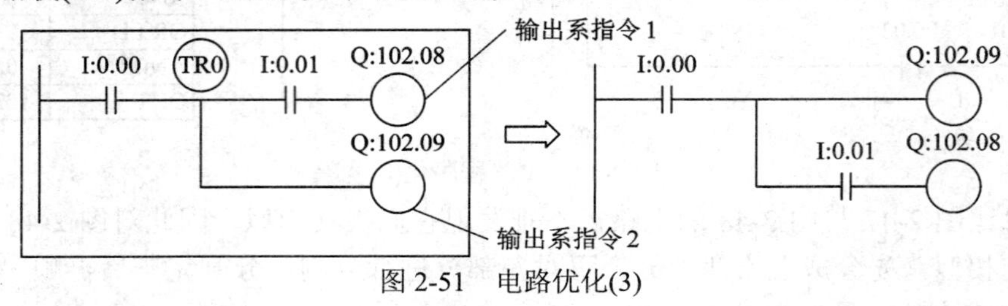

图 2-51　电路优化(3)

4) 助记符的执行顺序

由于 PLC 按照助记符顺序执行指令，因此根据电路的写法，有时不会出现期待的动作。制作梯形图电路时应意识到助记符的执行顺序。

图 2-51 左的电路中，不能输出 Q102.09。通过改写为右图，Q102.09 仅在 1 周期中输出可为 ON。

5) 需要改写的电路

由于 PLC 按照助记符顺序执行指令，因此信号的流向(功率流)为梯形图的左→右。希望从右向左进行的转入动作，不能实现程序化。

对图 2-52 左边的电路，由于通过由临时存储继电器(TR0)来接受分支点，因此可进行程序化。但是作为动作与右侧的电路相等。为便于理解，建议按图 2-52 所示进行改写。

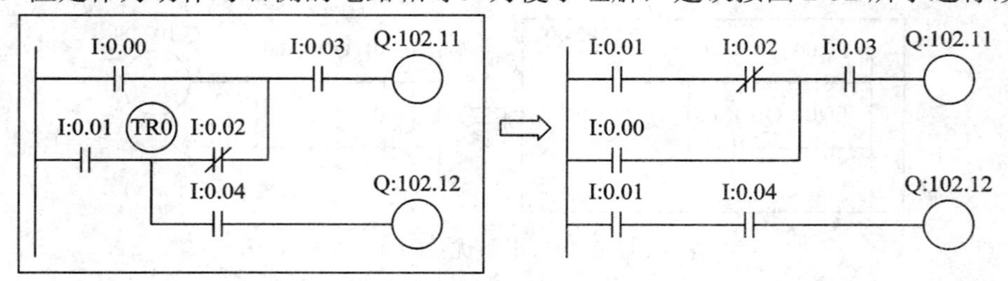

图 2-52　电路优化(4)

图 2-53 左边的电路不能进行程序化，因此请进行改写。箭头为由控制继电器构成电路时的信号(功率流)流向。

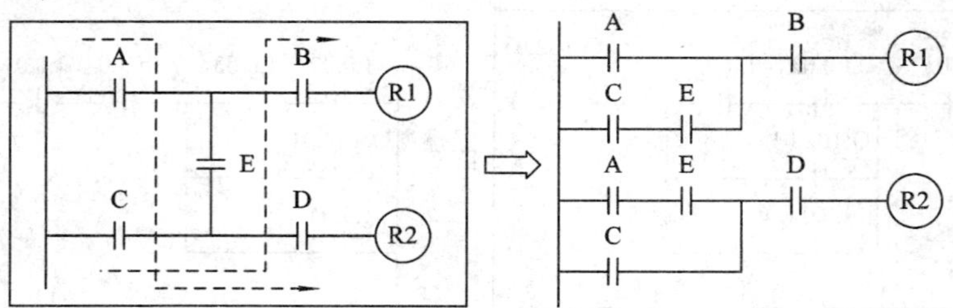

图 2-53　电路优化(5)

✂ 技能训练

在电力拖动系统中，采用继电器控制方式实现对两台电动机的顺序启动控制电路如图2-54所示。任务要求如下：

(1) 分析继电器控制电路的工作过程；

(2) 确定哪些电器元件可作为PLC的输入/输出设备，并进行I/O地址分配；

(3) 用继电器控制电路移植法进行PLC控制的改造，并编写PLC控制程序；

(4) 进行PLC接线并联机调试。

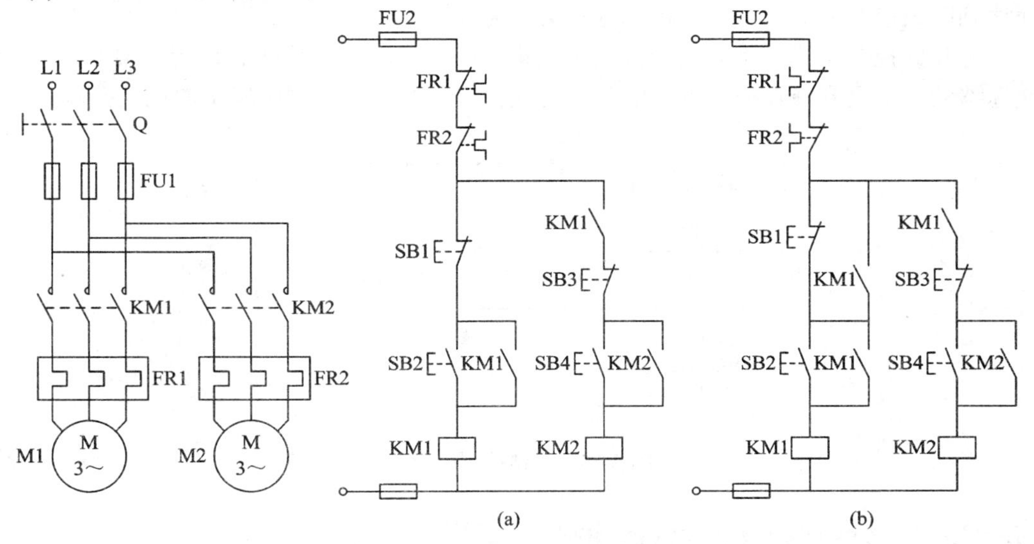

图2-54 两台电动机的顺序启动控制电路

? 思考练习

1．触点指令和线圈指令分别代表CPU对存储器的何种操作？

2．一般情况下为什么不允许双线圈输出？

3．为什么梯形图中同一编程元件的触点数量没有限制？

4．为什么梯形图中的触点不能放在线圈和输出类指令的右边？

5．PLC的外部输入电路中，为什么要尽量少用常闭触点？

任务2.2 三相鼠笼式异步电动机的联锁正反转控制

任务目标

(1) 掌握定时器的种类及基本用法。

(2) 掌握定时器常见的基本应用电路。

(3) 了解经验设计法的一般步骤。

(4) 了解联锁控制的意义，并掌握PLC联锁控制的设计要点。

前导知识

前导知识一　PLC 联锁控制

在生产机械的各种运动之间，往往存在着某种相互制约或由一种运动制约另一种运动的控制关系，一般均采用联锁控制来实现。

如图 2-55 所示，为了使两个或者两个以上的输出线圈不能同时得电，可以将各自的常闭触点串接于对方的控制线路中，以保证它们在任何时候都不能同时启动，以防止误操作，进而达到联锁控制的要求。该种控制方式又称为互锁。

这种互锁控制方式经常被用于控制电动机的减压启动、正反转、机床刀架的机动进给与快速移动、横梁升降及机床夹具的夹紧与放松等一系列不能同时发生的运动控制。

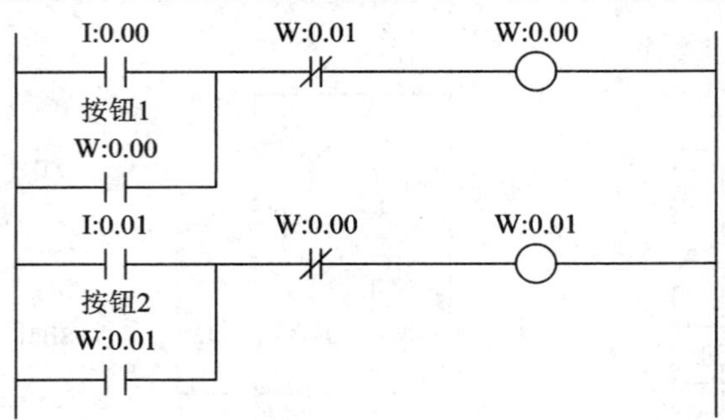

图 2-55　互锁控制梯形图

前导知识二　定时器 TIM/TIMX 指令

1. 符号和操作数说明

定时器 TIM/TIMX 指令的符号和操作数说明如表 2-5 所示。

表 2-5　TIM/TIMX 符号和操作数

当前值更新方式	梯形图符号	操作数的说明
BCD	TIM / N / S N：定时器编号 S：定时器设定值	N：0～4095(十进制) S：#0000～9999(BCD)
BIN	TIMX / N / S N：定时器编号 S：定时器设定值	N：0～4095(十进制) S：&0～65535(十进制) 或 #0000～FFFF(十六进制)

TIM、TIMX 都是进行减法式接通延迟 0.1 秒单位的定时器动作。

它们的设定时间如下：

(1) BCD 方式时：0～999.9 秒；

(2) BIN 方式时：0～6553.5 秒。

定时器精度为：0.01～0 秒。

N 操作数数据区域：常数

S 操作数数据区域：常数、CIO、WR、HR、AR、T/C、DM。

2. 功能说明

定时器 TIM/TIMX 指令功能说明：

(1) 当定时器输入为 OFF 时，对 N 所指定的编号的定时器进行复位(在定时器当前值(pv)代入设定值(sv)，将时间到时标志置于 OFF)。

(2) 定时器输入由 OFF 变为 ON 时，启动定时器，开始定时器当前值的减法运算。定时器输入为 ON 的过程中，进行定时器当前值的更新，定时器当前值变为 0 时，将时间到时标志置于 ON(时间到时，定时器得电并保持)。

(3) 时间到时，保持定时器当前值以及时间到时标志的状态。若要重启，需要将定时器输入从 OFF 变为 ON，或者通过(MOV 指令等)将定时器当前值变更为 0 以外的值。

如图 2-56 所示，定时器输入 I0.00 由 OFF→ON 时，定时器当前值开始从设定值中减去。定时器当前值为 0 后，时间到时标志 T0 转为 ON。定时器输入 I0.00 转为 OFF 后，定时器当前值中再次设置设定值，时间到时标志 T0 转为 OFF。

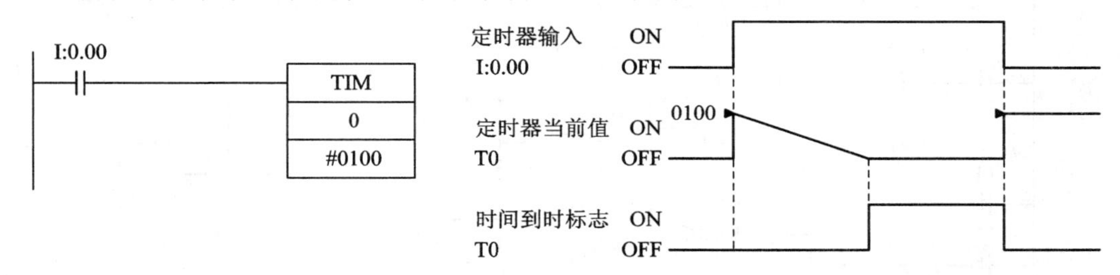

图 2-56 定时器功能时序说明图(1)

如果定时器定时的时间到时之前，定时器输入为 OFF 时，则定时器复位，当前值回到了设定值，等待下一次的定时，如图 2-57 所示。

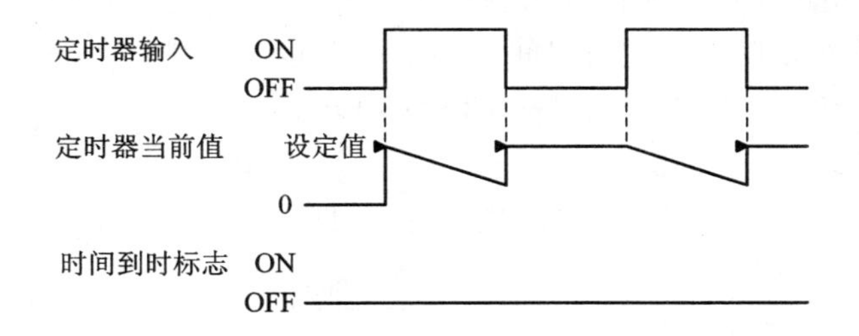

图 2-57 定时器功能时序说明图(2)

3. 定时器的应用

1) 通电延时

有的控制系统通电后不马上启动，而是要等一定的时间。这时，我们可以利用计时器指令编程实现通电延时的梯形图，如图 2-58 所示，它的输入/输出信号波形图 2-59 所示。

与通电延时相对应，我们还可以利用定时器实现断电延时。

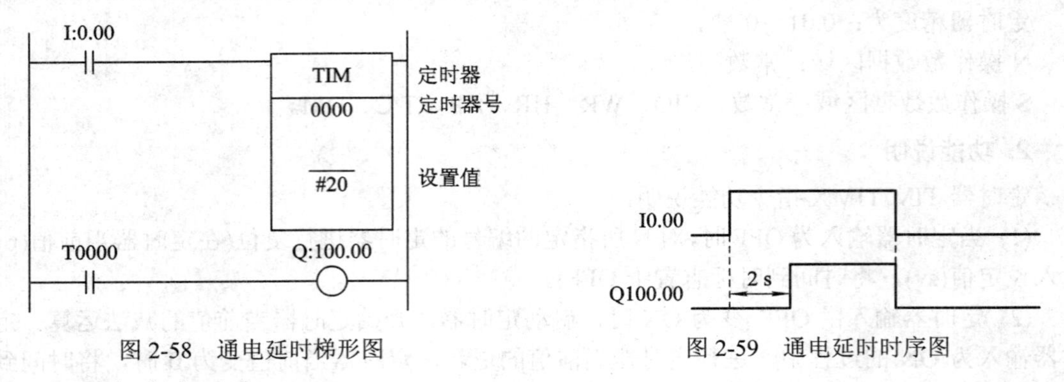

图 2-58　通电延时梯形图　　　　图 2-59　通电延时时序图

2) 通电/断电延时

若既要通电延时又要断电延时时，我们可以用图 2-60 所示的梯形图程序来实现。该程序实现的技巧是 T1、T2 分别用来作 KEEP 指令的置位和复位输入条件。时序分析图见图 2-60 右图所示。

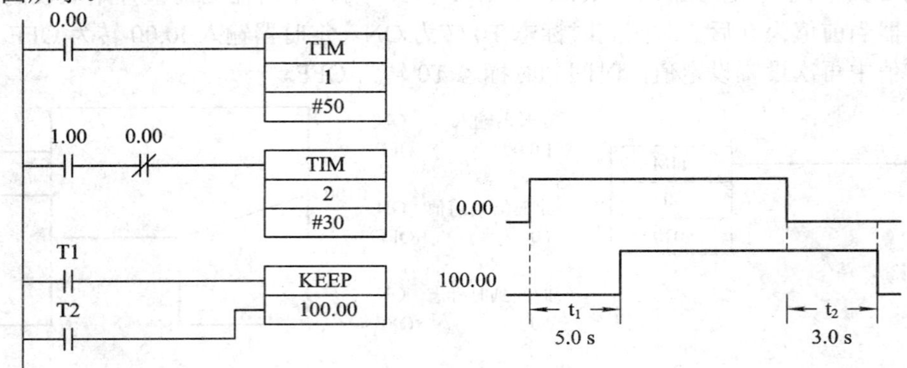

图 2-60　通电/断电延时

3) 长时间定时器

一个定时器 TIM 的最大定时时间是 999.9 秒，但几个定时器级连起来，就可以获得更长的定时时间了。如图 2-61 所示的梯形图是 T1 与 T2 的级连，即 T1 的常开触点作 T2 定时器的输入条件，两个定时器的定时时间 = (sv1 + sv2) × 0.1 秒，如果是多个定时器 TIM 的级连，则多个定时器的定时时间 = (sv1 + sv2 + sv3 + …) × 0.1 秒。

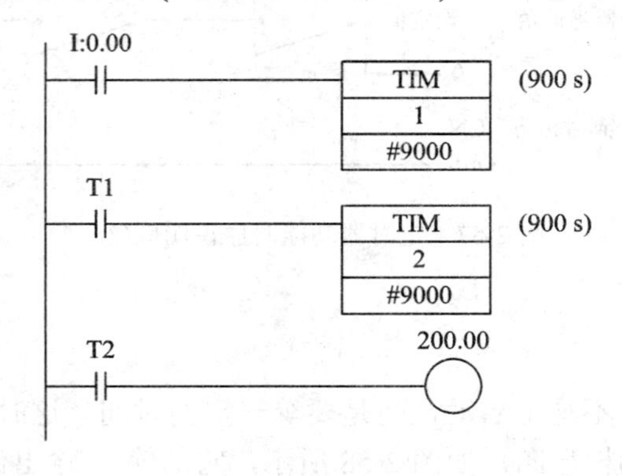

图 2-61　30 分钟的定时器

4) 固定脉冲宽度的输出(单稳态电路)

如图 2-62 所示的梯形图程序，不论 0.00 输入的脉冲的宽度是多少，都能保证 100.00 输出的脉冲宽度固定为 1.5 秒。如果定时时间足够短，则该电路就类似微分电路了。时序分析图见图 2-62 右图所示。

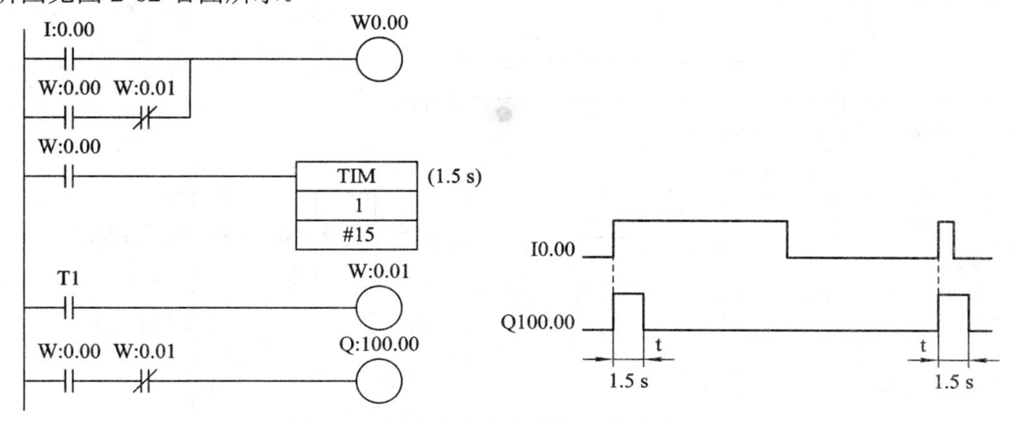

图 2-62　固定脉冲宽度的输出(单稳态电路)

5) 定时器的自复位

如图 2-63 所示的梯形图是定时器自复位的一个简单应用，定时器的输入条件是由 0.00 和定时器本身的常闭触点 T1 串联组成的，当 I0.00 为 ON 时，定时器开始计时，1 秒钟计时时间到时，T1 得电，定时器的常开触点为 ON，产生一个脉冲，则计数器的当前值(pv)减 1；当 PLC 的下一个扫描周期来时，由于 T1 定时器得电，它的常闭触点为 OFF，因此定时器 T1 的条件为 OFF，定时器 T1 复位，重新计时。因此，定时器如果是采用自复位的，那么它的得电时间为一个扫描周期。时序分析图见图 2-63 右图所示。

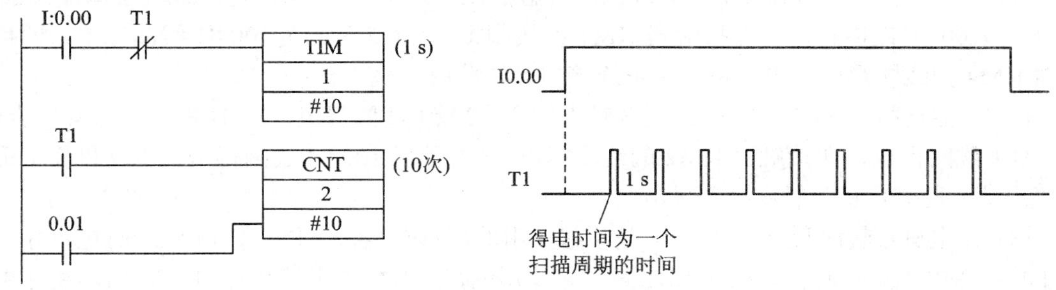

图 2-63　定时器的自复位

4. 使用定时器编号的注意事项

定时器编号由定时器指令、高速定时器指令、超高速定时器指令、累计定时器指令、块程序的定时器等待指令、高速定时器等待指令共用。如果通过这些指令使同一定时器编号同时动作，会出现误动作，这一点请注意。如果同时使用，在程序检测时会显示“线圈双重使用”。此外，如果在不同时动作的条件下，可以使用同一编号。

 任务内容

如图 2-64 所示是采用继电器控制的三相异步电动机正、反转控制电路。其主电路由电

源开关 Q、熔断器 FU1、交流接触器 KM1 和 KM2 的常开主触点、热继电器 FR 热元件和电动机 M 构成；控制电路由熔断器 FU2、正转启动按钮 SB1、反转启动按钮 SB2、停止按钮 SB3、交流接触器 KM1 和 KM2 的常开及常闭辅助触点、热继电器 FR 的常闭触点和交流接触器线圈 KM1 和 KM2 组成。

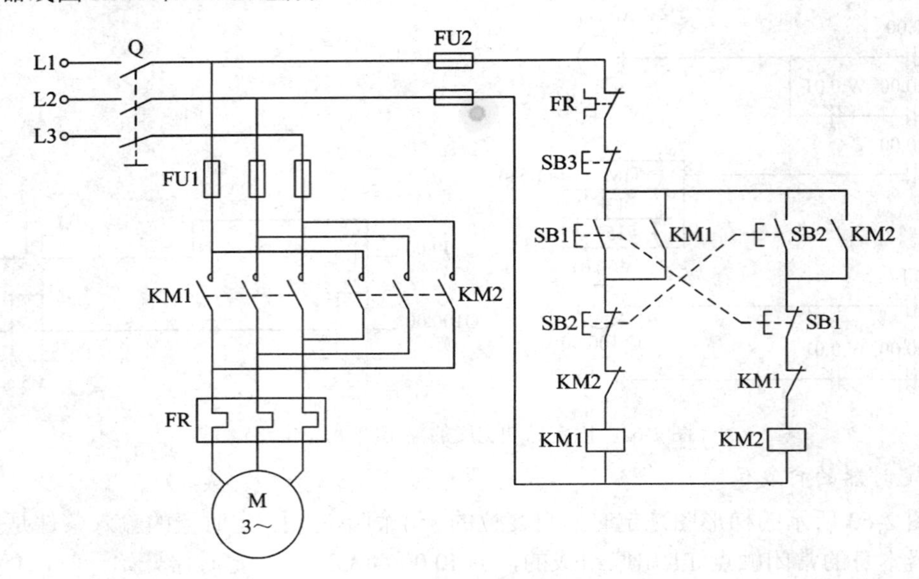

图 2-64　三相异步电动机正、反转控制电路

采用继电器控制的三相异步电动机正、反转控制电路的工作过程请读者自己分析。

设计 PLC 控制的三相异步电动机正、反转运行控制系统，功能要求如下：

(1) 启动：按启动按钮 SB1，0.00 的动合触点闭合，20.00 线圈得电，20.00 的动合触点闭合，Q100.00 线圈得电，即接触器 KM1 的线圈得电，0.5 秒后 Q100.03 线圈得电，即接触器 KM4 的线圈得电，电动机作星形连接启动，此时电机正转；

(2) 按启动按钮 SB2，I0.01 的动合触点闭合，20.01 线圈得电，20.01 的动合触点闭合，Q100.01 线圈得电，即接触器 KM2 的线圈得电，0.5 秒后 100.03 线圈得电，电动机作星形连接启动，此时电机反转；

(3) 在电机正转时反转按钮 SB2 是不起作用的，只有当按下停止按钮 SB3 时电机才停止工作；在电机反转时正转按钮 SB1 是不起作用的，只有当按下停止按钮 SB3 时电机才停止工作。

任务实施

1. 分析控制要求，确定输入/输出设备

本任务电路实质上就是在图 2-23 所示电动机单向连续运行控制电路的基础上增加反转连续运行功能，并在正、反两个方向进行互锁的电路。

通过对采用继电器控制的三相异步电动机正反转控制电路分析，可以归纳出电路中出现了 3 个输入设备，即正转启动按钮 SB1、反转启动按钮 SB2、停止按钮 SB3；2 个输出设备，即正转接触器 KM1、反转接触器 KM2。

2．对输入/输出设备进行 I/O 地址分配

根据电路要求，I/O 地址分配如表 2-6 所示。

表 2-6 I/O 地址分配

输入设备			输出设备		
名称	符号	地址	名称	符号	地址
正转启动按钮	SB1	I0.00	M 正转接触器	KM1	Q100.00
反转启动按钮	SB2	I0.01	M 反转接触器	KM2	Q100.01
停止按钮	SB3	I0.02	星形连接	KM4	Q100.03

3．绘制 PLC 外部接线图

根据 I/O 地址分配结果，绘制 PLC 外部接线图，如图 2-65 所示。

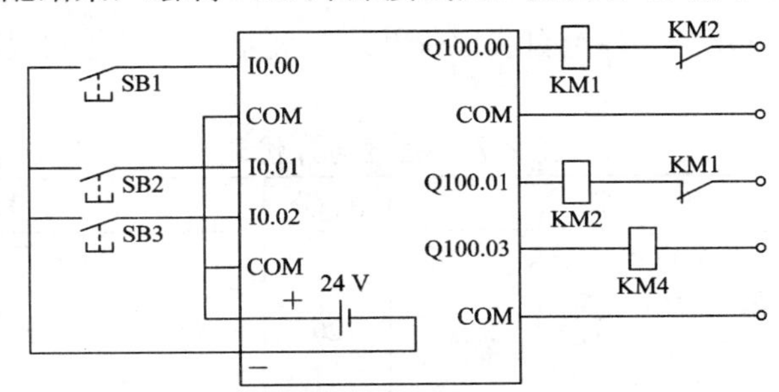

图 2-65 三相异步电动机正、反转控制电路的 PLC 外部接线图

4．PLC 程序设计

根据控制电路的要求，设计 PLC 控制程序，如图 2-66 所示。

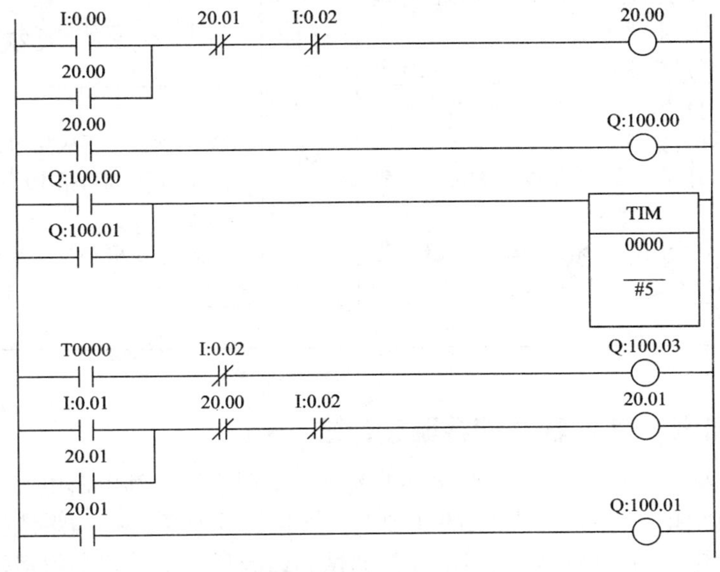

图 2-66 三相异步电动机联锁正、反转控制电路的 PLC 控制程序

5．安装接线

按照图 2-65 进行接线，安装方法及要求与继电器控制电路相同。

6. 运行调试

(1) 连接好 PC/PPI 电缆，运行 CX-P 编程软件。

(2) 打开符号表编辑器，根据表 2-6 中的要求，将相应的符号与地址分别录入符号表的符号栏和地址栏。例如，符号栏写入“正转启动按钮”，相应的地址栏则写“I0.00”。

(3) 打开梯形图(LAD)编辑器，编写控制程序并下载到 PLC 中，使 PLC 进入运行状态。

(4) 执行菜单命令“调试→开始程序状态监控”，使 PLC 进入梯形图监控状态。

① 不做任何操作，观察 I0.00、I0.01、I0.02、Q100.00、Q100.01 的状态；

② 交替按下 SB1、SB2 和 SB3，观察 I0.00、I0.01、I0.02、Q100.00、Q100.01 的状态。

(5) 操作过程中同时观察输入/输出状态指示灯的亮灭情况。

检查评价

在规定时间内完成任务，各组自我评价并进行展示，各组之间根据评价表进行检查。检查与评价表见表 2-7。

表 2-7 检查与评价表

项 目	要 求	配 分	评 分 标 准	得 分
I/O 分配表	(1) 能正确分析控制要求，完整、准确确定输入/输出设备 (2) 能正确对输入/输出设备进行 I/O 地址分配	20	不完整，每处扣 2 分	
PLC 接线图	按照 I/O 分配表绘制 PLC 外部接线图，要求完整、美观	10	不规范，每处扣 2 分	
安装与接线	(1) 能按照 PLC 外部接线图正确安装元件及接线 (2) 线路安全简洁，符合工艺要求	30	不规范，每处扣 5 分	
程序设计与调试	(1) 程序设计简洁易读，符合任务要求 (2) 在保证人身和设备安全的前提下，通电试车一次成功	30	第一次试车不成功扣 5 分；第二次试车不成功扣 10 分	
文明安全	安全用电，无人为损坏仪器、元件和设备，小组成员团结协作	10	成员不积极参与，扣 5 分；违反文明操作规程扣 5～10 分	
总 分				

相关知识 PLC 程序的经验设计法

经验设计也称为试凑法。在 PLC 发展的初期，沿用了设计继电器电气原理图的设计方法，即在一些典型单元电路(梯形图)的基础上，根据被控对象对控制系统的具体要求，不断地修改和完善梯形图。有时需要多次反复调试和修改梯形图，增加很多辅助触点和中间编程元件，最后才能得到一个较为满意的结果。这种设计方法没有规律可遵循，具有很大的试探性和随意性，最后的结果因人而异。其设计所用时间、设计质量与设计者的经验有很大关系，因此称为经验设计法，一般可用于较简单的梯形图程序设计。

梯形图的经验设计法是目前使用比较广泛的一种设计方法，该方法的核心是输出线圈，这是因为 PLC 的动作就是从线圈输出的(可以称为面向输出线圈的梯形图设计法)。

用经验设计法设计 PLC 程序时，大致可以按下面几个步骤来进行：

(1) 分析控制要求、选择控制方案；

(2) 设计主令元件和检测元件，确定输入/输出设备；

(3) 设计执行元件的控制程序；

(4) 检查修改和完善程序。

用经验设计法设计复杂系统梯形图存在的主要问题有：

(1) 设计方法不规范、难于掌握、设计周期长；

(2) 梯形图的可读性差、系统维护困难。

技能训练

某生产自动线如图2-67所示，有一小车用电动机拖动，电动机正转，小车前进；电动机反转，小车后退。开始时，小车在原位 0，要求在按下启动按钮 SB1 后小车前进，碰到限位开关 SQ1 后后退，退到原位 0 碰到限位开关 SQ3 后再前进，碰到限位开关 SQ2 后后退，退到原位 0 碰到限位开关 SQ3 后停止，当再次按下启动按钮 SB1 后，重复上述操作。任务要求如下：

(1) 确定 PLC 的输入/输出设备，并进行 I/O 地址分配；

(2) 编写 PLC 控制程序；

(3) 进行 PLC 接线并联机调试。

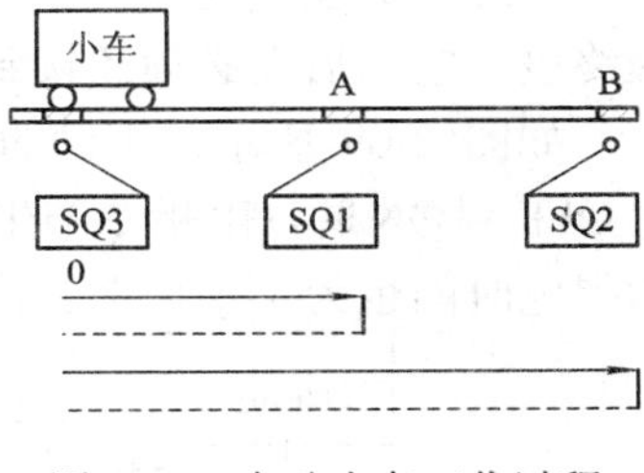

图 2-67 自动小车工作过程

思考练习

1. 用 TIM 指令编写 1 个程序，实现如下控制：在 0.00 接通 ON 并维持 35 s 后，使 100.00 接通并保持，同时该定时器立即复位；而 100.00 接通 15 s 后自动断开。画出梯形图。

2. 设计一个延时 1 小时的电路。

任务 2.3 三相鼠笼式异步电动机星/三角换接启动控制

任务目标

(1) 掌握复位/置位指令、微分指令的用法。

(2) 设计三相异步电动机 Y-△换接启动控制系统梯形图程序，并且能够熟练运用编程软件进行联机调试。

前导知识 微分指令、置位指令及应用

1. 上升沿微分 UP

1) 梯形图符号

梯形图符号如图 2-68 所示。

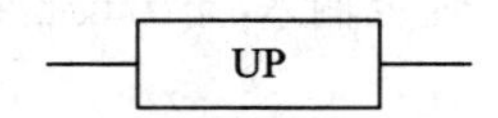

图 2-68 UP 指令的梯形图符号

2) 指令功能

当输入条件的上升沿(OFF→ON)来时，产生 1 个周期内为 ON 的信号，并连接到下一段。

3) UP 指令的使用

需要注意的是本指令是一种下一段连接型的上升沿微分指令，能为下一段电路提供宽度为 1 个周期的脉冲信号，本指令不适用于电路的最终段。

因此我们在使用升沿微分指令 UP 时，不能直接把它接到母线上，也不能作为电路的最终段，它的后面必须还接到下一段电路，否则 CX-P 会警告错误。

如图 2-69 所示是正确的使用方法，右图是对该电路进行动作说明的时序图，当 I0.00 由 OFF 到 ON 时，UP 指令产生 1 个周期内为 ON 的信号传送到输出线圈 Q100.00，则 Q100.00 的得电时间也为 1 个周期。需要注意的是这在 CX-P 里是观察不出来的。

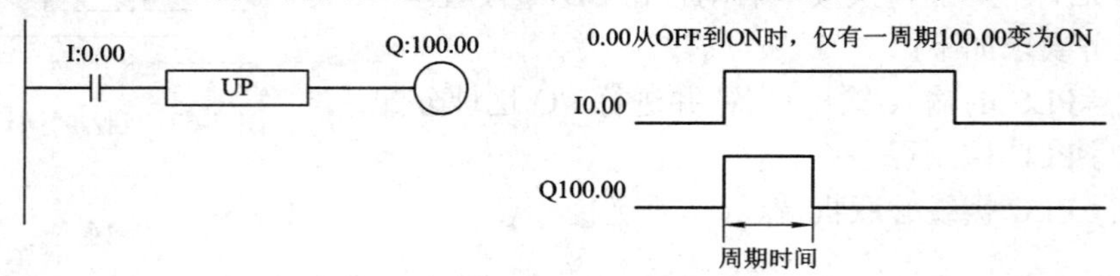

图 2-69 UP 指令的应用(1)及其时序分析图

此时或许会有读者对图 2-70 左边的梯形图有疑问，UP 指令能为下一段电路提供宽度为 1 个周期的脉冲信号，则线圈 Q100.02 会得电，那么放在 UP 指令前面的两个电路，线圈 Q100.00、Q100.01 会得电吗？答案是肯定的。左边的梯形图我们在 CX-P 里没办法观察到它们到底有没有得电，但我们给它改写成右图所示的梯形图，则就可以观察到了，当 I0.00 的脉冲上升沿来时，线圈 Q100.00、Q100.01、Q100.02 都得电。

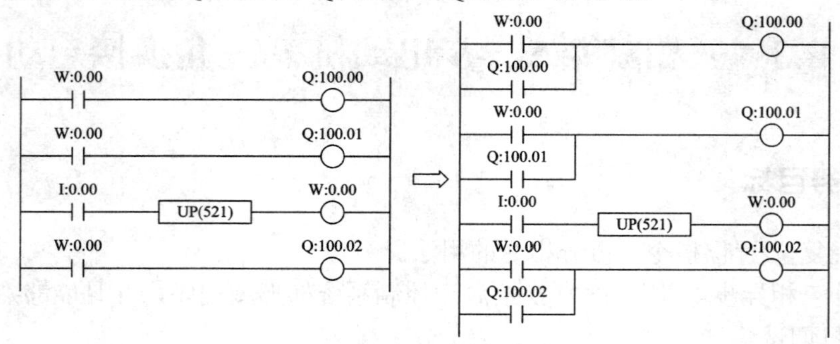

图 2-70 UP 指令的应用(2)

此处的1个周期是PLC的1个完整的扫描周期的时间，而不是指在一个PLC扫描周期内。如图2-71所示，UP生产1个周期时间长短的信号是从执行UP指令开始到下一个执行UP指令之前的这段时间，这个时间刚好能够保证在PLC里的所有程序都执行一遍。因此UP产生的脉冲信号不仅会影响到它下面的电路，同样也影响到它上面的电路。

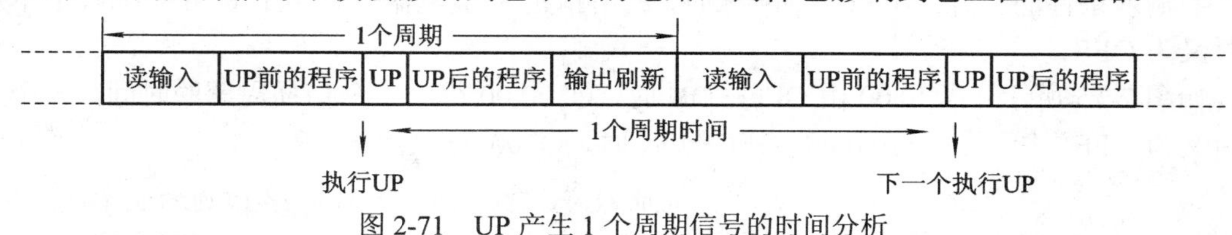

图2-71　UP产生1个周期信号的时间分析

2. 下降沿微分DOWN

1) 梯形图符号

梯形图符号如图2-72所示。

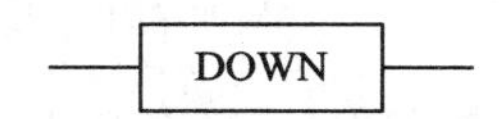

图2-72　DOWN指令的梯形图符号

2) 指令功能

当输入条件的下降沿(ON→OFF)来时，产生1个周期内为ON的信号，并连接到下一段。

3) DOWN指令的使用

DOWN指令与UP指令一样，不能直接连接到左母线上，也不能直接连接到右母线上，必须要有后续电路块。图2-73所示的电路是正确的使用方法，右图是对该电路进行动作说明的时序图，当I0.00由ON到OFF时，DOWN指令产生1周期内为ON的信号传送到输出线圈Q100.01，则Q100.01的得电时间也为1个周期。

DOWN指令的应用事项与UP指令一样。

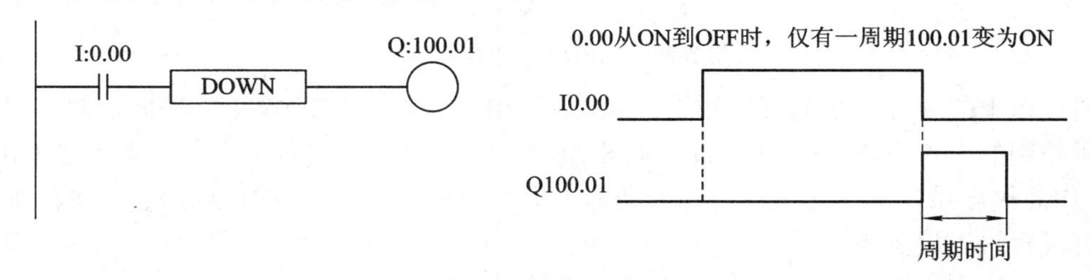

图2-73　DOWN指令的应用(1)及其时序分析图

3. 上升沿微分DIFU/下降沿微分DIFD

1) 梯形图符号

梯形图符号如图2-74所示。

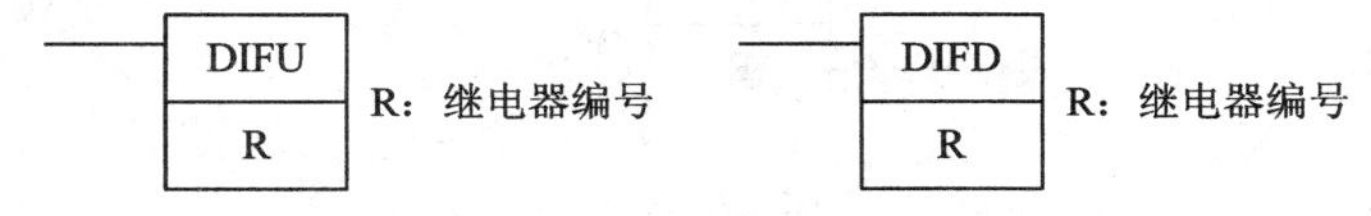

图2-74　DIFU、DIFD的梯形图符号

2) 操作数数据区域

操作数以位为单位，数据区域是 CIO、WR、HR、AR、IR。

3) DIFU 指令功能

当输入条件的上升沿(OFF→ON)来时，将所指定 R 继电器位置 1 个周期为 ON，1 个周期后又为 OFF。

如图 2-75 所示，当 I0.00 由 OFF→ON 时，Q100.00 得电 1 个扫描周期的时间，一个周期后又为 OFF；等下一个 I0.00 的 OFF→ON 时，Q100.00 又得电。

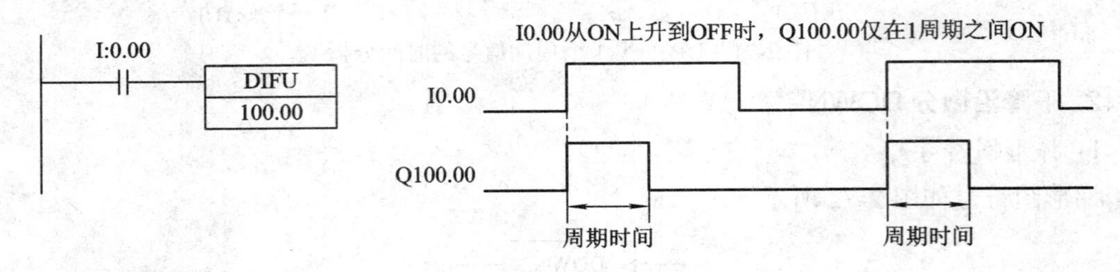

图 2-75　DIFU 指令的功能分析

4) DIFD 的指令功能

当输入条件的下降沿(ON→OFF)来时，将所指定 R 继电器位置 1 个周期为 ON，1 个周期后又为 OFF。

如图 2-76 所示，当 I0.00 由 ON→OFF 时，Q100.00 得电 1 个扫描周期的时间，一个周期后又为 OFF；等下一个 I0.00 的 ON→OFF 时，Q100.00 又得电。

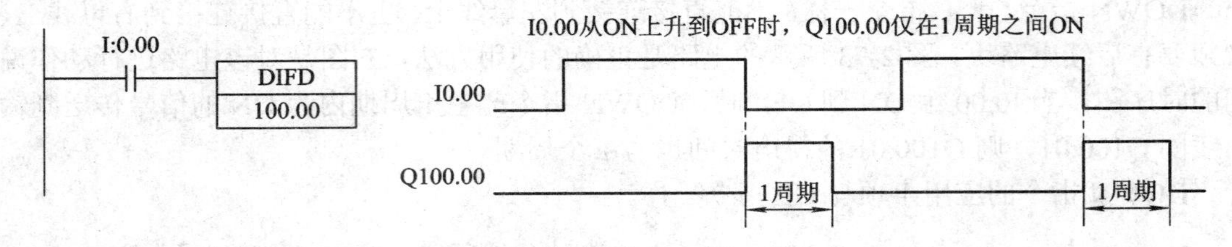

图 2-76　DIFD 指令的功能分析

通过以上的分析，我们可以知道，DIFU、DIFD 与 UP、DOWN 的功能相似。但它们是有所差别的，首先 DIFU、DIFD 是输出系指令，要直接接到右母线上；其次是 DIFU、DIFD 作为输出系指令，必须有内部辅助继电器。相对于 DIFU、DIFD 来说，UP、DOWN 指令可以直接连接到下一段电路块上，因此可以实现内部辅助继电器的节省和程序步数的节省。从这一点来看，UP、DOWN 的功能要比 DIFU、DIFD 来得强。

4. 保持 KEEP 指令

(1) 梯形图符号如图 2-77 所示。

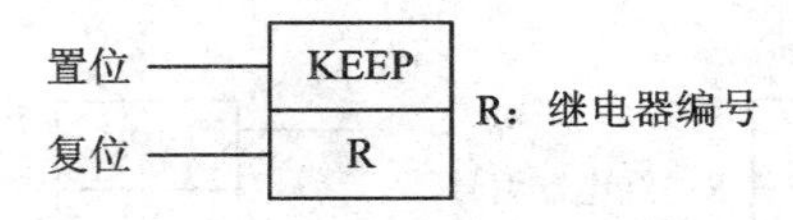

图 2-77　KEEP 指令的梯形图符号

(2) KEEP 指令对于梯形图和助记符，其输入顺序上有所差异。

梯形图：置位输入→KEEP 指令→复位输入

助记符：置位输入→复位输入→KEEP 指令

如图 2-77 的梯形图，转化成助记符程序为表 2-8 所列的助记符程序下表示，注意 KEEP 指令的顺序。

表 2-8　KEEP 指令助记符程序表

指　　令	数　　据
LD	A
LD	B
KEEP	C

(3) 操作数数据区域：

操作数是以位为单位的，区域是 CIO、WR、HR、AR、IR。

(4) 指令功能：

当置位端的输入(输入条件)为 ON 时，把继电器 R 置为 ON 状态并保持；当复位端的输入为 ON 时，把 R 复位为 OFF 状态。

如图 2-78 所示的是 KEEP 指令在梯形图中的应用，它的保持/复位电路功能是一样的。动作分析见图 2-79 时序图，当 A 置位输入端有信号输入时，C 就被置为 ON 并保持，当 B 复位输入有信号输入时，C 就被复位为 OFF。

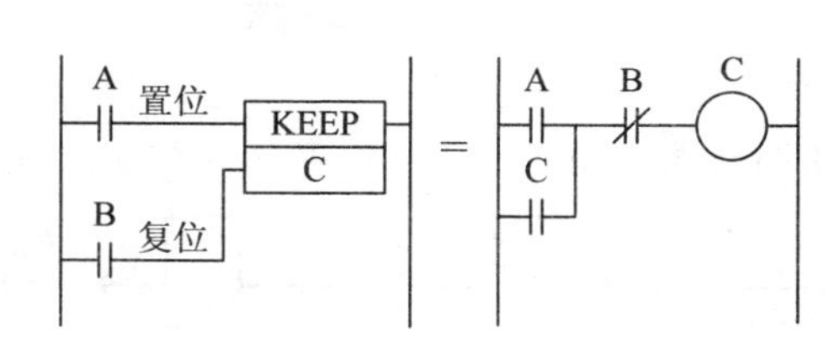

图 2-78　KEEP 指令的应用与功能

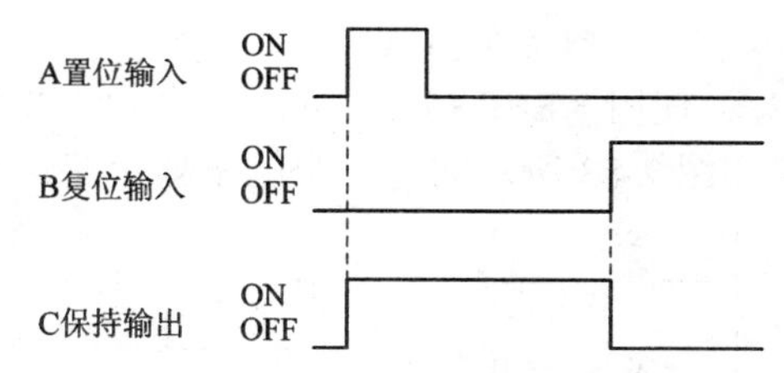

图 2-79　KEEP 电路时序图

在应用 KEEP 指令时要注意复位优先的原则，也就是说当置位输入(输入条件)和复位输入同时为 ON 时，复位输入优先。如图 2-80 所示，置位、复位输入同为 ON，则继电器 C 为 OFF 状态。

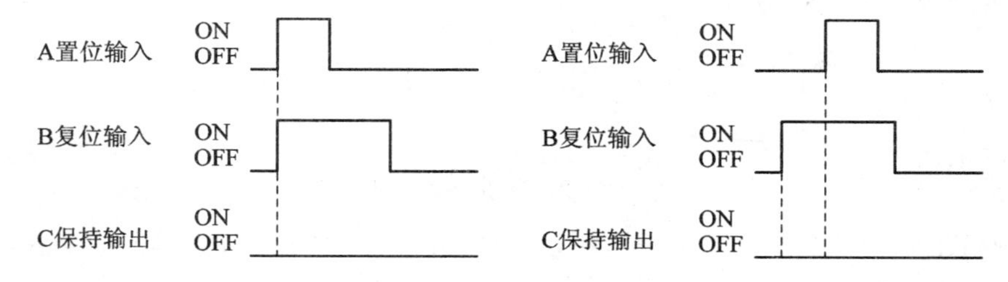

图 2-80　复位优先时序说明图

(5) 下面介绍 KEEP 指令应用的注意事项及几个应用例子。

① KEEP 指令在应用中要注意，不要将 KEEP 指令的复位的信号输入从外部设备中直接读取，否则 AC 电源切断和瞬时停电时，PLC 本体的内部电源将不会立刻 OFF，而是先

将输入单元的输入 OFF，结果复位输入将为 ON，进入复位状态。如图 2-81 的设计是错误的。

② 通过 KEEP 指令使用保持继电器时，即使在停电时也可以存储之前的状态。

如果当 PLC 的“I/O 存储器保持标志”为“ON”，并且在 PLC 系统设定选项中，“I/O 存储器保持标志”这一设置项如果设定为“保持”时，那么通过 KEEP 指令使用输入/输出继电器，与保持继电器一样，即使在停电时也可以存储之前的状态，这一点在编程时一定要注意。(注意：PLC 系统设定后，自下次电源 ON 时开始生效。)

图 2-82 是一个 KEEP 使用保持继电器的应用实例——停电对策的异常显示电路。置位端 I0.02、I0.03、I0.04 中的任何一位有信号输入，H0.00 都被置为 ON，Q100.00 得电报警，显示异常情况。如果故障没有解除(复位 I0.05 没有信号输入)，则 H0.00 始终保持着 ON 状态，即使切断了 PLC 的电源后，再重启 PLC，PLC 重启后 Q100.00 马上得电，显示异常警报。

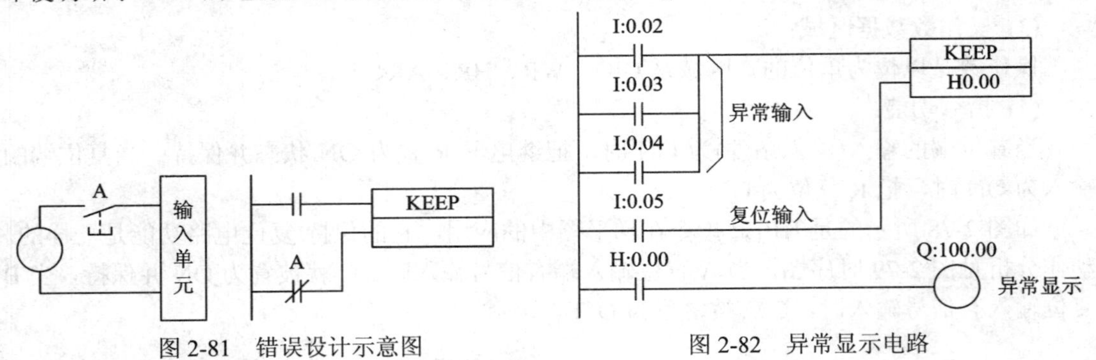

图 2-81　错误设计示意图　　　　图 2-82　异常显示电路

③ 使用 KEEP 指令，可以制作触发电路。

如图 2-83 所示的是一个触发器电路，其时序如右图所示。

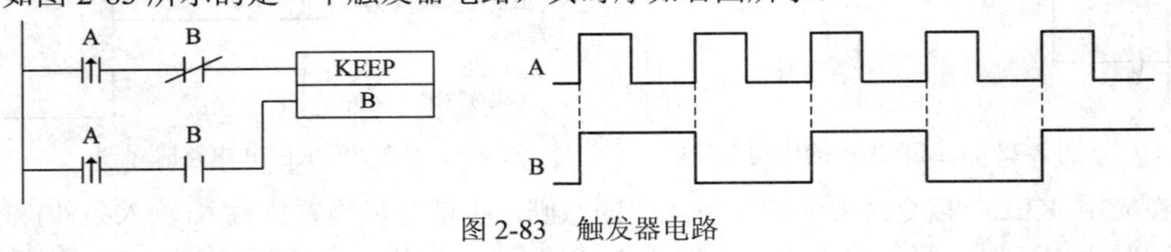

图 2-83　触发器电路

5. 置位 SET/复位 RSET

梯形图符号如图 2-84 所示。

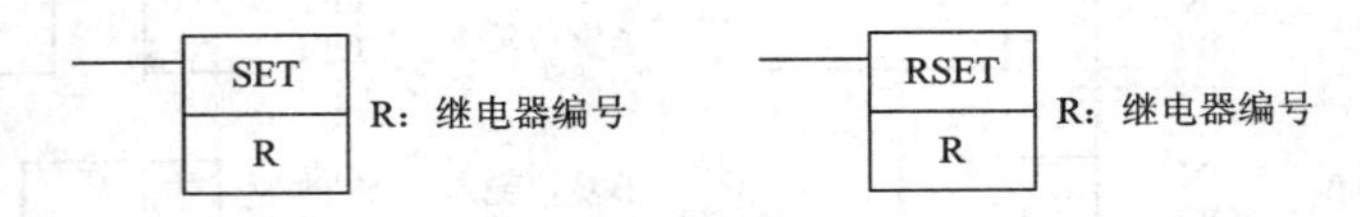

图 2-84　SET/RSET 指令的梯形图符号

SET/RSET 两指令的操作数数据区域是一样的：操作数是以位为单位的，区域是 CIO、WR、HR、AR、IR。

SET 指令功能：当输入条件为 ON 时，将指定的继电器 R 置为 ON；此后，无论输入条件是 OFF 还是 ON，指定继电器 R 始终保持 ON 状态。若要进入 OFF 状态，请使用 RSET 指令。

RSET 指令功能：输入条件为 ON 时，将指定的继电器 R 置为 OFF；无论输入条件是

OFF 还是 ON，指定的继电器 R 始终保持 OFF 状态。

由此可见，SET、RSET 是一对指令，它们一般是配对使用的，用 SET 指令来把指定的继电器置为 ON(置位)，用 RSET 来把指定的继电器置为 OFF(复位)。下面介绍 SET/RSET 指令与其它指令的比较，注意它们的异同。

1) SET/RSET 指令与 OUT 指令的区别

OUT 指令在输入条件为 ON 时，指定接点为 ON，输入条件为 OFF 时，指定接点为 OFF。

SET/RSET 指令仅在输入条件为 ON 时进行指定接点的 ON/OFF。输入条件为 OFF 时，指定接点的 ON/OFF 状态不变，如图 2-85 所示。

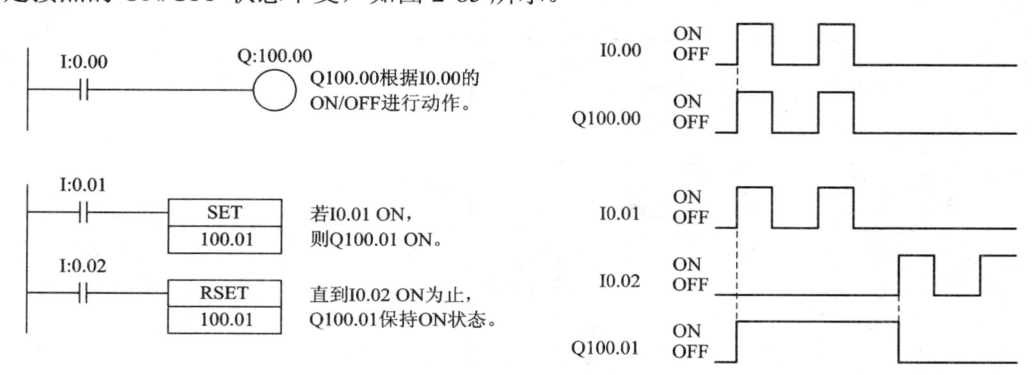

图 2-85　SET/RSET 与 OUT 指令的区别

2) SET/RSET 指令与 KEEP 指令的比较

KEEP 指令必须将置位输入和复位输入写在同一位置，但可以用 SET、RSET 指令进行分别记述。此外，对于同一地址的输出继电器，可以使用多个 SET、RSET 指令。

3) SET/RSET 指令、KEET 指令和保持/复位电路的比较

图 2-86 所示的三个电路，它们的时序分析图是一样的，见右图。可见它们的功能是相同的，都具有保持和复位的功能。从助记符来看，用 KEEP 指令可以节省一条语句(只用三条语句，其它两个是四条语句)。

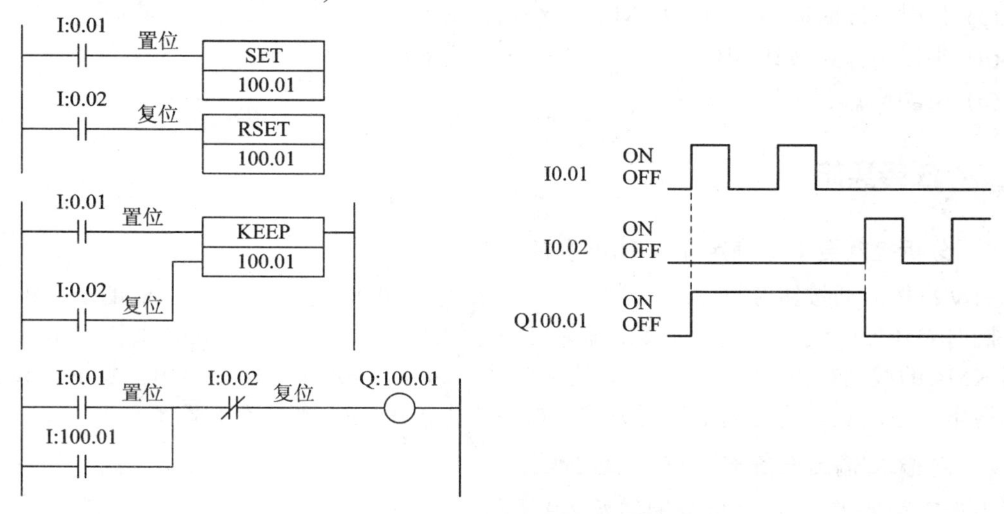

图 2-86　三种保持/复位电路的比较

任务内容

Y-△减压启动只适用于正常运行时定子绕组接成三角形的电动机。电动机启动时将定子绕组接成 Y 形，实现减压启动。正常运转时，再换接成△接法。该启动方式的设备简单经济，使用较为普遍。Y 型连接时，启动电流仅为△形连接时的 $1/\sqrt{3}$，启动过程中几乎没有电能消耗，但由于启动转矩较小，Y 型连接时启动转接为△形连接时的 1/3，因而只能空载或轻载启动。如图 2-87 所示是 Y-△减压启动的控制电路。

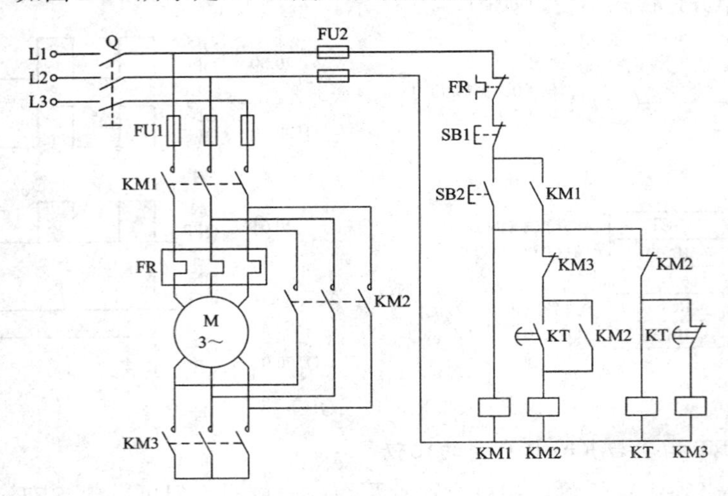

图 2-87　Y-△减压启动的控制电路

继电器控制的三相异步电动机 Y-△减压启动的控制电路的工作过程请读者自行分析。

设计 PLC 控制电动机 Y-△减压启动控制系统，功能要求如下：

(1) 当接通三相电源时，电动机 M 不运转；

(2) 当按下启动按钮 SB2 后，电动机 M 定子绕组接成 Y 形减压启动；

(3) 延时一段时间后，电动机 M 定子绕组接成△全压运行；

(4) 当按下停止按钮 SB1 后，电动机 M 停止运转；

(5) 电动机具有长期过载保护。

任务实施

1．分析控制要求，确定输入/输出设备

启动：按启动按钮 SB1，I0.00 的动合触点闭合，20.00 线圈得电，20.00 的动合触点闭合，同时 Q100.00 线圈得电，即接触器 KM1 的线圈得电，1 s 后 Q100.03 线圈得电，即接触器 KM4 的线圈得电，电动机作星形连接启动；6 s 后 Q100.03 的线圈失电，同时 Q100.02 线圈得电，电动机转为三角形运行方式，按下停止按钮 SB3 电机停止运行。

2．对输入/输出设备进行 I/O 地址分配

根据电路要求，I/O 地址分配如表 2-9 所示。

表 2-9 I/O 地址分配

输入设备			输出设备		
名称	符号	地址	名称	符号	地址
启动按钮	SB2	I0.00	接触器	KM1	Q100.00
停止按钮	SB1	I0.02	接触器	KM2	Q100.02
			接触器	KM3	Q100.03

3. 绘制 PLC 外部接线图

根据 I/O 地址分配结果，绘制 PLC 外部接线图(如图 2-88)。

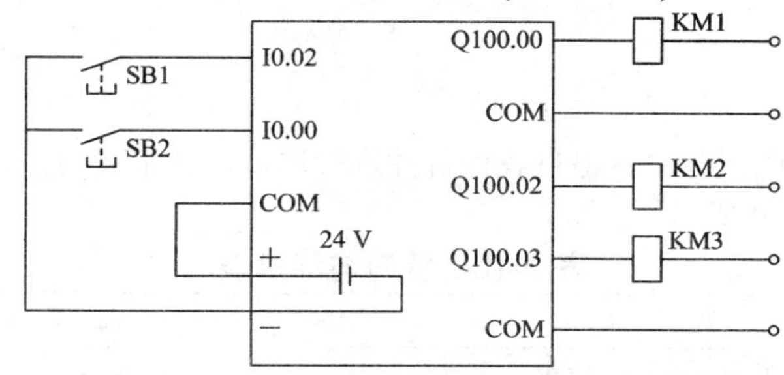

图 2-88 三相异步电动机 Y-△减压启动

4. PLC 程序设计

根据控制要求，PLC 控制程序的设计如图 2-89 所示。

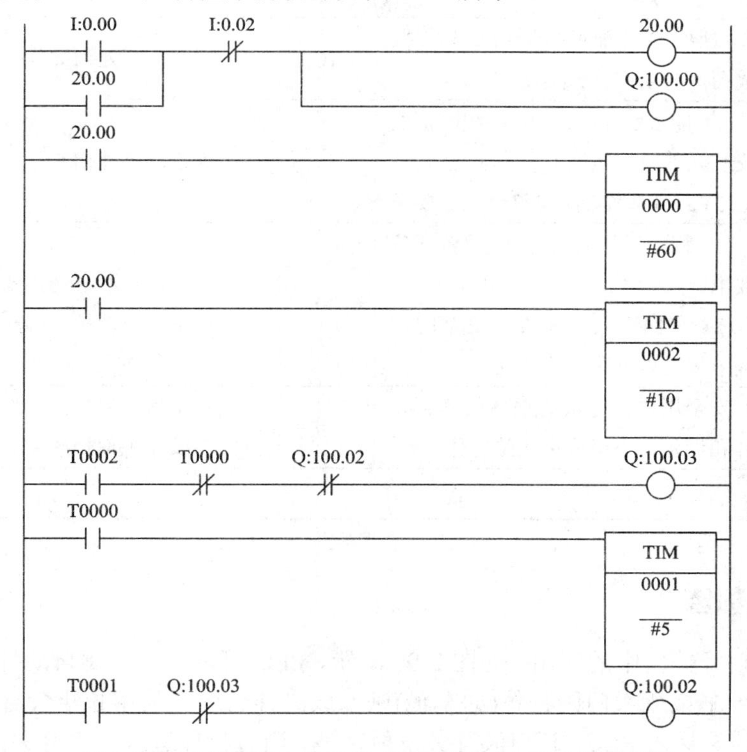

图 2-89 三相异步电动机 Y-△减压启动的 PLC 控制程序

5. 安装接线

按照图 2-88 进行接线，安装方法及要求与继电器控制电路相同。

6. 运行调试

(1) 在断电状态下，连接好 PC/PPI 电缆。

(2) 运行 CX-P 编程软件，设置通信参数。

(3) 编写控制程序，编译并下载程序文件到 PLC。

(4) 按下启动按钮 SB2，观察 KM1、KM3 是否立即吸合，电动机定子绕组以 Y 形连接启动。5 s 后，KM3 断开，KM2 吸合，电动机定子绕组以△形连接运行。

(5) 按下停止按钮 SB1，观察电动机是否能够停止。

检查评价

在规定时间内完成任务，各组自我评价并进行展示，各组之间根据评价表进行检查。检查与评价表如表 2-10 所示。

表 2-10　检查与评价表

项 目	要　求	配分	评 分 标 准	得分
I/O 分配表	(1) 能正确分析控制要求，完整、准确确定输入/输出设备。 (2) 能正确对输入/输出设备进行 I/O 地址分配	20	不完整，每处扣 2 分	
PLC 接线图	按照 I/O 分配表绘制 PLC 外部接线图，要求完整、美观	10	不规范，每处扣 2 分	
安装与接线	(1) 能按照 PLC 外部接线图正确安装元件及接线。 (2) 线路安全简洁，符合工艺要求	30	不规范，每处扣 5 分	
程序设计与调试	(1) 程序设计简洁易读，符合任务要求。 (2) 在保证人身和设备安全的前提下，通电试车一次成功	30	第一次试车不成功扣 5 分；第二次试车不成功扣 10 分	
文明安全	安全用电，无人为损坏仪器、元件和设备，小组成员团结协作	10	成员不积极参与，扣 5 分；违反文明操作规程扣 5～10 分	
总　分				

技能训练

PLC 在自动开关门中的应用：如图 2-90 所示，PLC 可以用来控制自动打开和关闭仓库大门，以便让一个接近大门的物体(如车辆)进入或离开仓库。采用超声装置和光电装置作为输入设备将信号送入 PLC。超声波开关发射声波，当有物体进入超声开关的作用范围时，超声开关便检测出物体反射的回波。光电开关由两个元件组成：内光源和接收器，光源连续地发射光束，由接收器加以接收。若车辆或其他物体遮断了光束，光电开关便检测到这一车辆或物体。

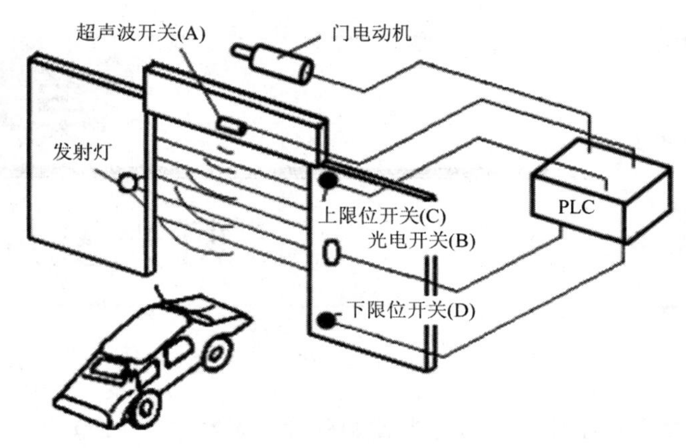

图2-90　自动开关门控制示意图

作为对这两个开关的输入信号的响应，PLC产生输出控制信号去驱动库门电动机，从而实现升门和降门。除此之外，PLC还接收来自输出门顶和门底两个限位开关的信号输入，用以控制升门动作和降门动作的完成。试设计PLC控制系统。任务要求如下：

(1) 确定PLC的输入/输出设备，并进行I/O地址分配；

(2) 编写PLC控制程序；

(3) 进行PLC接线并联机调试。

？ 思考练习

1. CP系列PLC有哪几种形式的定时器？如何选用(定时器的编号与定时器的类型之间的关系)？

2. 接通延时定时器和保持型接通延时定时器有何区别？

3. CP系列PLC的定时器有哪几种分辨率(最小定时单位)？如何选择其分辨率(定时器的编号与定时器的分辨率之间的关系)？

4. 要等到定时器的定时时间到才会往下执行程序吗？

5. 设计周期为10 s、占空比为30%的方波输出信号程序。

6. 设计一个由定时器组成的振荡电路。

7. 对同一元件同时置位和复位是否存在竞争关系？

模块 3

灯光及显示控制

日常生活中经常见到各种各样的灯光控制信号、霓虹灯及 LED 数码显示。它们是如何实现控制的呢？本模块中将结合 PLC 的计数器指令、数据处理指令、逻辑运算指令和段代码指令等来实现对灯光信号等日常生活常见对象的 PLC 控制。

学习目标

通过 3 项与本模块相关的任务的实施，进一步熟悉定时器、掌握计数器的使用；掌握计数器常见的基本应用电路；掌握数据处理指令、比较指令、逻辑运算指令的应用。进一步掌握 PLC 的接线方法，能够熟练运用编程软件进行联机调试。

任务 3.1 交通信号灯的控制

任务目标

(1) 进一步熟悉定时器指令的用法。

(2) 掌握计数器指令的应用。

(3) 认识并掌握计数器的设定值与当前值的区别与作用。

(4) 运用定时器指令和计数器指令设计实现十字路口交通信号灯的控制，并且能够熟练运用编程软件进行联机调试。

前导知识 计数器指令及应用

1. 计数器(CNT/CNTX)指令

1) 符号和操作数说明

计数器指令的符号和操作数说明见表 3-1。

表 3-1　CNT/CNTX 指令操作数说明

当前值更新方式	梯形图符号	操作数的说明
BCD	计数器输入 / 复位输入 → CNT, N, S N：计数器编号 S：计数器设定值	N：0～4095(十进制) S：#0000～9999(BCD)
BIN	计数器输入 / 复位输入 → CNTX, N, S N：计数器编号 S：计数器设定值	N：0～4095(十进制) S：0～65535(十进制) 或 #0000～FFFF(十六进制)

CNT、CNTX 都是进行减法计数的动作。设定值如下所示：

(1) BCD 方式时：0～9999 次；

(2) BIN 方式时：0～65535 次。

N 操作数数据区域：常数；

S 操作数数据区域：常数、CIO、WR、HR、AR、T/C、DM。

2) 功能说明

每次计数输入上升时，计数器当前值将进行减法计数。计数器当前值为 0 时，计数结束标志为 ON(计数器得电并保持)。计数结束后，如果不使用复位输入 ON 或 CNR/CNRX 指令进行计数器复位，将不能进行重启。复位输入为 ON 时被复位(当前值 = 设定值、计数结束标志 = OFF(计数器得电失电))，计数输入无效。

如图 3-1 所示的梯形图是计数器最简单的应用，定时器编号为 0，设定值为#5(常数)。在开始将计数输入 I0.00 由 OFF 转为 ON 之前，先将复位输入 I0.01 从 OFF 转为 ON，进行复位，保证了计数器 C0 的当前值等于设定值。在计数输入 I0.00 从 OFF 转为 ON 之前，将复位输入 I0.01 从 ON 转为 OFF。这样，计数器 C0 开始对计数输入 I0.00 的脉冲进行计数(注意：计数器只对脉冲的上升沿计数)，每计一个脉冲，C0 的当前值(pv)就减 1，计 5 个脉冲后，pv 等于 0，C0 得电并保持。要使 C0 失电重启，必须由复位输入 I0.01 输入一个脉冲进行复位，复位后 C0 就可以重新计数了。复位输入 I0.01 和计数输入 I0.00 同时为 ON 时，复位输入优先，计数器被复位，C0 不接受计数输入。时序图分析见图 3-2 所示。

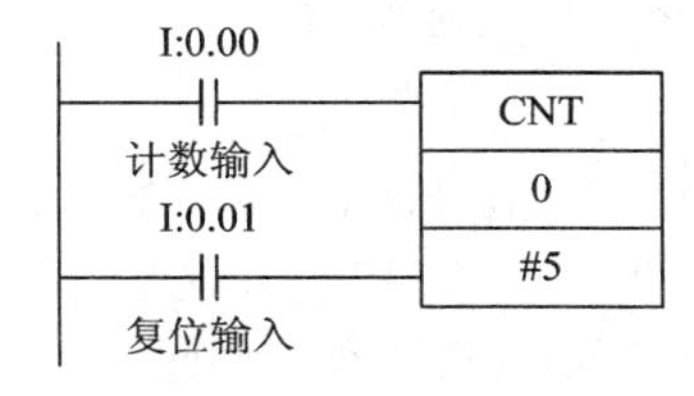

图 3-1　CNT 的应用(1)

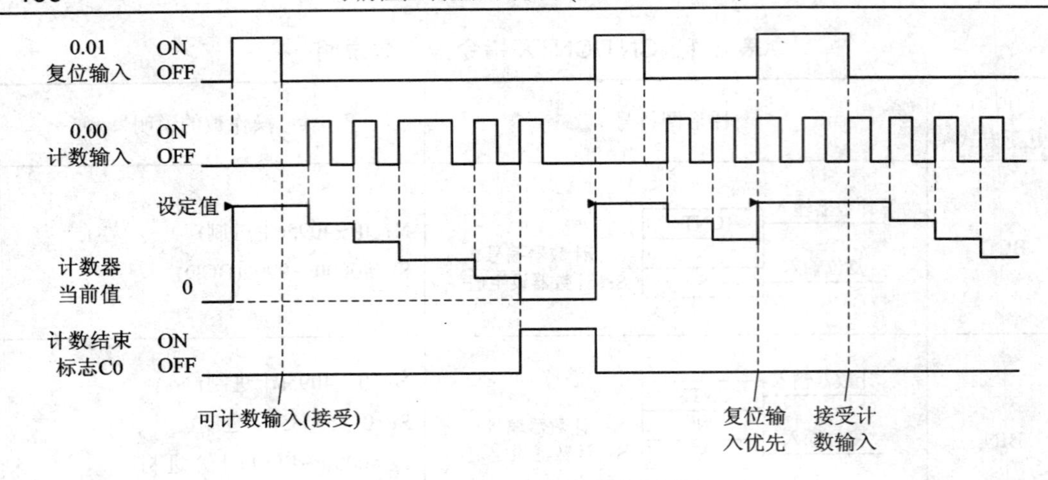

图 3-2　CNT 功能的时序分析图

3) 计数器与定时器的区别

计数器与定时器的最大区别是定时器得电后，它的输入条件必须保持为 ON 状态，否则会复位，而计数器得电后能够保持，一直到复位输入端有复位信号输入才会复位。

2. 计数器指令的应用

1) 定时器与计数器的级连

在前面我们已经介绍了如何用两个或多个定时器级连起来设计一个长时间定时器，在这里我们再介绍另一种长时间定时器的设计方法，这就是用定时器与计数器组合构成长时间定时器。如图 3-3 所示，定时器 T1 采用自复位，则 I0.00 为 ON(启动)后，T1 开始工作，每 1 分钟产生一个脉冲。计数器 C2 对 T1 的脉冲信号进行计数，计 100 个脉冲后，C2 得电，其所属的常开触点 C2 为断，则线圈 Q100.00 得电。由此可见，线圈 T1 和 C2 级连后，它们的定时的时间 = T1 的设定值 × C2 的设定值 × 0.1 秒。

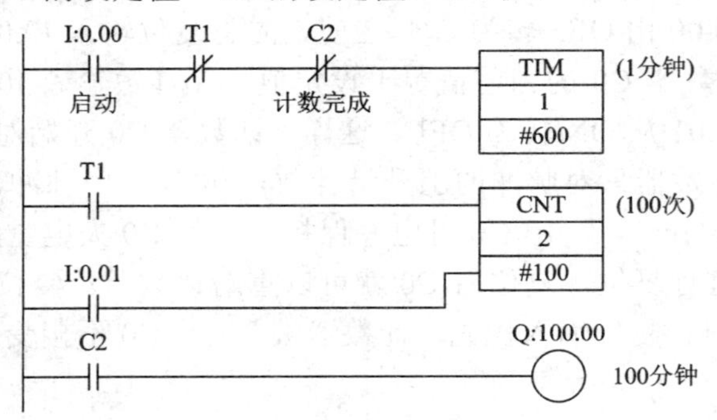

图 3-3　定时器与计数器的串联

2) 计数器与计数器的级连

如图 3-4 所示，计数器 C1 的脉冲信号作 C2 的计数输入，同时作本身的复位输入，C1 每计数 100 个脉冲信号后得电产生一个脉冲信号给 C2 的计数输入端，同时 C1 自复位(利用本身产生的脉冲信号来作复位输入)重新计数。如此循环，一直到 C2 得电。这样从 C1 开始计数到 C2 得电，C1 共计数了 200 × 100 个脉冲信号。

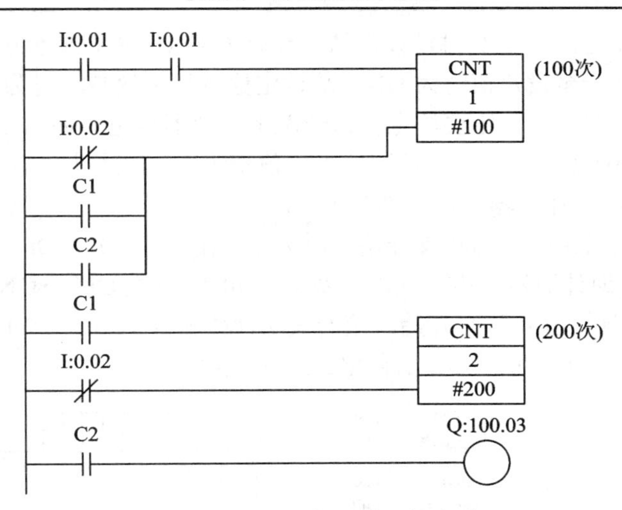

图 3-4　计数器与计数器的串联

3) 使用计数器编号的注意事项

与定时器编号一样，计数器编号由计数器指令、可逆计数器指令、块程序的计数器等待指令共用。如果通过这些指令使相同计数器编号同时动作，会产生误动作，请注意。如果同时使用，在程序检测时将显示“线圈双重使用”。此外，在不同时动作的前提下，可以使用同一编号。

3. 可逆计数器(CNTR/CNTRX)指令

1) 符号和操作数说明

可逆计数器的符号和操作数说明见表 3-2。

表 3-2　CNTR/CNTRX 操作数说明

当前值更新方式	梯形图符号	操作数的说明
BCD	加法计数 减法计数 复位输入 CNTR N S N：计数器编号 S：计数器设定值	N：0～4095(十进制) S：#0000～9999(BCD)
BIN	加法计数 减法计数 复位输入 CNTRX N S N：计数器编号 S：计数器设定值	N：0～4095(十进制) S：&0～65535(十进制) 或 #0000～FFFF(十六进制)

CNTR、CNTRX 都是进行行加减法计数的动作。设定值如下所示：

(1) BCD 方式时：0～9999 次；

(2) BIN 方式时：0～65535 次。

N 操作数数据区域：常数；

S 操作数数据区域：常数、CIO、WR、HR、AR、T/C、DM。

2) 功能说明

在加法计数输入的上升沿进行加法运算、在减法计数输入的上升沿进行减法运算。通过加法使当前值从设定值升至 0 时，计数结束标志为 ON，从 0 加至 1 时为 OFF。同时通过减法使当前值从 0 降至设定值时为 ON，从设定值进行 1 次减法时为 OFF。

在应用可逆计数器时，一定要注意什么情况下计数器得电！如图 3-6 是图 3-5 的时序分析图。复位输入 I0.02 为 ON 时，计数器当前值变为 0。加法计数输入 I0.00 每次 OFF→ON (脉冲的上升沿)后，计数器当前值都会加 1。

计数器当前值由设定值 3 的状态开始，加法计数输入 I0.00 由 OFF→ON 后，计数器当前值变为 0，同时可逆计数器得电。减法计数输入 I0.01 每次 OFF→ON 后，计数器当前值都会 –1。计数器当前值由 0 状态开始，接着减法计数输入 I0.01 由 OFF→ON 后，计数器当前值变为设定值 3，同时可逆计数器得电。

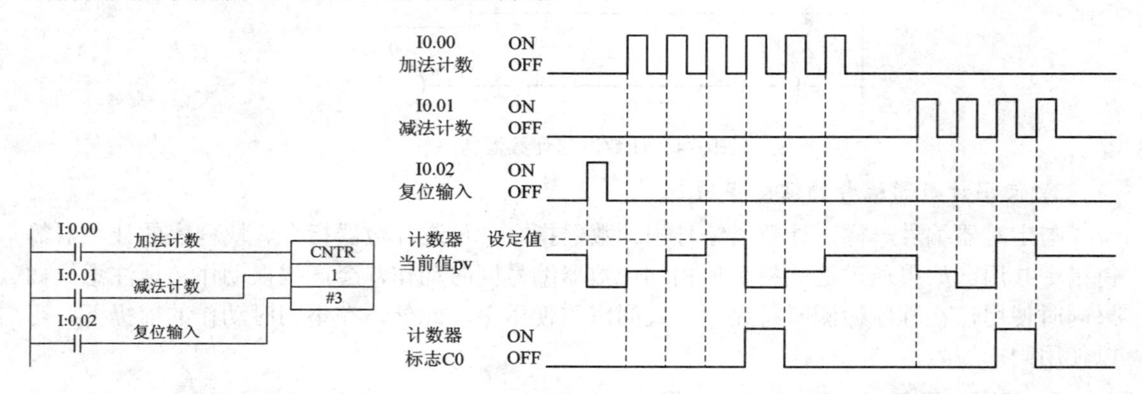

图 3-5　CNTR 的应用　　　　图 3-6　可逆计数器时序分析图

注意：不同类型的计数器不能共用同一编号。

任务内容

某十字路口交通信号灯采用 PLC 控制，信号灯分东西、南北两组，分别有红、黄和绿三种颜色。交通信号灯设置示意图如图 3-7 所示。

图 3-7　交通信号灯设置示意图

控制要求如下：

(1) 按启动按钮，南北方向红灯亮并维持 25 s。

(2) 在南北方向红灯亮的同时，东西方向的绿灯亮，东西方向的车辆可以通行。

(3) 20 s时，东西方向的绿灯以占空比为50%的1 Hz频率闪烁3次(即3 s后)熄灭，当东西方向的绿灯熄灭后东西方向的黄灯亮，东西方向车辆停止通行。

(4) 黄灯亮2 s后熄灭，东西方向的红灯亮，同时南北方向的红灯灭，南北方向的绿灯亮。南北方向的车辆可以通行。

(5) 南北方向的绿灯亮了20 s后，以占空比为50%的1 Hz频率闪烁3次(即3 s后)熄灭，在南北方向的绿灯熄灭后南北方向的黄灯亮，南北方向的车辆停止通行。

(6) 黄灯亮2 s后熄灭，南北方向的红灯亮，东西方向的绿灯亮，循环执行此过程。

任务实施

1. 分析控制要求，确定输入/输出设备

通过对十字路口交通信号灯控制要求的分析，可以归纳出电路中出现了2个输入设备，即启动按钮SB1和停止按钮SB2；6个输出设备，即南北红灯HL1、南北黄灯HL2、南北绿灯HL3、东西红灯HL4、东西黄灯HL5、东西绿灯HL6。

2. 对输入/输出设备进行I/O地址分配

根据I/O个数进行I/O地址分配，如表3-3所示。

表3-3　输入/输出地址分配

输入设备			输出设备		
名称	符号	地址	名称	符号	地址
启动按钮	SB1	I0.00	南北红灯	HL1(两组)	Q100.00
停止按钮	SB2	I0.02	南北黄灯	HL2(两组)	Q100.01
			南北绿灯	HL3(两组)	Q100.02
			东西红灯	HL4(两组)	Q100.03
			东西黄灯	HL5(两组)	Q100.04
			东西绿灯	HL6(两组)	Q100.05

3. 绘制PLC外部接线图

根据I/O地址分配结果，绘制PLC外部接线图，如图3-8所示。

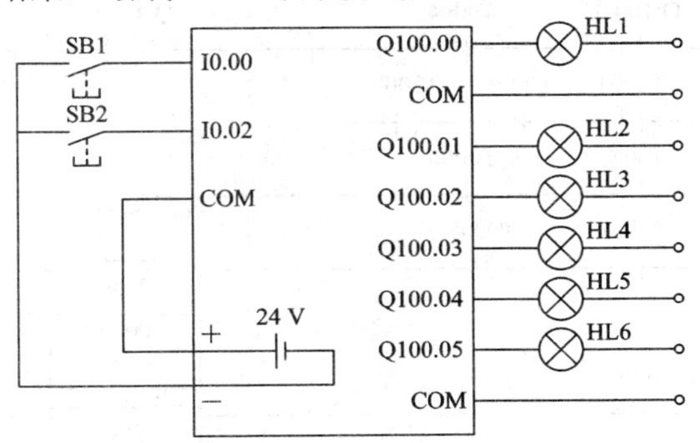

图3-8　十字路口交通信号灯的PLC外部接线图

4. PLC程序设计

根据控制电路要求，设计PLC梯形图程序或语句表程序，梯形图程序如图3-9所示。

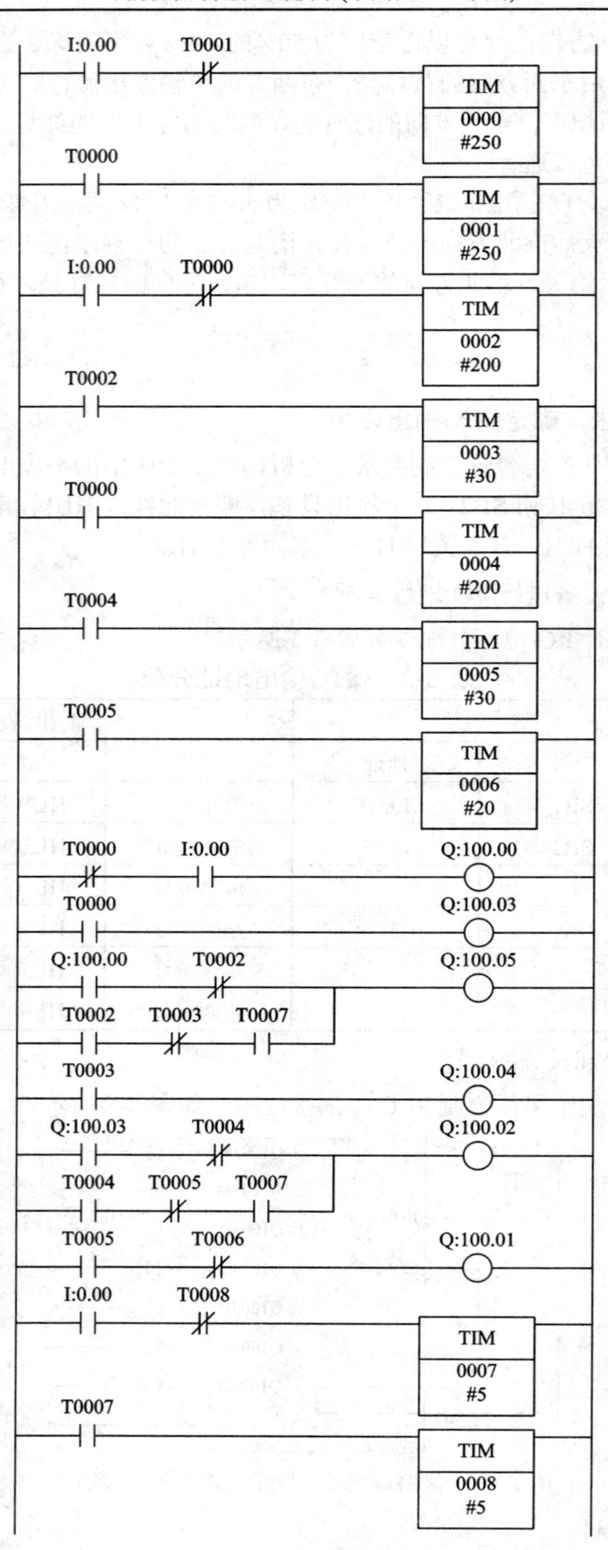

图 3-9　十字路口交通信号灯的 PLC 梯形图程序

5. 安装接线

按照图 3-8 进行接线，安装方法及要求与继电器控制电路相同。

6. 运行调试

(1) 在断电状态下，连接好 PC/PPI 电缆。
(2) 运行 CX-P 编程软件，设置通信参数。
(3) 编写控制程序，编译并下载程序文件到 PLC。
(4) 按下启动按钮 SB1，观察信号指示灯是否按控制要求工作。
(5) 按下停止按钮 SB2，观察所有灯是否能够熄灭。

检查评价

在规定时间内完成任务，各组自我评价并进行展示，各组之间根据评价表进行检查。检查与评价表如表 3-4 所示。

表 3-4　检查与评价表

项　目	要　　求	配分	评 分 标 准	得分
I/O 分配表	(1) 能正确分析控制要求，完整、准确确定输入/输出设备。 (2) 能正确对输入/输出设备进行 I/O 地址分配	20	不完整，每处扣 2 分	
PLC 接线图	按照 I/O 分配表绘制 PLC 外部接线图，要求完整、美观	10	不规范，每处扣 2 分	
安装与接线	(1) 能按照 PLC 外部接线图正确安装元件及接线。 (2) 线路安全简洁，符合工艺要求	30	不规范，每处扣 5 分	
程序设计与调试	(1) 程序设计简洁易读，符合任务要求。 (2) 在保证人身和设备安全的前提下，通电试车一次成功	30	第一次试车不成功扣 5 分；第二次试车不成功扣 10 分	
文明安全	安全用电，无人为损坏仪器、元件和设备，小组成员团结协作	10	成员不积极参与，扣 5 分；违反文明操作规程扣 5～10 分	
总　　分				

相关知识　功能定时器指令

1. 高速定时器、超高速定时器

高速定时器、超高速定时器在使用上与普通定时器 TIM 是一样的。这里把普通定时器、高速定时器和超高速定时器的一些不同的地方列在表 3-5 中，便于读者比较学习。

表 3-5　高速定时器、超高速定时器操作数说明

指令名称	指令语言	梯形图符号	计时单位	精度	最大设定值	时间到时标志更新定时	定时器当前值更新定时
普通定时器	TIM	TIM N S	0.1 秒	0.01～0 秒	999.9 秒	执行指令时	执行指令时，每 100 ms 更新一次(仅限 T0000～T0015)
	TIMX	TIMX N S			6553.5 秒		
高速定时器	TIMH	TIMH N S	0.01 秒	0.01～0 秒	99.99 秒	执行指令时	执行指令时每 10 ms 更新一次(仅限 T0000～T0015)
	TIMHX	TIMHX N S			655.35 秒		
超高速定时器	TMHH	TMHH N S	0.001 秒	0.001～0 秒	9.999 秒	每 1 ms 中断一次	每 1 ms 更新一次
	TMHHX	TMHHX N S			65.535 秒		

2. 累计定时器 TTIM/TTIMX

1) 梯形图符号和操作数说明

累计定时器的梯形图符号和操作数说明见表 3-6。

表 3-6　累计定时器操作数说明

当前值更新方式	符　　号	操作数说明
BCD	定时器输入 TTIM N 复位输入 S N：定时器编号 S：定时器设定值	N：0～4095(十进制) S：#0000～9999(BCD)
BIN	定时器输入 TTIMX N 复位输入 S N：定时器编号 S：定时器设定值	N：0～4095(十进制) S：&0～65535(十进制) 或 #0000～FFFF(十六进制)

TTIM、TTIMX 是进行累计式接通延迟，以 100 ms(0.1)秒为单位的定时器动作。它们的设定时间如下所示：

(1) BCD 方式时：0～999.9 秒；

(2) BIN 方式时：0～6553.5 秒。

定时器精度为：0.01～0 秒。

N 操作数数据区域：常数；

S 操作数数据区域：常数、CIO、WR、HR、AR、T/C、DM。

2) 功能说明

定时器输入为 ON 的过程中，对当前值进行加法运算(累计)。定时器输入为 OFF 时，

停止累计，保持当前值。如果定时器输入再次为 ON，开始累计。定时器当前值到达设定值后，时间到时标志为 ON。时间到时，保持定时器当前值以及时间到时标志的状态。如果要重启，需要通过(MOV 指令等)将定时器当前值设置为设定值以下，或者使用复位输入 ON 或 CNR/CNRX 指令进行定时器复位。如图 3-10 是累计定时器的功能时序分析图。

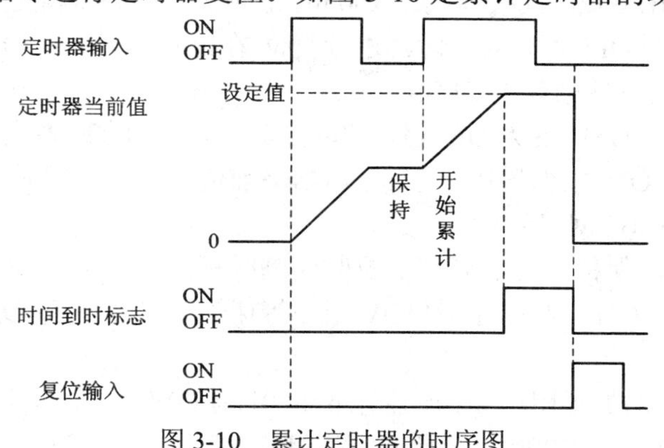

图 3-10　累计定时器的时序图

与普通定时器 TIM 相比，累计定时器进行计时时，它的当前值(pv)是递增的，而普通定时器时是递减的；累计定时器的输入条件不成立时，不会复位，如果 pv 没有累计到当前值(sv)，则保持，如果 pv 已经累计到 sv，累计定时器保持得电状态，要复位必须要由复位端输入信号或由 MOV 指令来改变 pv。

3. 长时间定时器 TIML/TIMLX

1) 梯形图符号和操作数说明

长时间定时器的梯形图符号和操作数说明见表 3-7。

表 3-7　长时间定时器操作数说明

<table>
<tr><th>当前值更新方式</th><th>符　号</th><th colspan="2">操作数说明</th></tr>
<tr><td rowspan="3">BCD</td><td rowspan="3">TIML
D1
D2
S</td><td>D1：时间到时标志 CH 编号</td><td>15　0
D1
不可使用　时间到时标志</td></tr>
<tr><td>D2：当前值输出低位 CH 编号</td><td>D2　D2＋1　D2
D2＋1为高位4位
D2为低位4位</td></tr>
<tr><td>S：定时器设定值低位 CH 编号</td><td>S　S＋1　S
S＋1为高位4位
S为低位4位</td></tr>
<tr><td>BIN</td><td>TIMLX
D1
D2
S</td><td colspan="2">D2、S 的范围
·BCD 方式时：#00000000～99999999(BCD)
·BIN 方式时：&00000000～4294967294(十进制)
或#00000000～FFFFFFFF(十六进制)
注：D2+1、D2 以及 S+1、S 必须属于同一区域种类。</td></tr>
</table>

TIML、TIMLX 表示长时间定时器的动作。它们最大时间设定(以秒为单位)如下所示：

(1) BCD 方式时：115 日；

(2) BIN 方式时：49710 日。

2) 功能说明

通过长时间定时器可以完成以下功能。

(1) TIML、TIMLX 减法式接通延迟 100 ms 定时器。定时器精度为 0.01～0 秒。

(2) 定时器输入为 OFF 时，对定时器进行复位(在定时器当前值 D2+1、D2 中代入设定值 S+1、S，将时间到时标志置为 OFF)。

(3) 定时器输入从 OFF 变为 ON 时，启动定时器，开始定时器当前值 D2+1、D2 的减法运算。定时器输入 ON 的过程中，进行定时器当前值的更新，定时器当前值变为 0 时，时间到时标志置为 ON(时间已到)。

(4) 定时结束后，保持定时器当前值及时间到时标志的状态。如果要重启，必须将定时器输入由 OFF 变为 ON，或者通过(MOV 指令等)将定时器当前值 D2+1、D2 变更为 0 以外的值。

如图 3-11(a)所示的梯形图，当定时器输入 I0.01 为 ON 时，定时器当前值(D101、D100)变为定时器设定值(D201、D200)，开始减法运算。定时器当前值变为 0 后，时间到时标志 200.00 变为 ON。定时器输入 I0.01 变为 OFF 后，时间到时标志 200.00 变为 OFF。时序分析图 3-11(b)所示，三个操作数的状态分别见图 3-11(c)、(d)、(e)所示。

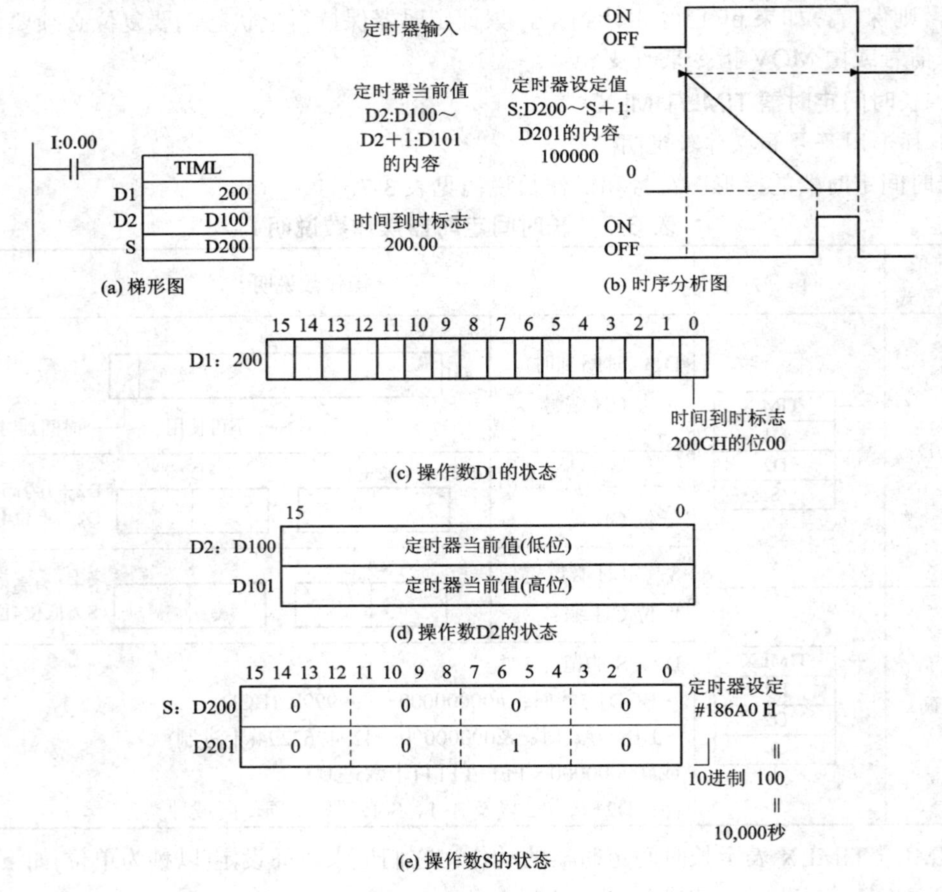

图 3-11　TIML 的应用及分析

4. 多输出定时器 MTIM/MTIMX

多输出定时器 MTIM/MTIMX 是一种可以得到 8 个任意的时间到时标志值的累计式定时器，可以精确到 0.1 秒。

设定时间如下所示：

(1) BCD 方式时：0～999.9 秒；

(2) BIN 方式时：0～6553.5 秒。

定时器精度为：0.01～0.1 秒。

1) 梯形图符号

梯形图符号如图 3-12 所示。

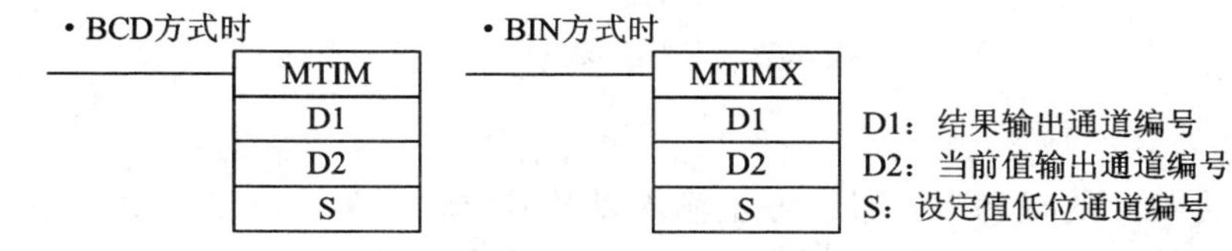

图 3-12　MTIM、MTIMX 梯形图符号

2) 操作数说明

操作数 D1 是 MTIM 或 MTIMX 结果输出的通道编号，该通道的低 8 位是用来显示时间到时标志，到时时，相应的位为 ON，并保持到被复位；该通道的 08 位和 09 位分别用于多输出定时器的复位输入和累计停止输入；该通道的高 6 位不可用。如图 3-13 所示。

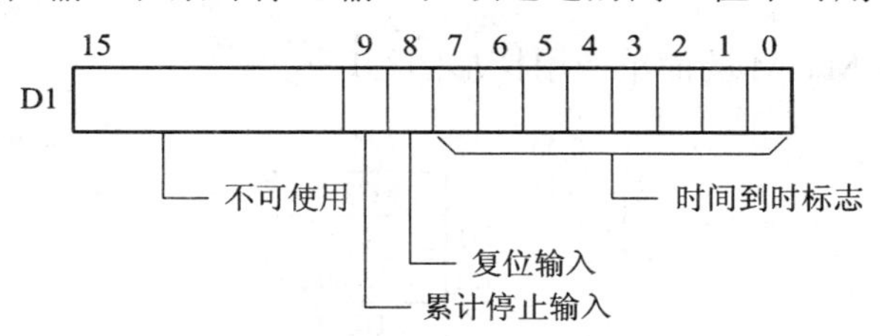

图 3-13　操作数 D1 说明图

操作数 D2 用来指定或显示 MTIM 或 MTIMX 的当前值(pv)，其显示的范围见表 3-8。

表 3-8　MTIM 或 MTIMX 操作数范围

	操作数	范　　围
BCD	D2	#0000～9999(BCD)
	S～S+7	8 点的定时器设定值 各 CH：#0000～9999(BCD)
BIN	D2	&0～65535(十进制)或#0000～FFFF(十六进制)
	S～S+7	8 点的定时器设定值 各 CH：&0～65535(十进制)或#0000～FFFF(十六进制)

S 操作数是用来设定 8 个设定值(sv)的开始通道号(即最低通道号)，一个通道设定一个 sv，8 个连续的通道(必须为同一区域种类)可设 8 个 sv(sv1，sv2，……，sv7)，当 MTIM 或 MTIMX 的 pv(即操作数 D2 显示的数值)等于或大于 sv1 时，操作数 D1 通道的 0 位为 ON；

当 pv 等于或大于 sv2 时，操作数 D1 通道的 0 位和 1 位为 ON……当 pv 等于或大于 sv7 时，操作数 D1 通道的低 8 位全为 ON。操作数 S 与操作数 D1 的对应关系如图 3-14 所示。

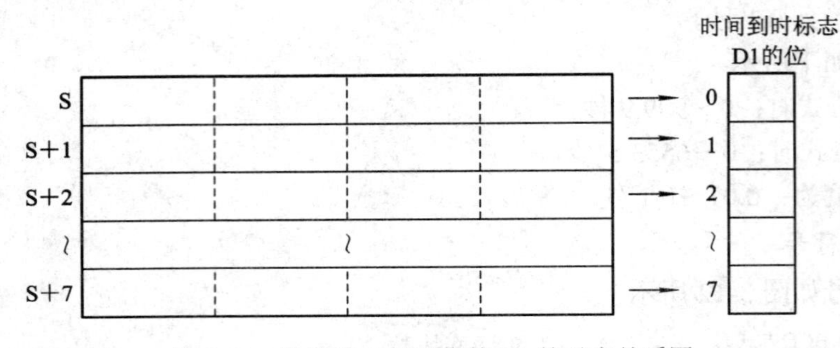

图 3-14　操作数 S 与操作数 D1 的对应关系图

3) 功能说明

输入条件为 ON 的状态下，累计停止输入以及复位输入为 OFF 时，对 D2 所指定的当前值进行累计。累计停止输入为 ON 后，停止累计，保持当前值。累计停止输入再次为 OFF 后，继续累计。

对于 S～S+7 CH 的各设定值，如果当前值大于等于设定值，则相应的到时标志为 ON。

当前值在到达 BCD 方式时的 9999 后、BIN 方式时的 FFFF 后，返回 0，所有时间到时标志转为 OFF。累计过程中即使复位输入转为 ON，当前值也会返回 0，所有时间到时标志转为 OFF。

图 3-15 所示的是 MTIM 的简单应用梯形图程序。

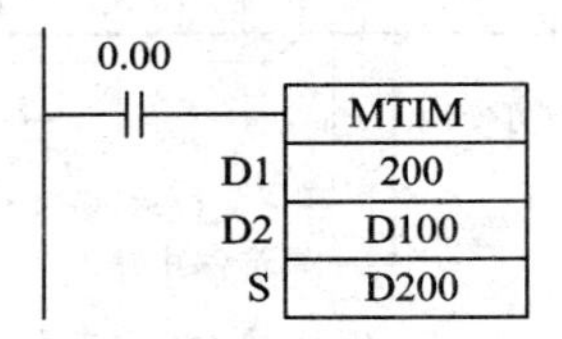

图 3-15　MTIM 的应用

MTIM 从 0000 开始计数。定时器当前值被累计，保存到 D100 中。对于 D200～D207 这 8 个通道的定时器设定值，如果定时器当前值大于等于定时器设定值，则与各设定值对应的时间已到标志位(200CH 的位 0～7)为 ON。当 MTIM 当前值为 100 时，D100 的数值等于 D202 的数值，则 200CH 的 02 位为 ON(因 D100 大于 D200 和 D201 的数值，所以 200CH 的 0 位和 01 位也为 ON)，如图 3-16 所示。

0.00 为 ON 状态，且 200CH 的位 9 为 OFF 状态下，如果 200CH 的位 8 由 ON 变为 OFF，则启动定时器。定时器开始累计，当 pv 大于等于 0 的设定值时，200.00 为 ON 并保持；当 pv 大于等于 1 的设定值时，200.01 为 ON 并保持；当累计停止输入 200.09 为 ON 时，则 pv 保持不变；当累计停止输入 200.09 为 OFF 时，pv 继续累计；……当 pv 大于等于 7 的设定值时，200.07 为 ON 并保持；当 pv 大于等于 9999 时，pv 返回 0，200.00～200.07 全转为 OFF，定时器重新累计。时序分析图如图 3-17 所示。

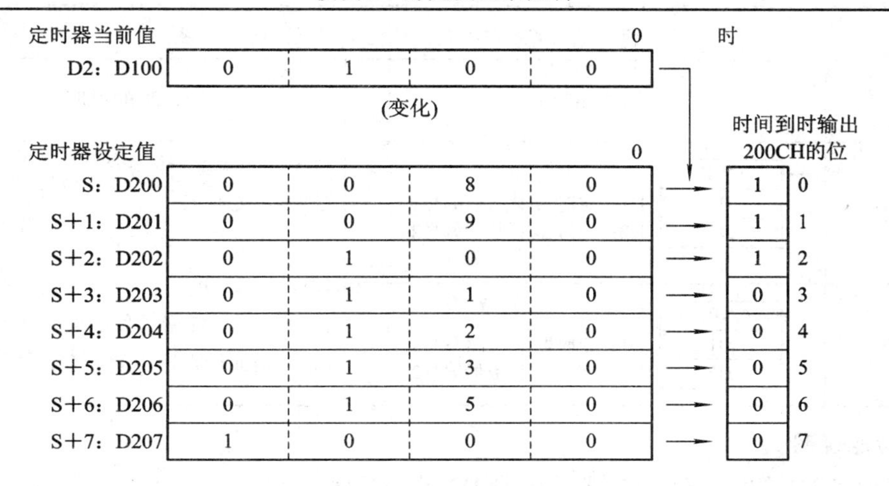

图 3-16　当前值为 100 的状态分析图

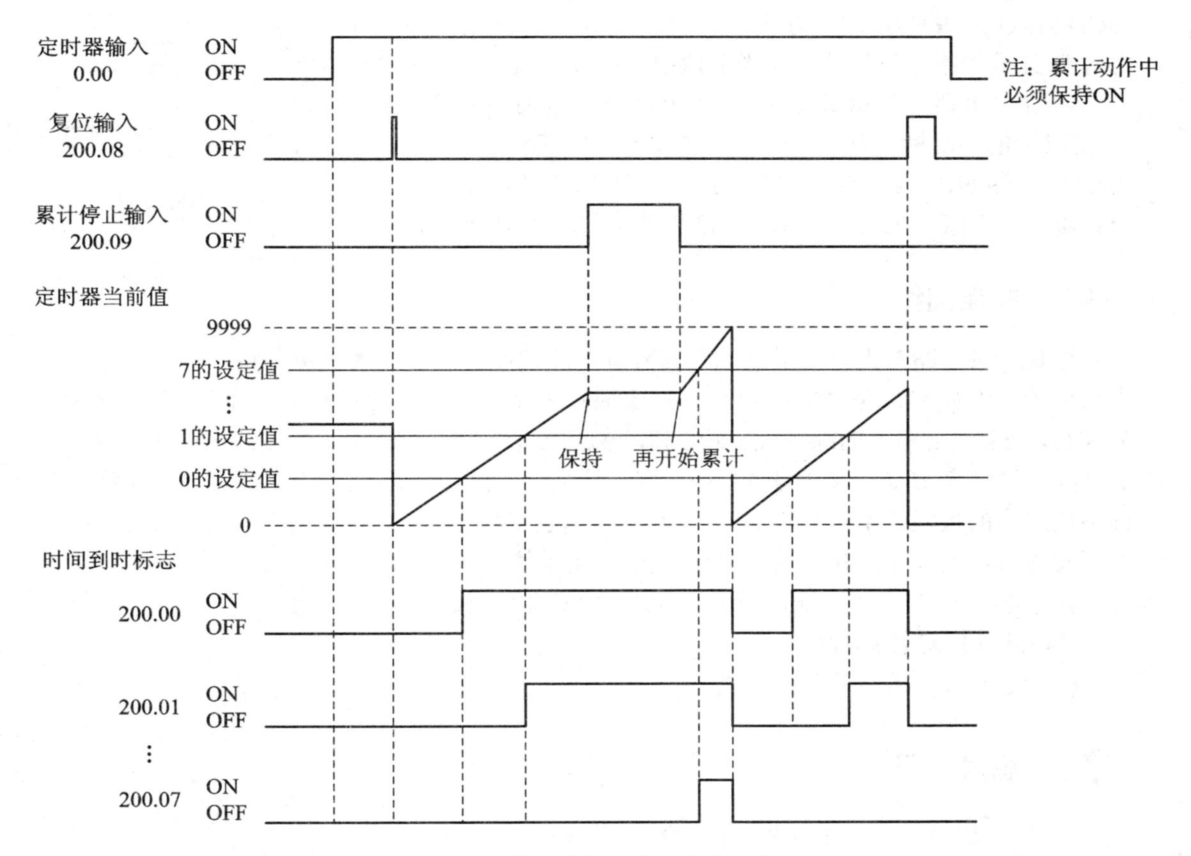

图 3-17　多输出定时器的时序分析图

5. 定时器 CNR/计数器复位 CNRX

1) 符号和操作数说明

定时器/计数器复位的符号和操作数说明见表 3-9。

表 3-9　CNR/CNRX 操作数说明

当前值更新方式	梯形图符号	操作数的说明
BCD	CNR D1 D2 D1：定时器/计数器编号1 D2：定时器/计数器编号2	D1：T0000～T4095 或 C0000～C4095 D2：T0000～T4095 或 C0000～C4095 注：D1 和 D2 必须属于同一区域种类(定时器或计数器中的一个)。
BIN	CNRX D1 D2 D1：定时器/计数器编号1 D2：定时器/计数器编号2	

2) 功能说明

对从编号 D1 的定时器/计数器到编号 D2 的定时器/计数器为止的到时标志进行复位，同时将当前值设置为最大值(BCD 方式时：9999，BIN 方式时：FFFF)。(D1～D2 编号的定时器/计数器指令执行时，在当前值中设置设定值。)

如图 3-18 所示的梯形图程序，当 I0.00 为 ON 时，将 T2～T5 定时器的到时标志置于 OFF，同时设置 T2～T5 的当前值为最大值(9999)。当 I0.01 为 ON 时，将 C3～C7 计数器的结束标志置于 OFF，同时设置 C3～C7 当前值为最大值(9999)。

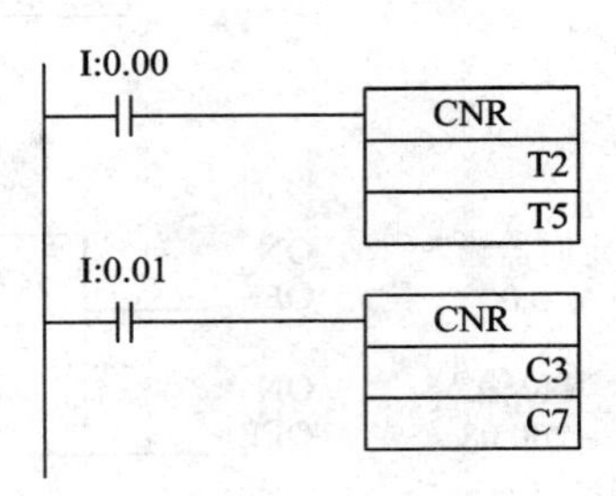

图 3-18　CNR 的应用

技能训练

这是一条公路与人行横道之间的信号灯顺序控制，当没有人横穿公路时，公路绿灯与人行横道红灯始终都是亮的；当有人需要横穿公路时，按路边设有的按钮(两侧均设)SB1 或 SB2，15 s 后公路上的绿灯灭、黄灯亮，再过 10 s 红灯亮，然后过 5 s 人行横道的红灯灭、绿灯亮，绿灯亮 10 s 后又闪烁 4 s。5 s 后红灯又亮，再过 5 s，公路上的绿灯亮，在这个过程中按路边的按钮是不起作用的，只有当整个过程结束后，也就是公路绿灯与人行横道红灯同时亮时再按按钮才起作用。设计 PLC 控制系统。任务要求如下：

(1) 确定 PLC 的输入/输出设备，并进行 I/O 地址分配。

(2) 编写 PLC 控制程序。

(3) 进行 PLC 接线并联机调试。

思考练习

1．能否用复位指令复位定时器或计数器？

2．采用光敏开关检测药片，每检测到 200 片药片后自动发出换瓶指令。试分别采用加计数器、减计数器实现。

3．定时器与计数器有什么关系？

4．用一个按钮控制组合吊灯的三档亮度的控制功能，如图 3-19 所示，试编写梯形图程序并调试。

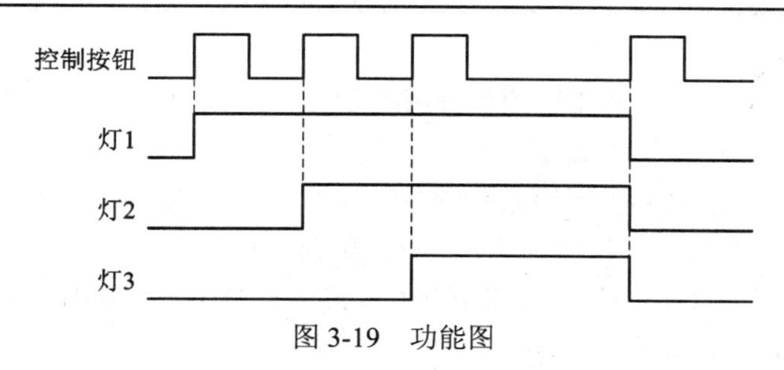

图 3-19 功能图

任务 3.2 霓虹灯控制

任务目标

(1) 进一步熟悉定时器指令的应用。
(2) 掌握数据传送指令的应用。
(3) 掌握移位指令的应用。
(4) 运用数据处理指令设计 PLC 程序，以实现对霓虹灯的控制。

前导知识 数据传送、移位指令及应用

CP 系列 PLC 的功能指令实质上是一些功能不同的子程序，是开发和应用 PLC 控制系统必不可少的。合理、正确地应用功能指令，对于优化程序结构，提高应用系统的功能，简化对一些复杂问题的处理有着重要的作用。这里将介绍与数据传送和移位相关的指令。

数据传送指令的主要作用是将常数或某存储器中的数据传送到另一存储器中。它包括单一数据传送和成组数据传送(块传送)两大类。它通常用于设定参数、协助处理有关数据及建立数据或参数表格等。

1. 传送 MOV/倍长传送 MOVL

1) 梯形图符号

如图 3-20 所示的分别是 MOV、MOVL 的梯形图符号。

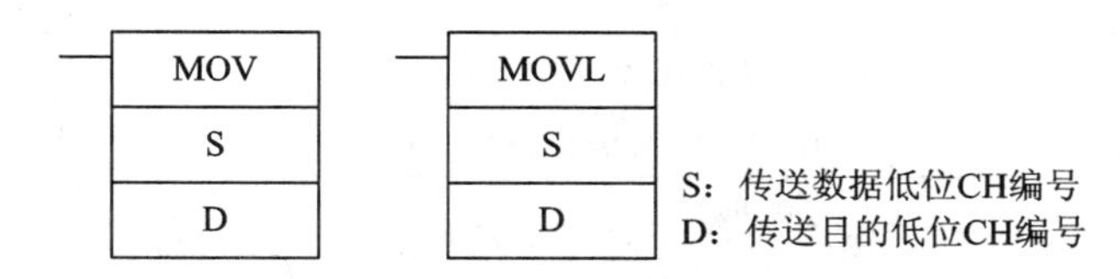

图 3-20 MOV、MOVL 的梯形图符号

2) 操作数说明

S 是源数据，其范围是：CIO、WR、HR、AR、TC、DM、*DM、常数。

D 是目的通道，其范围是：CIO、WR、HR、AR、FGVQ、1RTH BUYTC、DM、*DM。

3) 功能说明

MOV 指令的功能是将一个通道的数据或常数以 16 位输出至传送目的通道，即 S 传送到 D。S 为常数时，可用于数据设定。

MOVL 指令的功能是将两个连续通道的数据或常数以 32 位输出至传送目的通道，即以 S 为倍长数据传送到 D+1、D 通道。S、S+1 为常数时，可用于数据设定。

如图 3-21 所示，当 0.00 为 ON 时，将 1000CH 传送到 D100；当 0.01 为 ON 时，将 D1001～D1000 传送到 D2001～D2000。

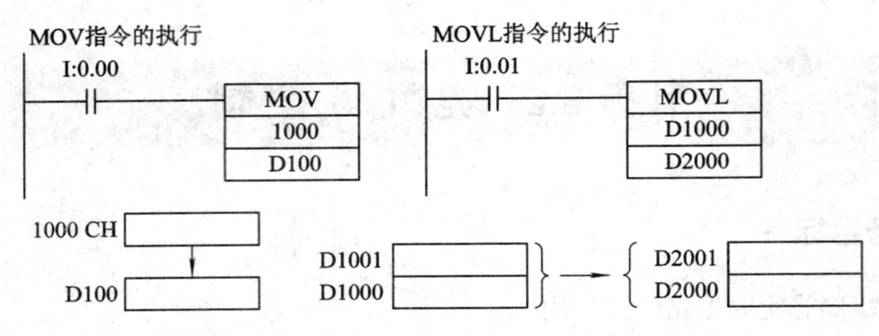

图 3-21　MOV、MOVL 指令的执行情况

4) MOV、MOVL 指令对状态标志位的影响

MOV、MOVL 指令会影响到下面几个状态标志位的状态：

(1) 出错标志(ER)：指令执行时，将 ER 标志置于 OFF。

(2) 等于标志(=)：传送数据 S 的内容为 0000 Hex 时，=标志为 ON。不为 0000H 时，=标志为 OFF。

(3) 负标志(N)：传送数据 S 的内容的最高位为 1 时，N 标志为 ON。

下面要介绍的 MVN、MVNL 指令，它们对状态标志位的影响同 MOV 指令一样。

5) 执行条件/每次刷新指定

MOV 指令可用作每次刷新型指令(!MOV)。作为每次刷新型指令(!MOV)时，可在 S 中指定进行外部 I/O。如表 3-10 所示。

表 3-10　MOV、MOVL 指令执行条件/每次刷新指定

执行条件	ON 时每周期执行	MOV
	上升沿 1 周期执行	@MOV
	下降沿 1 周期执行	无
每次刷新指定		!MOV
复合条件	上升沿 1 周期执行且每次刷新指定	!@MOV

在 S 中指定外部输入时，指令执行时对 S 的值进行 IN 刷新，将该值传送到 D。在 D 中指定外部输出时，指令执行时将 S 的值传送到 D，即时进行 OUT 刷新。对 S 进行 IN 刷新，同时也可对 D 进行 OUT 刷新。

6) MOV、MOVL 指令应用

如图 3-22 是一个简单的可调多谐振荡器控制程序。当 I0.00 为 ON、I0.01 为 OFF 时，数据传送指令 MOV 分别把立即数 10 传送给 D0、D1，则 T0、T1 的设定值均为 10，Q100.00

输出的脉冲宽度为 1 秒，点空比为 1∶2；当 I0.00 为 OFF、I0.01 为 ON 时，数据传送指令 MOV 分别把立即数 20 和 40 传送给 D0、D1，则 T0、T1 的设定值分别为 20 和 40，Q100.00 输出的脉冲宽度为 4 秒，点空比为 2∶3。时序分析图如图 3-23 所示。

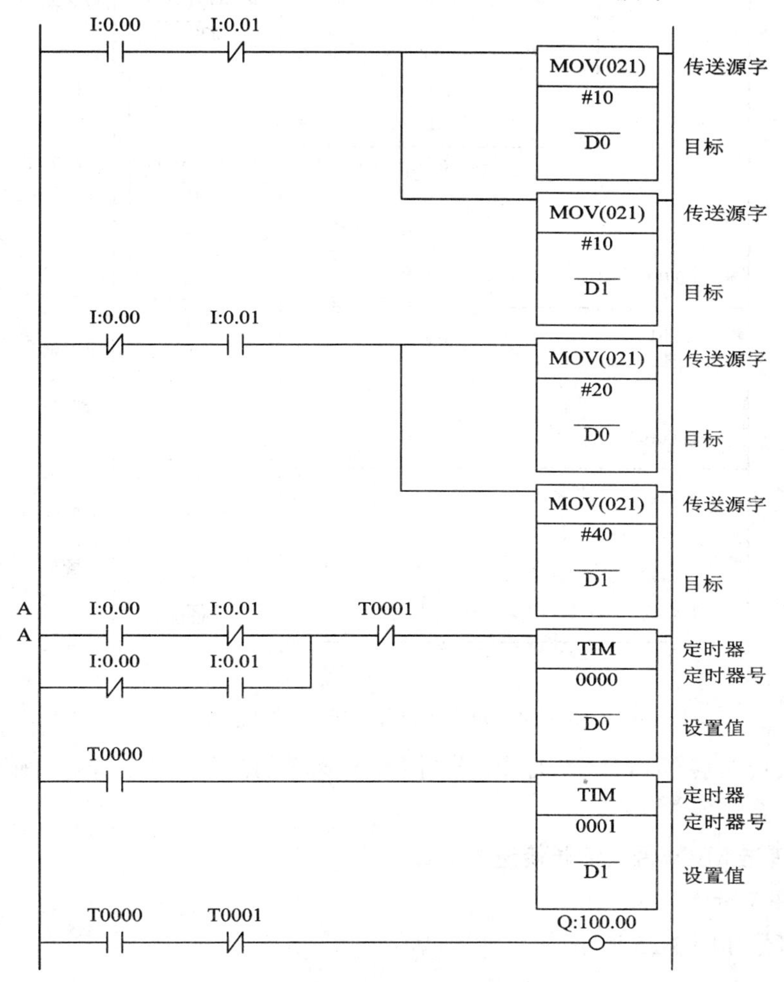

图 3-22　可调多谐振荡器控制程序(1)

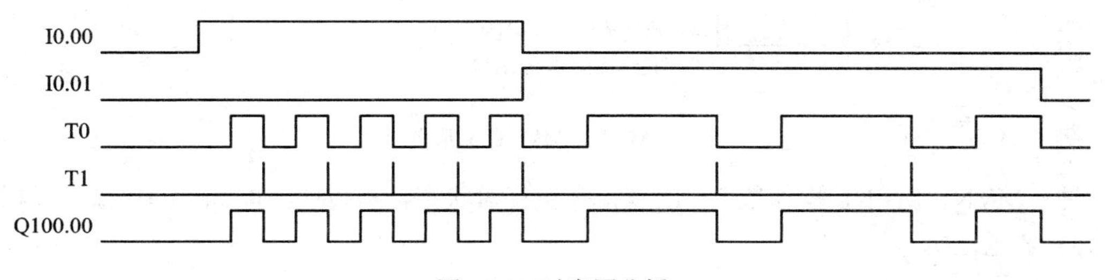

图 3-23　时序图分析

图 3-22 与图 3-24 所示的梯形图程序都是可调多谐振荡器控制程序，程序(2)显示得更简练一些，操作起来也更简单。如果想要让 Q100.00 输出的脉冲宽度为 1 秒，点空比为 1∶2，则将 I0.00 置为 ON；如果想要让 Q100.00 输出的脉冲宽度为 4 秒，点空比为 2∶3，则将 I0.01

为置为 ON。

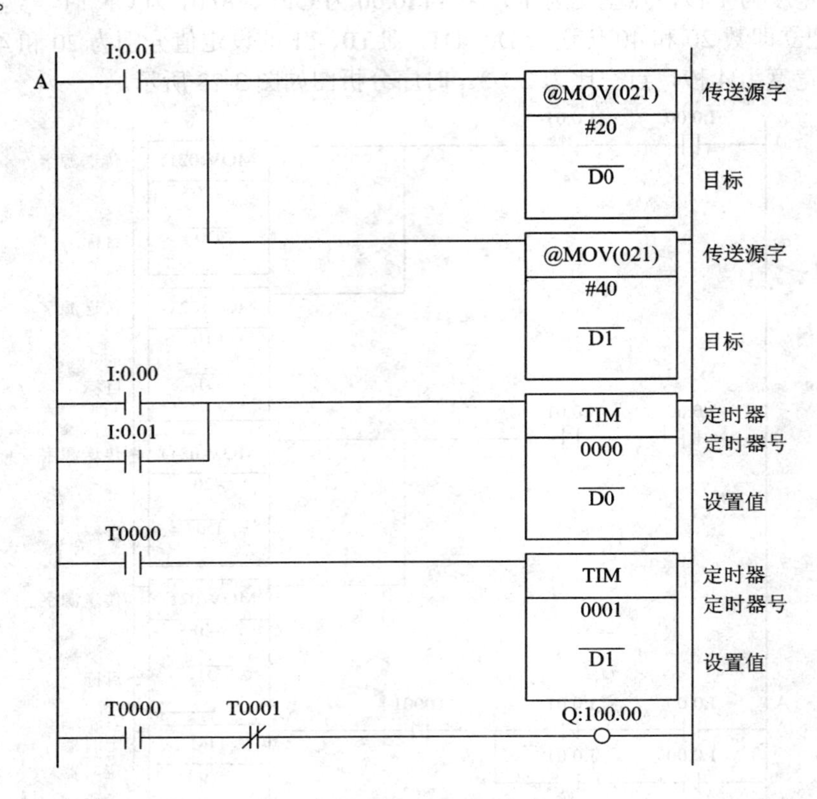

图 3-24　可调多谐振荡器控制程序(2)

请读者认真观察程序(1)与程序(2)，分析 MOV 指令的微分形式与非微分形式有何区别，在应用时应注意什么？

2. 否定传送 MVN/否定倍长传送 MVNL

1) 梯形图符号

梯形图符号如图 3-25 所示。

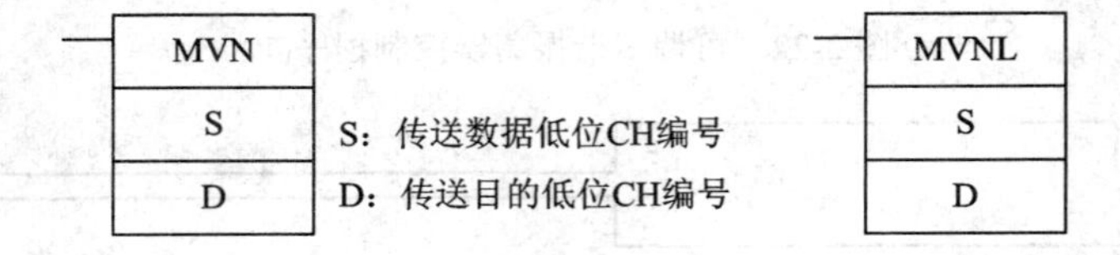

图 3-25　MVN、MVNL 梯形图符号

注：MVN、MVNL 操作数 S、D 及指令执行对状态标志位的影响同 MOV 指令一样。

2) 功能说明

MVN 指令是将 S 的 16 位进行位取反，然后传送到 D。如图 3-26 左边的所示，当 I0.00 为 ON 时，将 200CH 的各位取反，然后传送到 D100。MVNL 是将 S 作为倍长数据进行位取反，然后传送到 D+1、D。如图 3-26 右边的所示，当 0.01 为 ON 时，将 D1001～D1000 的各位取反，然后传送到 D2001～D2000。

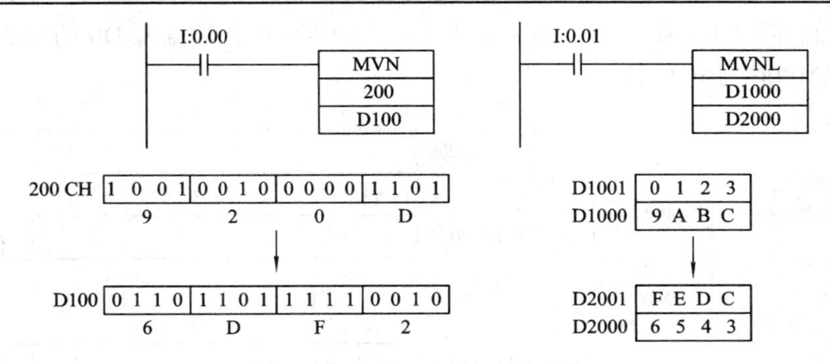

图 3-26　MVN、MVNL 的功能

3. 位传送 MOVB

1) 梯形图符号

梯形图符号如图 3-27 所示。

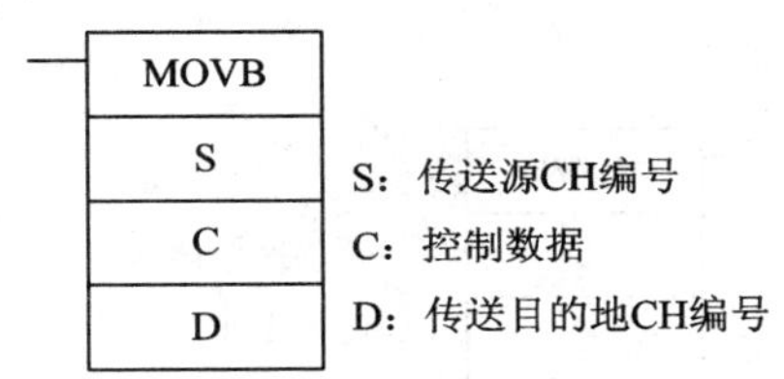

图 3-27　MOVB 的梯形图符号

2) 操作数指令及功能说明

MOVB 指令的功能是将 S 的指定位位置(由控制字 C 的 n 来指定)的内容(0 或 1)传送到 D 的指定位位置(由控制字 C 的 m 来指定)。如图 3-28 所示的，控制字 C 的低 8 位是用来指定数据源 S 的那个位的内容要传送，它的取值范围是 0～15；控制字 C 的高 8 位是用来指定数据要传送到目的地 D 的那个位上，它的取值范围是 0～15 来指定。

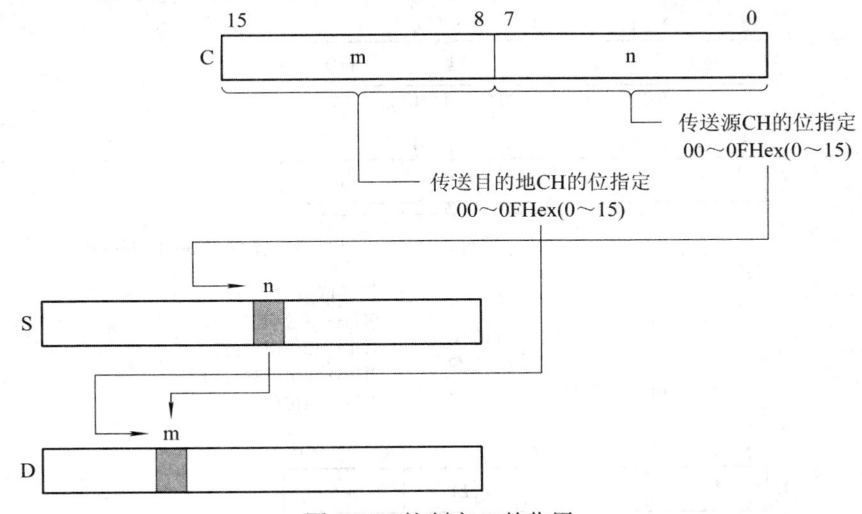

图 3-28　控制字 C 的作用

如图 3-29 是 MOVB 指令的动作说明图，当 0.00 为 ON 时，控制字 C(这里有用 D200

作控制字)的低 8 位的数值为 05，高 8 位为 12，则 MOVB 将数据源 D0 的位 5 中的数据传送到目的地 D1000 的位 12 上。

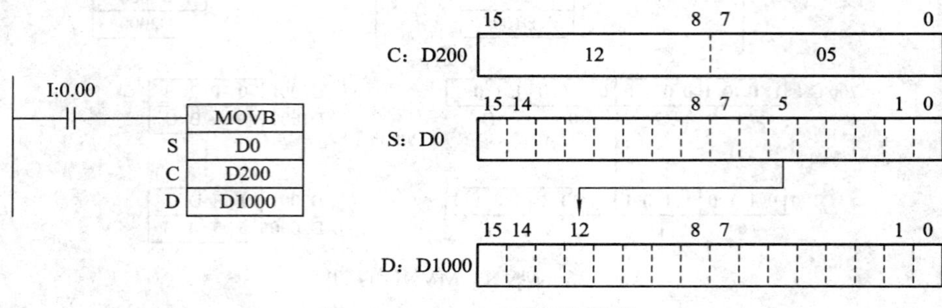

图 3-29　MOVB 的动作说明

4. 数字传送 MOVD

1) 梯形图符号

梯形图符号如图 3-30 所示。

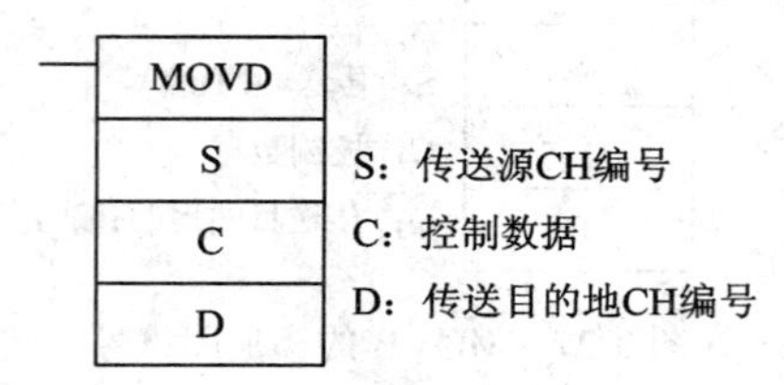

图 3-30　MOVD 梯形图符号

2) 操作数及功能说明

我们可将数据源 S 视为平分为 4 位(每位占 4 位分)，MOVB 的操作数说明如图 3-31 所示。那么 MOVB 指令功能就是将从 S 的指定传送开始位(C 的 m)到指定传送位数(C 的 n)的内容传送到 D 的指定输出开始位(C 的 k)以后。如图 3-32 是 MOVB 指令的功能说明图。

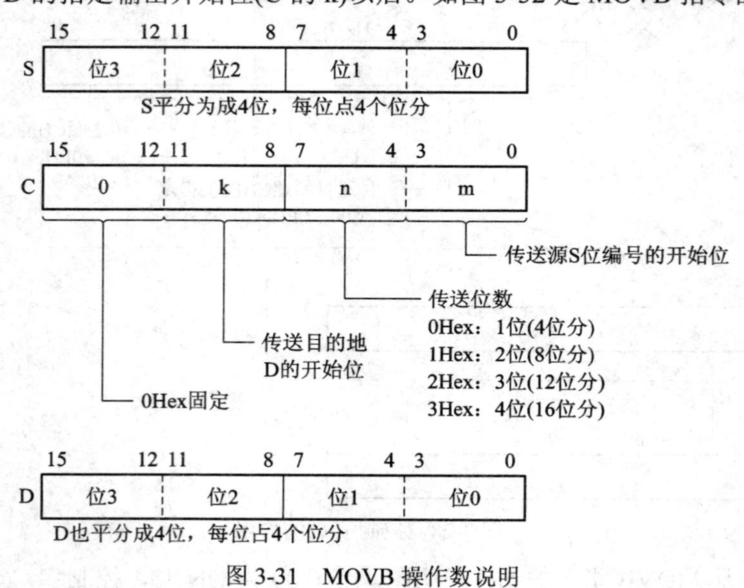

图 3-31　MOVB 操作数说明

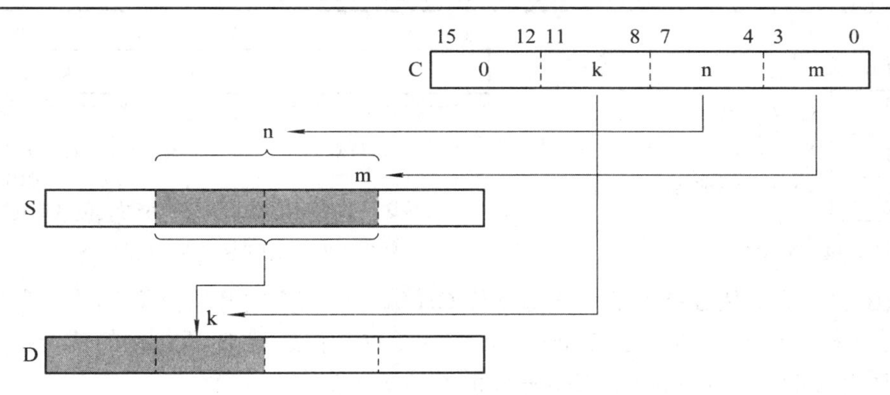

图 3-32　MOVB 指令的功能说明图

如图 3-33 是 MOVB 的动作说明图。当 I0.00 为 ON 时，控制字 C(这里是 D300)的内容 0031H，则 MOVB 指令将从 200CH 的位 1 面向高位侧的 4 位数据传送到从 300CH 的位 0 面向高位侧的 4 位。

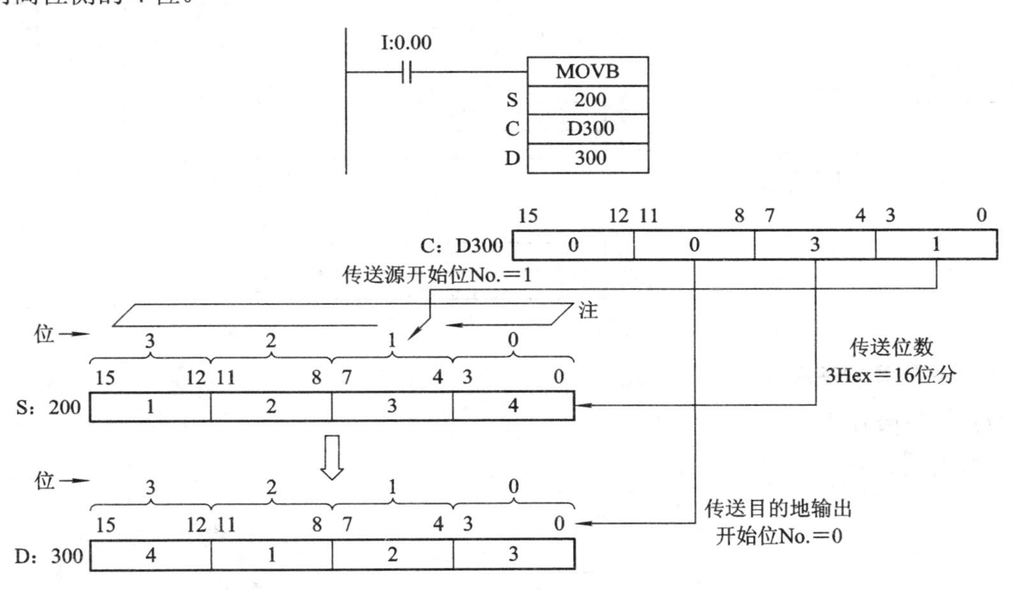

图 3-33　MOVB 指令的动作说明图

在用 MOVB 传送数据时要注意下面几点：

(1) 传送目的地 CH 的数据在被传送的位以外不发生变化。

(2) 传送多个位时，超出传送目的地 CH 内最高位的位传送到同一 CH 的最低位位侧。

(3) 控制代码 C 的内容位于指定范围以外时，将发生错误，ER 标志为 ON。

5. 多位传送 XFRB

1) 梯形图符号

梯形图符号如图 3-34 所示。

2) 操作数及功能说明

控制字 C 分为三部分，各部分的作用如图 3-35 所示。

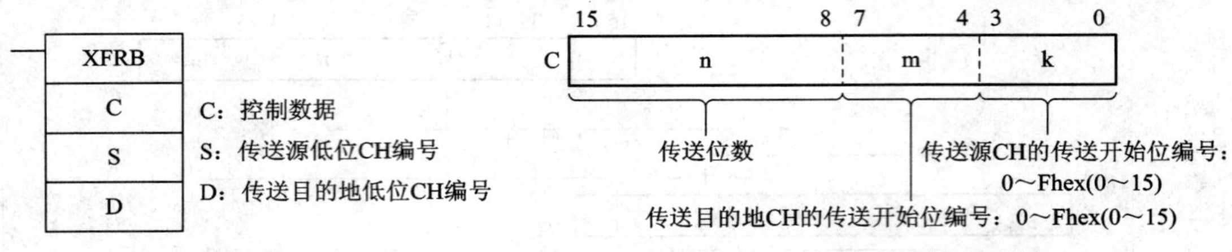

图 3-34　XFRB 梯形图符号　　　　图 3-35　XFRB 控制字说明图

XFRB 的功能是从 S 指定的传送源低位 CH 编号所指定的开始位位置(由控制字 C 的 k 指定)开始将指定位数(由控制字 C 的 n 指定)的数据，传送到 D 所指定的传送目的地低位 CH 编号所指定的开始位位置(由控制字 C 的 m 指定)之后。

如图 3-36 所示，当 0.00 为 ON 时，控制字(C)的内容如图所示，则 XFRB 指令将从 200CH 的位 6 面向高位侧的 20 位数据传送到从 300CH 的位 0 面向高位侧的 20 位。

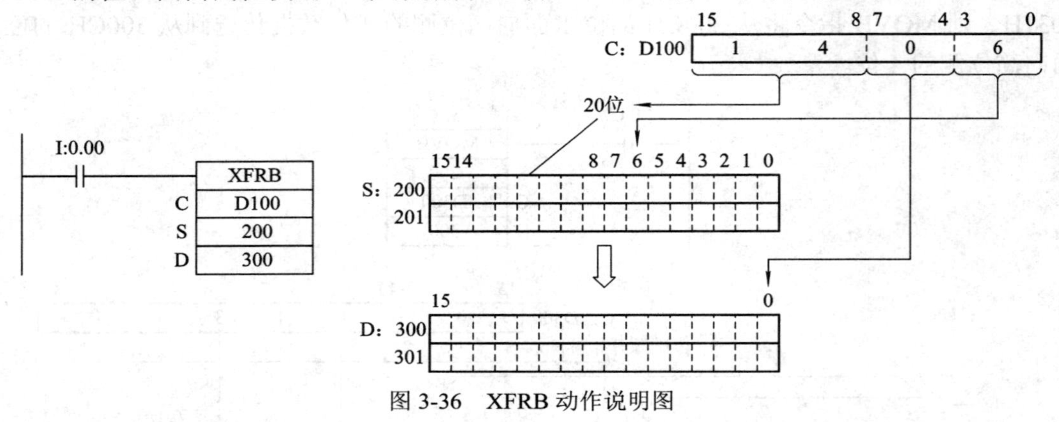

图 3-36　XFRB 动作说明图

6. 块传送 XFER

1) 梯形图符号

梯形图符号如图 3-37 所示。

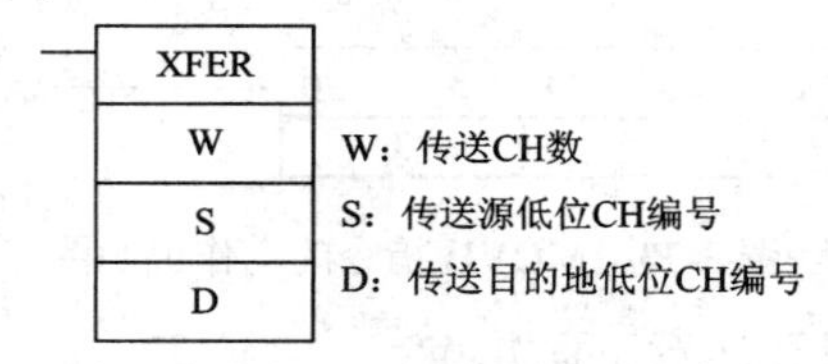

图 3-37　XFER 梯形图符

2) 操作数及功能说明

将从 S 所指定的传送源低位 CH 编号开始到 W 所指定的 CH 数，传送到 D 所指定的传送目的地低位 CH 编号之后。如图 3-38 所示。

图 3-38　块传送示意图

其中操作数 W 的值范围为：0000～FFFFHex 或 10 进制&0～65535。

7. 块设定 BSET

1) 梯形图符号

梯形图符号如图 3-39 所示。

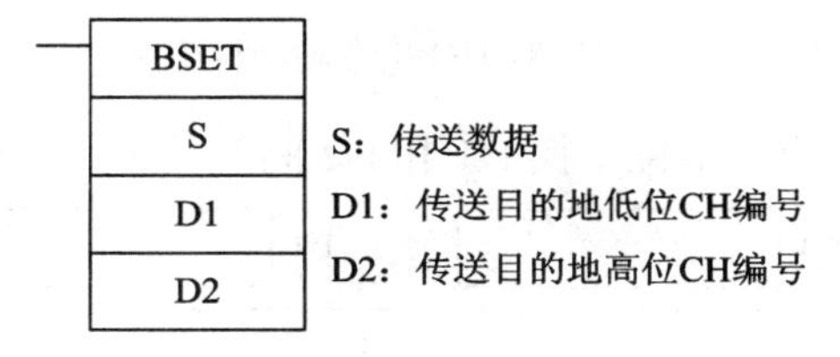

图 3-39　BSET 梯形图符号

2) 操作数及功能说明

(1) 操作数说明：

操作数 S：要传送给块的数据源。

操作数 D1：传送目的块的最低 CH 编号。

操作数 D2：传送目的块的最高 CH 编号。

注意 D1～D2 必须为同一区域种类。

(2) 功能说明：

BSET 指令的功能是将 S 输出到从 D1 所指定的传送目的地低位 CH 编号到 D2 所指定的传送目的地高位 CH 编号，如图 3-40 所示。

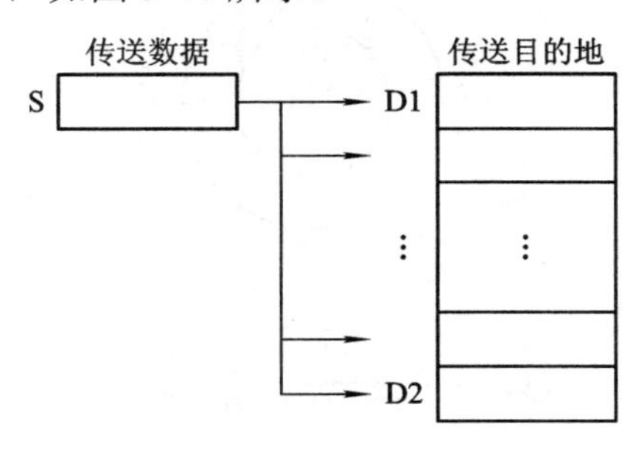

图 3-40　BSET 的功能说明图

8. 数据交换 XCHG/数据倍长交换 XCGL

1) 梯形图符号

梯形图符号如图 3-41 所示。

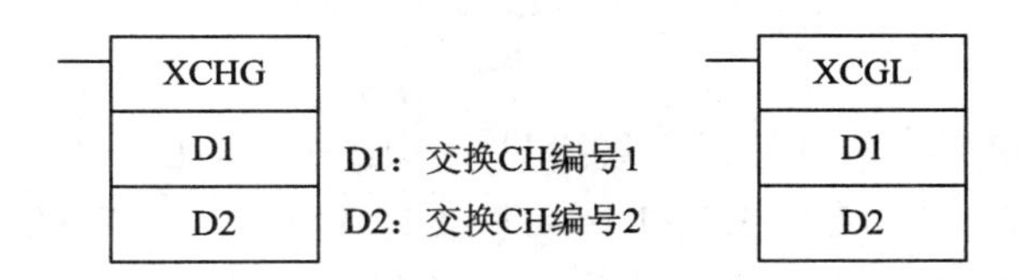

图 3-41　XCHG、XCGL 的梯形图符号

2) 功能说明

XCHG 的功能是以 16 位为单位交换 D1 和 D2 间的数据，如图 3-42 所示。

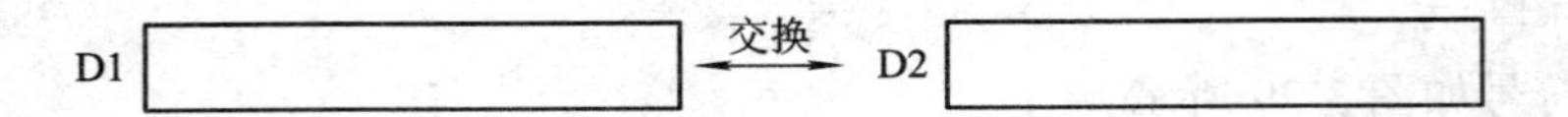

图 3-42　XCHG 指令功能说明图

XCGL 的功能是以 32 位为单位交换 D1 和 D2 间的数据，如图 3-43 所示。

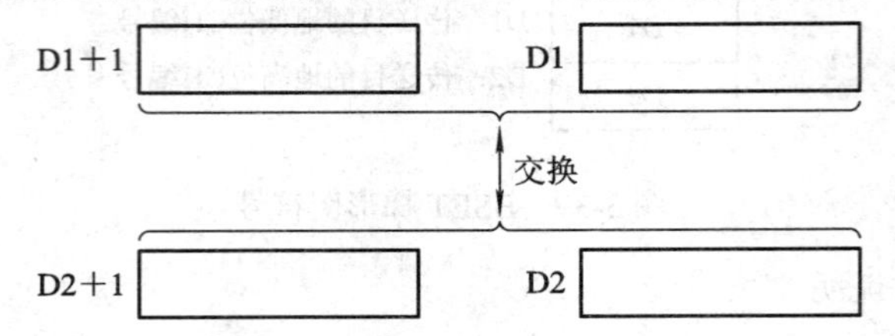

图 3-43　XCGL 指令功能说明图

任务内容

如图 3-44 所示为天塔之光控制模拟面板，由 12 个彩灯组成。

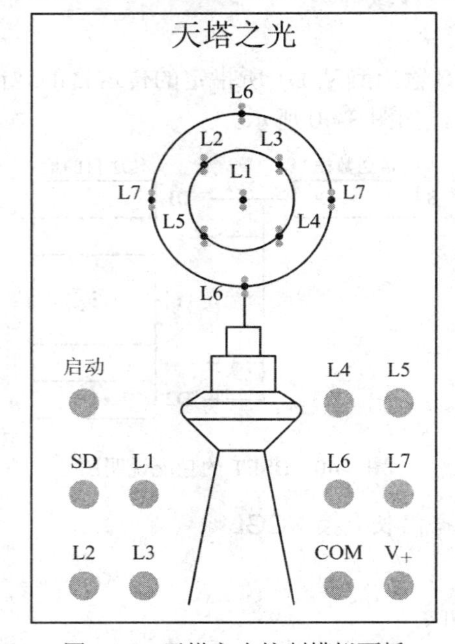

图 3-44　天塔之光控制模拟面板

控制要求如下：

(1) 按下启动按钮后，彩灯按以下规律显示：L1→L1、L2→L1、L3→L1、L4→L1、L5→L1、L2→L1、L2、L3、L4、L5→L1、L7→L1、L6→L1、L7→L1、L6、L7→L1、L2、L3、L4、L5→L1、L2、L3、L4、L5、L6、L7→L1……循环执行，断开启动开关程序停止运行。

每一组彩灯转换时间间隔为 1 s，循环执行此过程。

(2) 按下停止按钮后，天塔之光控制系统停止运行。

任务实施

1. 分析控制要求，确定输入/输出设备

通过对天塔之光控制要求的分析，可以归纳出电路中出现了 2 个输入设备，即启动按钮 SB1 和停止按钮 SB2；8 个输出设备，即 L1～L8。

2. 对输入/输出设备进行 I/O 地址分配

根据 I/O 个数进行 I/O 地址分配，如表 3-11 所示。

表 3-11　输入/输出地址分配

输入设备			输出设备					
名称	符号	地址	名称	符号	地址	名称	符号	地址
启动按钮	SB1	I0.00	彩灯	L1	Q100.00	彩灯	L7	Q100.06
停止按钮	SB2	I0.01		L2	Q100.01		L8	Q100.07
				L3	Q100.02			
				L4	Q100.03			
				L5	Q100.04			
				L6	Q100.05			

3. 绘制 PLC 外部接线图

根据 I/O 地址分配结果，绘制 PLC 外部接线图(如图 3-45)。

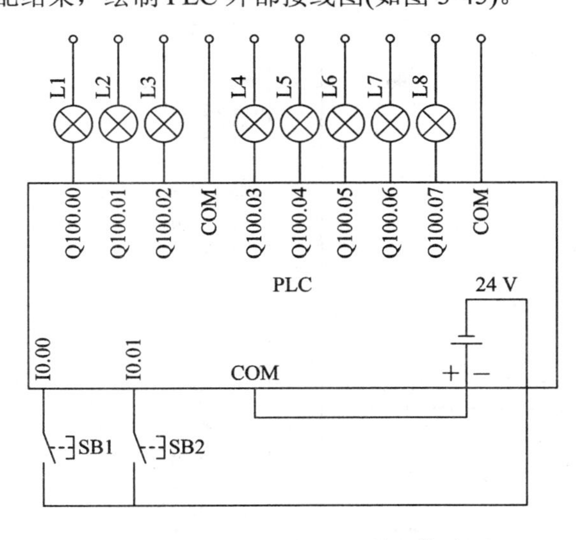

图 3-45　天塔之光的 PLC 外部接线图

4. PLC 程序设计

根据控制电路要求，设计 PLC 梯形图程序或语句表程序，梯形图程序如图 3-46 所示。

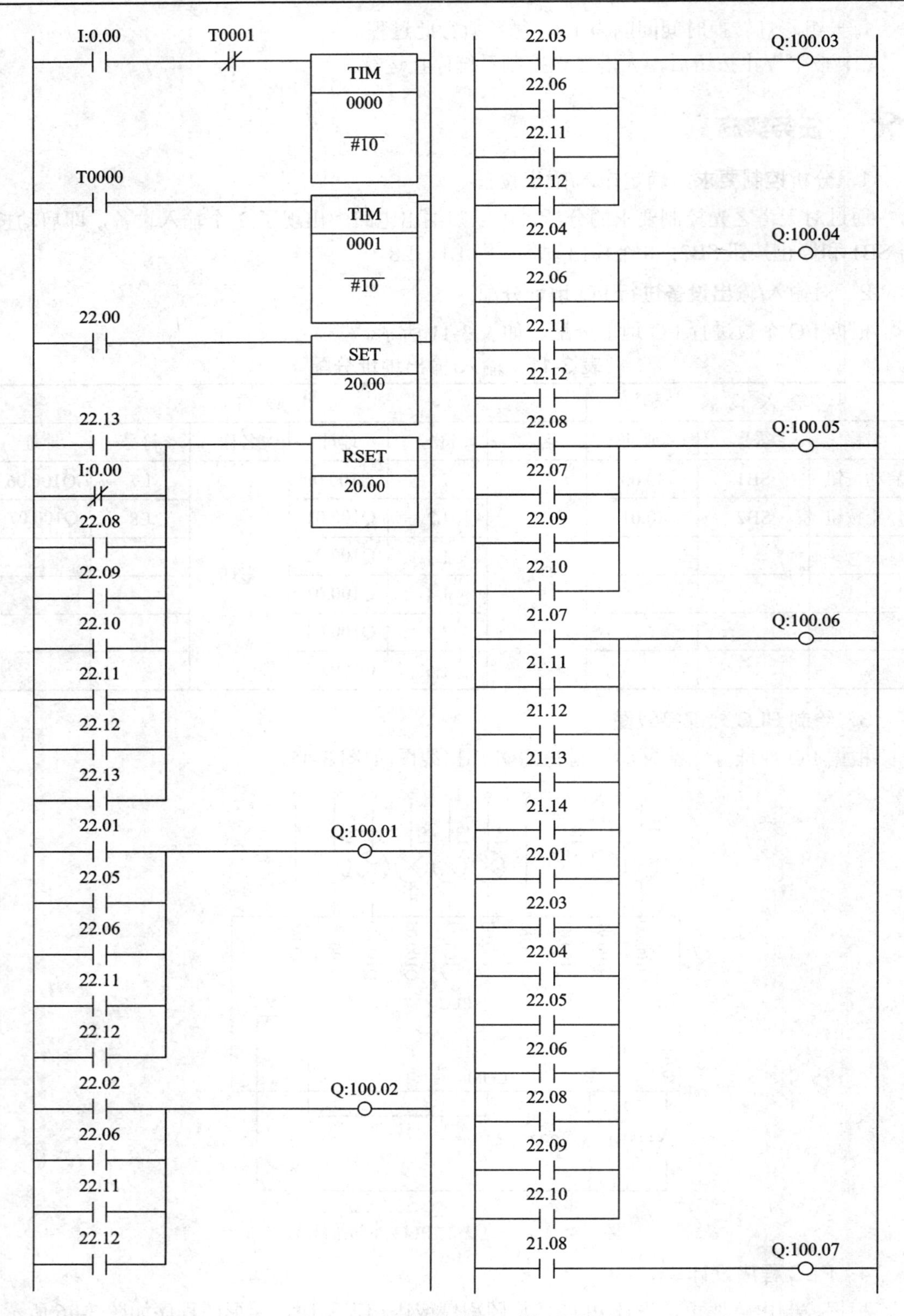

图 3-46　天塔之光的 PLC 梯形图程序

5．安装接线

按照图3-45进行接线，安装方法及要求与继电器控制电路相同。

6．运行调试

(1) 在断电状态下，连接好PC/PPI电缆。
(2) 运行CX-P编程软件，设置通信参数。
(3) 编写控制程序，编译并下载程序文件到PLC。
(4) 按下启动按钮SB1，观察彩灯是否按控制要求工作。
(5) 按下停止按钮SB2，观察所有彩灯是否能够熄灭。

检查评价

在规定时间内完成任务，各组自我评价并进行展示，各组之间根据评价表进行检查。检查与评价表如表3-12所示。

表3-12 检查与评价表

项目	要求	配分	评分标准	得分
I/O分配表	(1) 能正确分析控制要求，完整、准确确定输入/输出设备。 (2) 能正确对输入/输出设备进行I/O地址分配	20	不完整，每处扣2分	
PLC接线图	按照I/O分配表绘制PLC外部接线图，要求完整、美观	10	不规范，每处扣2分	
安装与接线	(1) 能按照PLC外部接线图正确安装元件及接线。 (2) 线路安全简洁，符合工艺要求	30	不规范，每处扣5分	
程序设计与调试	(1) 程序设计简洁易读，符合任务要求。 (2) 在保证人身和设备安全的前提下，通电试车一次成功	30	第一次试车不成功扣5分；第二次试车不成功扣10分	
文明安全	安全用电，无人为损坏仪器、元件和设备，小组成员团结协作	10	成员不积极参与，扣5分；违反文明操作规程扣5～10分	
总分				

相关知识 逻辑设计法

当控制对象是开关量且按照它们之间的逻辑关系来实现控制时，可用逻辑设计法来设计控制程序。逻辑设计法就是根据输入量、输出量及其他变量之间的逻辑关系来设计程序的一种方法。下面以一个简单的控制为例介绍这种编程方法。

例1 某系统中有4台通风机，设计1个监视系统，监视通风机的运转。要求如下：4

台通风机中有 3 台及以上开机时，绿灯常亮；只有 2 台开机时，绿灯以 5 Hz 的频率闪烁；只有 1 台开机时，红灯以 5 Hz 的频率闪烁；4 台全部停机时，红灯常亮。

由控制要求可知，这 4 台通风机的启/停控制是独立的，现在要求把每台通风机的运行状态输入到 PLC，根据运行状态之间的逻辑关系，再由 PLC 给出几种不同运行状态的显示信号。

设 4 台通风机的运行状态 (PLC 输出的驱动信号)分别用 A、B、C、D 来表示(“1”表示运行，“0”表示停机)，红灯控制信号为 L1，绿灯控制信号为 L2 (“1”为常亮，“0”为灭，闪烁时要求输出脉冲信号)。由于各种运行情况所对应的显示状态是唯一的，故可将几种运行情况分开进行程序设计，然后汇总在一起。

1. 红灯常亮程序设计

4 台通风机全部停机时，红灯常亮，所以逻辑关系为 $L1=\overline{ABCD}$，设计的梯形图如图 3-47 所示。

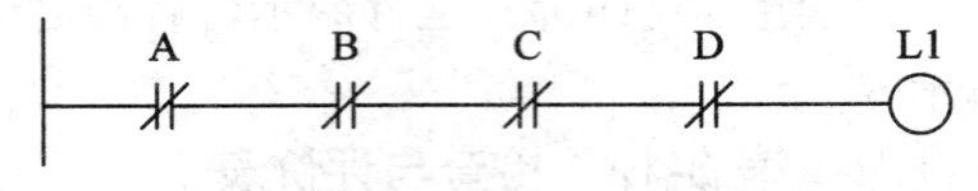

图 3-47　红灯常亮的梯形图

2. 绿灯常亮程序设计

绿灯常亮的条件是：3 台通风机都在运行(4 个元素取 3 个的组合，即 $C_4^3=\dfrac{4!}{3!(4-3)}=4$，共有 4 种情况)和 4 台通风机都在运行共 5 种情况，其状态见表 3-13。

表 3-13　绿灯常亮和通风机工作状态

A	B	C	D	L2
0	1	1	1	1
1	0	1	1	1
1	1	0	1	1
1	1	1	0	1
1	1	1	1	1

逻辑关系为：

$$L2=\overline{A}BCD+A\overline{B}CD+AB\overline{C}D+ABC\overline{D}+ABCD$$

对该逻辑函数进行化简，得到逻辑关系式为

$$L2=AB(C+D)+CD(A+B)$$

则对应的梯形图如图 3-48 所示。

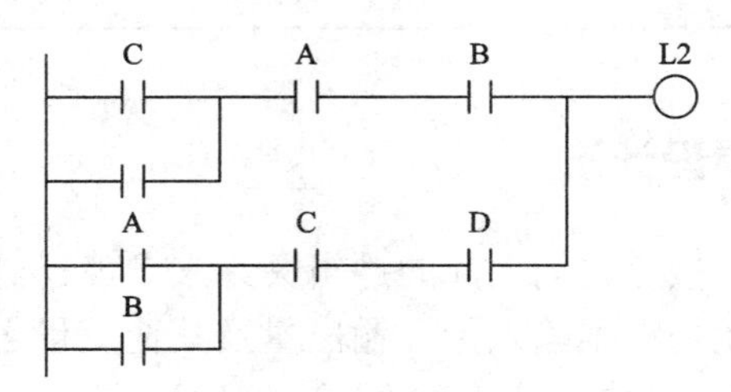

图 3-48　绿灯常亮的梯形图

3. 红灯闪烁程序设计

任意 1 台通风机运行时红灯亮，其状态见表 3-14。

表 3-14　红灯常亮和通风机工作状态

A	B	C	D	L1
0	0	0	1	1
0	0	1	0	1
0	1	0	0	1
1	0	0	0	1

其逻辑关系为

$$\begin{aligned} L1 &= \overline{A}\,\overline{B}\,\overline{C}D + \overline{A}\,\overline{B}C\overline{D} + \overline{A}B\overline{C}\,\overline{D} + A\overline{B}\,\overline{C}\,\overline{D} \\ &= \overline{A}\,\overline{B}(\overline{C}D + C\overline{D}) + \overline{C}\,\overline{D}(\overline{A}B + A\overline{B}) \end{aligned}$$

考虑到红灯闪烁要求，还需要串联 P_0.2 s 的常开触点(0.2 s 时钟，即频率为 5 Hz 的脉冲)，设计的梯形图如图 3-49 所示。

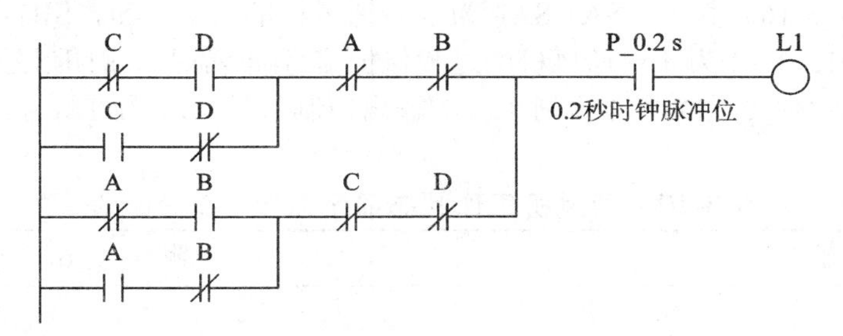

图 3-49　红灯闪烁的梯形图

4. 绿灯闪烁程序设计

2 台通风机运行时绿灯亮(4 个元素取 2 个的组合，$C_4^2 = \dfrac{4!}{2!(4-2)} = 6$，共有 6 种情况)，其状态见表 3-15。

其逻辑关系为

$$\begin{aligned} L2 &= \overline{A}\,\overline{B}CD + \overline{A}B\overline{C}D + \overline{A}BC\overline{D} + A\overline{B}\,\overline{C}D + A\overline{B}C\overline{D} + AB\overline{C}\,\overline{D} \\ &= (\overline{A}B + A\overline{B})(\overline{C}D + C\overline{D}) + \overline{A}\,\overline{B}CD + AB\overline{C}\,\overline{D} \end{aligned}$$

表 3-15　绿灯闪烁和通风机工作状态

A	B	C	D	L1
0	0	1	1	1
0	1	0	1	1
0	1	1	0	1
1	0	0	1	1
1	0	1	0	1
1	1	0	0	

再根据绿灯闪烁要求，还需要串联 P_0.2 s 的常开触点，设计的梯形图如图 3-50 所示。

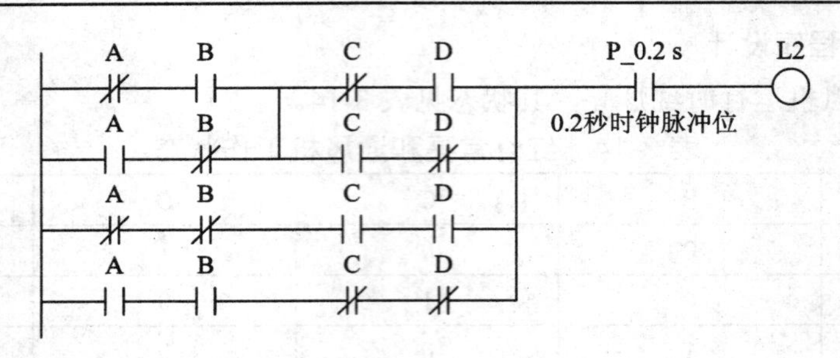

图 3-50　绿灯闪烁的梯形图

5. 选择 PLC 机型和进行 I/O 点分配

4 台通风机的启/停控制信号输入需要占用 8 个输入点，输出控制需要占用 4 个输出点。如果使用过载保护，并把 4 台通风机的故障信号输入到 PLC，还需占用 4 个输入点，红、绿灯显示控制需要占用 2 个输出点。这样，至少需要 12 点输入和 6 点输出，所以选择 I/O 为 20 点的 PLC 就可以，在这里我们选择实验室的 CP1H—XA40DR—A 机型。控制系统的 I/O 分配情况见表 3-16。其中，SA1-SA4 为 4 台通风机的启动按钮，SB1-SB4 为 4 台通风机的停机按钮，FR1-FR4 为 4 台通风机的过载保护信号(正常时为常闭信号，有故障发生时为常开信号)；A、B、C、D 为 4 台通风机的输出控制信号，Ll 为红灯控制信号，L2 为绿灯控制信号。

表 3-16　通风机工作状态显示系统 I/O 分配表

输　入		输　出	
符　号	地　址	符　号	地　址
SA1	I0.00	A	Q100.00
SA2	I0.01	B	Q100.01
SA3	I0.02	C	Q100.02
SA4	I0.03	D	Q100.03
SB1	I0.04	L1	Q100.04
SB2	I0.05	L2	Q100.05
SB3	I0.06		
SB4	I0.07		
FR1	I0.08		
FR2	I0.09		
FR3	I0.10		
FR4	I0.11		

由于红灯常亮和红灯闪烁是独立控制的，所以把图 3-47 和图 3-49 的程序叠加，采用并联输出方式就能满足控制要求，同时也避免双线圈输出问题。同理，把图 3-48 和图 3-50 的程序叠加，采用并联输出方式就能实现绿灯常亮和绿灯闪烁的控制功能。通风机运行状态显示的梯形图程序如图 3-51 所示。

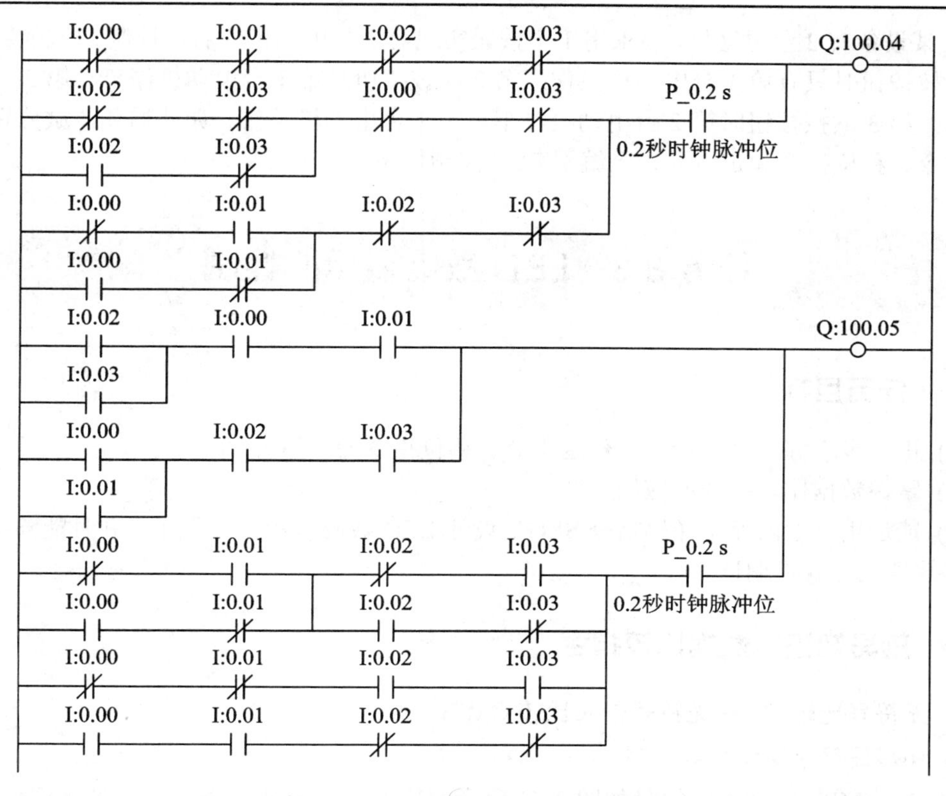

图 3-51　通风机运行状态显示的梯形图程序

技能训练

有一霓虹灯彩环系统，共有 5 个环，每个环有内外两圈彩灯，要求用 PLC 控制灯光的闪烁移位及时序变化，每个步骤为 0.5 秒。按下启动按钮，1 内亮→1 外亮→2 内亮→2 外亮→1 内亮、1 外亮、2 内亮、2 外亮→3 内亮→3 外亮→4 内亮→4 外亮→3 内亮、3 外亮、4 内亮、4 外亮→5 内亮→5 外亮→1 内亮→1 外亮……如此循环，直到按下停止按钮。任务要求如下：

(1) 确定 PLC 的输入/输出设备，并进行 I/O 地址分配；

(2) 编写 PLC 控制程序；

(3) 进行 PLC 接线并联机调试。

思考练习

1．如何用移位指令实现对操作数的乘 8 操作？

2．如何用移位指令实现对操作数的除 4 操作？

3．有 3 台电动机，当按下启动按钮时，同时启动；当按下停止按钮时，同时停止。试分别采用触点线圈指令、置位/复位指令、传送指令和填表指令编写 PLC 控制程序。

4．16 位彩灯循环控制，移位的时间间隔为 1 s，用 I0.0 作为移位方向的控制开关，当 I0.1 为 OFF 时循环右移一位，为 ON 时循环左移一位，试编写 PLC 控制程序。

5. 某设备有 2 台电动机，要求用 1 个按钮实现对 2 台电动机的启停控制。控制要求为：第 1 次按按钮时只有第 1 台电动机工作；第 2 次按按钮时第 1 台电动机停车，第 2 台电动机工作；第 3 次按按钮时第 2 台电动机停车，第 1 台电动机工作。如此循环，试分别采用逻辑指令、移位指令和定时器指令编写 PLC 控制程序。

任务 3.3　LED 数码显示的控制

任务目标

(1) 进一步掌握定时器指令、传送指令、移位指令的应用。

(2) 掌握数据比较指令的应用。

(3) 能运用“七段显示译码指令 SEG”设计 LED 数码显示控制程序，并且能够熟练运用编程软件进行联机调试。

前导知识　数据比较指令

1. 无符号比较 CMP/无符号倍长比较 CMPL

1) 梯形图符号及操作数说明

CMP、CMPL 的梯形图符号如图 3-52 所示。其中，S1 是比较数 1，S2 是比较数 2，它们的选取范围是#、IR、SR、HR、AR、LR、TC、DM、*DM。当选取 TC 时，为定时器/计数器的当前值。

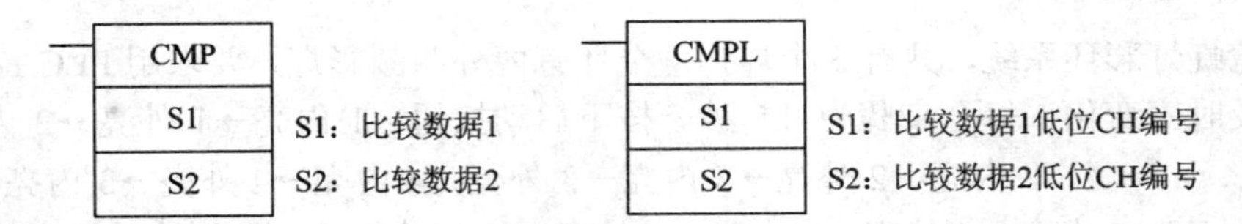

图 3-52　CMP、CMPL 梯形图符号

2) 功能说明

CMP 的执行条件为 ON 时，将 S1 和 S2 进行比较，并将比较结果反映到状态标志(>、>=、=、<>、<、<=)中。

(1) 当 S1>S2 时，> (P_GT)、>= (P_GE)为 ON。

(2) 当 S1=S2 时，>= (P_GE)、= (P_EQ)、<= (P_LE)为 ON。

(3) 当 S1<S2 时，<= (P_LE)、< (P_LT)为 ON。

(4) 当间接寻址 DM 通道不存在时，出错标志 ER 为 ON。

CMPL 的执行条件为 ON 时，将 S1 和 S2 作为倍长数据进行比较，比较结果也反映到状态标志(>、>=、=、<>、<、<=)中。

如图 3-53 所示，当 I0.00 为 ON 时，对 1000 CH 和 1500 CH 的数据内容进行比较。当 1000 CH 较大时 Q100.00 为 ON，相等时 Q100.01 为 ON，较小时 Q100.02 为 ON。

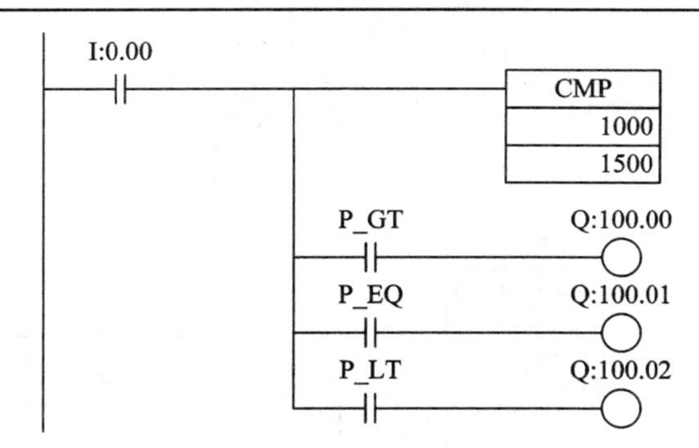

图 3-53　CMP 指令的应用研究

3) MOV 与 CMP 的综合应用

例 2　某电动运输小车供 8 个加工点使用，它有以下 3 点控制要求：

(1) 控制系统设有启动按钮 SB0 和停止按钮 SB9，8 个加工点分别有 8 个限位开关 SQ1～SQ8 和 8 个呼车按钮 SB1～SB8，如表 3-17 所示。

(2) 小车无呼叫时，任何加工点均可呼叫；当小车有加工点呼叫时，其它的加工点不能呼叫，待小车到达所呼叫的加工点 10 秒后其它的加工点才能呼叫。

(3) 小车允许呼叫时，绿灯亮，否则绿灯灭。

编程分析：用 PLC 编写该系统程序的关键在于下面两点。

(1) 如何确定小车所在的加工点。

要确定小车所在的加工点，首先要对 8 个加工点进行编号(1～8)，然后可用 MOV 指令把小车所在的加工点的编号传送到 D0 通道。反过来我们也可以通过 D0 的数值来判断小车所在的加工点。电动运输小车 I/O 分配表见表 3-17。

(2) 有加工点呼叫时，小车该怎么走？前进还是后退？

同样的办法，用 MOV 指令把呼叫的加工点的编号传送到 D1 通道。这样一来，我们要判断小车是前进还是后退就通过比较 D1 与 D0 的大小：如果 D1 > D0，则小车前进；如果 D1 < D0，则小车后退。比较 D1、D0 的大小就用 CMP 指令来完成。

表 3-17　电动运输小车 I/O 分配表

输　入				输　出	
操作功能	地址	操作功能	地址	操作功能	地址
限位开关 SQ1	W0.01	呼叫按钮 SB1	I1.01	呼车指示灯	Q100.00
限位开关 SQ2	W0.02	呼叫按钮 SB2	I1.02	电动车正转接触器	Q100.01
限位开关 SQ3	W0.03	呼叫按钮 SB3	I1.03	电动车反转接触器	Q100.02
限位开关 SQ4	W0.04	呼叫按钮 SB4	I1.04		
限位开关 SQ5	W0.05	呼叫按钮 SB5	I1.05		
限位开关 SQ6	W0.06	呼叫按钮 SB6	I1.06		
限位开关 SQ7	W0.07	呼叫按钮 SB7	I1.07		
限位开关 SQ8	W0.08	呼叫按钮 SB8	I1.08		
启动按钮 SB0	W0.00	停止按钮 SB9	I0.09		

根据上面的分析，我们可以编写梯形图程序，如图 3-54 所示。

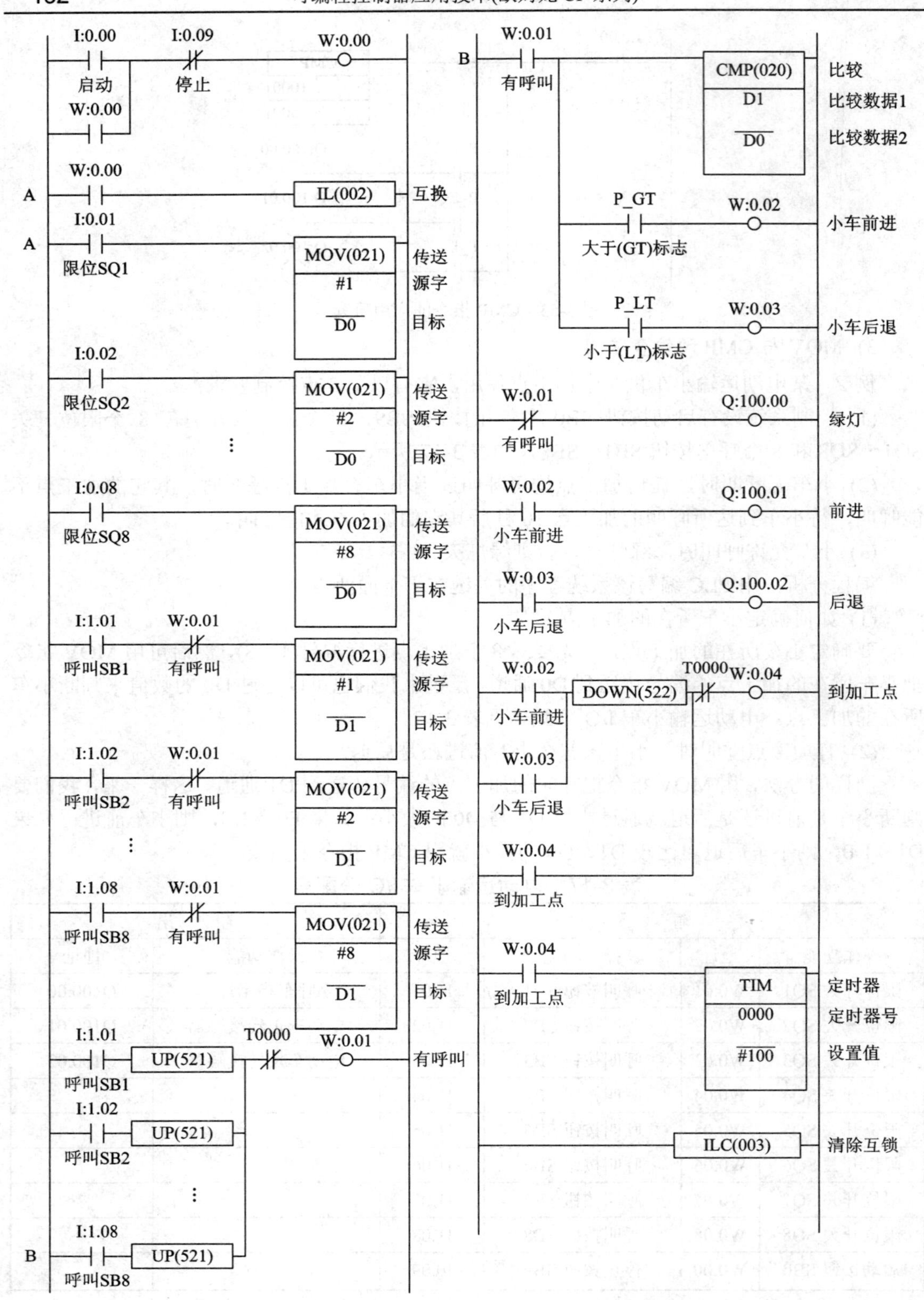

图 3-54　运输小车控制系统梯形图程序

读完了上面的梯形图程序，有读者可能会问：小车如何停车呢？

我们可以分析该程序里的这个电路(如图 3-55 所示)：当有呼叫时，W0.01 为 ON，CMP 指令比较 D1、D0 两个数值的大小，如果 D1 > D0，则 W0.02 得电；如果是 D1 < D0，则 W0.03 得电。小车在运行的过程中，D1 的数值是不变的，而 D0 会随着限位开关的接通而改变。这样当小车到达呼叫的加工点后，D1 = D0，这时 W0.02、W0.03 均失电，Q100.01、Q100.02 也失电，小车就停下来了，如图 3-55 所示。

小车停下来后，定时器 T0 开始定时，所以在程序里我们用 Q100.01、Q100.02 的下降沿来作为 T0 的启动条件，如图 3-55 所示。

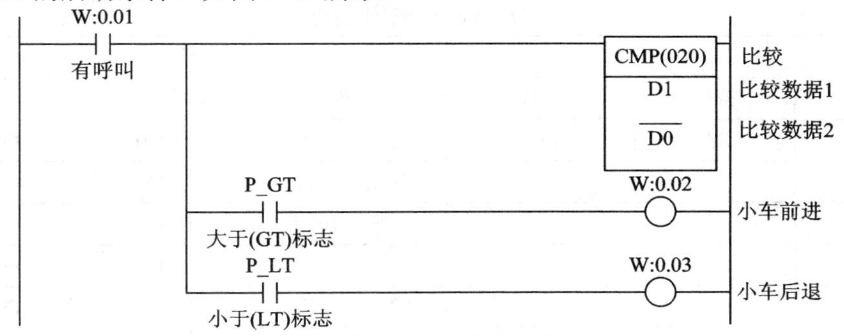

图 3-55　CMP 指令在小车控制系统中的作用

■ 任务内容

日常生活中常见到广告牌、路标标识、车库停车位以及生产线上的显示系统，可以显示数字或字母，利用 PLC 的段码指令 SEG，设计数码显示控制系统。控制要求如下：

(1) 开关 SA 为 ON，由 8 组 LED 发光二极管模拟的八段数码管开始显示数字和字符，显示次序是 0、1、2、3、4、5、6、7、8、9、A、B/b、C、D/d、E、F，此过程为一个循环周期；

(2) 时间间隔为 1 s；

(3) 循环执行上一个周期的显示过程；

(4) 开关 SA 为 OFF，停止显示。

(5) 七段显示码的编码规则如表 3-18 所示。

表 3-18　七段显示码的编码规则

IN	OUT	段码显示	IN	OUT
	·gfe dcba			·gfe dcba
0	0011 1111	a f b g e c d	8	0111 1111
1	0000 0110		9	0110 0111
2	0101 1011		A	0111 0111
3	0100 1111		B	0111 1100
4	0110 0110		C	0011 1001
5	0110 1101		D	0101 1110
6	0111 1101		E	0111 1001
7	0000 0111		F	0111 0001

任务实施

1．分析控制要求，确定输入/输出设备

通过对数码显示控制要求的分析，可以归纳出该电路具有 1 个输入设备，即开关 SA；7 个输出设备，即发光二极管 LED0～LED6。

2．对输入/输出设备进行 I/O 地址分配

根据 I/O 个数进行 I/O 地址分配，如表 3-19 所示。

表 3-19　输入/输出地址分配

输入设备			输出设备		
名称	符号	地址	名称	符号	地址
开关	SA	I0.0	发光二极管	LED0	Q100.00
			发光二极管	LED1	Q100.01
			发光二极管	LED2	Q100.02
			发光二极管	LED3	Q100.03
			发光二极管	LED4	Q100.04
			发光二极管	LED5	Q100.05
			发光二极管	LED6	Q100.06

3．绘制 PLC 外部接线图

根据 I/O 地址分配结果，绘制 PLC 外部接线图(图 3-56)。

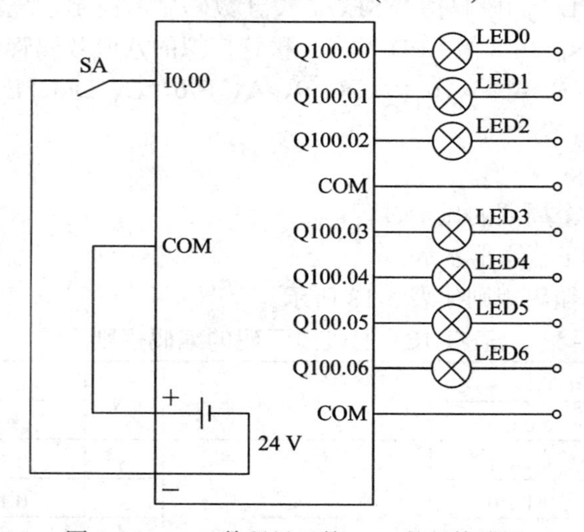

图 3-56　LED 数码显示的 PLC 外部接线图

4．PLC 程序设计

根据控制电路要求，设计 PLC 梯形图程序或语句表程序，梯形图程序如图 3-57 所示。

思考：在程序调试中会发现，当 SA 开关从 ON 转为 OFF 时，数码管并不会全部熄灭。为什么？应如何处理？

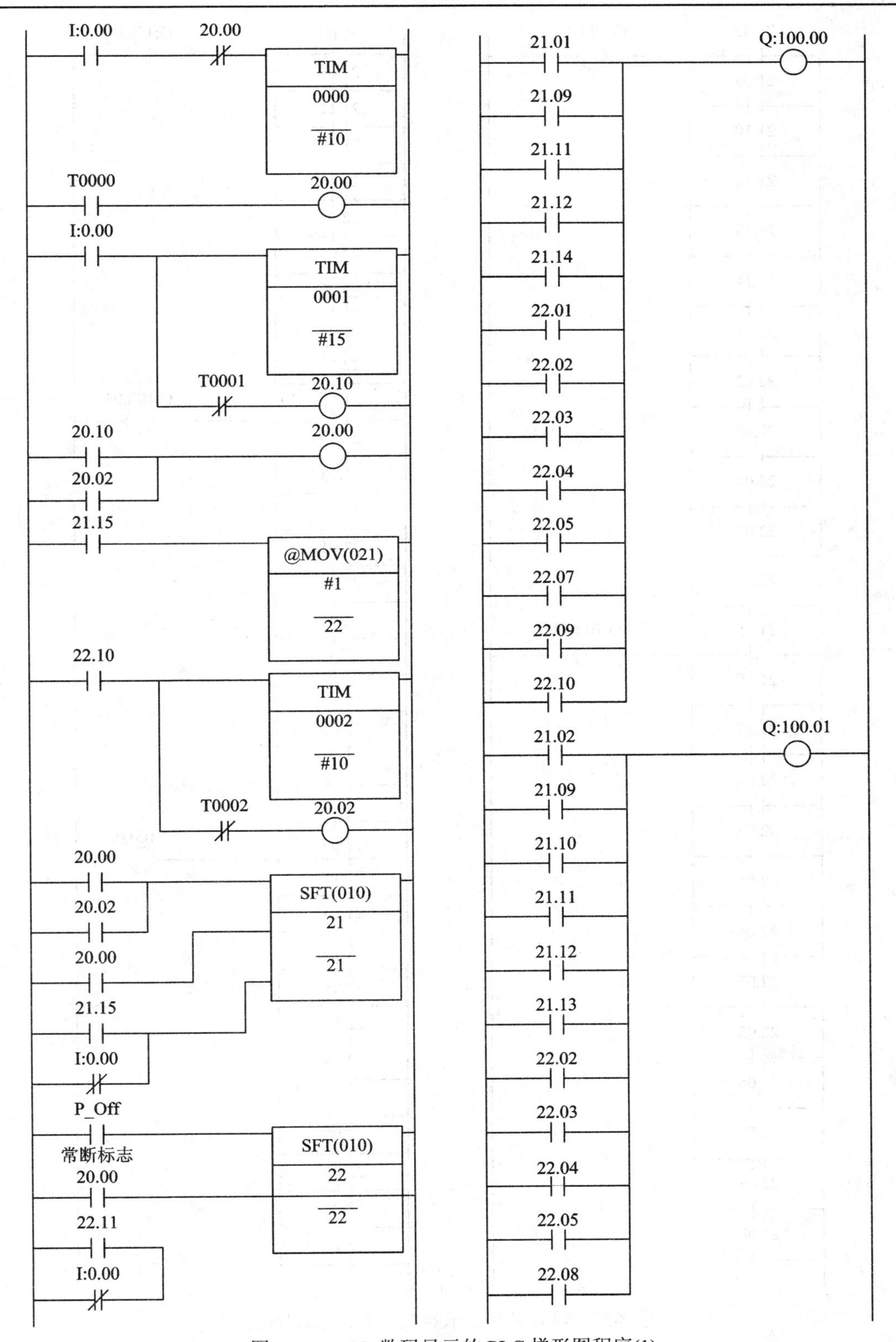

图 3-57　LED 数码显示的 PLC 梯形图程序(1)

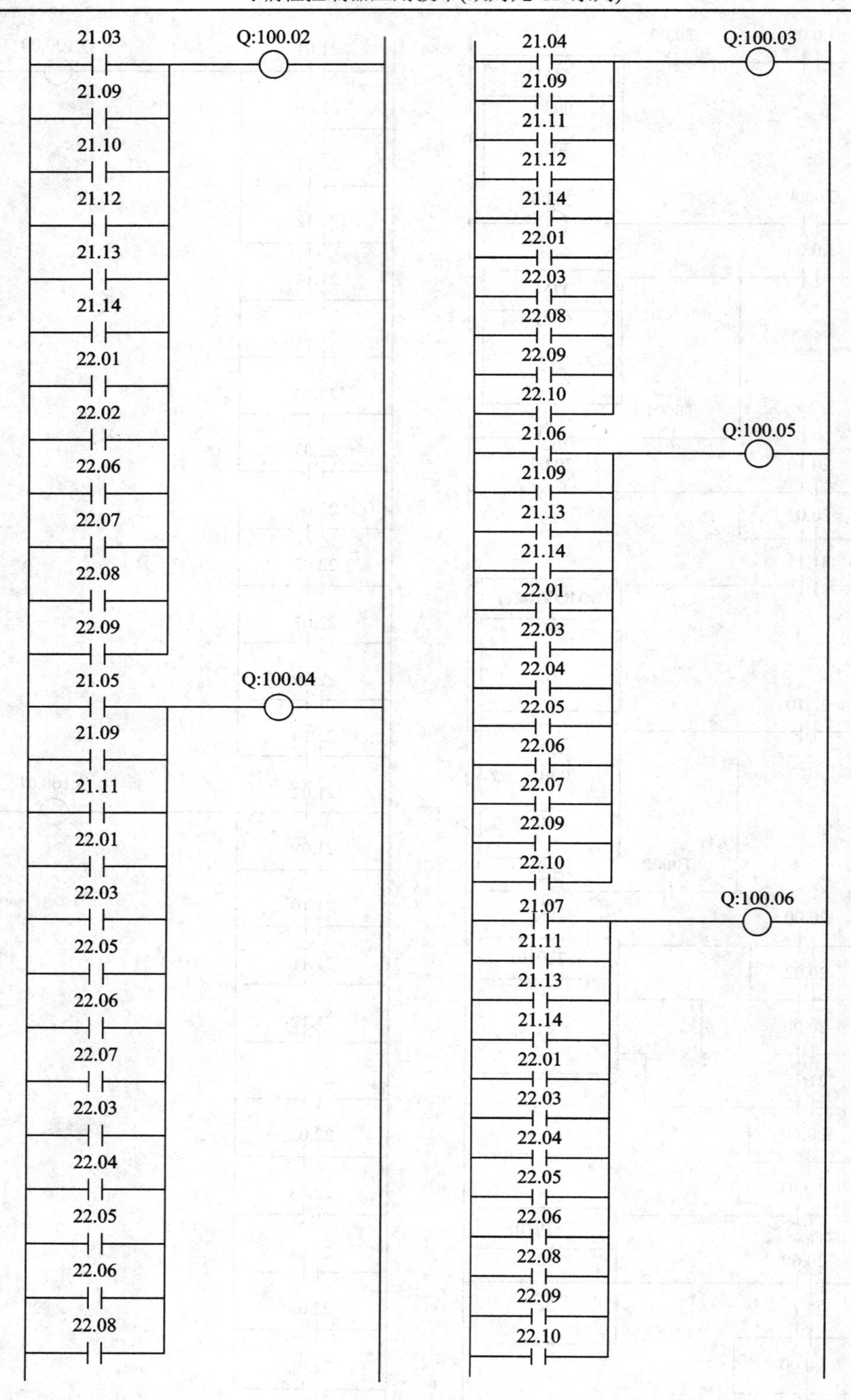

图 3-57　LED 数码显示的 PLC 梯形图程序(2)

5．安装接线

按照图 3-56 进行接线，安装方法及要求与继电器控制电路相同。

6．运行调试

(1) 在断电状态下，连接好 PC/PPI 电缆。

(2) 运行 CX-P 编程软件，设置通信参数。

(3) 编写控制程序，编译并下载程序文件到 PLC。

(4) 按控制要求拨动开关 SA，观察数码管显示过程。

检查评价

在规定时间内完成任务，各组自我评价并进行展示，各组之间根据评价表进行检查。检查与评价表如表 3-20 所示。

表 3-20　检查与评价表

项　目	要　　求	配　分	评　分　标　准	得　分
I/O 分配表	(1) 能正确分析控制要求，完整、准确确定输入/输出设备。 (2) 能正确对输入/输出设备进行 I/O 地址分配	20	不完整，每处扣 2 分	
PLC 接线图	按照 I/O 分配表绘制 PLC 外部接线图，要求完整、美观	10	不规范，每处扣 2 分	
安装与接线	(1) 能按照 PLC 外部接线图正确安装元件及接线。 (2) 线路安全简洁，符合工艺要求	30	不规范，每处扣 5 分	
程序设计与调试	(1) 程序设计简洁易读，符合任务要求。 (2) 在保证人身和设备安全的前提下，通电试车一次成功	30	第一次试车不成功扣 5 分；第二次试车不成功扣 10 分	
文明安全	安全用电，无人为损坏仪器、元件和设备，小组成员团结协作	10	成员不积极参与，扣 5 分；违反文明操作规程扣 5～10 分	
总　　分				

相关知识　移位指令

1．移位寄存器 SFT

1) 梯形图符号

SFT 的梯形图符号如图 3-58 所示。

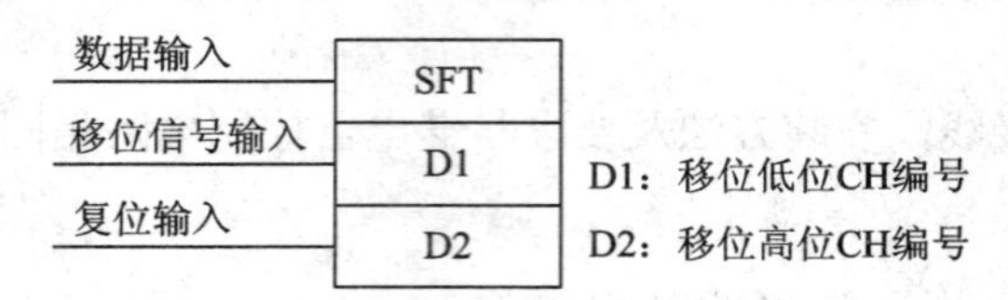

图 3-58　SFT 的梯形图符号

2) 操作数及功能说明

操作数 D1 是移位的开始通道号，操作数 D2 是移位的结束通道，D1 和 D2 必须在同一存储区域，且 D2 必须大于或等于 D1，否则出错。

操作数 D1、D2 的取值范围是：IR、SR、HR、AR、LR。

当 SFT 指令的移位信号输入上升(OFF→ON)时，从 D1 到 D2 均向左(最低位→最高位)移 1 位，最低位由数据输入端输入数据(ON/OFF)，最高位则移出删除掉。如图 3-59 所示的是 D1 到 D2 的移位过程。

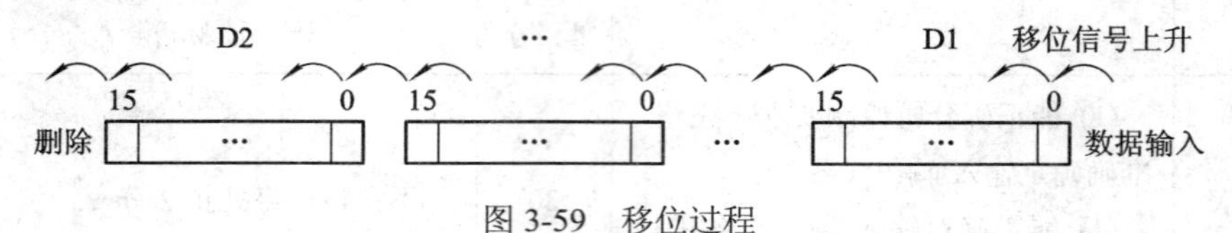

图 3-59　移位过程

当复位输入为 ON 时，对从 D1 所指定的移位低位通道编号到 D2 所指定的移位高位通道编号为止进行复位(D1 到 D2 内所有的位置为 0)。复位输入优先于其他输入。

图 3-60 是 SFT 指令的简单应用及其动作说明图。SFT 使用 1000～1002 通道的 48 位的移位寄存器，移位信号输入中使用时钟脉冲 1 s。每 1 秒的移位信号输入脉冲上升沿来时，数据输入端 0.05 的内容(ON/OFF)将移位到 100.00～102.15(如图中下部分所示)。

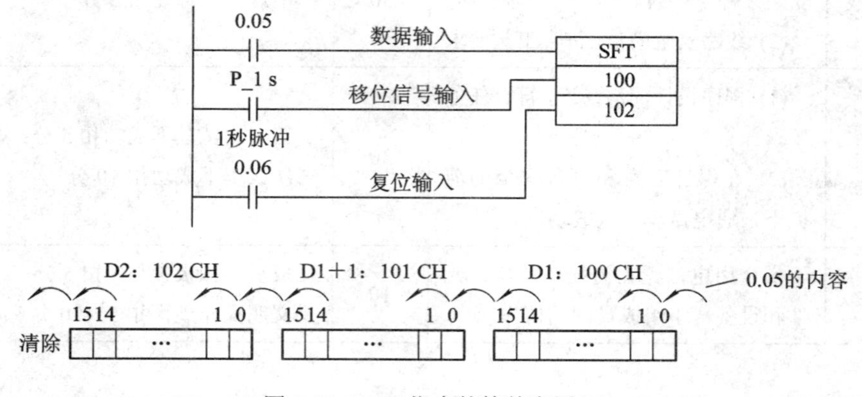

图 3-60　SFT 指令的简单应用(1)

3) 使用 SFT 指令编程时应注意的事项

使用 SFT 指令编程时应注意下面几点：

(1) D1、D2 两个操作数的确定。根据需要选择移位通道数，如我们应用到的位≤16 位，则选择一个移位通道数，即 D1 = D2。注意 D1 与 D2 必须同属一个存储区域，且 D2≥D1。

(2) 数据输入的控制。数据输入的控制，即什么时候该为 ON，什么时候该为 OFF，这个是应用 SFT 指令编程的一个难点。

以图 3-60 来说，如果 48 秒后，我们要得到的是 100.00～102.15 的 48 位全为 1，则数据输入端一直为 ON 就可以，这个较容易实现。

如果我们 SFT 在移位过程中，100.00～102.15 的 48 位始终仅有一个位是为 1 的，其它的为 0。这样就要求仅在第一个移位信号输入脉冲来时，数据输入端为 ON，其它的任何时刻为 OFF。如何来实现这种要求的数据输入端的控制呢？我们来分析看看，当第一个移位信号输入脉冲来临之前，100.00～102.15 全为 0；当输入脉冲来时，100.00～102.14 所有的位向左移，102.15 删除掉，最低位 100.00 的数据由数据输入端输入，此时数据输入端为 1(ON)，因此，第一次移位后的结果是 100.00 为 1，其他位的全为 0。第一次移位后，数据输入端应该转为 0(OFF)，可以用图 3-61 所示的电路来实现。用图 3-61 所示的常开触点 W0.00 作为数据输入端的输入条件，当要进行第一次移位时，按一下按钮 0.05，则线圈 W0.00 得电，数据输入端为 1；当第一次移位结束后，100.00 为 ON，则它的常闭触点为 OFF，线圈 W0.00 失电，则数据输入端为 0。这样就实现了控制要求。

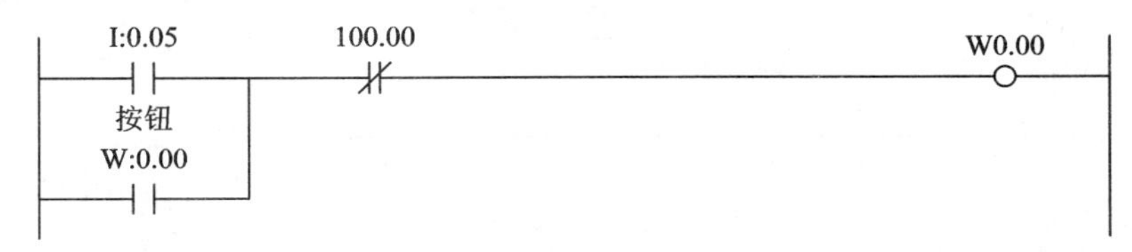

图 3-61　SFT 数据输入条件的控制电路

(3) 移位信号输入脉冲的控制。编程人员应该非常清楚什么时候 SFT 应该移位，什么时候不移位，要移位就得给在移位信号输入端给一个脉冲的上升沿，不移位就不用了。实现移位信号输入脉冲的控制的方法和技巧要由编程人员经过一定的编程练习才能掌握。如图 3-60 是要每秒钟向左移一次，则用 P_1S 系统时钟脉冲位，我们也可以用一个定时器来完成。

(4) 复位端信号输入的控制。在编程实现复位端信号输入的控制时，一定要清楚“复位优先”的原则。一般的，给对 D1～D2 进行复位，内需要由复位端输入一个短脉冲信号就可以，在 SFT 移位时，复位端一定要为 OFF 状态。当然，什么时候 SFT 的复位端应该有信号输入，什么时候没有，这个要视具体的要求而定。一般地，当 PLC 控制系统启动或停止时，要给 SFT 的移位通道复位一下；当移位是循环时，在进入下一个循环时也要复位一下(如果要用到的位全为 0 状态，则可以不用复位)。

(5) 如何实现循环移位。实现 SFT 的循环移位，也是应用 SFT 编程的另一个难点。

在这里编程人员首先要明确什么情况下进入循环，也就是最低位向左移到第几位时应进入循环。

其次是为 SFT 进入循环准备工作。既然是循环，那么在 SFT 进入循环之前，它的所有的输入以及数据(D1～D2)的状态应该跟开始时刻是一样的。因此，在进入循环之前，应该用复位端对 D1～D2 进行复位(如果要用到的位全为 0 状态，则可以不用复位)，数据输入端设置到开始时刻的状态，然后等待移位信号的输入。

以上 5 个方面的注意事项，我们可以通过下面的例子来掌握。

例 3　有三盏灯，分别为 L1、L2、L3，要求每次只能有一盏灯亮，亮的时间为 2 s，系统启动后，L1 先亮，然后 L2 亮，最后 L3 亮，L3 亮后再 L1 亮……如此循环，直到停止。

参考梯形图如图 3-62 所示。程序如何实现三盏灯的控制，请读者自行分析。

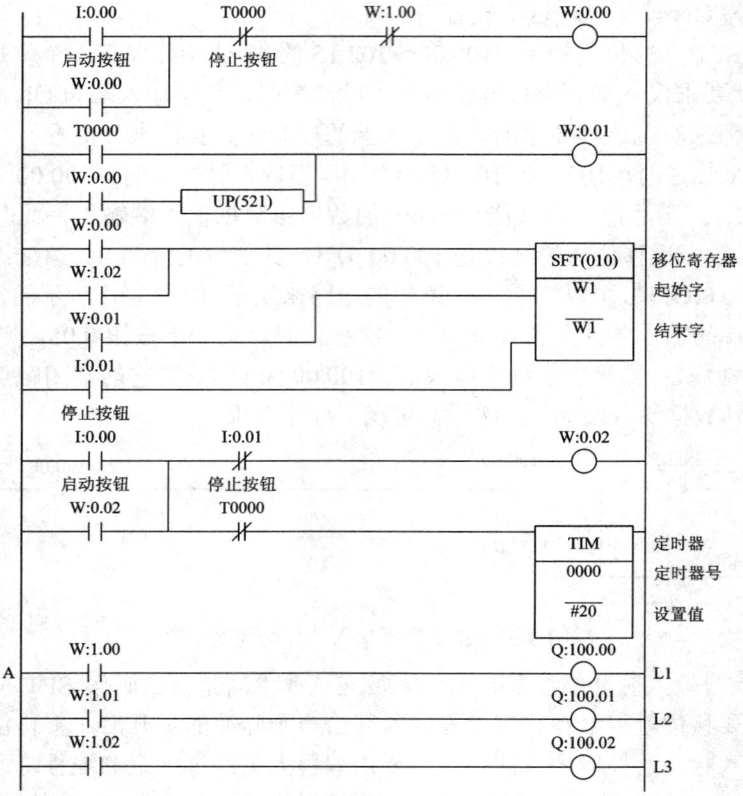

图 3-62　控制三盏灯的 PLC 程序

2. 左右移位寄存器 SFTR

1) 梯形图符号

SFTR 的梯形图符号如图 3-63 所示。

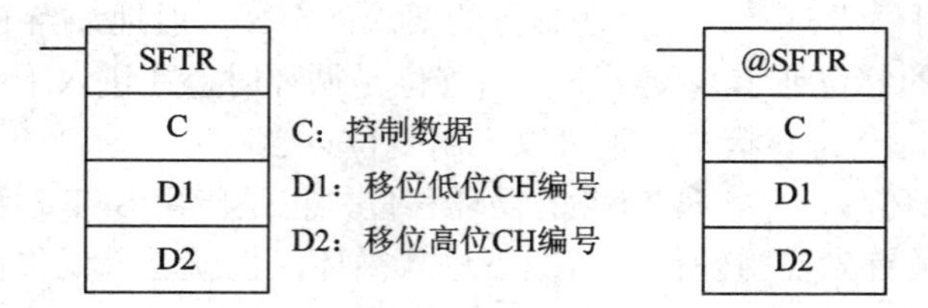

图 3-63　SFTR 的梯形图符号

2) 操作数及功能说明

操作数 D1、D2 与 SFT 指令中的操作数一样，详细内容可参看上一节。

控制字 C 的控制作用如图 3-64 所示，最高位 15 用来作复位输入继电器，15 位为 1 时对 D1～D2 进行复位；14 位用来作移位信号输入继电器，在 SFTR 的输入条件为 ON 的情况下，当 14 位为 1(ON)时，D1～D2 在一个扫描周期内向左或向右移 1 位；13 位为数据输入继电器；12 位为移位方向设定继电器，当 12 位为 0(OFF)时，D1～D2 移位的方向由最高位→最低位，当 12 位为 1 时，D1～D2 移位的方向由最低位→最高位。控制字 C 剩下的 00～11 位不用。

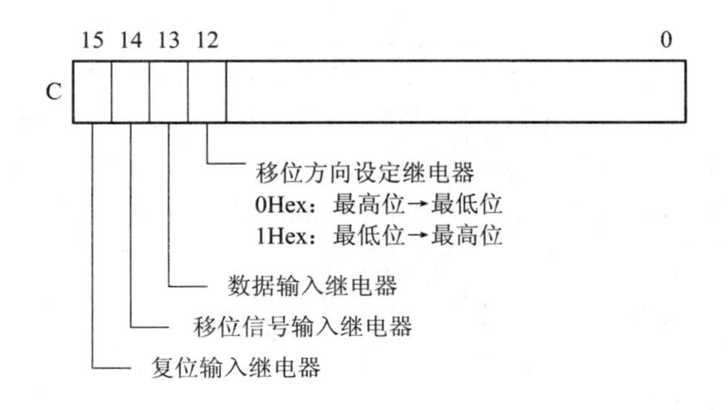

图 3-64 控制字 C 的控制作用

SFTR 的功能，我们可以通过图 3-65 所示的一个简单的应用来说明。当复位输入 H0.15 为 OFF 时，在 I0.00 为 ON 的状态下，移位信号输入 H0.14 为 ON 时，将从 D100 到 D102 的 3 字向 H0.12 所指定的方向(最低位→最高位的方向)移 1 位。其中最高位 D102.15 移入到 CY 中，而最低位 D100.00 输入 H0.13 的内容。

当复位输入 H0.15ON 时，0.00 为 ON 的状态下，H0.14 为 ON 时，将从 D100 到 D102 的 3 字和 CY 标志全部复位为 0。

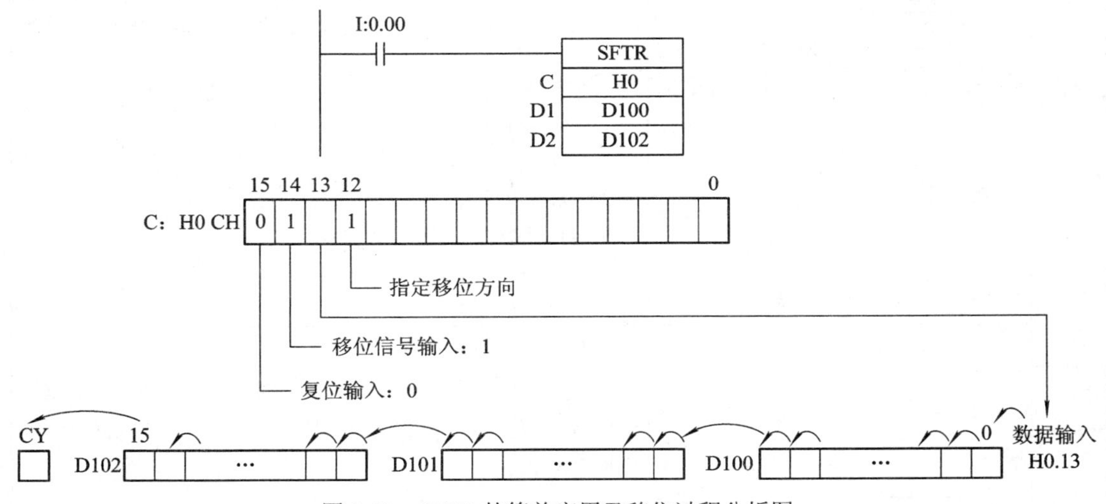

图 3-65 SFTR 的简单应用及移位过程分析图

在应用 SFTR 时，如何对控制字 C 的高 4 位进行控制是编程的难点。特别要注意，当 SFTR 的输入条件为 ON、控制字 C 移位信号输入位 C14 为 1 的情况下，SFTR 是每一个 PLC 的扫描周期都进行一次移位。如果想当移位信号输入位 C14 来一个脉冲，SFTR 只执行一次移位操作的话，那么必须先对该脉冲信号求微分，然后再把求得的微分信号传送给 C14。

3. 其他移位指令

上面介绍的 SFT、SFTR 是移位指令里比较常用且比较难的两个指令。下面要介绍的几个指令将以表格的形式来介绍，这样便于读者对比学习，见表 3-21。

表 3-21　数字、算术、循环、字、异步移位指令操作数及功能说明

指令语言	梯形图符号	操作数的含义及范围	指令功能及对标志位的影响
数字位左移	SLD D1 D2 @SLD D1 D2	D1 是移位的开始通道号，其范围是：CIO、WR、HR、AR、TC、DM、*DM。D2 是移位的结束通道号，其范围同 D1。 D1 和 D2 必须在同一区域，且 D1≤D2。	进行以 1 数字(4 位)为单位的左移动作。 在执行条件为 ON 时，每执行一次 SLD，将从 D1 到 D2 的范围以数字(4 位)为单位向高位侧移位。此时，最低位数字(D1 的位 3-0)中输入 0，原来的最高位数字(D2 的位 15-12)数据被清除。 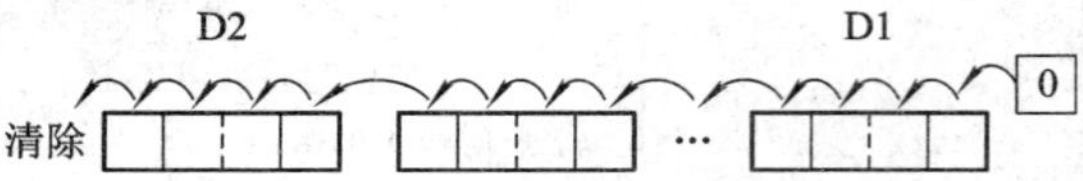 D2　D1　清除　…　0 下列情况，出错标志 ER 为 ON： ① D1 和 D2 不在同一区域。 ② D1>D2。 ③ 间接寻址 DM 通道不存在。
数字位右移	SRD D1 D2 @SRD D1 D2	D1 是移位的开始通道号，其范围是：CIO、WR、HR、AR、TC、DM、*DM。D2 是移位的结束通道号，其范围同 D1。 D1 和 D2 必须在同一区域，且 D1≤D2。	进行以 1 数字(4 位)为单位的右移动作。 在执行条件为 ON 时，每执行一次 SRD，将从 D1 到 D2 的范围以数字(4 位)为单位向低位侧移位。此时，在最高位(D2 的位 15-12)中输入 0，原来的最低位(D1 的位 3-0)数据被清除。 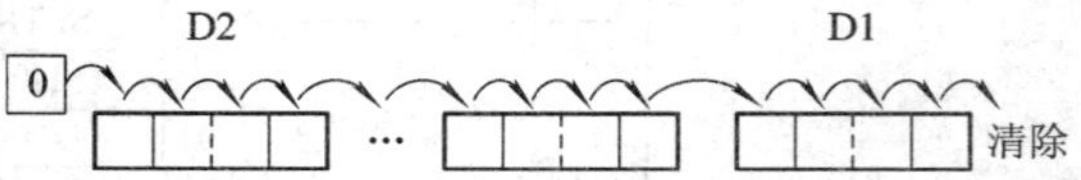 D2　D1　0　…　清除 下列情况，出错标志 ER 为 ON： ① D1 和 D2 不在同一区域。 ② D1>D2。 ③ 间接寻址 DM 通道不存在。
算术左移	ASL D @ASL D	D 是移位通道号，范围是：CIO、WR、HR、AR、TC、DM、*DM。	将 D 通道的数据向左移 1 位。 当执行条件为 ON 时，每执行一次移位指令，将 D 向左(最低位→最高位)移 1 位。在最低位上设置 0，最高位移位到进位标志(CY)。 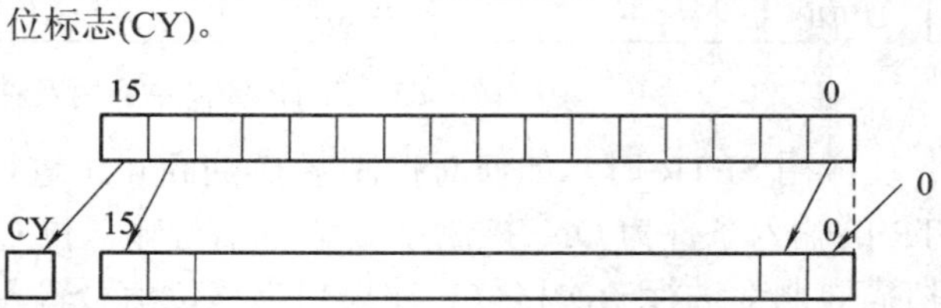 15　0　CY　15　0　0 对标志位的影响： ① 间接寻址 DM 通道不存在时，出错标志 ER 为 ON。 ② 移位溢出的位进入进位标志 P_CY(P_CY 为 ON)。 ③ 当移位结果为 0 时，=标志为 ON。

续表一

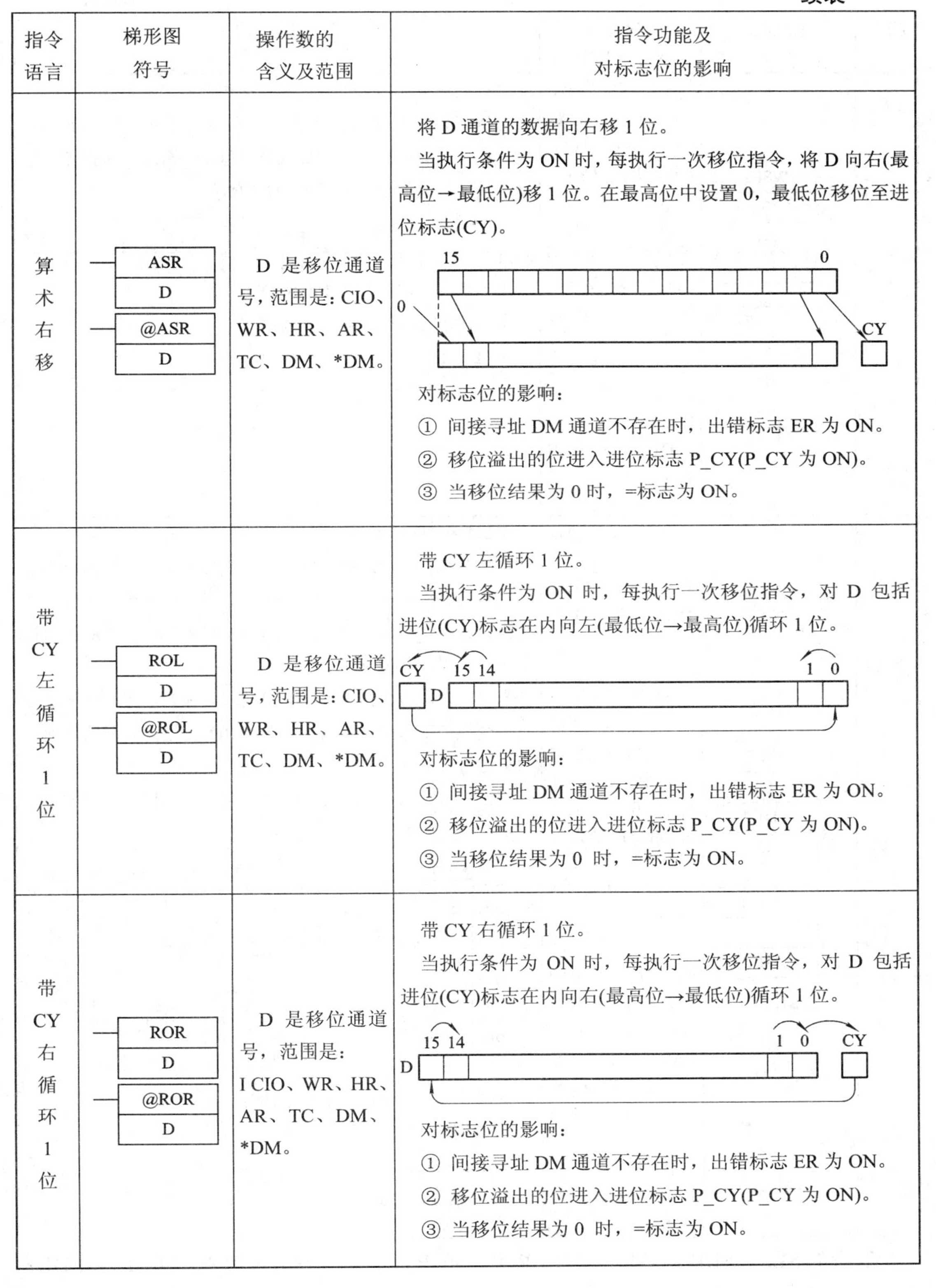

指令语言	梯形图符号	操作数的含义及范围	指令功能及对标志位的影响
算术右移	ASR D @ASR D	D 是移位通道号，范围是：CIO、WR、HR、AR、TC、DM、*DM。	将 D 通道的数据向右移 1 位。 当执行条件为 ON 时，每执行一次移位指令，将 D 向右(最高位→最低位)移 1 位。在最高位中设置 0，最低位移位至进位标志(CY)。 15　0　0　CY 对标志位的影响： ① 间接寻址 DM 通道不存在时，出错标志 ER 为 ON。 ② 移位溢出的位进入进位标志 P_CY(P_CY 为 ON)。 ③ 当移位结果为 0 时，=标志为 ON。
带 CY 左循环 1 位	ROL D @ROL D	D 是移位通道号，范围是：CIO、WR、HR、AR、TC、DM、*DM。	带 CY 左循环 1 位。 当执行条件为 ON 时，每执行一次移位指令，对 D 包括进位(CY)标志在内向左(最低位→最高位)循环 1 位。 CY　15 14　1 0　D 对标志位的影响： ① 间接寻址 DM 通道不存在时，出错标志 ER 为 ON。 ② 移位溢出的位进入进位标志 P_CY(P_CY 为 ON)。 ③ 当移位结果为 0 时，=标志为 ON。
带 CY 右循环 1 位	ROR D @ROR D	D 是移位通道号，范围是：I CIO、WR、HR、AR、TC、DM、*DM。	带 CY 右循环 1 位。 当执行条件为 ON 时，每执行一次移位指令，对 D 包括进位(CY)标志在内向右(最高位→最低位)循环 1 位。 15 14　1 0　CY　D 对标志位的影响： ① 间接寻址 DM 通道不存在时，出错标志 ER 为 ON。 ② 移位溢出的位进入进位标志 P_CY(P_CY 为 ON)。 ③ 当移位结果为 0 时，=标志为 ON。

续表二

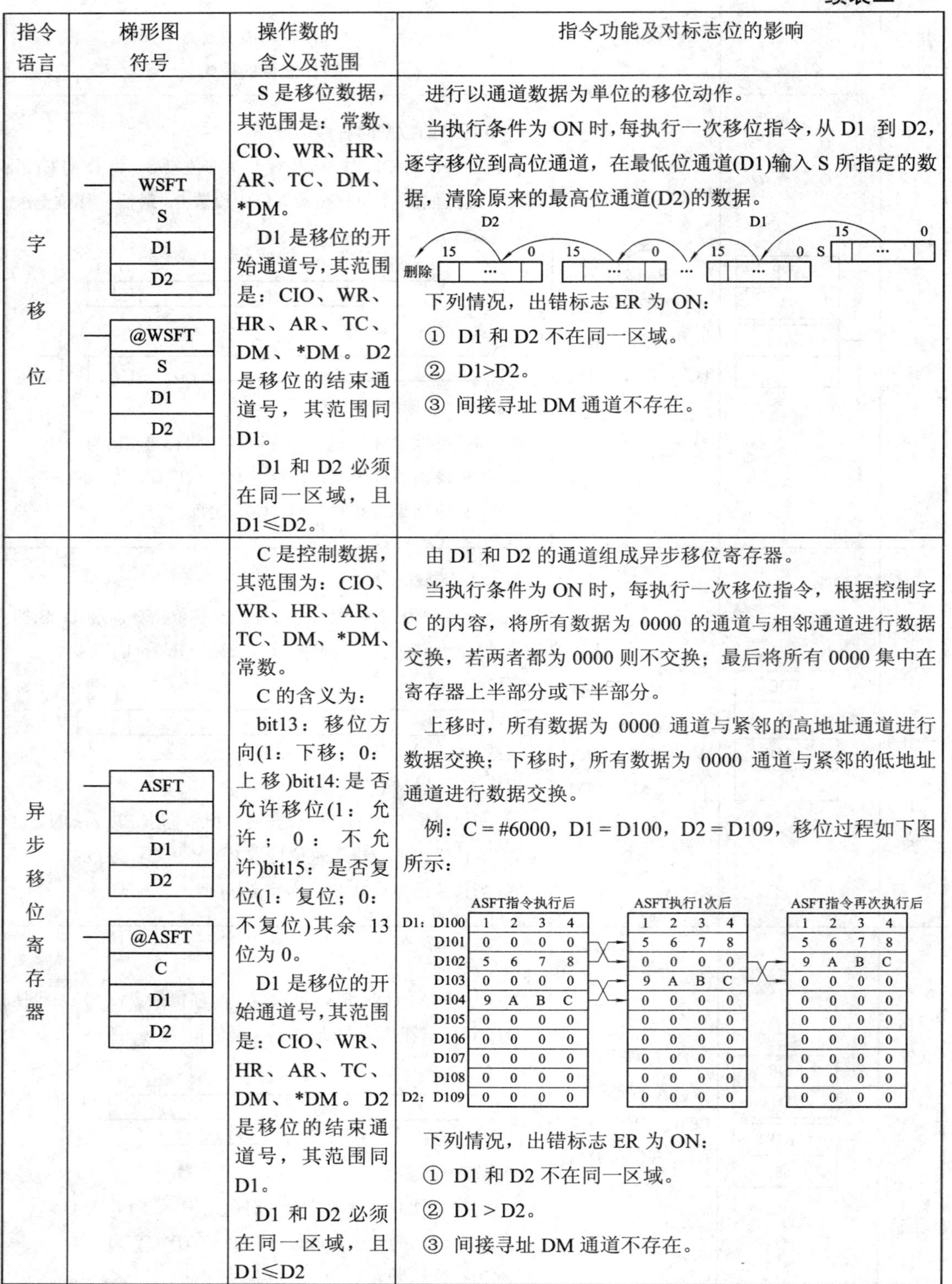

指令语言	梯形图符号	操作数的含义及范围	指令功能及对标志位的影响
字移位	WSFT S D1 D2 @WSFT S D1 D2	S 是移位数据，其范围是：常数、CIO、WR、HR、AR、TC、DM、*DM。 D1 是移位的开始通道号，其范围是：CIO、WR、HR、AR、TC、DM、*DM。D2 是移位的结束通道号，其范围同 D1。 D1 和 D2 必须在同一区域，且 D1≤D2。	进行以通道数据为单位的移位动作。 当执行条件为 ON 时，每执行一次移位指令，从 D1 到 D2，逐字移位到高位通道，在最低位通道(D1)输入 S 所指定的数据，清除原来的最高位通道(D2)的数据。 D2　D1　15　0　15　0　15　0　S　15　0　删除　… 下列情况，出错标志 ER 为 ON： ① D1 和 D2 不在同一区域。 ② D1>D2。 ③ 间接寻址 DM 通道不存在。
异步移位寄存器	ASFT C D1 D2 @ASFT C D1 D2	C 是控制数据，其范围为：CIO、WR、HR、AR、TC、DM、*DM、常数。 C 的含义为： bit13：移位方向(1：下移；0：上移)bit14: 是否允许移位(1：允许；0：不允许)bit15：是否复位(1：复位；0：不复位)其余 13 位为 0。 D1 是移位的开始通道号，其范围是：CIO、WR、HR、AR、TC、DM、*DM。D2 是移位的结束通道号，其范围同 D1。 D1 和 D2 必须在同一区域，且 D1≤D2	由 D1 和 D2 的通道组成异步移位寄存器。 当执行条件为 ON 时，每执行一次移位指令，根据控制字 C 的内容，将所有数据为 0000 的通道与相邻通道进行数据交换，若两者都为 0000 则不交换；最后将所有 0000 集中在寄存器上半部分或下半部分。 上移时，所有数据为 0000 通道与紧邻的高地址通道进行数据交换；下移时，所有数据为 0000 通道与紧邻的低地址通道进行数据交换。 例：C = #6000，D1 = D100，D2 = D109，移位过程如下图所示： （见下表） 下列情况，出错标志 ER 为 ON： ① D1 和 D2 不在同一区域。 ② D1 > D2。 ③ 间接寻址 DM 通道不存在。

	ASFT指令执行后	ASFT执行1次后	ASFT指令再次执行后
D1：D100	1 2 3 4	1 2 3 4	1 2 3 4
D101	0 0 0 0	5 6 7 8	5 6 7 8
D102	5 6 7 8	0 0 0 0	9 A B C
D103	0 0 0 0	9 A B C	0 0 0 0
D104	9 A B C	0 0 0 0	0 0 0 0
D105	0 0 0 0	0 0 0 0	0 0 0 0
D106	0 0 0 0	0 0 0 0	0 0 0 0
D107	0 0 0 0	0 0 0 0	0 0 0 0
D108	0 0 0 0	0 0 0 0	0 0 0 0
D2：D109	0 0 0 0	0 0 0 0	0 0 0 0

表中的 SLD、SRD、ASL、ASR、ROL、ROR 都有对应的倍长指令：SLDL、SRDL、

ASLL、ASRL、ROLL、RORL，后者指令的执行过程与前者是一样的，只不过后者的操作数据是 32 位(两个连续通道)，而前者为 16 位(一个通道)。如 ROLL 指令是将 D 作为倍长数据，包括进位(CY)标志在内向左(最低位→最高位)循环 1 位。ROLL 的移位过程如图 3-66 所示。由此可见，ROLL 与 ROL 的差别在于操作数 D 是连续两个通道还是一个通道。

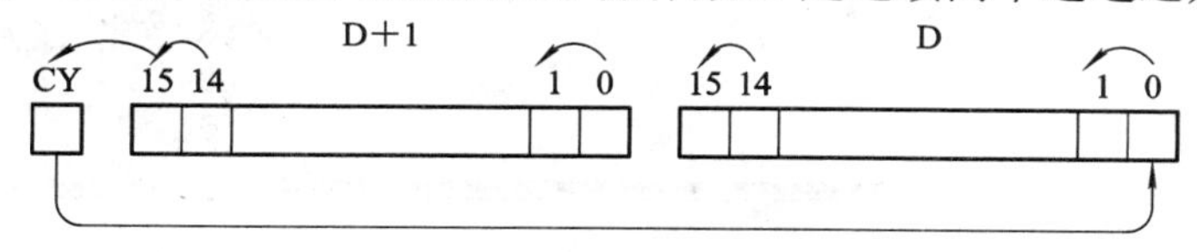

图 3-66　ROLL 的移位过程

技能训练

密码锁有 7 个按键 SB1～SB7，其中：

(1) SB1 为开锁键。

(2) SB2、SB3、SB4、SB5 为密码输入按键。开锁条件为：SB2 设定按压次数为 3 次，SB3 设定按压次数为 2 次，SB4 设定按压次数为 5 次，SB5 设定按压次数为 4 次。按压顺序为 SB3→SB5→SB2→SB4。如果密码输入正确，在按下开锁键 SB1 后，密码锁自动打开，否则警报器发出报警。

(3) SB7 为不可按压键，一旦按压，警报器就会发出报警。

(4) SB6 为复位键，按下 SB6 键后，可重新进行开锁作业。如果按错键，则必须进行复位操作，所有计数器都被复位。

任务要求如下：

(1) 确定 PLC 的输入/输出设备，并进行 I/O 地址分配；

(2) 编写 PLC 控制程序；

(3) 进行 PLC 接线并联机调试。

思考练习

1．按下启动按钮，3 台电动机每隔 5 s 分别依次启动；按下停止按钮，3 台电动机同时停止。试采用比较指令与定时器指令编写 PLC 控制程序。

2．某设备有 2 台电动机，要求用 1 个按钮实现对 2 台电动机的启停控制。控制要求如下：第 1 次按按钮时只有第 1 台电动机工作；第 2 次按按钮时第 1 台电动机停车，第 2 台电动机工作；第 3 次按按钮时第 2 台电动机停车，第 1 台电动机工作。如此循环，试采用计数器与比较指令编写 PLC 控制程序。

3．设计由定时器与比较指令组成占空比可调的脉冲发生器。

4．单按钮复用控制 1 个指示灯。控制要求：第 1 次操作按钮指示灯亮；第 2 次操作按钮指示灯灭。试分别采用多种方法设计 PLC 控制程序。

5．用 1 个按钮控制 1 个指示灯进行多种显示模式的转换。控制要求：第 1 次操作按钮指示灯亮；第 2 次操作按钮指示灯闪亮；第 3 次操作按钮指示灯灭。如此循环，试分别采用逻辑指令、计数器及比较指令、移位指令编写 PLC 控制程序。

模块 4

自动生产过程控制

自动化生产过程中，经常遇到物料的自动传送、分拣、加工、装配等自动工艺过程，这些过程往往按照一定的顺序进行。在工业控制领域中，顺序控制的应用很广，尤其在机械行业，几乎无一例外地利用了顺序控制来实现加工的自动循环。PLC 的设计者们继承了顺序控制的思想，为顺序控制程序的编制提供了大量通用和专用的编程元件，开发了专门供编制顺序控制程序用的功能指令，称为顺序控制继电器指令或步进指令，如西门子公司的 S7-200 系列 PLC 的 SCR 指令、三菱公司 PLC 的 STL 指令等，使得这种先进的设计方法成为当前 PLC 程序设计的主要方法。

学习目标

通过 4 项与本模块相关的任务的实施，在进一步熟练掌握定时器、计数器、数据处理指令、比较指令、逻辑运算指令等指令的基础上，掌握 PLC 的转换指令、程序控制指令和功能指令，掌握运用功能图设计 PLC 控制程序的方法，对采用 PLC 控制的自动生产过程中的相关任务进行编程与实现；进一步掌握 PLC 的接线方法，能够熟练运用编程软件进行联机调试。

任务 4.1　四节传送带控制

任务目标

(1) 掌握顺序控制设计方法。

(2) 掌握功能图的绘制方法。

(3) 掌握采用触点、线圈指令实现功能图的 PLC 程序设计。

(4) 能运用“顺序控制”设计法，采用触点、线圈指令实现传送带控制程序，并且能够熟练运用编程软件进行联机调试。

(5) 掌握数制转换、时钟功能和显示功能指令的应用。

前导知识　功能图在 PLC 程序设计中的应用

顺序控制设计法(又称功能图设计法或状态流程图设计法)实际上属于逻辑设计法的一种。顺序控制设计法的最基本思想是将系统的一个工作周期划分为若干个顺序相连的阶段(这些阶段称为步(Step))，并利用编程元件(如辅助继电器 M 和顺序控制继电器 S)来代表各步。这种设计方法容易被初学者接受，程序的调试、修改和阅读也很容易，并且缩短了设计周期，提高了设计效率。

1. 功能图的概念

功能图是描述控制系统的控制过程、功能和特性的一种图形。功能图并不涉及所描述的控制功能的具体技术，是一种通用的技术语言。因此，功能图也可用于不同专业的人员进行技术交流。

如图 4-1 所示为功能图的一般形式。它由步、转换、转换条件、有向连线和动作等组成。

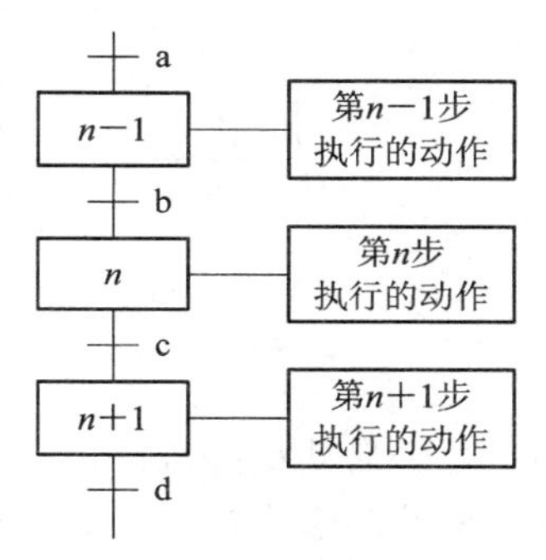

图 4-1　功能图的一般形式

1) 步与动作

(1) 步的划分。分析被控对象的工作过程及控制要求，将系统的工作过程划分成若干阶段，这些阶段称为“步”。

步是根据 PLC 输出量的状态划分的，只要系统的输出量状态发生变化，系统就从原来的步进入新的步。如图 4-2(a)所示，某液压动力滑台的整个工作过程可划分为四步，即 0 步，A、B、C 均不输出；1 步，A 输出；2 步，A、C 输出；3 步，B 输出。在每一步内，PLC 的各输出量状态均保持不变。

步也可根据被控对象工作状态的变化来划分，但被控对象的状态变化应该是由 PLC 的输出状态变化引起的。如图 4-2(b)所示，液压动力滑台的初始状态是停在原位不动，当得到启动信号后开始快进，快进到加工位置后转为工进，到达终点后加工结束又转为快退，快退到原位停止，又回到初始状态。因此，液压动力滑台的整个工作过程可以划分为停止(原位)、快进、工进、快退四步。但这些状态的改变都必须是由 PLC 输出量的变化引起的，否则就不能这样划分。例如，若从快进转为工进与 PLC 的输出无关，那么快进、工进只能算一步。

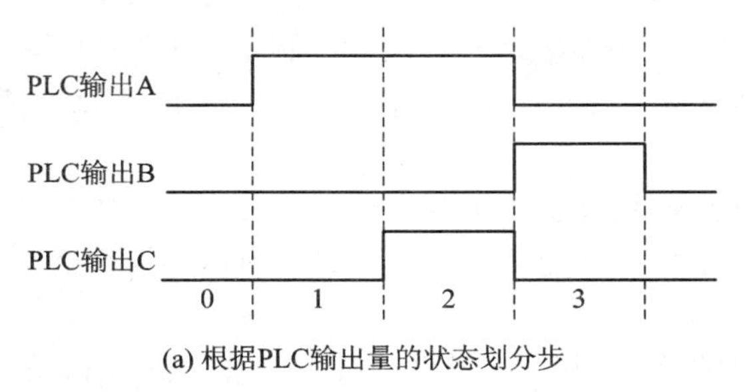

(a) 根据PLC输出量的状态划分步

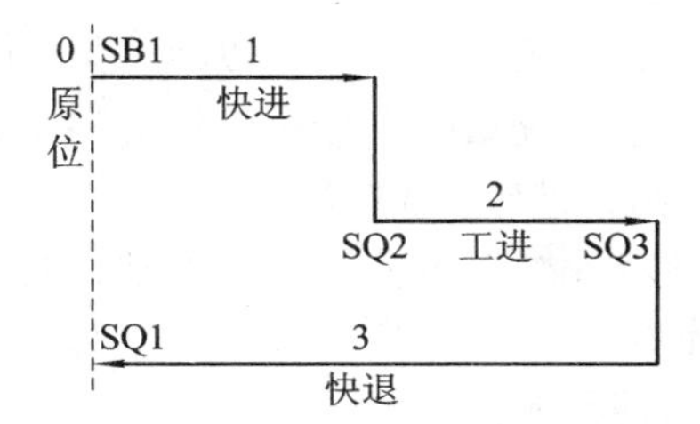

(b) 根据被控对象工作状态的变化划分步

图 4-2　步的划分

总之，步应以 PLC 输出量状态的变化来划分，这是为了设计 PLC 控制的程序，所以当 PLC 输出状态没有变化时，就不存在程序的变化。

(2) 步的表示。步在功能图中用矩形框表示，框内的数字是该步的编号。步分为初始步、工作步两种形式。

① 初始步：顺序过程的初始状态用初始步说明。初始步用双线框表示，每个功能图至少应该有一个初始步。

② 工作步：工作步说明控制系统的正常工作状态。当系统正工作于某一步时，该步处于活动状态，称为“活动步”。

(3) 动作。所谓“动作”是指某步活动时，PLC 向被控系统发出的命令，或被控系统应该执行的动作。动作用矩形框中的文字或符号表示，该矩形框应与相应步的矩形框相连接。如果某一步有几个动作，则可以用图 4-3 中的两种画法来表示，但并不隐含这些动作之间的任何顺序。

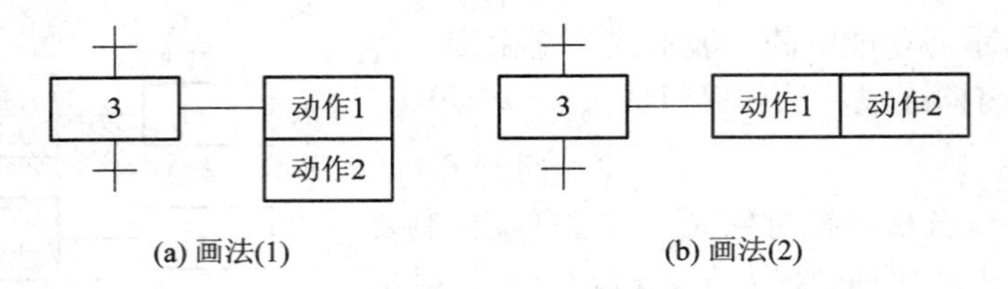

图 4-3　多个动作的画法

当步处于活动状态时，相应的动作被执行。但应注意表明动作是保持型还是非保持型的。保持型的动作是指该步活动时执行该动作，该步变为不活动后继续执行该动作。非保持型动作是指该步活动时执行该动作，该步变为不活动时动作也停止执行。一般保持型的动作在功能图中应该用文字或助记符标注，而非保持型动作不要标注。

2) 有向连线、转换及转换条件

如图 4-1 所示，步与步之间用有向连线连接，并且用转换将步分隔开。步的活动状态进展是按有向连线规定的路线进行的。当有向连线上无箭头标注时，其进展方向是从上到下、从左到右。如果不是上述方向，则应在有向连线上用箭头注明方向。

步的活动状态进展是由转换来完成的，转换用与有向连线垂直的短画线来表示。步与步之间不允许直接相连，必须用转换隔开，而且转换与转换之间也同样不能直接相连，必须用步隔开。

转换条件是与转换相关的逻辑命题，可以用文字语言、布尔代数表达式或图形符号标注在表示转换的短画线旁边。转换条件 I 和 $\bar{I}$，分别表示当二进制逻辑信号 I 为“1”和“0”状态时条件成立；转换条件 I↓ 和 I↑ 分别表示当 I 从“1”(接通)到“0”(断开)和从“0”(断开)到“1”(接通)状态时条件成立。

确定各相邻步之间的转换条件是顺序控制设计法的重要步骤之一。转换条件是使系统从当前步进入下一步的条件。常见的转换条件有按钮、行程开关、定时器和计数器触点的动作(通/断)等。

在图 4-2(b)中，滑台由停止(原位)转为快进，其转换条件是按下启动按钮 SB1(即 SB1 的常开触点接通)；由快进转为工进的转换条件是行程开关 SQ2 动作；由工进转为快退的转换条件是终点行程开关 SQ3 动作；由快退转为停止(原位)的转换条件是原位行程开关 SQ1

动作。转换条件也可以是若干个信号的逻辑(与、或、非)组合，如：A1 • A2、B1+B2。

3) 转换的实现

步与步之间实现转换应同时具备两个条件：① 前级步必须是“活动步”；② 对应的转换条件成立。当同时具备这两个条件时，才能实现步的转换，即所有由有向连线与相应转换符号相连的后续步都变为活动的，而所有由有向连线与相应转换符号相连的前级步都变为不活动的。例如，在图 4-1 中 n 步为活动步的情况下转换条件 c 成立，则转换实现，即 n+1 步变为活动，而 n 步变为不活动。如果转换的前级步或后续步不止一个，则同步实现转换。各步的状态可用逻辑表达式表示，如图 4-1 中第 n 步的状态可表示为 $S_{\rm n}=(S_{\rm n-1}{\rm b}+S_{\rm n})\overline{S}_{\rm n+1}$。

2．功能图的基本结构形式

根据步与步之间转换的不同情况，功能图有 3 种不同的基本结构形式：单序列、选择序列和并行序列。

1) 单序列结构

功能图的单序列结构形式最为简单，它由一系列按顺序排列、相继激活的步组成。每一步的后面只有一个转换，每一个转换后面只有一步，如图 4-1 所示。

2) 选择序列结构

选择序列有开始和结束之分。选择序列的开始称为分支，选择序列的结束称为合并。选择序列的分支是指一个前级步后面紧接着有若干个后续步可供选择，各分支都有各自的转换条件。分支中表示转换的短画线只能标在水平线之下。如图 4-4(a)所示为选择序列的分支。假设步 3 为活动步，如果转换条件 a 成立，则步 3 向步 4 实现转换；如果转换条件 b 成立，则步 3 向步 5 转换；如果转换条件 c 成立，则步 3 向步 6 转换。分支中一般同时只允许选择其中一个序列。

选择序列的合并是指几个选择分支合并到一个公共序列上。各分支都有各自的转换条件，转换条件只能标在水平线之上。如图 4-4(b)所示为选择序列的合并。如果步 7 为活动步，且转换条件 d 成立，则由步 7 向步 10 转换；如果步 8 为活动步，且转换条件 e 成立，则步 8 向步 10 转换；如果步 9 为活动步，且转换条件 f 成立，则步 9 向步 10 转换。

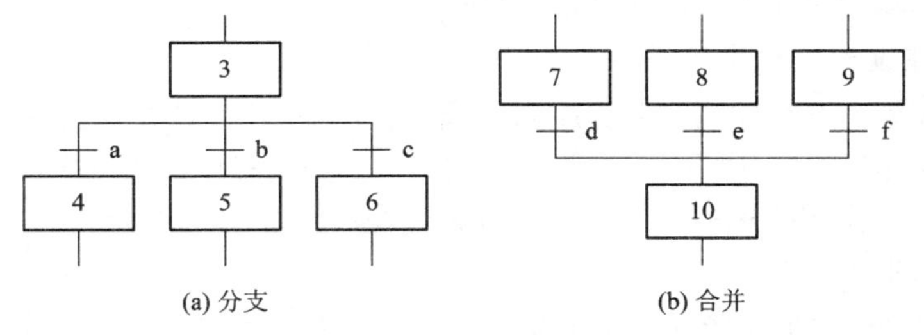

图 4-4　选择序列

3) 并行序列结构

并行序列也有开始与结束之分。并行序列的开始也称为分支，并行序列的结束也称为合并。如图 4-5(a)所示为并行序列的分支，它是指当转换实现后将同时使多个后续步激活。为了强调转换的同步实现，水平连线用双线表示。如果步 3 为活动步，且转换条件 a 也成立，则 4、5、6 三步同时变成活动步，而步 3 变为不活动步。应当注意，当步 4、5、6 被同时激活后，每一序列接下来的转换将是独立的。如图 4-5(b)所示为并行序列的合并，当接在双线上的所有前级步 7、8、9 都为活动步，且转换条件 f 成立时，才能使转换实现，即步 10 变为活动步，而步 7、8、9 均变为不活动步。

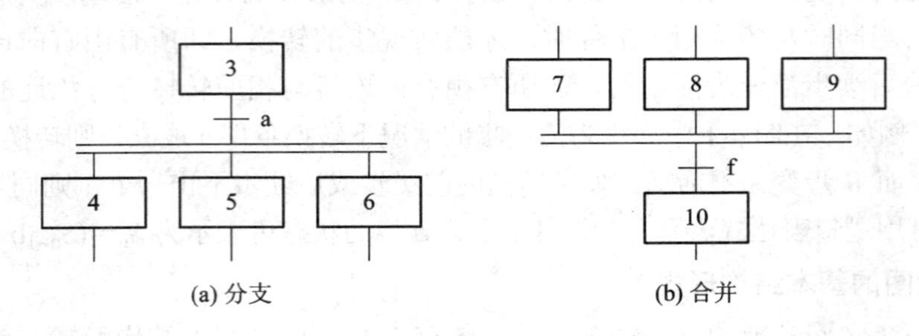

(a) 分支　(b) 合并

图 4-5　并行序列

功能图除有以上三种基本结构外，在绘制复杂控制系统的功能图时，为了使总体设计容易抓住系统的主要矛盾，能更简洁地表示系统的整体功能和全貌，通常采用“子步”的结构形式，这样可避免一开始就陷入某些细节中。此外，在实际使用中还经常碰到一些特殊序列，如跳步、重复和循环序列等。

4) 子步结构

子步结构是指在功能图中，某一步包含一系列子步和转换，如图 4-6 所示的功能图便采用了子步的结构形式。该功能图中步 5 包含了 5.1、5.2、5.3、5.4 四个子步。

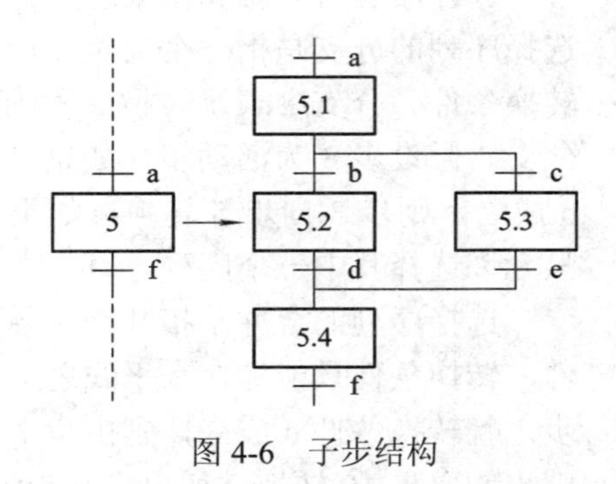

图 4-6　子步结构

这些子步序列通常表示整个系统中的一个完整子功能，类似于计算机编程中的子程序。因此，设计时只要先画出简单的描述整个系统的总功能图，然后再进一步画出更详细的子功能图即可。子步中可以包含更详细的子步。这种采用子步的结构形式，逻辑性强，思路清晰，可以减少设计错误，缩短设计时间。

5) 跳步、重复和循环序列

除以上单序列、选择序列、并行序列和子步四种基本结构外，在实际系统中还经常使用跳步、重复和循环等特殊序列。这些序列实际上都是选择序列的特殊形式。

如图 4-7(a)所示为跳步序列。当步 3 为活动步时，如果转换条件 e 成立，则跳过步 4 和步 5 直接进入步 6。

如图 4-7(b)所示为重复序列。当步 6 为活动步时，如果转换条件 d 不成立而条件 e 成立，则重新返回步 5，重复执行步 5 和步 6。直到转换条件 d 成立，重复结束，转入步 7。

如图 4-7(c)为循环序列，即在序列结束后，用重复的办法直接返回初始步 0，形成系统的循环。

在实际控制系统中，功能图中往往不是单一地含有上述某一种序列，而经常是上述各种序列结构的组合。

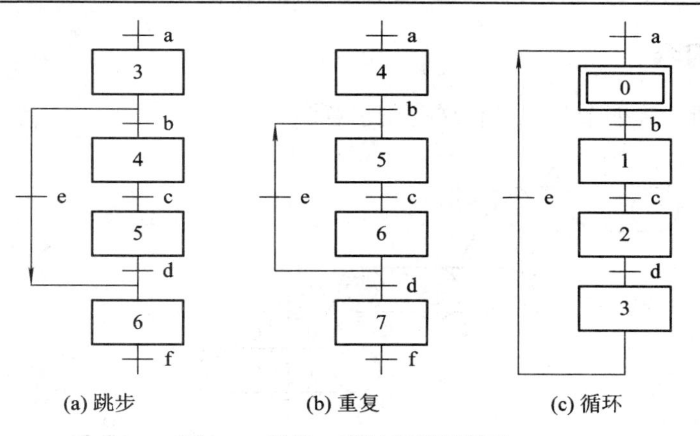

(a) 跳步　　(b) 重复　　(c) 循环

图 4-7　跳步、重复和循环序列

3. 功能图中应注意的问题

1) *循环系统的启动*

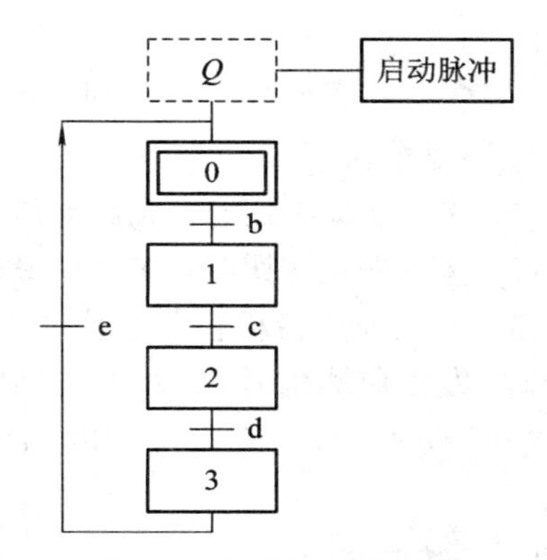

图 4-8　初始阶段的激活

由图 4-7(c)可以看出，在循环过程中，初始步是由循环的最后一步完成后激活的，因此只要初始步的转换条件成立，就进入一个新的循环。但是在第一次循环中，初始步怎样才能被激活呢？通常采用的办法是另加一个短信号(也就是图中的转换条件 a)，专门在初始阶段激活初始步。它只在初始阶段出现一次，一旦建立循环，它不能干扰循环的正常进行。可以采用按钮或 PLC 的启动脉冲来获得这种短信号。启动脉冲用虚线框表示，如图 4-8 所示。

2) *小闭环的处理*

由图 4-9(a)可以看出，功能图中含有仅由两步组成的小闭环，当采用触点及线圈指令编程时，则相应的步将无法被激活。例如，当步 1 活动且转换条件 a 成立时，步 2 本应该被激活，但此时步 1 又变成了步 2 的后续步，又要将步 2 关断，因此步 2 无法变为活动步。解决办法是在小闭环中增设一空步 3，如图 4-9(b)所示。实际应用中，步 3 往往执行一个很短的延时动作，用延时结果作为激活步 1 的转换条件，这是因为延时时间很短，对系统的运行不会有什么影响，如图 4-9(c)所示。

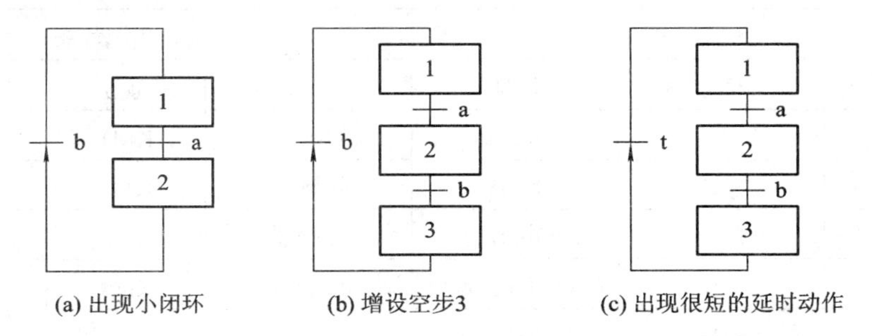

(a) 出现小闭环　　(b) 增设空步3　　(c) 出现很短的延时动作

图 4-9　小闭环的处理

任务内容

如图 4-10 所示为四节传送带传送控制示意图。

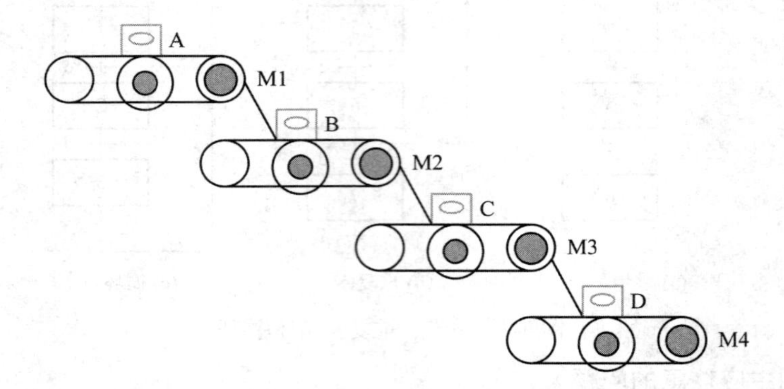

图 4-10　四节传送带传送控制示意图

控制要求如下：

(1) 按下启动按钮时，先启动最末的皮带机 D，每间隔 1 s 再依次启动 C、B、A 皮带机。

(2) 按下停止按钮时，先停止最初的皮带机 A，每间隔 1 s 再依次停止 B、C、D 皮带机。

(3) 为保证皮带机正常工作，采用皮带机保护装置进行故障监测，当某条皮带机发生故障时，发出监测信号，该机及前面的皮带机应立即停止，以后皮带机的每隔 1 s 顺序停止。

皮带机 A～D 分别由电动机 M1～M4 驱动。

任务实施

1．分析控制要求，确定输入/输出设备

通过对四节传送带传送控制要求的分析，可以归纳出电路中出现了 6 个输入设备，即启动按钮 SB1 和停止按钮 SB2、皮带机故障监测传感器 SH1～SH4；4 个输出设备，即电动机 M1～M4 的接触器 KM1～KM4。

2．对输入/输出设备进行 I/O 地址分配

根据 I/O 个数，进行 I/O 地址分配，如表 4-1 所示。

表 4-1　输入/输出地址分配

输 入 设 备			输 出 设 备		
名称	符号	地址	名称	符号	地址
启动按钮	SB1	I0.00	接触器	KM1	Q100.01
停止按钮	SB2	I0.05	接触器	KM2	Q100.02
传感器	SH1	I0.01	接触器	KM3	Q100.03
传感器	SH2	I0.02	接触器	KM4	Q100.04
传感器	SH3	I0.03			
传感器	SH4	I0.04			

3．绘制 PLC 外部接线图

根据 I/O 地址分配结果，绘制 PLC 外部接线图(如图 4-11)。

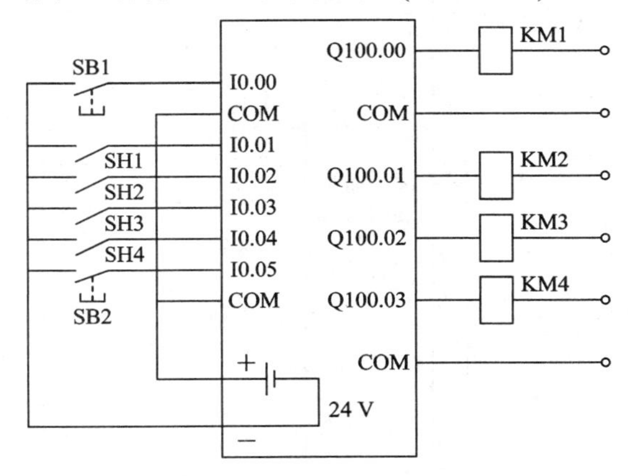

图 4-11　四节传送带的 PLC 外部接线图

4．功能图设计

由皮带机的工作过程可知，从按下启动按钮皮带机 D 最先启动到按下停止按钮皮带机 D 最后停止，共有 7 个工作步，再考虑所必需的初始步，整个过程共由 8 步构成。用辅助存储器位 M0.0～M0.7 表示初始步及各工作步，绘制四节传送带功能图，如图 4-12 所示。本例只考虑了在全部皮带机启动后其中之一发生故障的情况。

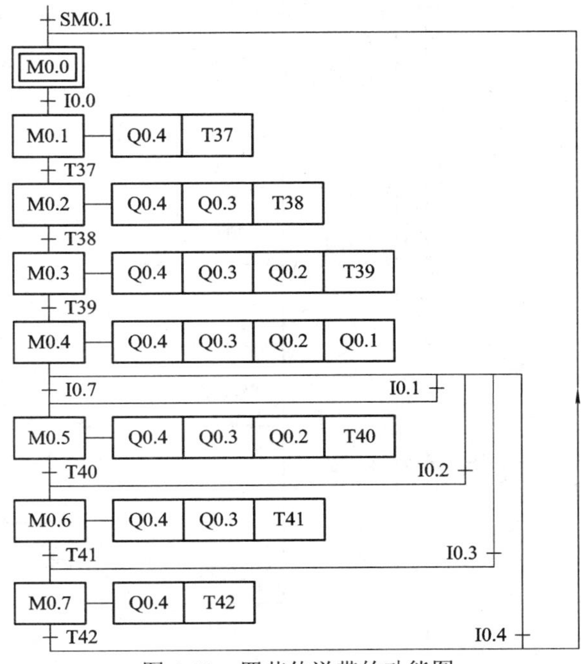

图 4-12　四节传送带的功能图

5．PLC 程序设计

根据控制电路要求，采用触点及线圈指令设计 PLC 梯形图程序或语句表程序，梯形图程序如图 4-13 所示。

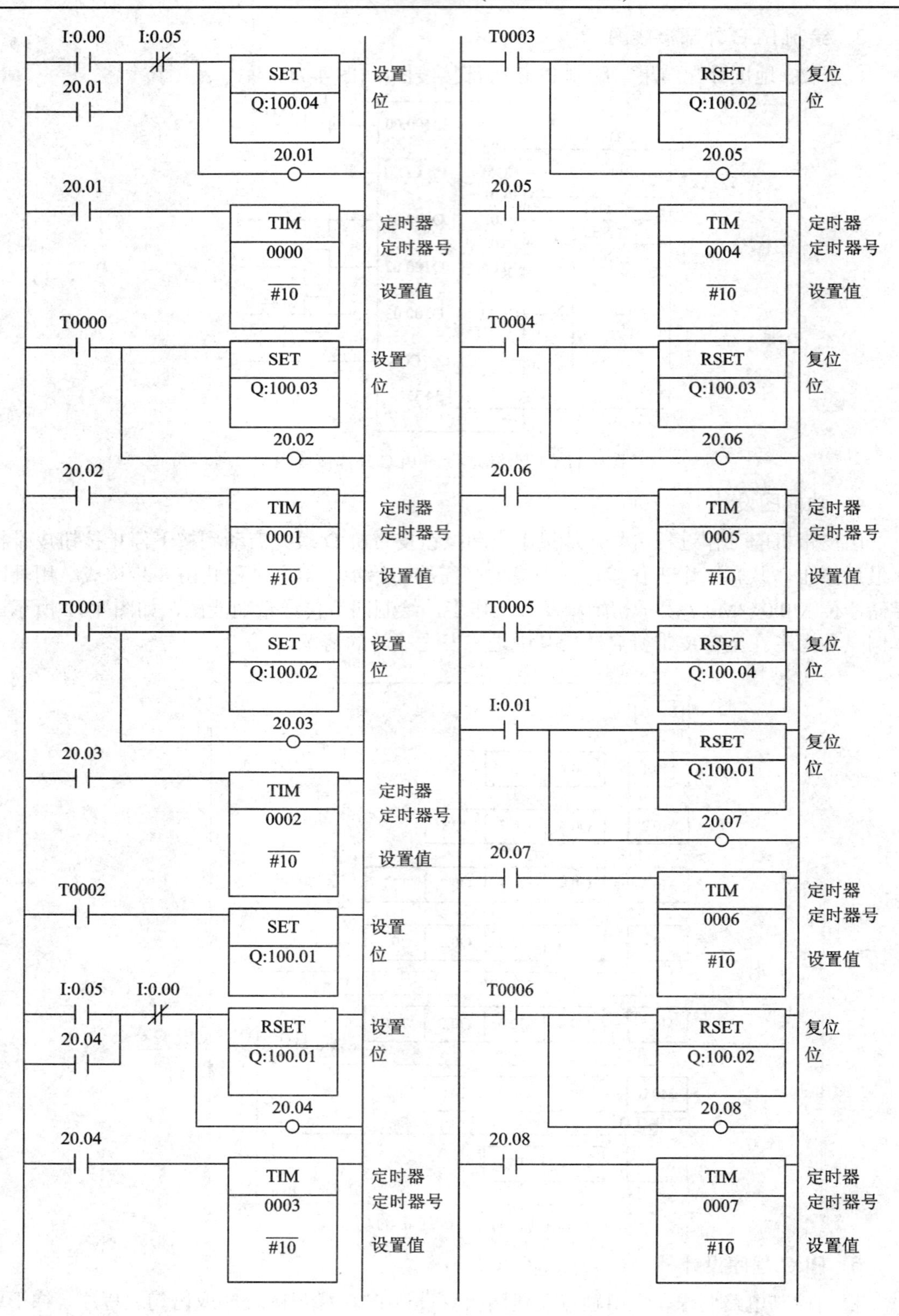

图 4-13　四节传送带程序设计(1)

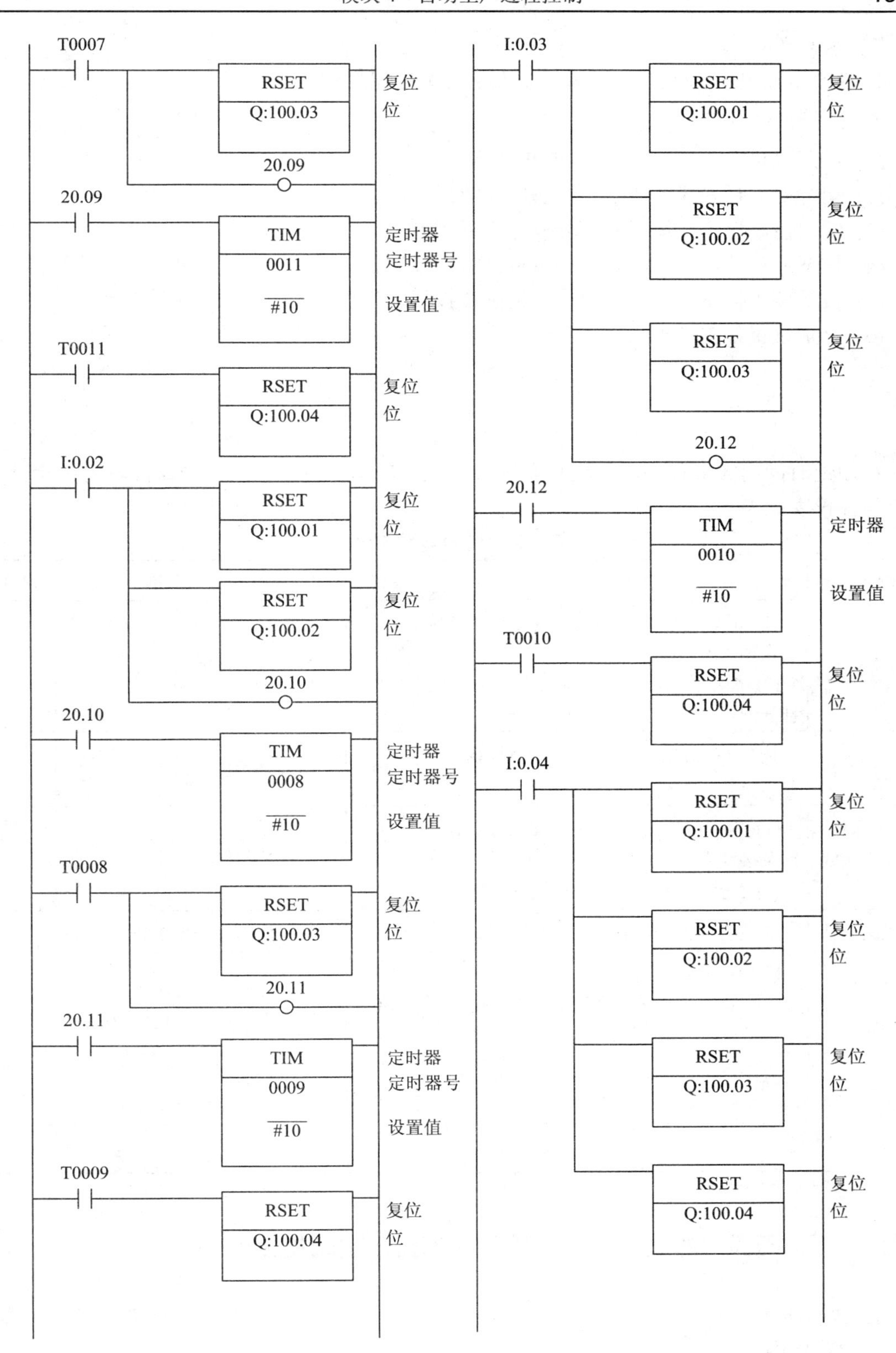

图 4-13　四节传送带程序设计(2)

6．安装配线

按照图 4-12 进行配线，安装方法及要求与继电器控制电路相同。

7．运行调试

(1) 在断电状态下，连接好 PC/PPI 电缆。

(2) 运行 CX-P 编程软件，设置通信参数。

(3) 编写控制程序，编译并下载程序文件到 PLC。

(4) 按下启动按钮 SB1，观察皮带机是否按控制要求工作。

(5) 按下停止按钮 SB2，观察皮带机是否按要求停止。

(6) 分别设置各皮带机故障，观察皮带机是否按要求停止。

检查评价

在规定时间内完成任务，各组自我评价并进行展示，各组之间根据评价表进行检查。检查与评价表见表 4-2。

表 4-2　检查与评价表

项目	要求	配分	评分标准	得分
I/O 分配表	(1) 能正确分析控制要求，完整、准确确定输入/输出设备。 (2) 能正确对输入/输出设备进行 I/O 地址分配	20	不完整，每处扣 2 分	
PLC 接线图	按照 I/O 分配表绘制 PLC 外部接线图，要求完整、美观	10	不规范，每处扣 2 分	
安装与接线	(1) 能按照 PLC 外部接线图正确安装元件及接线。 (2) 线路安全简洁，符合工艺要求	20	不规范，每处扣 5 分	
功能图设计	能正确按工艺要求设计功能图	10	不完整，每处扣 2 分	
程序设计与调试	(1) 程序设计简洁易读，符合任务要求。 (2) 在保证人身和设备安全的前提下，通电试车一次成功	30	第一次试车不成功扣 5 分； 第二次试车不成功扣 10 分	
文明安全	安全用电，无人为损坏仪器、元件和设备，小组成员团结协作	10	成员不积极参与，扣 5 分； 违反文明操作规程扣 5～10 分	
总　分				

相关知识　数制转换、时钟功能和显示功能指令

1. 数制转换指令

数制转换指令操作数及功能说明见表 4-3。

表 4-3　数制转换指令操作数及功能说明

指令语言	梯形图符号	操作数的含义及范围	指令功能及对标志位的影响
BCD ↓ BIN 转 换	BIN S D @BIN S D	S 是转换的数据源，其范围为：CIO、WR、HR、AR、TC、DM、*DM。 D 是结果通道，其范围为：CIO、WR、HR、AR、TC、DM、*DM	对 S 的 BCD 数据进行 BIN 转换，输出到 D。 (例)S(BCD)→D(BIN) 15 12 11 8 7 4 3 0　　15 12 11 8 7 4 3 0 S [3 | 4 | 5 | 2] → D [0 | D | 7 | C] $\times10^3$ $\times10^2$ $\times10^1$ $\times10^0$　　$\times16^3$ $\times16^2$ $\times16^1$ $\times16^0$ 对标志位的影响：① S 的内容不为 BCD 时，ER 标志为 ON；② 指令执行时，N 标志置于 OFF；③ 转换的结果，D 的内容为 0000 时，= 标志为 ON。
BIN ↓ BCD 转 换	BCD S D @BCD S D	S 是转换的数据源，其范围为：CIO、WR、HR、AR、TC、DM、*DM。 D 是结果通道，其范围为：CIO、WR、HR、AR、TC、DM、*DM	对 S 所指定的 BIN 数据进行 BCD 转换，将结果输出到 D。 (例)S(BIN)→D(BCD) 15 12 11 8 7 4 3 0　　15 12 11 8 7 4 3 0 S [1 | 0 | E | C] → D [4 | 3 | 3 | 2] $\times16^3$ $\times16^2$ $\times16^1$ $\times16^0$　　$\times10^3$ $\times10^2$ $\times10^1$ $\times10^0$ 对标志位的影响：① S 的内容不在 0000～270FHex 的范围内时，ER 标志为 ON；② 转换的结果，D 的内容为 0000 时，= 标志为 ON
ASCII 代 码 转 换	ASC S K D @ASC S K D	S 是转换的数据源字，其范围为：CIO、WR、HR、AR、TC、DM、*DM。 K 是控制字，其范围比 S 多#。 K [x | 1 | n | m] 各数字位含义： m 为 S 的转换开始位编号 0～3H。0H 为位 0；1H 为位 1；2H 为位 2；3H 为位 3。 n 为转换位数 0～3H。0H 为 1 位；1H 为 2 位；2H 为 3 位；3H 为 4 位。 1 为转换结果输出 CH 的输出位置 0～1H。0H 为低位字节；1H 为高位字节。 x 为奇偶校验指定 0～2H。0H 为无校验；1H 为偶校验；2H 为奇校验。 D 是结果开始通道，其范围比 S 少 TC	将 S 视为 4 位的 HEX 数据，并将转换开始位编号(K 的 m)及转换位数(K 的 n)所指定的位的数据(0～FHex)转换为 8 位的 ASCII 代码数据(“0”(30Hex)～“9”(39 Hex)，“A”(41 Hex)～“F”(46 Hex))，将结果输出到 D、K 所指定的输出位置(从高位或低位开始保存)。此外，ASCII 代码数据的最高位可以指定奇偶校验(K 的位 12～15)，可以转换为奇数或偶数校验位(将 8 位中 1 的位数调整为奇数或偶数)。 ASCII 代码转换过程如图所示： 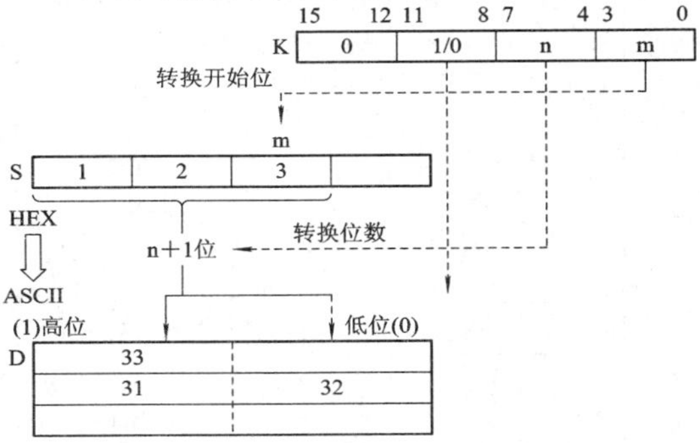 15 12 11 8 7 4 3 0 K [0 | 1/0 | n | m] 转换开始位 m S [1 | 2 | 3 |] HEX 转换位数 n+1位 ASCII (1)高位　低位(0) D [33 |] [31 | 32] [ ] 在这里要注意，转换后的数据保存在 D+2、D+1、D 这三个连续的通道中，ASCII 码是以 8 位来存储的，因此，每个通道只能存储两个 ASCII 码，低 8 位的称为低位，高 8 位的称为高位。 下列情况之一时，ER 标志为 ON。① 结果通道超出数据区；② 间接寻址 DM 通道不存在；③ 控制字 K 出错

续表一

指令语言	梯形图符号	操作数的含义及范围	指令功能及对标志位的影响
ASCII ↓ HEX 转换	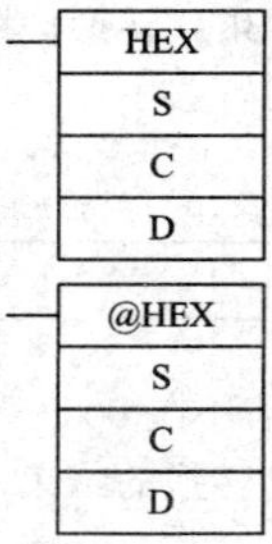 HEX S C D @HEX S C D	S 是转换的数据源字的开始通道，其范围为：CIO、WR、HR、AR、TC、DM、*DM。 K 是控制字，其范围比 S 多#。 K | x | 1 | n | m | 各数字位含义： m 为转换结果输出开始位编号 0～3H。0H 为位 0；1H 为位 1；2H 为位 2；3H 为位 3。 n 为转换位数 0～3H。0H 为 1 位；1H 为 2 位；2H 为 3 位；3H 为 4 位。 1 为 ASCII 数据转换开始位置 0～1H。0H 为低位字节；1H 为高位字节。 x 为奇偶校验指定 0～2H。0H 为无校验；1H 为偶校验；2H 为奇校验。 D 是结果通道，其范围比 S 少 TC	将 S 视为高位 8 位、低位 8 位的 ASCII 代码数据(“0”(30H) — “9”(39H),“A”(41H) — “F”(46H))，转换为 H 数据，将结果输出到 D。将转换开始位置(C)所指定的数据转换为 1 位(4 位)的 H 数据(0-F H)，并将结果输出到 D 的指定输出开始位(C)。可将 ASCII 代码数据的最高位视为根据奇偶校验指定(C)的奇数或偶数奇偶校验位，进行数据转换。 ASCII→HEX 转换过程如图所示： 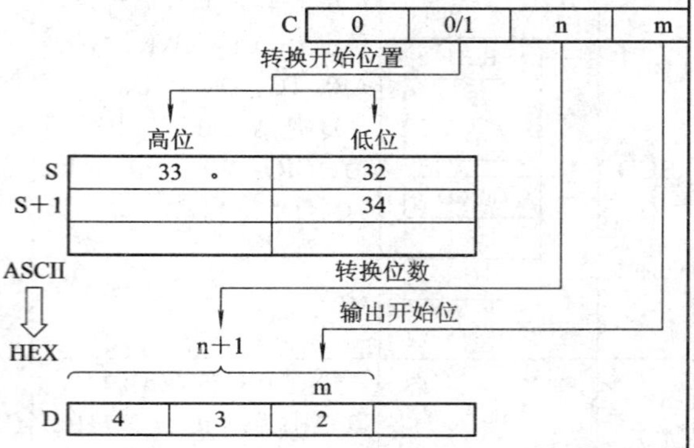 C: 0 | 0/1 | n | m；转换开始位置；高位；低位；S: 33 | 32；S+1: 34；ASCII ⇩ HEX；转换位数；输出开始位；n+1；m；D: 4 | 3 | 2 下列情况之一时，ER 标志为 ON。① S 的 ASCII 代码数据在奇偶校验出错；② 间接寻址 DM 通道不存在；③ 控制字 K 出错
16 ↓ 4 或 256 ↓ 8 解 码 器	 MLPX S K D @MLPX S K D	S 是转换数据源字，其范围为：CIO、WR、HR、AR、TC、DM、*DM。 K 是控制字，其范围比 S 多#。 K | x | 1 | n | m | 各数字位含义： n 为指定 S 中第一个要解码的数字位 0～3 H。 1 为指定 S 中要解码器的位数 0～3H。0H 为 0 位；1H 为 1 位；2H 为 2 位；3H 为 3 位； m 为固定为 0。 x 为指定是 4→16 解码器时还是 8→256 解码器时。0H 为 4→16；1H 为 8→256	根据转换种类(K)，指定 4→16 解码器或 8→256 解码器。 4→16 解码器指定时： 将 S 所指定的数据的 K 所指定的(从位 n 开始 l+1 个的)各位(4 位)内容(0～F H)视为位位置(0～15)，在 D 指定的各通道(16 位)之后的相应位输出 1，在其他各位输出 0。 其解码过程如图所示： 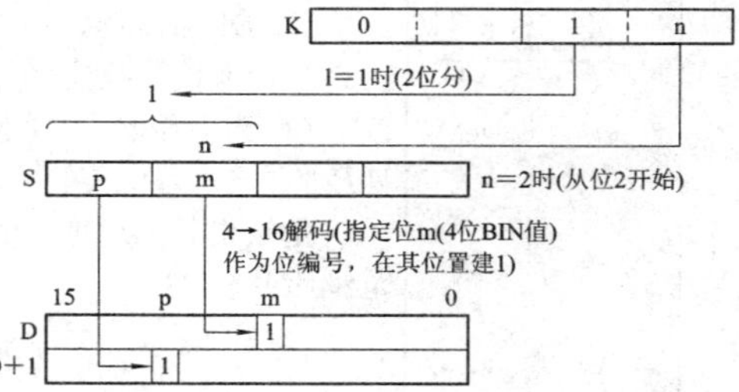 K: 0 | 1 | n；l=1时(2位分)；l；n；S: p | m；n=2时(从位2开始)；4→16解码(指定位m(4位BIN值)作为位编号，在其位置建1)；15 p m 0；D: 1；D+1: 1

续表二

指令语言	梯形图符号	操作数的含义及范围	指令功能及对标志位的影响
16↓4或256↓8解码器		D 是结果开始通道，其范围比 S 少 TC。	8→256 解码器指定时： 将 S 所指定的数据的 K 所指定的(从位 n 开始 l+1 位的)各位(8 位)内容(00～FF H)视为位位置(0～255)，在 D 指定的各通道(16 位)之后的相应位中输出 1，在其他各位输出 0。 其解码过程如图所示： 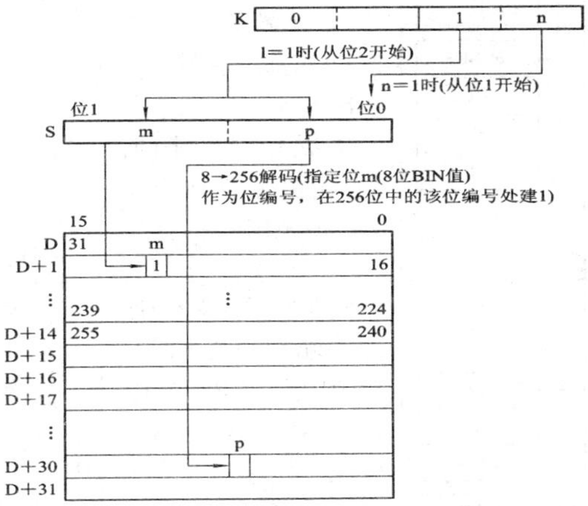 K: 0, 1, n l=1时(从位2开始) n=1时(从位1开始) S: 位1 m, 位0 p 8→256解码(指定位m(8位BIN值)作为位编号，在256位中的该位编号处建1) D: 15 ... 0; 31, m D+1: 1, 16 ⋮ 239 ... 224 D+14: 255, 240 D+15 D+16 D+17 ⋮ D+30: p D+31 下列情况之一时，ER 标志为 ON。① 结果通道超出数据区范围；② 间接寻址 DM 通道不存在；③ 控制字 K 出错

2. 时钟功能指令

时钟功能指令操作数及功能说明见表 4-4。

表 4-4　时钟功能指令操作数及功能说明

指令语言	梯形图符号	操作数的含义及范围	指令功能及对标志位的影响
日历加法	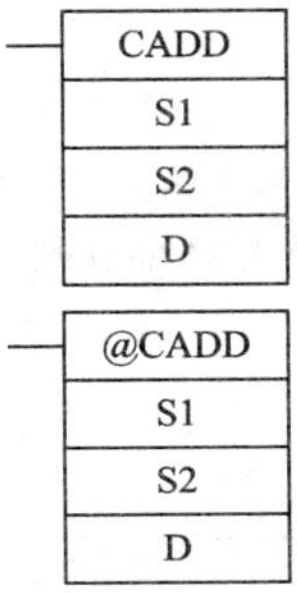 CADD S1 S2 D @CADD S1 S2 D	S1 是被加数据(时刻)低位通道编号，其范围为：CIO、WR、HR、AR、TC、DM、*DM。 S2 是加法数据(时间)低位通道编号，其范围同 S1。 D 是运算结果(时刻)输出低位通道编号。	将 S1 指定的时刻数据(年·月·日·时·分·秒)和 S2 指定的时间数据(小时·分·秒)相加，并将结果作为时刻数据(年·月·日·时·分·秒)输出到 D。 运算过程如图所示： 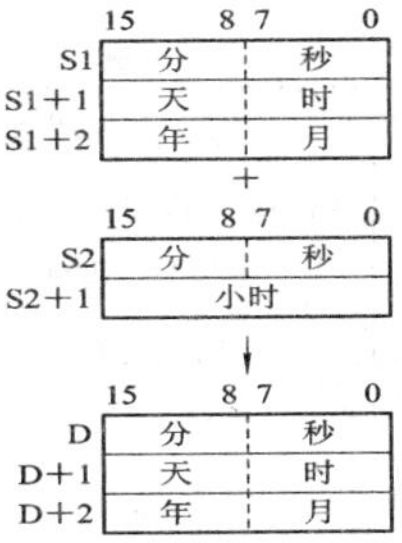 15 8 7 0 S1: 分 秒 S1+1: 天 时 S1+2: 年 月 + 15 8 7 0 S2: 分 秒 S2+1: 小时 ↓ 15 8 7 0 D: 分 秒 D+1: 天 时 D+2: 年 月 下列情况之一时，ER 标志为 ON。① S1 的时刻数据在范围外时，或 S2 的时间数据在范围外；② 间接寻址 DM 通道不存在

续表

指令语言	梯形图符号	操作数的含义及范围	指令功能及对标志位的影响
日历减法	CSUB / S1 / S2 / D @CSUB / S1 / S2 / D	S1 是被减数据(时刻)低位通道编号，其范围为：CIO、WR、HR、AR、TC、DM、*DM。 S2 是减法数据(时间)低位通道编号，其范围同 S1。 D 是运算结果(时刻)输出低位通道编号，其范围同 S1。	从 S1 指定的时刻数据(年・月・日・时・分・秒)中减去 S2 指定的时间数据(小时・分・秒)，将结果作为时刻数据(年・月・日・时・分・秒)输出到 D。 运算过程如图所示： 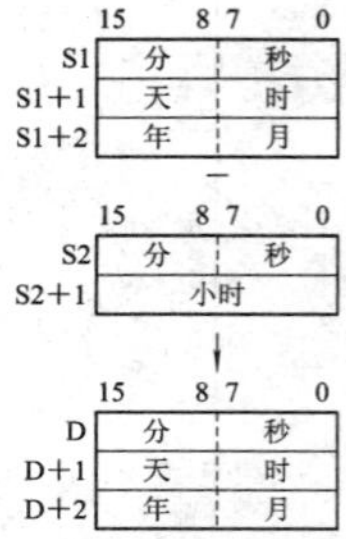 15 8 7 0 S1：分 | 秒；S1+1：天 | 时；S1+2：年 | 月 − 15 8 7 0 S2：分 | 秒；S2+1：小时 ↓ 15 8 7 0 D：分 | 秒；D+1：天 | 时；D+2：年 | 月 对标志的影响同上
时分秒转换为秒	SEC / S / D @SEC / S / D	S 是转换源数据(时分秒)低位通道编号，其范围为：CIO、WR、HR、AR、TC、DM、*DM。 D 是转换结果(秒)输出低位通道编号，其范围同 S。	将 S 指定的时分秒数据(BCD 8 位)转换为秒数据(BCD 8 位)，并将结果输出到 D+1，D。 转换过程如图所示： 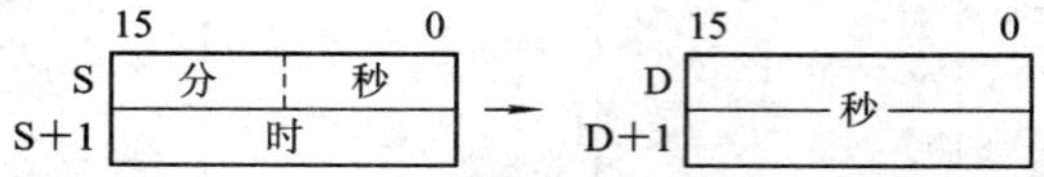 15 0 S：分 | 秒；S+1：时　→　15 0　D、D+1：秒 对标志的影响：① S 的分数据(位 08～15)不为 00～59 的 BCD 数据时，ER 标志为 ON；② S 的秒数据(位 00～07)不为 00～59 的 BCD 数据时，ER 标志为 ON；③ 转换结果 D+1、D 均为 0 时，= 标志为 ON
秒转换为时分秒	HMS / S / D @HMS / S / D	S 是转换源数据(秒)低位通道编号，其范围为：CIO、WR、HR、AR、TC、DM、*DM。 D 是转换结果(时分秒)输出低位通道编号，其范围同 S。	将 S 指定的秒数据(BCD 8 位)转换为时分秒数据(BCD 8 位)，并将结果输出到 D+1、D。 转换过程如图所示： 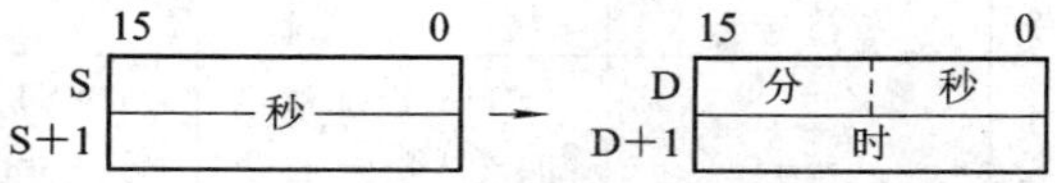 15 0 S、S+1：秒　→　15 0　D：分 | 秒；D+1：时 对标志的影响：① S 秒数据不为 BCD 数据时，或超过 35,999,999 时，ER 标志为 ON；② 转换的结果，D 的内容为 0000H 时，= 标志为 ON
时钟补正	DATE / S @DATE / S	S 是计时器数据低位通道编号，其范围为：CIO、WR、HR、AR、TC、DM、*DM。	按照用 S～S+3 指定的时钟数据(4 通道)，变更内部时钟的值。变更后的值将立即反映在特殊辅助继电器的时钟数据区域(A351～A354 CH)中。 设置过程如图所示： 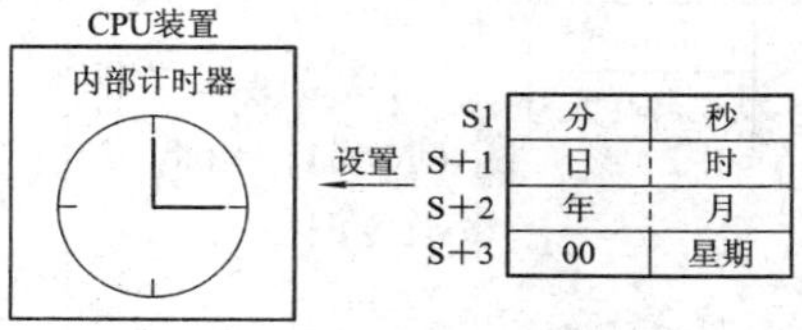 CPU装置　内部计时器　←设置 S1：分 | 秒；S+1：日 | 时；S+2：年 | 月；S+3：00 | 星期

3. 显示功能指令

显示功能指令操作数及功能说明见表 4-5。

表 4-5　显示功能指令操作数及功能说明

指令语言	梯形图符号	操作数的含义及范围	指令功能及对标志位的影响
7段LED通道数据显示	SCH / S / C @SCH / S / C	S 是显示的数据源，其范围为：#、CIO、WR、HR、AR、TC、DM、*DM。 C 是指定 S 高两位或低两位显示。 0000H：显示低位 2 位 0001H：显示高位 2 位其范围同 S。	执行条件为 ON 时，在用 S 指定的值(16 进制 4 位)中，将低位 2 位或高位 2 位的值(00～FF)显示在 CP1H CPU 单元表面的 7 段 LED 中。高位/低位的选择通过 C 进行设定。当 SCH 指令的输入条件由 ON 变为 OFF 后，显示也不会消失。显示灯熄灭时，使用 SCTRL 指令。 如图所示，当 2.00 为 ON，则 LED 显示为 AC。 2.00　SCH(047)　#00AC 显示数据　#0000 低位2位的显示
7段LED控制	SCTRL / C @SCTRL / C	C 是控制数据。 C：0000～FFFF H。 控制各字节相应的段。 1：灯亮 0：灯灭 其范围为：#、CIO、WR、HR、AR、TC、DM、*DM。	根据用 C 指定的值，使相应段的灯亮或灯灭，显示任意模式。C 数据为#0000 时，7 段 LED2 位所有灯灭。LED 各段对应的控制 C 的位如下所示： 高位：位8、位9、位10、位11、位12、位13、位14、位15 低位：位0、位1、位2、位3、位4、位5、位6、位7

✂ 技能训练

某化学反应过程如图 4-14 所示，要求设计控制程序。该化学反应过程有 4 个容器，每个容器均有 2 个液位传感器 (高液位传感器和低液位传感器)，它们在液面淹没时接通。泵 P1、P2、P3、P4、P5、P6 用于反应液的抽取。1 号容器盛装碱液；2 号容器盛装聚合物，它带有加热器和温度传感器；3 号容器为反应池，它带有搅拌器 M；4 号容器为产品池。

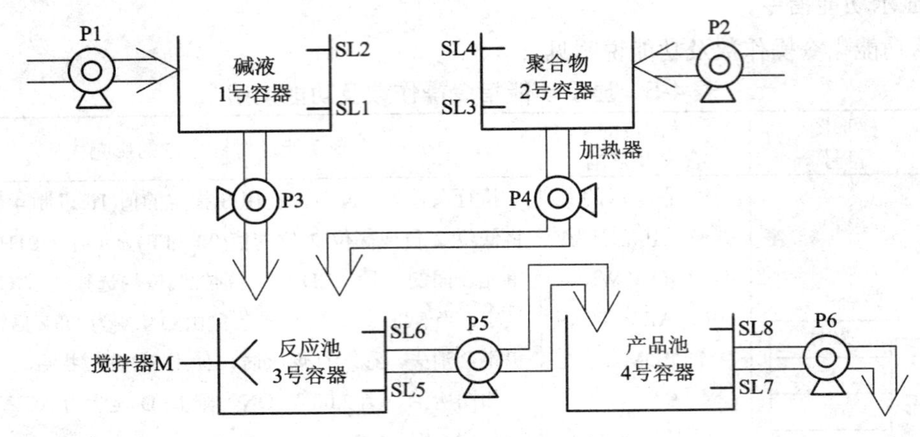

图 4-14　化学反应过程示意图

1. 对化学反应过程的控制要求

(1) 按下启动按钮 SB，泵 P1、P2 启动，分别从碱和聚合物库中抽取反应液注入 1 号和 2 号容器。注满后，1 号和 2 号容器高液位传感器 SL2、SL4 接通，泵 P1、P2 关闭。

(2) 2 号容器开始加热，到 60℃时，温度传感器发出信号，关断加热器。

(3) 泵 P3、P4 启动，分别将 1 号、2 号容器中的溶液送到 3 号容器中，同时搅拌器启动，搅拌时间为的 60 s。一旦 3 号容器满 (传感器 SL6 接通)或 1 号、2 号容器空 (即传感器 SL1 和 SL3 由通变断)，则泵 P3、P4 停。搅拌时间到，搅拌器 M 关闭。

(4) 泵 P5 启动，将混合液抽入产品池，直到 4 号容器满(传感器 SL8 接通)或 3 号容器空 (传感器 SL5 由接通变为断开)时，泵 P5 停。

(5) P6 启动，将成品从 4 号容器中抽走，直到 4 号空 (传感器 SL7 由接通变为断开)时，泵 P6 停止。整个过程结束，新的循环可以开始。

2. 设计 PLC 程序的步骤

(1) 画出功能图。

(2) 进行 I/O 分配。

(3) 按步骤设计 PLC 控制系统并调试，采用触点、线圈指令完成 PLC 程序。

? 思考练习

1. 功能图中的“步”是如何划分的？

2. 在“初始步”中允许有动作存在吗？“初始步”是否只能由初始脉冲激活？

3.“步”与“步”之间的转换如何才能实现？

4. 如何理解选择序列和并行序列中的“分支”与“合并”？它们之间有什么不同？

5. 怎样用启保停电路来设计顺序控制程序？

6. 使用触点、线圈指令的编程方式应注意哪些问题？如何解决？

7. 有一台电动机，要求按下启动按钮后，电动机运转 10 s，停止 10 s，重复执行 3 次后自动停止。根据要求画出功能图，使用触点、线圈指令的编程方式设计梯形图并调试。

任务 4.2　装配流水线控制

任务目标

(1) 进一步掌握顺序控制设计方法。

(2) 掌握功能图的绘制方法。

(3) 掌握采用置位/复位指令实现功能图的 PLC 程序设计。

(4) 能运用“顺序控制”设计法，采用置位/复位指令实现装配流水线控制程序，并且能够熟练运用编程软件进行联机调试。

(5) 掌握数据运算、时序控制指令及应用。

前导知识　数据运算指令

1. 十进制运算指令

十进制运算指令操作数及功能说明见表 4-6。

表 4-6　十进制运算指令操作数及功能说明

指令语言	梯形图符号	操作数的含义及范围	指令功能及对标志位的影响
单字自加	++B D @++B D	D 是原始数据，其范围是：CIO、WR、HR、AR、TC、DM、*DM。	对 D 所指定的数据进行 BCD 运算(+1)。 ++B 时，输入条件为 ON 的过程中(直至 OFF)每周期加 1。 @++B 时，仅在输入条件上升时(仅限 1 周期)加 1。 当间接寻址 DM 通道不存在时，出错标志 ER 为 ON
单字自减	−−B D @−−B D	D 是原始数据，其范围是：CIO、WR、HR、AR、TC、DM、*DM。	对 D 所指定的数据进行 BCD 运算(−1)。 −−B 时，输入条件为 ON 的过程中(直至 OFF)，每周期减 1。 @−−B 时，仅在输入条件上升时(仅限 1 周期)减 1。 当间接寻址 DM 通道不存在时，出错标志 ER 为 ON
单字加法运算	+B S1 S2 D @+B S1 S2 D	S1 为被加数(BCD)，其范围为：CIO、WR、HR、AR、TC、DM、*DM、#。 S2 为加数(BCD)，其范围为同 S1。 D 是结果通道，其范围为：CIO、WR、HR、AR、TC、DM、*DM。	对 S1 所指定的数据和 S2 所指定的数据进行 BCD 加法运算，并将结果输出到 D。 运算过程如图所示： S1 (BCD) + S2 (BCD) CY D (BCD) 进位时ON 对标志位的影响：① S1 或 S2 的内容不为 BCD 时，ER 标志为 ON；② 间接寻址 DM 通道不存在时，ER 标志为 ON；③ 加法运算的结果，D 的内容为 0000 时，EQ 标志为 ON；④ 加法运算的结果，有进位时，进位(CY)标志为 ON

续表一

指令语言	梯形图符号	操作数的含义及范围	指令功能及对标志位的影响
带CY单字加法运算	+BC S1 S2 D @+BC S1 S2 D	S1 为被加数(BCD)，其范围为：CIO、WR、HR、AR、TC、DM、*DM、#。 S2 为加数(BCD)，其范围为同 S1。 D 是结果通道，其范围为：CIO、WR、HR、AR、TC、DM、*DM。	对 S1 所指定的数据和 S2 所指定的数据进行包括进位(CY)标志在内的 BCD 加法运算，将结果输出到 D。 运算过程如图所示： 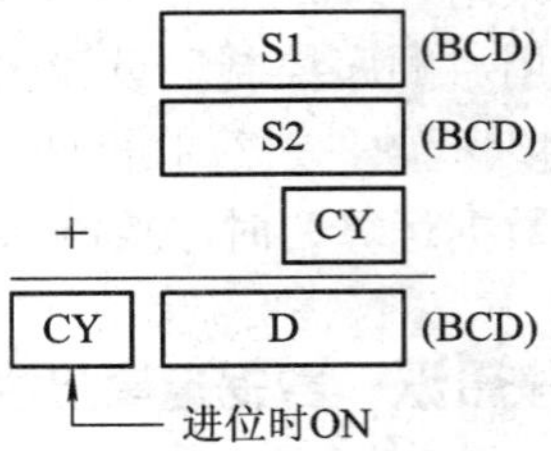 S1 (BCD) S2 (BCD) + CY CY D (BCD) 进位时ON 对标志位的影响：① S1 或 S2 的内容不为 BCD 时，ER 标志为 ON；② 间接寻址 DM 通道不存在时，ER 标志为 ON；③ 加法运算的结果，D 的内容为 0000 时，EQ 标志为 ON；④ 加法运算的结果，有进位时，进位(CY)标志为 ON
单字减法运算	−B S1 S2 D @−B S1 S2 D	S1 为被减数(BCD)，其范围为：CIO、WR、HR、AR、TC、DM、*DM、#。 S2 为减数(BCD)，其范围为同 S1。 D 是结果通道，其范围为：CIO、WR、HR、AR、TC、DM、*DM。	对 S1 所指定的数据和 S2 所指定的数据进行 BCD 减法运算，将结果输出到 D。结果转成负数时，以 10 的补数输出到 D。 运算过程如图所示： 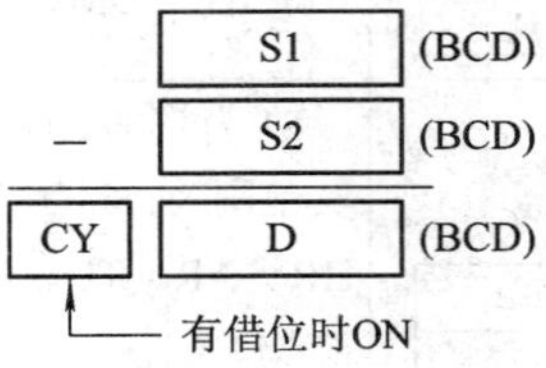 S1 (BCD) − S2 (BCD) CY D (BCD) 有借位时ON 对标志位的影响：① S1 或 S2 的内容不为 BCD 时，ER 标志为 ON；② 间接寻址 DM 通道不存在时，ER 标志为 ON；③ 减法运算的结果，D 的内容为 0000 时，EQ 标志为 ON；④ 减法运算的结果，有借位时，进位(CY)标志为 ON

续表二

指令语言	梯形图符号	操作数的含义及范围	指令功能及对标志位的影响
带CY单字减法运算	−BC / S1 / S2 / D @−BC / S1 / S2 / D	S1 为被减数(BCD)，其范围为：CIO、WR、HR、AR、TC、DM、*DM、#。 S2 为减数(BCD)，其范围为同 S1。 D 是结果通道，其范围为：CIO、WR、HR、AR、TC、DM、*DM。	对 S1 所指定的数据和 S2 所指定的数据进行包括进位(CY)标志在内的 BCD 减法运算，将结果输出到 D。结果转成负数时，以 10 的补数输出到 D。 运算过程如图所示： 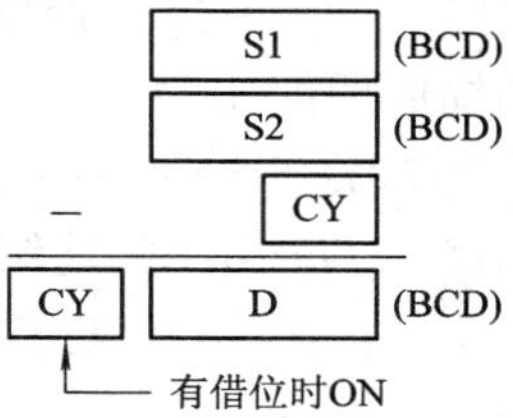 S1 (BCD) S2 (BCD) − CY CY　D (BCD) 有借位时ON 对标志位的影响：① S1 或 S2 的内容不为 BCD 时，ER 标志为 ON；② 间接寻址 DM 通道不存在时，ER 标志为 ON；③ 减法运算的结果，D 的内容为 0000 时，EQ 标志为 ON；④ 减法运算的结果，有借位时，进位(CY)标志为 ON
单字乘法运算	*B / S1 / S2 / D @*B / S1 / S2 / D	S1 为被乘数(BCD)，其范围为：CIO、WR、HR、AR、TC、DM、*DM、#。 S2 为乘数(BCD)，其范围为同 S1。 D 是结果开始通道，其范围为：CIO、WR、HR、AR、TC、DM、*DM。	对 S1 所指定的数据和 S2 所指定的数据进行 BCD 乘法运算，将结果输出到 D+1、D 两个连续的通道。 运算过程如图所示： 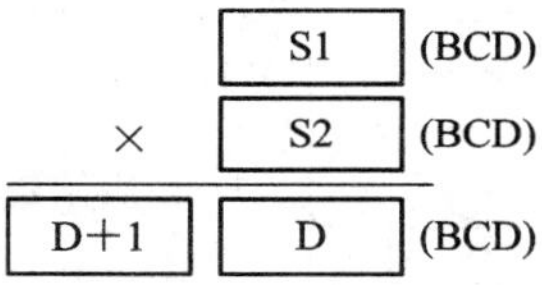 S1 (BCD) × S2 (BCD) D+1　D (BCD) 对标志位的影响：① S1 或 S2 的内容不为 BCD 时，ER 标志为 ON；② 间接寻址 DM 通道不存在时，ER 标志为 ON；③ 乘法运算的结果，D+1、D 的内容为 0000 时，EQ 标志为 ON
单字除法运算	/B / S1 / S2 / D @/B / S1 / S2 / D	S1 为被除数(BCD)，其范围为：CIO、WR、HR、AR、TC、DM、*DM、#。 S2 为除数(BCD)，其范围为同 S1。 D 是结果开始通道，其范围为：I CIO、WR、HR、AR、TC、DM、*DM。	作为 BCD 数据(16 位)，计算 S1÷S2，将商(16 位)输出到 D，将余数(16 位)输出到 D+1。 运算过程如图所示： 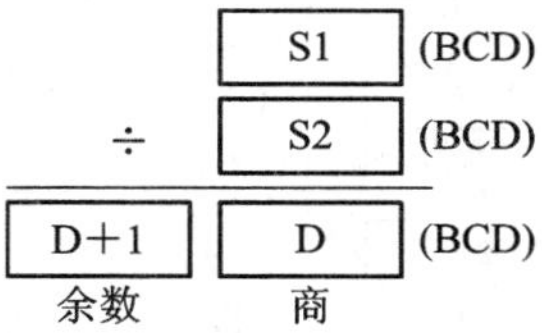 S1 (BCD) ÷ S2 (BCD) D+1　D (BCD) 余数　商 对标志位的影响：① S1 或 S2 的内容不为 BCD 时，ER 标志为 ON；② 间接寻址 DM 通道不存在时，ER 标志为 ON；③ 除法运算的结果，D+1、D 的内容为 0000 时，EQ 标志为 ON

表 4-6 中所列出的指令均是十进制的单字运算指令，与它们对应的有双字运算指令。十进制的双字运算指令仅在相对应的单字运算指令后加上“L”。如表中对应的双字十进制运

算指令分别为(按从上到下的顺序)：++BL、--BL、+BL、+BCL、-BL、-BCL、*BL、/BL。

在使用自加/减指令时一定要注意：如果是非微分型的，则它的输入条件为 ON 的过程中(直至 OFF)，每周期自加 1 或 Z 自减 1；如果要让自加/减指令在条件输入为 ON 时仅执行一次，则需要用指令微分型。如图 4-15 是 ++B 指令的一个简单应用所示，当 I0.00 为 ON 时，在每周期 D100 的数据内容自动加 1(直到 I0.00 为 OFF 为止，每一个 PLC 扫描周期都加 1)。

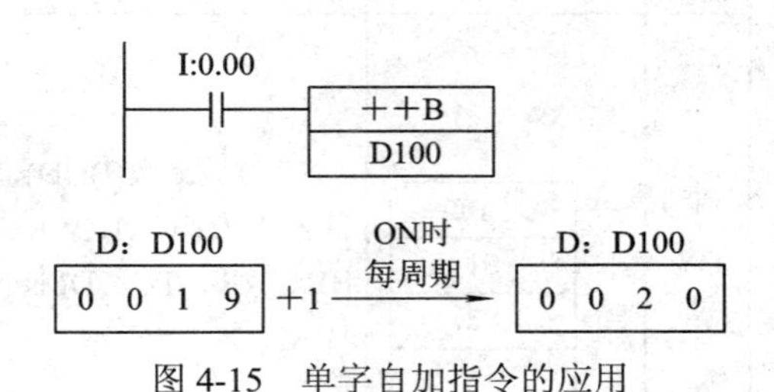

图 4-15　单字自加指令的应用

在使用乘法/除法指令时要注意它们的运算结果是输出到 D+1、D 两个的连续通道，不要误以为它们的运算结果是输出到 D 的，因此编程人员在编程时要注意 D+1、D 的应用。

2. 二进制运算指令

二进制运算指令见表 4-7 所示。

表 4-7　二进制运算指令操作数及功能说明

指令语言	梯形图符号	操作数的含义及范围	指令功能及对标志位的影响
单字自加	++ / D @++ / D	D 是原始数据，其范围是：CIO、WR、HR、AR、TC、DM、*DM。	对 D 所指定的数据进行 BIN 运算(+1)。 ++时，输入条件为 ON 的过程中(直至 OFF)，每周期加 1。 @++ 时，仅在输入条件上升时(仅限 1 周期)加 1。 当间接寻址 DM 通道不存在时，出错标志 ER 为 ON
单字自减	-- / D @-- / D	D 是原始数据，其范围是：CIO、WR、HR、AR、TC、DM、*DM。	对 D 所指定的数据进行 BIN 运算(-1)。 -- 时，输入条件为 ON 的过程中(直至 OFF)，每周期减 1。 @-- 时，仅在输入条件上升时(仅限 1 周期)减 1。 当间接寻址 DM 通道不存在时，出错标志 ER 为 ON
带符号加法运算	+ / S1 / S2 / D @+ / S1 / S2 / D	S1 为被加数，其范围为：CIO、WR、HR、AR、TC、DM、*DM、#。 S2 为加数，其范围为同 S1。 D 是结果通道，其范围为：CIO、WR、HR、AR、TC、DM、*DM。	对 S1 所指定的数据与 S2 所指定的数据进行 BIN 加法运算，将结果输出到 D。 运算过程如图所示： S1 (带符号BIN) + S2 (带符号BIN) CY D (带符号BIN) 进位时ON 对标志位的影响：① 指令执行时，将 ER 标志置于 OFF；② 间接寻址 DM 通道不存在时，ER 标志为 ON；③ 加法运算的结果，D 的内容为 0000 时，= 标志为 ON；④ 正数 + 正数的结果位于负数范围(8000～FFFFH)内时，OF 标志为 ON；⑤ 负数 + 负数的结果位于正数范围(0000～7FFF H)内时，UF 标志为 ON；⑥ 加法运算的结果，有进位时，进位(CY)标志为 ON

续表一

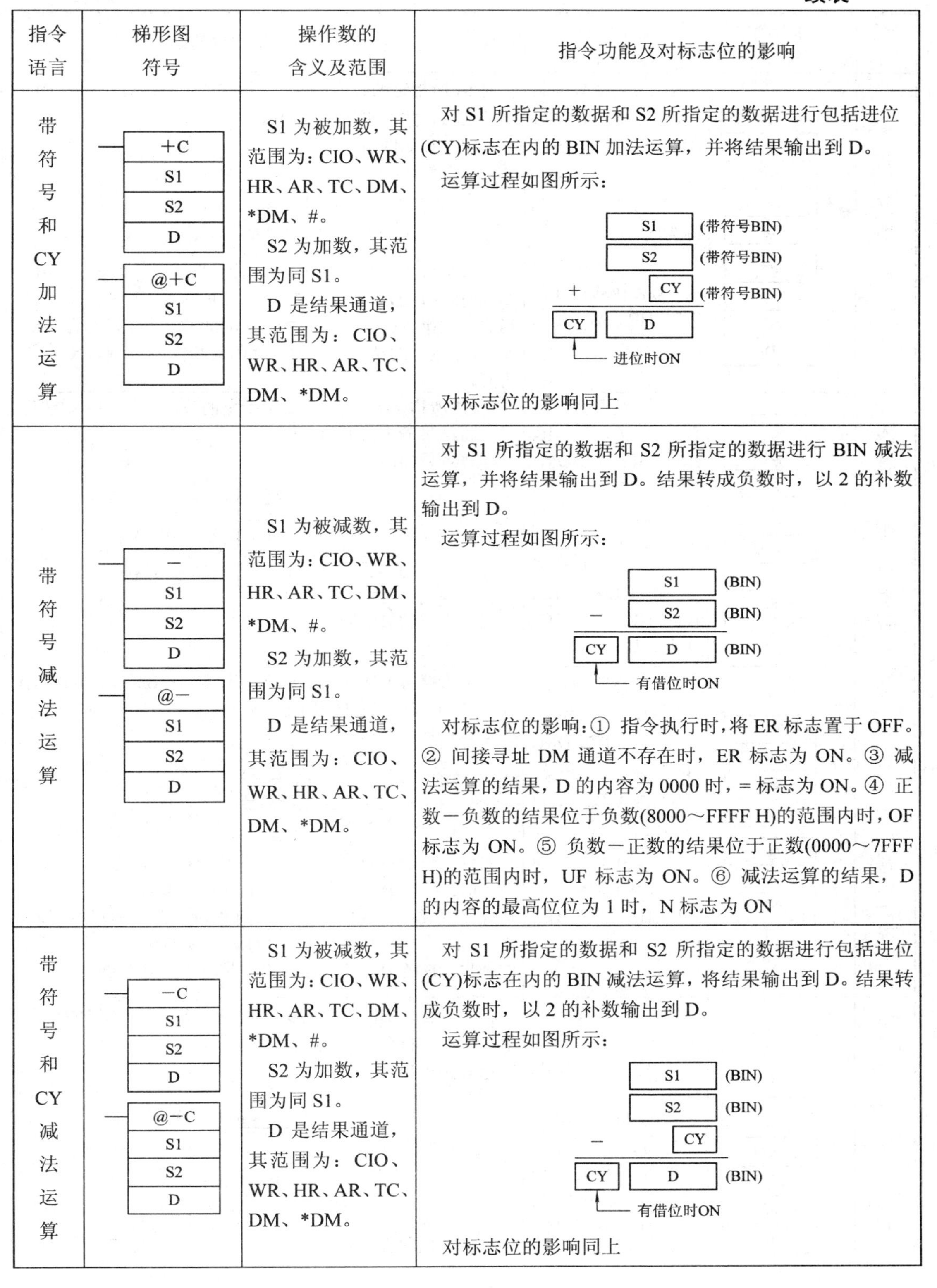

指令语言	梯形图符号	操作数的含义及范围	指令功能及对标志位的影响
带符号和CY加法运算	+C / S1 / S2 / D @+C / S1 / S2 / D	S1 为被加数，其范围为：CIO、WR、HR、AR、TC、DM、*DM、#。 S2 为加数，其范围为同 S1。 D 是结果通道，其范围为：CIO、WR、HR、AR、TC、DM、*DM。	对 S1 所指定的数据和 S2 所指定的数据进行包括进位(CY)标志在内的 BIN 加法运算，并将结果输出到 D。 运算过程如图所示： S1 (带符号BIN) S2 (带符号BIN) + CY (带符号BIN) CY D 进位时ON 对标志位的影响同上
带符号减法运算	– / S1 / S2 / D @– / S1 / S2 / D	S1 为被减数，其范围为：CIO、WR、HR、AR、TC、DM、*DM、#。 S2 为加数，其范围为同 S1。 D 是结果通道，其范围为：CIO、WR、HR、AR、TC、DM、*DM。	对 S1 所指定的数据和 S2 所指定的数据进行 BIN 减法运算，并将结果输出到 D。结果转成负数时，以 2 的补数输出到 D。 运算过程如图所示： S1 (BIN) – S2 (BIN) CY D (BIN) 有借位时ON 对标志位的影响：① 指令执行时，将 ER 标志置于 OFF。② 间接寻址 DM 通道不存在时，ER 标志为 ON。③ 减法运算的结果，D 的内容为 0000 时，= 标志为 ON。④ 正数－负数的结果位于负数(8000～FFFF H)的范围内时，OF 标志为 ON。⑤ 负数－正数的结果位于正数(0000～7FFF H)的范围内时，UF 标志为 ON。⑥ 减法运算的结果，D 的内容的最高位位为 1 时，N 标志为 ON
带符号和CY减法运算	–C / S1 / S2 / D @–C / S1 / S2 / D	S1 为被减数，其范围为：CIO、WR、HR、AR、TC、DM、*DM、#。 S2 为加数，其范围为同 S1。 D 是结果通道，其范围为：CIO、WR、HR、AR、TC、DM、*DM。	对 S1 所指定的数据和 S2 所指定的数据进行包括进位(CY)标志在内的 BIN 减法运算，将结果输出到 D。结果转成负数时，以 2 的补数输出到 D。 运算过程如图所示： S1 (BIN) S2 (BIN) – CY CY D (BIN) 有借位时ON 对标志位的影响同上

续表二

指令语言	梯形图符号	操作数的含义及范围	指令功能及对标志位的影响
带符号乘法运算	* S1 S2 D @* S1 S2 D	S1 为被乘数，其范围为：CIO、WR、HR、AR、TC、DM、*DM、#。 S2 为乘数，其范围为同 S1。 D 是结果开始通道，其范围为：CIO、WR、HR、AR、TC、DM、*DM。	对 S1 所指定的数据和 S2 所指定的数据进行带符号 BIN 乘法运算，将结果输出到 D+1、D。 运算过程如图所示： S1 (带符号BIN) × S2 (带符号BIN) D+1 D (带符号BIN) 对标志位的影响：① 指令执行时，将 ER 标志置于 OFF。② 间接寻址 DM 通道不存在时，ER 标志为 ON。③ 乘法运算的结果，D+1、D 的内容为 0000 时，EQ 标志为 ON。④ 乘法运算的结果，D 的内容的最高位为 1 时，N 标志为 ON
无符号乘法运算	*U S1 S2 D @*U S1 S2 D	S1 为被乘数，其范围为：CIO、WR、HR、AR、TC、DM、*DM、#。 S2 为乘数，其范围为同 S1。 D 是结果开始通道，其范围为：CIO、WR、HR、AR、TC、DM、*DM。	对 S1 所指定的数据和 S2 所指定的数据进行 BIN 乘法运算，将结果输出到 D+1、D。 运算过程如图所示： S1 (无符号BIN) × S2 (无符号BIN) D+1 D (无符号BIN) 对标志位的影响同上
带符号除法运算	/ S1 S2 D @/ S1 S2 D	S1 为被除数，其范围为：CIO、WR、HR、AR、TC、DM、*DM、#。 S2 为除数，其范围为同 S1。 D 是结果开始通道，其范围为：CIO、WR、HR、AR、TC、DM、*DM。	作为带符号 BIN 数据(16 位)，计算 S1÷S2，将商(16 位)输出到 D，将余数(16 位)输出到 D+1。 运算过程如图所示： S1 (带符号BIN) ÷ S2 (带符号BIN) D+1 D (带符号BIN) 余数 商 对标志位的影响：① 指令执行时，将 ER 标志置于 OFF。② 间接寻址 DM 通道不存在时，ER 标志为 ON。③ 除法运算数据 S2 为 0 时，ER 标志为 ON。④ 除法运算的结果，D+1、D 的内容为 0000 时，EQ 标志为 ON。⑤ 除法运算的结果，D 的内容的最高位为 1 时，N 标志为 ON
无符号除法运算	/U S1 S2 D @/U S1 S2 D	S1 为被除数，其范围为：CIO、WR、HR、AR、TC、DM、*DM、#。 S2 为除数，其范围为同 S1。 D 是结果开始通道，其范围为：CIO、WR、HR、AR、TC、DM、*DM。	作为无符号 BIN 数据(16 位)，计算 S1÷S2，将商(16 位)输出到 D，将余数(16 位)输出到 D+1。 运算过程如图所示： S1 (无符号BIN) ÷ S2 (无符号BIN) D+1 D (无符号BIN) 余数 商 对标志位的影响同上

表 4-7 中对应的双字二进制运算指令分别为(按从上到下的顺序)：++L、--L、+L、-L、*L、*UL、/L、/UL。

3. 逻辑运算指令

逻辑运算指令见表 4-8。

表 4-8　逻辑运算指令操作数及功能说明

<table>
<tr><th>指令语言</th><th>梯形图符号</th><th>操作数的含义及范围</th><th>指令功能及对标志位的影响</th></tr>
<tr><td>字逻辑与</td><td>ANDW
S1
S2
D

@ANDW
S1
S2
D</td><td>S1 为运算数据 1，其范围为：CIO、WR、HR、AR、TC、DM、*DM、#。
S2 为运算数据 2，其范围为同 S1。
D 是结果通道，其范围为：CIO、WR、HR、AR、TC、DM、*DM。</td><td>取 S1 所指定的数据和 S2 所指定的数据的逻辑积，结果输出到 D。
运算过程如表所示：
S1 · S2→D<table><tr><th>S1</th><th>S2</th><th>D</th></tr><tr><td>1</td><td>1</td><td>1</td></tr><tr><td>1</td><td>0</td><td>0</td></tr><tr><td>0</td><td>1</td><td>0</td></tr><tr><td>0</td><td>0</td><td>0</td></tr></table>对标志位的影响：① 指令执行时，ER 标志置于 OFF。② 运算的结果，D 的内容为 0000 时，EQ 标志为 ON。③ 运算的结果，D 的内容的最高位为 1 时，N 标志为 ON</td></tr>
<tr><td>字逻辑或</td><td>ORW
S1
S2
D

@ORW
S1
S2
D</td><td>S1 为运算数据 1，其范围为：CIO、WR、HR、AR、TC、DM、*DM、#。
S2 为运算数据 2，其范围为同 S1。
D 是结果通道，其范围为：CIO、WR、HR、AR、TC、DM、*DM。</td><td>取 S1 所指定的数据和 S2 所指定的数据的逻辑和，将结果输出到 D。
运算过程如表所示：
S1+S2→D<table><tr><th>S1</th><th>S2</th><th>D</th></tr><tr><td>1</td><td>1</td><td>1</td></tr><tr><td>1</td><td>0</td><td>1</td></tr><tr><td>0</td><td>1</td><td>1</td></tr><tr><td>0</td><td>0</td><td>0</td></tr></table>对标志位的影响：① 指令执行时，ER 标志置于 OFF。② 运算的结果，D 的内容为 0000 时，EQ 标志为 ON。③ 运算的结果，D 的内容的最高位为 1 时，N 标志为 ON</td></tr>
</table>

续表

<table>
<tr><th>指令
语言</th><th>梯形图
符号</th><th>操作数的
含义及范围</th><th>指令功能及对标志位的影响</th></tr>
<tr><td>字
逻
辑
异
或</td><td>XORW
S1
S2
D

@XORW
S1
S2
D</td><td>S1 为运算数据1，其范围为：CIO、WR、HR、AR、TC、DM、*DM、#。
S2 为运算数据2，其范围为同S1。
D 是结果通道，其范围为：CIO、WR、HR、AR、TC、DM、*DM。</td><td>取 S1 所指定的数据和 S2 所指定的数据的异或，将结果输出到 D。
运算过程如表所示：
$S1 \cdot \overline{S2} + \overline{S1} \cdot S2 \rightarrow D$
<table><tr><th>S1</th><th>S2</th><th>D</th></tr><tr><td>1</td><td>1</td><td>0</td></tr><tr><td>1</td><td>0</td><td>1</td></tr><tr><td>0</td><td>1</td><td>1</td></tr><tr><td>0</td><td>0</td><td>0</td></tr></table>对标志位的影响：① 指令执行时，ER 标志置于 OFF。② 运算的结果，D 的内容为 0000 时，EQ 标志为 ON。③ 运算的结果，D 的内容的最高位为 1 时，N 标志为 ON</td></tr>
<tr><td>字
逻
辑
异
或
非</td><td>XNRW
S1
S2
D

@XNRW
S1
S2
D</td><td>S1 为运算数据1，其范围为：CIO、WR、HR、AR、TC、DM、*DM、#。
S2 为运算数据2，其范围为同S1。
D 是结果通道，其范围为：CIO、WR、HR、AR、TC、DM、*DM。</td><td>取 S1 所指定的数据和 S2 所指定的数据的同或，将结果输出到 D。
运算过程如表所示：
$S1 \cdot S2 + \overline{S1} \cdot \overline{S2} \rightarrow D$
<table><tr><th>S1</th><th>S2</th><th>D</th></tr><tr><td>1</td><td>1</td><td>1</td></tr><tr><td>1</td><td>0</td><td>0</td></tr><tr><td>0</td><td>1</td><td>0</td></tr><tr><td>0</td><td>0</td><td>1</td></tr></table>对标志位的影响：① 指令执行时，ER 标志置于 OFF。② 运算的结果，D 的内容为 0000 时，EQ 标志为 ON。③ 运算的结果，D 的内容的最高位为 1 时，N 标志为 ON</td></tr>
<tr><td>字
取
反</td><td>COM
D

@COM
D</td><td>D 为操作的数据源，其范围为：CIO、WR、HR、AR、TC、DM、*DM。</td><td>对 D 所指定的数据的各位进行取反。
运算过程如下所示：
$\overline{D} \rightarrow D \begin{pmatrix} 1 \rightarrow 0 \\ 0 \rightarrow 1 \end{pmatrix}$
对标志位的影响：① 指令执行时，ER 标志置于 OFF。② 运算的结果，D 的内容为 0000 时，EQ 标志为 ON。③ 运算的结果，D 的内容的最高位为 1 时，N 标志为 ON</td></tr>
</table>

表 4-8 中对应的双字逻辑运算指令分别为(按从上到下的顺序)：ANDWL、ORWL、

XORL、XNRL、COML。

任务内容

如图 4-16 所示为装配流水线模拟控制系统的面板，图中上框中的 A～H 表示动作输出，下框中的 A、B、C、D、E、F、G、H 插孔分别接主机的输出点。传送带共有 16 个工位，工件从 1 号位装入，分别在 A(操作 1)、B(操作 2)、C(操作 3)3 个工位完成 3 种装配操作，经最后一个工位后送入仓库，其他工位均用于传送工件。

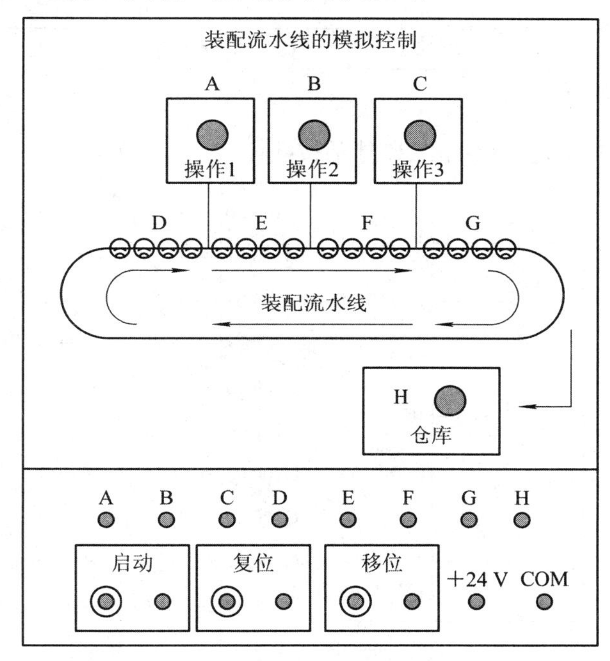

图 4-16　装配流水线模拟控制系统的面板

控制要求如下：

(1) 启动按钮 SB1、复位按钮 SB3、移位按钮 SB2 均为常 OFF。

(2) 启动后，再按“移位”后，按以下规律显示：D→E→F→G→A→D→E→F→G→B→D→E→F→G→C→D→E→F→G→H→D→E→F→G→A……循环，D、E、F、G 分别用来传送，A 是操作 1、B 是操作 2、C 是操作 3、H 是仓库。

(3) 时间间隔为 1 s。

(4) 按下复位按钮 SB3 后，系统恢复启动前的状态。

任务实施

1．分析控制要求，确定输入/输出设备

通过对装配流水线模拟控制要求的分析，可以归纳出该电路中有 3 个输入设备，即启动按钮 SB1、复位按钮 SB3、移位按钮 SB2；8 个输出设备，即模拟工位显示 D、E、F、G；操作 A、B、C；仓库 H。

2．对输入/输出设备进行 PLC 控制的 I/O 地址分配

根据 I/O 个数，进行 I/O 地址分配，如表 4-9 所示。

表 4-9　输入/输出地址分配

输入设备			输出设备					
名称	符号	地址	名称	符号	地址	名称	符号	地址
启动按钮	SB1	I0.00	操作 1	A	Q100.00	工位	E	Q100.04
移位按钮	SB2	I0.02	操作 2	B	Q100.01	工位	F	Q100.05
复位按钮	SB3	I0.01	操作 3	C	Q100.02	工位	G	Q100.06
			工位	D	Q100.03	仓库	H	Q100.07

3．绘制 PLC 外部接线图

根据 I/O 地址分配结果，绘制 PLC 外部接线图(如图 4-17)。

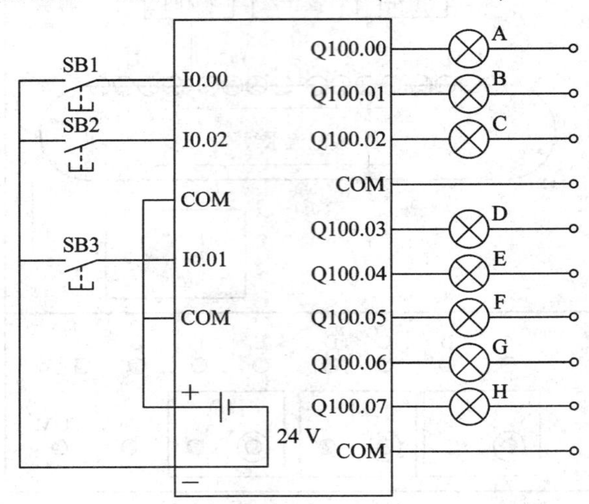

图 4-17　装配流水线模拟控制的 PLC 外部接线图

4．PLC 程序设计

根据控制电路要求，采用 S/R 指令设计 PLC 梯形图程序或语句表程序，梯形图程序如图 4-18 示。

5．安装接线

按照图 4-17 进行接线，安装方法及要求与继电器控制电路相同。

6．运行调试

(1) 在断电状态下，连接好 PC/PPI 电缆。

(2) 运行 CX-P 编程软件，设置通信参数。

(3) 编写控制程序，编译并下载程序文件到 PLC。

(4) 按下启动按钮 SB1、移位按钮 SB3，观察流水线模拟控制装置指示灯是否按控制要求工作。

(5) 按下复位按钮 SB2，观察流水线模拟控制装置是否按要求停止。

(6) 再次启动观察。

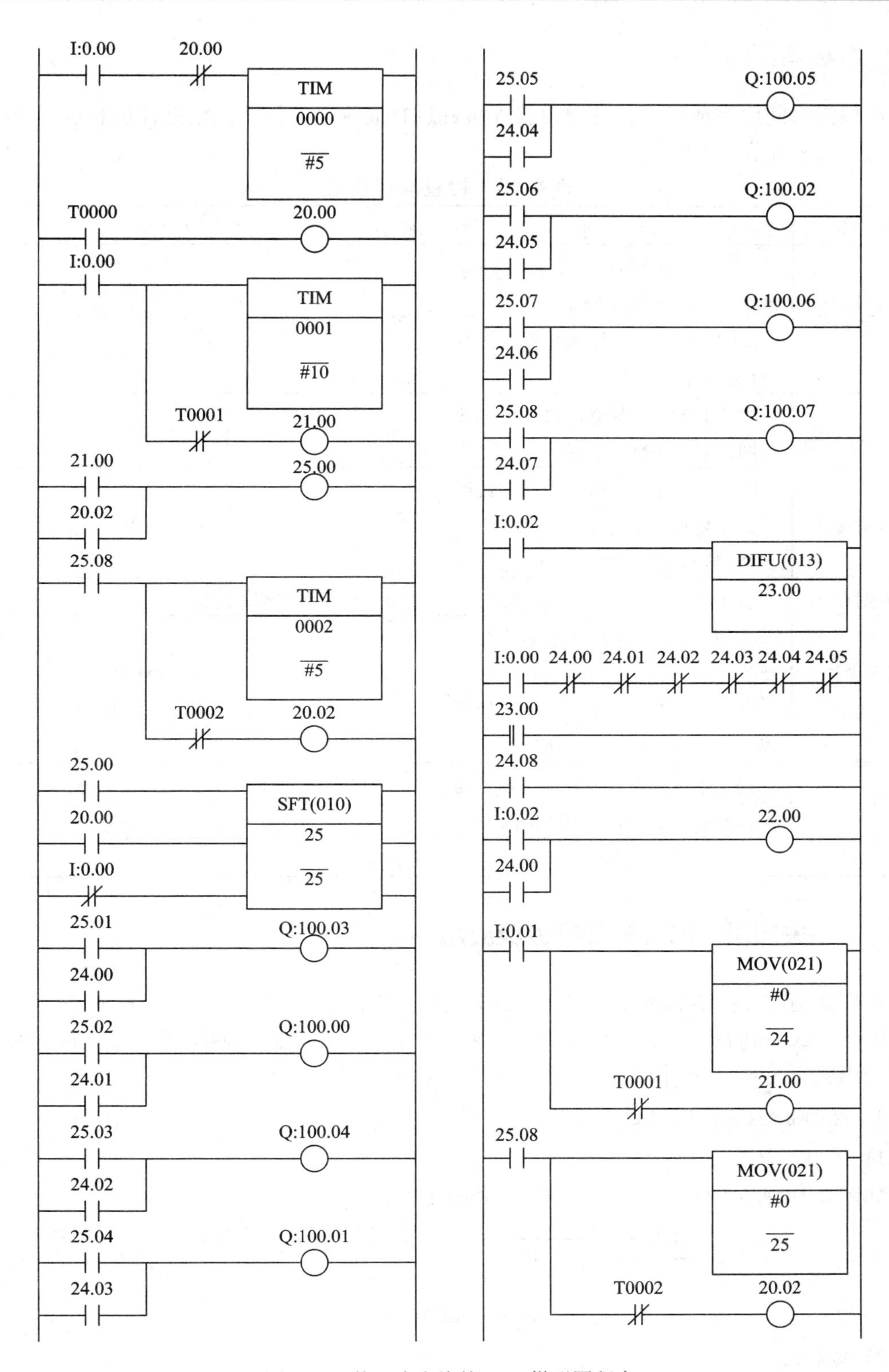

图 4-18　装配流水线的 PLC 梯形图程序

检查评价

在规定时间内完成任务，各组自我评价并进行展示，各组之间根据评价表进行检查。检查与评价表如表 4-10 所示。

表 4-10　检查与评价表

项目	要　求	配分	评分标准	得分
I/O 分配表	(1) 能正确分析控制要求，完整、准确确定输入/输出设备。 (2) 能正确对输入/输出设备进行 I/O 地址分配	20	不完整，每处扣 2 分	
PLC 接线图	按照 I/O 分配表绘制 PLC 外部接线图，要求完整、美观	10	不规范，每处扣 2 分	
安装与接线	(1) 能正确进行 PLC 外部接线图正确安装元件及接线。 (2) 线路安全简洁，符合工艺要求	20	不规范，每处扣 5 分	
功能图设计	能正确按工艺要求设计功能图	10	不完整，每处扣 2 分	
程序设计与调试	(1) 程序设计简洁易读，符合任务要求。 (2) 在保证人身和设备安全的前提下，通电试车一次成功	30	第一次试车不成功扣 5 分； 第二次试车不成功扣 10 分	
文明安全	安全用电，无人为损坏仪器、元件和设备，小组成员团结协作	10	成员不积极参与，扣 5 分； 违反文明操作规程扣 5～10 分	
总　分				

相关知识　时序控制指令及应用

我们知道时序控制指令是为 PLC 程序的执行顺序提供控制信号。当 IL 的条件为 OFF 时，IL 与 ILC 间的程序被互锁，当 IL 的条件为 ON，不互锁；END 指令在前面已经介绍了，这里就不再重复介绍。

1. 互锁 IL/互锁解除 ILC

1) 梯形图符号

如图 4-19 所示的分别是 IL、ILC 的梯形图符号。

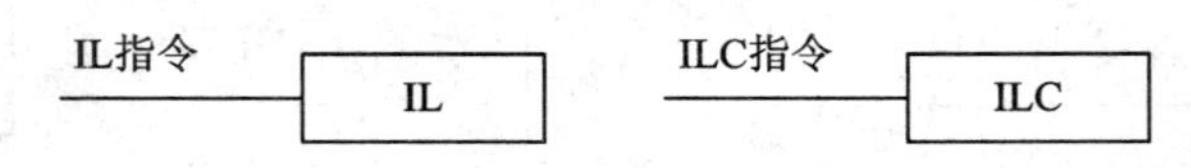

图 4-19　IL、ILC 的梯形图符号

2) 功能说明

当 IL 指令的输入条件为 OFF 时，对从 IL 指令到 ILC 指令为止的各指令的输出进行

互锁。IL 指令的输入条件为 ON 时，照常执行从 IL 指令到 ILC 指令为止的各指令。

读者在使用 IL/ILC 指令时，一定要注意互锁(IL)状态下的各指令的输出：

(1) OUT、OUTB、OUT NOT 指令所指定的输出线圈全部为 OFF(失电)；

(2) 定时器类指令(普通定时器 TIM/TIMX、高速定时器 TIMH/TIMHX、超高速定时器 TMHH/TMHHX、长时间定时器 TIML/TIMLX 指令)复位。若定时器正计时，则当前值跳到设定值；若定时器已经计时完毕处在得电状态，则定时器失电，当前值跳到设定值。

(3) TTIM/TTIMX、MTIM/MTIMX、SET、RSET、CNT/CNTX、CNTR/CNTRX、SFT、KEEP 等其他所有指令保持在此之前的状态(不执行指令本身)。

如图 4-20 所示，当 I0.00 为 ON 时，IL 与 ILC 间的指令程序照常执行；当 I0.00 为 OFF 时，将 IL 与 ILC 间的输出互锁。

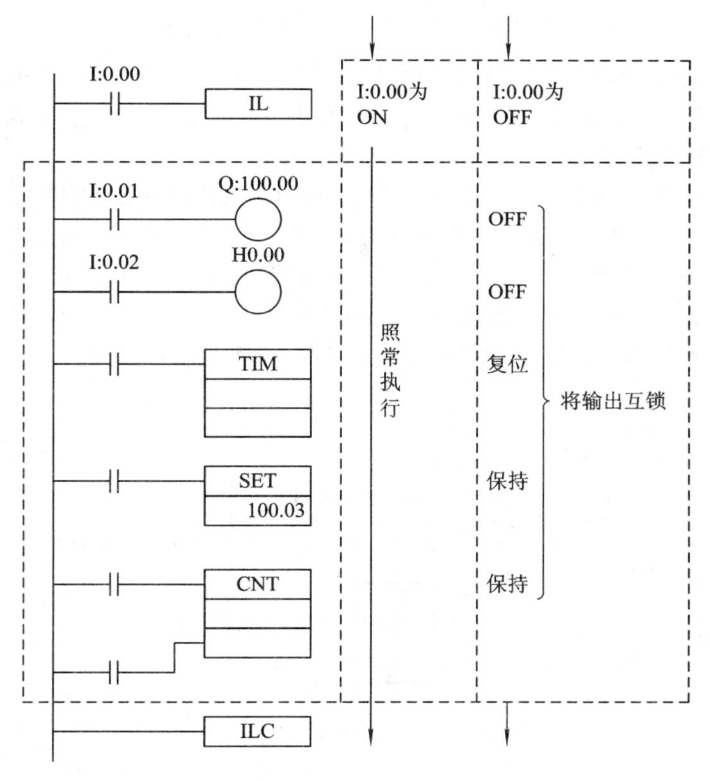

图 4-20　IL/ILC 互锁指令功能说明图

3) 使用 IL/ILC 的注意事项

(1) 即使已通过 IL 指令进行互锁，IL～ILC 间的程序在内部仍执行，所以周期时间不会缩短。

(2) IL 指令和 ILC 指令请 1 对 1 使用。不是 1 对 1 时(IL 指令和 ILC 指令之间有 IL 指令时，如图 4-21 所示的梯形图程序)，程序检测时会出现 IL—ILC 错误，但是，程序会按照如图 4-21 右边的表格所定的进行动作。

(3) IL 指令和 ILC 指令不能嵌套(如 IL－IL－ILC－ILC)。

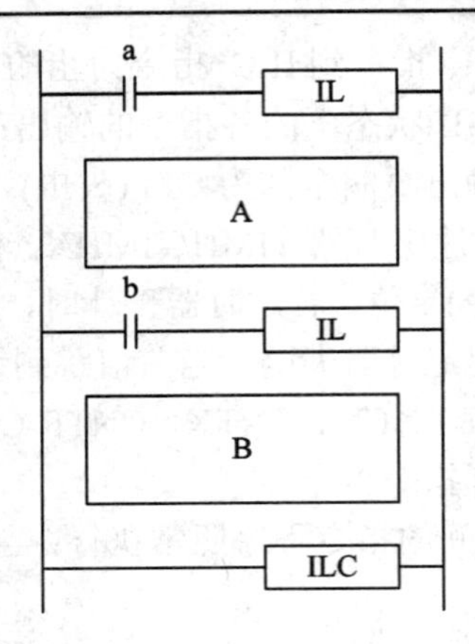

输入条件		程序	
a	b	A	B
OFF	ON	互锁	互锁
OFF	OFF		
ON	OFF	非互锁	互锁
ON	ON	非互锁	非互锁

图 4-21　IL 与 ILC 不配对的程序动作

(4) 对于微分指令的动作。IL-ILC 指令间存在微分指令(带有 DIFU/DIFD/@/%指令)时，输入条件由于在互锁开始时和互锁解除时之间发生变化，且使微分条件成立情况下，互锁解除时将执行微分指令。

例 1　如图 4-22 所示的梯形图程序，在上升沿微分(DIFU)指令的情况下，互锁开始时的输入条件为 OFF、互锁解除时的输入条件为 ON 时，在互锁解除时执行上升沿微分(DIFU)指令。如图 4-23 时序分析图所示的，程序在非互锁时可能会出现误动作。怎么办呢？编程人员在编程时就要考虑把这种可能出现的误动作消除掉。因此，编程人员在 IL 与 ILC 间使用微分指令时要十分小心，要考虑到程序运行的各种情况，并反复调试，直到不会产生误动作为止。

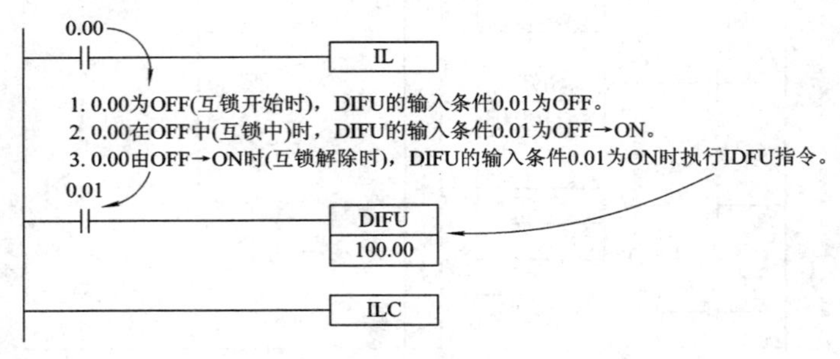

图 4-22　可能出现误动作的梯形图程序

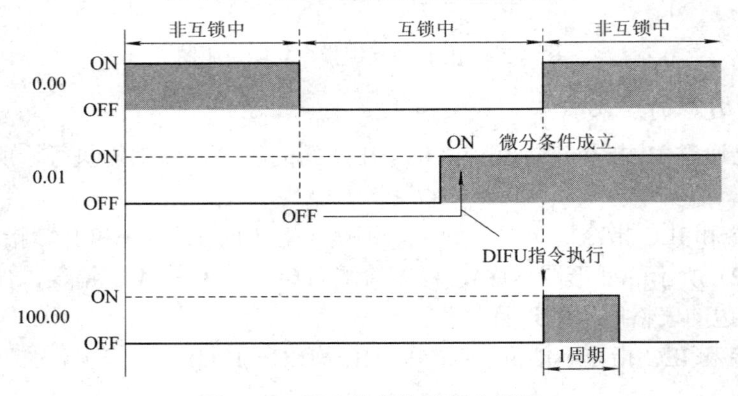

图 4-23　误动作产生时序分析图

4) 使用 IL/ILC 的优点

(1) 使用 IL-ILC 指令，可以进行程序内的高效率电路切换。

(2) 在同一输入条件下进行多个处理时，在多个处理之前和之后，如果分别设置 IL 指令和 ILC 指令，可以节省步数，如图 4-24 所示。

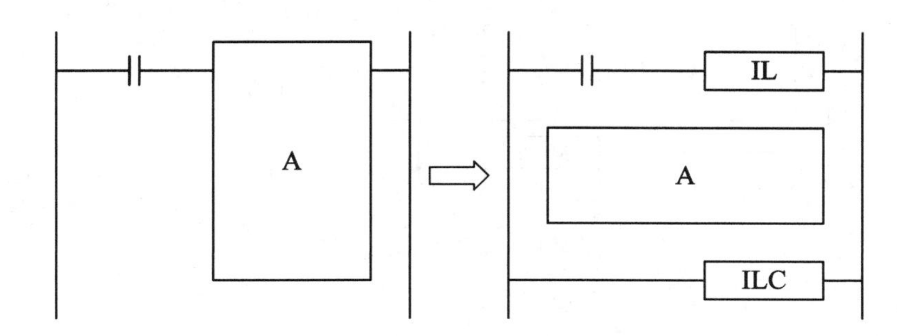

图 4-24 用 IL/ILC 改写电路

2. 多重互锁指令

多重互锁有三种，分别是微分标志保持型 MILH(517)多重互锁和微分标志不保持型 MILR(518)，多重互锁解除 MILC(519)。

1) 梯形图符号

MILH、MILR、MILC 的梯形图符号如图 4-25 所示。

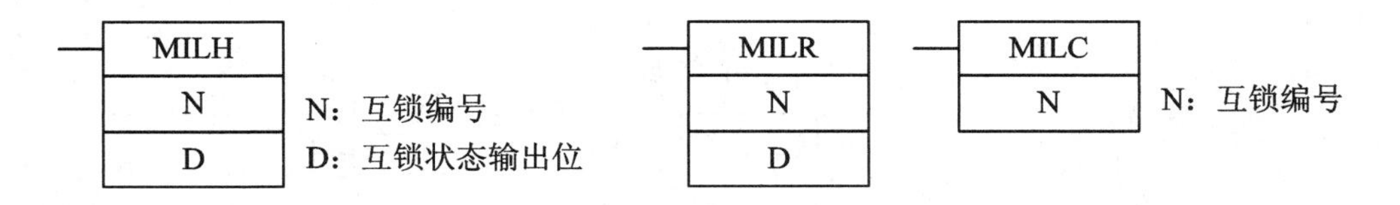

图 4-25 MILH、MILR、MILC 的梯形图符号

2) 操作数说明

互锁编号 N：取值范围为 0～15。

成对的 MILH(或者 MILR)指令和 MILC 指令的 N(互锁编号)必须一致。N(互锁编号)在使用顺序上不受大小关系的限制。

互锁状态输出位 D：非互锁中时 ON，互锁中时 OFF。

D 操作数数据区域：CIO、WR、HR、AR。

通过 MILH(或者 MILR)指令进行的互锁中，通过对该位进行强制置位，可以进入非互锁(IL)状态。相反，在非互锁中对该位进行强制复位，可以进入互锁(IL)状态。

3) 功能说明

当互锁编号 N 的 MILH(或者 MILR)指令的输入条件为 OFF 时，对从该 MILH(或者 MILR)指令到同一互锁编号 N 的 MILC 指令为止的各指令的输出进行互锁。

互锁编号 N 的 MILH(或者 MILR)指令的输入条件为 ON 时，从该 MILH(或者 MILR)指令到同一互锁编号 N 的 MILC 指令为止的各指令照常执行。如图 4-26 所示。

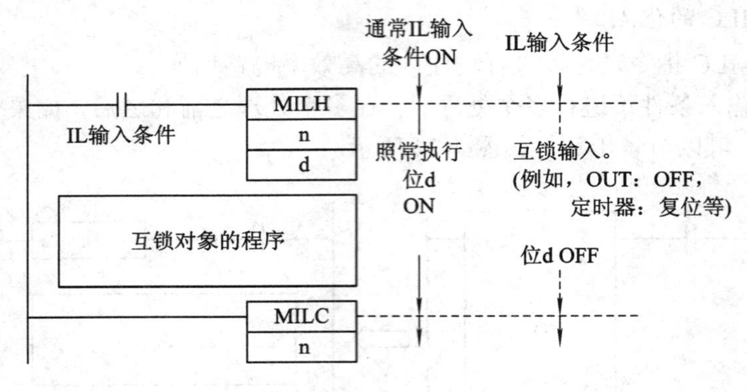

图 4-26　多重互锁的功能

3. 嵌套

嵌套是指在 MILH(或者 MILR)指令和 MILC 指令之间，进一步存在 MILH(或者 MILR)指令和 MILC 指令的嵌入结构。MILH(或者 MILR)－MILC 指令的嵌套(例：MILH n－MILH m－MILC m－MILC n)最多不能超过 16 个。

嵌套有以下用途。

例 2　具有对全体进行互锁的条件和对部分进行互锁的条件时(嵌套数为 1)，如图 4-27 所示。

(1) 紧急停止按钮为 ON 时，对 A1、A2 进行互锁；

(2) 传送带为 RUN OFF 时，对 A2 进行互锁。此多重互锁的嵌套如图 4-28 所示。

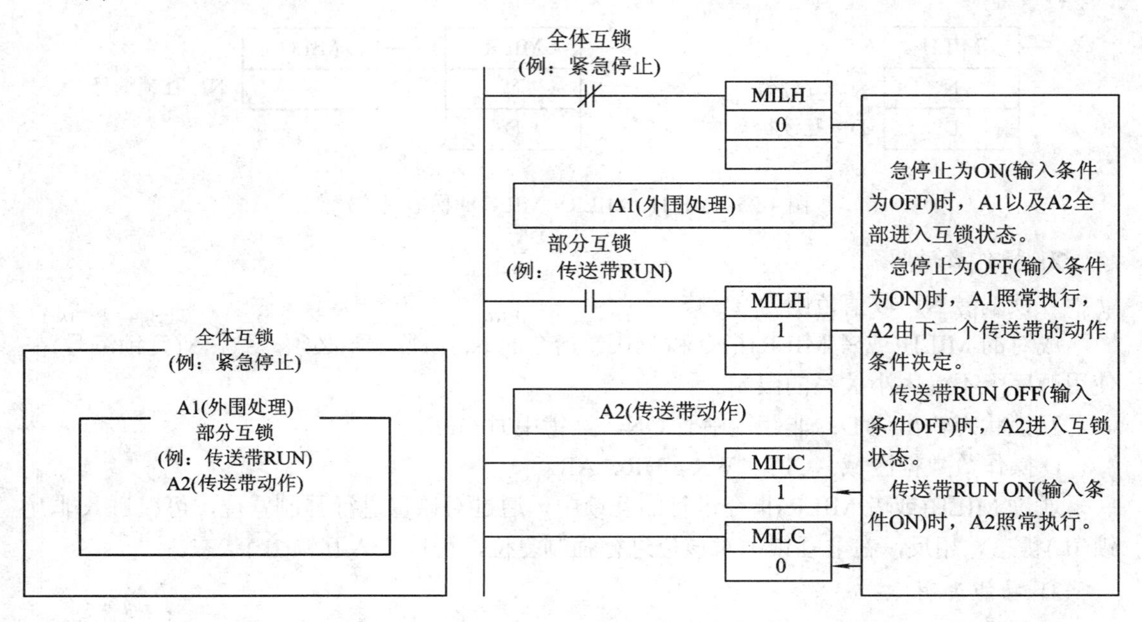

图 4-27　全体互锁及部分互锁(1)　　　　图 4-28　多重互锁的嵌套(1)

例 3　具有对全体进行互锁的条件和对部分进行互锁的双重条件时(嵌套数为 2)，如图 4-29 所示。

(1) 紧急停止按钮为 ON 时，对 A1、A2、A3 进行互锁；

(2) 传送带为 RUN OFF 时，对 A2、A3 进行互锁；

(3) 臂为 RUN OFF 时，对 A3 进行互锁。此多重互锁的嵌套如图 4-30 所示。

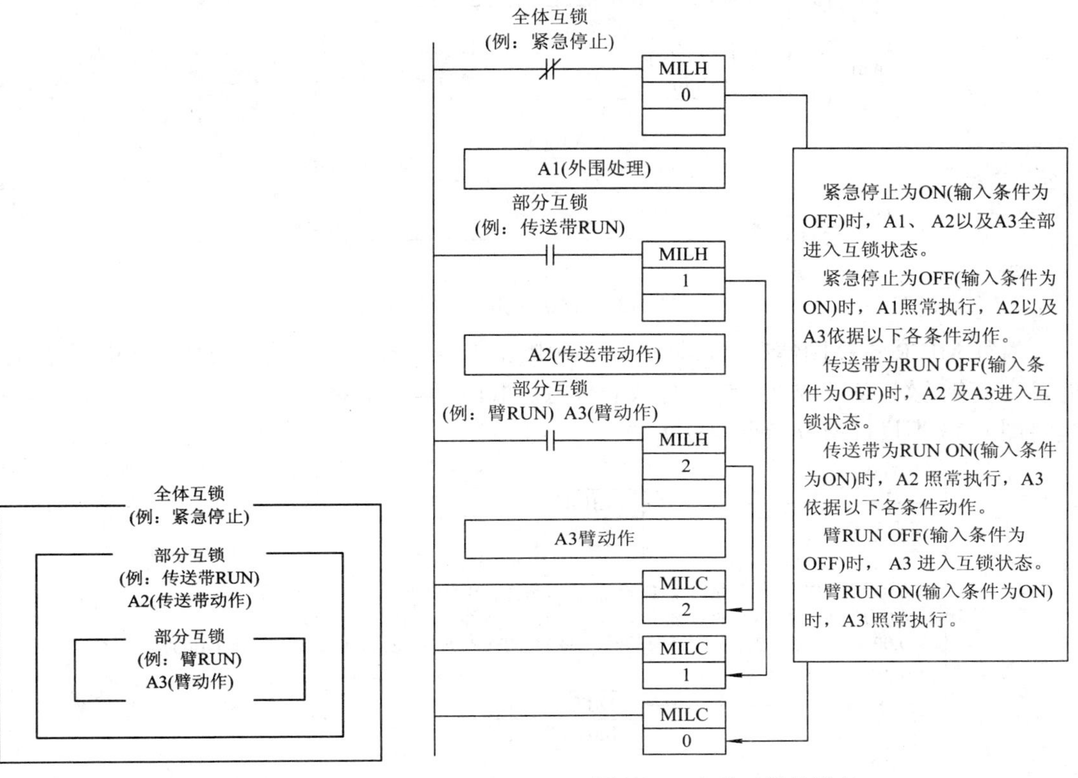

图 4-29　全体互锁及部分互锁(2)　　　　图 4-30　多重互锁的嵌套(2)

4. MILH 指令和 MILR 指令的区别

当到 MILC 指令为止的各指令中存在微分指令(带有 DIFU/DIFD/@/%的指令)时，MILH 指令和 MILR 指令的动作不同。

执行 MILH 指令时，由于互锁开始时和解除时的值微分条件成立时，微分条件成立生效，互锁解除后，执行微分指令(带有 DIFU/DIFD/@/%的指令)。图 4-32 是对图 4-31 执行微分指令的分析。

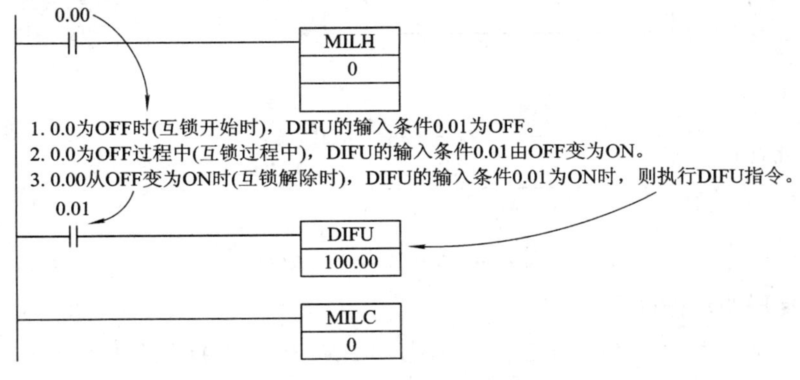

图 4-31　MILH 指令应用(1)

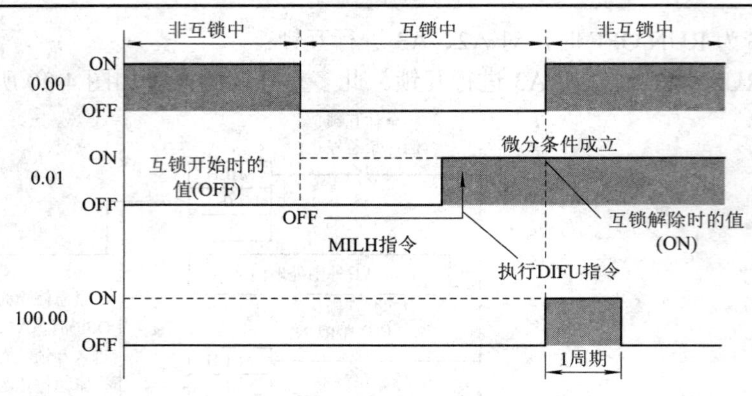

图 4-32　MILH 指令应用(2)

执行 MILR 指令的情况下，即使在互锁中(由于输入条件在互锁开始时和互锁解除时之间发生变化)微分条件成立，该条件成立也将被取消，互锁解除后不执行微分指令。图 4-34 是对图 4-33 不执行微分指令的分析。

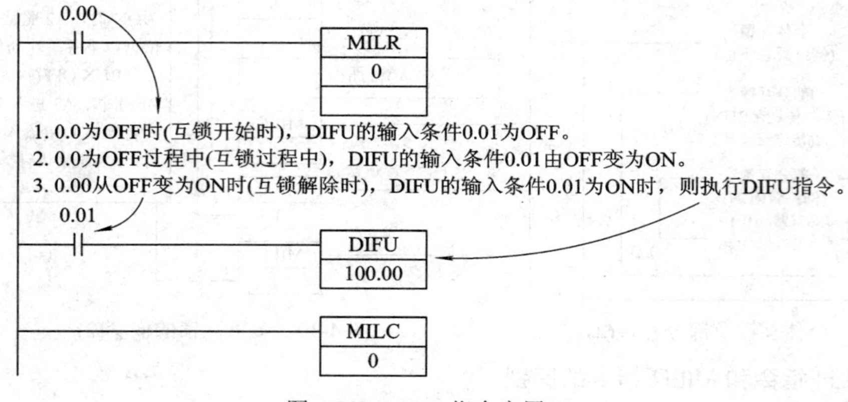

图 4-33　MILR 指令应用(1)

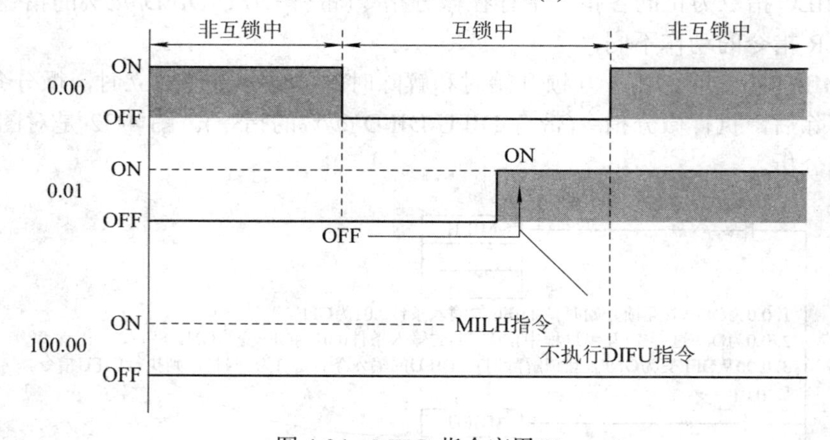

图 4-34　MILR 指令应用(2)

5. 典型梯形图动作说明

如图 4-35 是典型的多重互锁应用梯形图，当 W0.00、W0.01 均为 ON 时，MILH(互锁编号 0)～MILC(互锁编号 0)间的指令照常执行。当 W0.00 为 OFF 时，MILH(互锁编号 0)～

MILC(互锁编号 0)间的指令互锁。当 W0.00 为 ON、W0.01 为 OFF 时，MILH(互锁编号 1)～MILC(互锁编号 1)间的指令互锁。除此之外，照常执行。

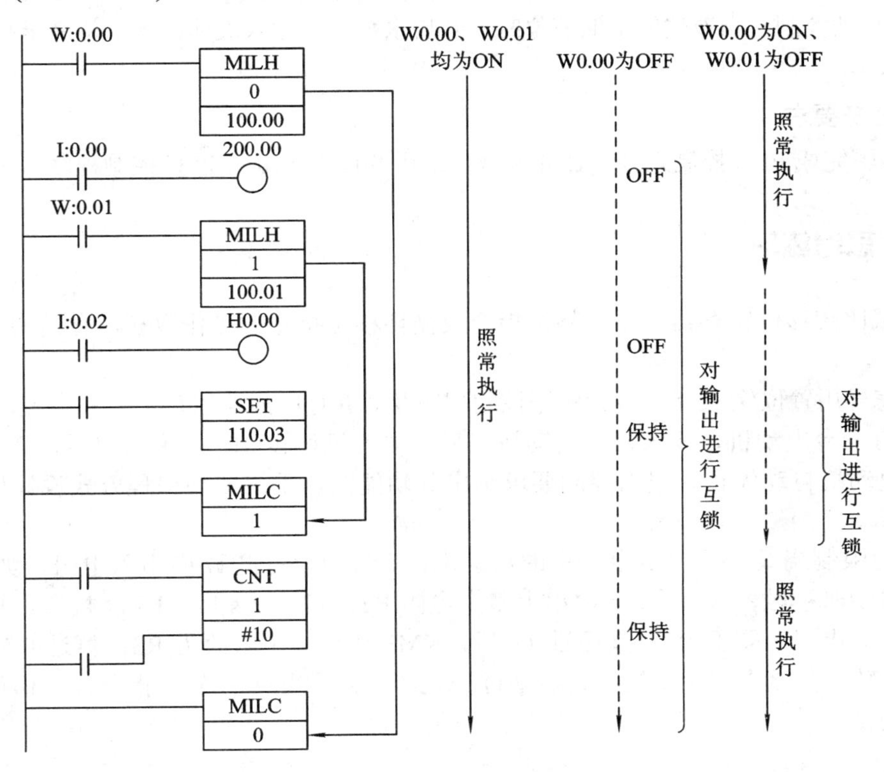

图 4-35　多重互锁应用梯形图

✂ 技能训练

控制水箱处于正常液位状态(液位处于高位和低位中间)。系统的供水设备为一个三相水泵，功率 150 W 水箱的液位由液位开关检测(可同时检测低位和高位)，系统的出水由一个电磁阀控制。位式系统示意图如图 4-36 所示。

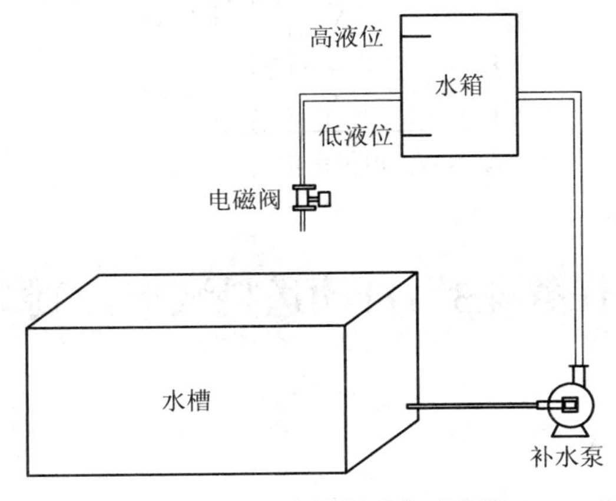

图 4-36　位式控制系统示意图

1. 控制方式分为手动和自动控制

(1) 手动控制：可以手动控制水泵和电磁阀的启停。

(2) 自动控制：当液位低于低液位时，开启水泵开始注入液体，当液位高于高液位时，停止注入。

2. 任务要求

按步骤完成 PLC 控制系统设计并调试，采用 S/R 指令编写 PLC 控制程序。

思考练习

1. 试比较移位寄存器指令与移位指令及循环移位指令的操作数在内存结构上有什么不同？

2. 怎样用置位/复位指令设计顺序控制程序及对并行序列编程？

3. 有一台电动机，要求按下启动按钮后，电动机运转 10 s，停止 5 s，重复执行 3 次后，电动机自动停止。根据控制要求画出其功能图，采用多种编程方式设计梯形图并进行调试。

4. 为限制绕线转子异步电动机的启动电流，在其转子电路中串入电阻，如图 4-37 所示。启动时接触器 KM1 闭合，串上整个电阻 R1；启动 2 s 后，KM4 接通，短接转子回路的一段电阻，剩下 R2；又经过 1 s 后，KM3 接通，电阻改为 R3；再过 0.5 s，KM2 也闭合，转子外接电阻全部短接，启动过程完毕。试采用置位/复位指令设计梯形图程序并进行调试。

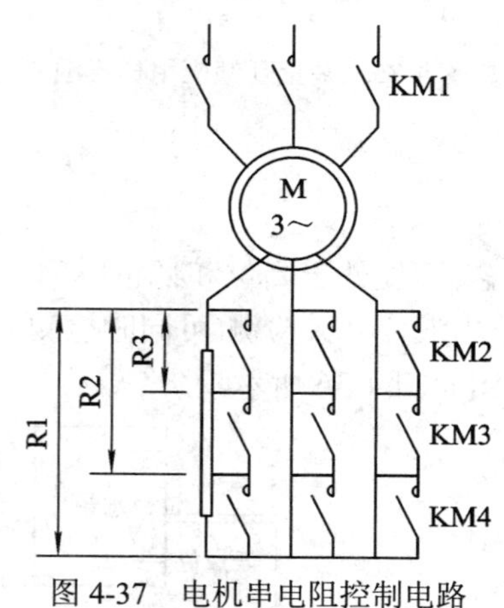

图 4-37　电机串电阻控制电路

任务 4.3　自动送料装车控制

任务目标

(1) 进一步掌握顺序控制设计方法。

(2) 掌握功能图的绘制。

(3) 掌握运用顺序控制继电器指令实现功能图的 PLC 程序设计。

(4) 能运用顺序控制继电器指令实现自动送料装车的 PLC 控制系统。

(5) 掌握临时存储继电器指令应用。

(6) 掌握 PLC 控制系统结构形式及工作方式。

前导知识　临时存储继电器指令

1. TR 的作用

欧姆龙 CP 系列 PLC 的 TR(临时继电器)的编号是 TR0～TR15(在 CPM1A、CPM2A 的机型是 TR0～TR7)。在助记符程序中，TR 用于对电路运行中的 ON/OFF 状态进行临时存储。因为外围工具侧可以进行自行处理，所以在梯形图中不使用。

以下的说明中为了便于理解，图 4-38 用梯形图加以解释。

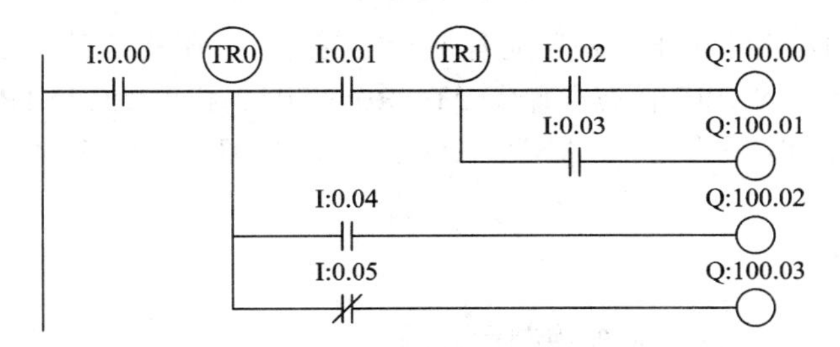

图 4-38　TR 的作用

2. TR0～TR15 的使用方法

(1) TR0～TR15 不能用于 LD、OUT 指令之外的指令。

(2) TR0～TR15 在继电器编号的使用顺序上没有限制。

(3) 不需要 TR 的电路和需要 TR 的电路(见图 4-39)。

图 4-39①的情况下，A 点上的 ON/OFF 状态和输出 100.00 相同，因此可以接着 OUT 100.00 进行 AND0.01、OUT 100.01 的编码，不需要 TR。

图 4-39②的情况下，分支点上的内容与 100.02 的输出内容可能不一致，所以需要使用 TR 进行接收。电路②如果改写成①，程序步数将减少。

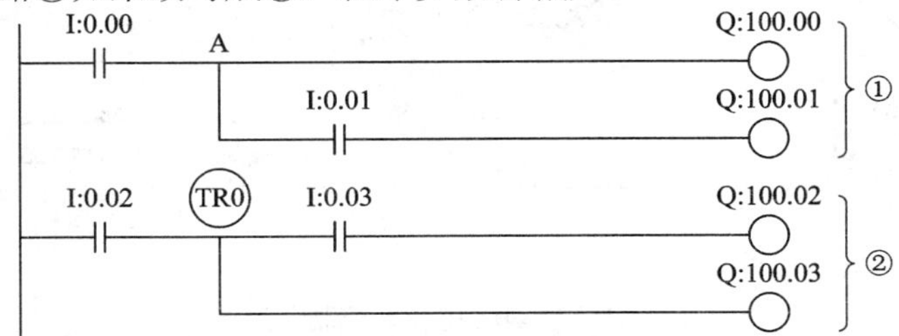

图 4-39　需要 TR 与不需要 TR 的电路

(4) TR0～TR15 线圈的双重使用。

如图 4-40 所示，输出分支电路较多时，在同一块内，不能重复使用 TR 的继电器编号，但可以在其他块中使用。

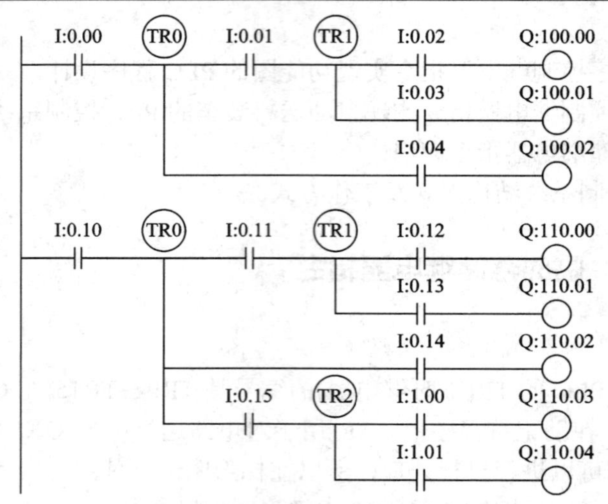

图 4-40　TR 线圈的重复使用

综上所述，我们对 TR 的作用和功能有了一定的了解，那就是 TR 仅用于输出分支较多的电路的分支点上的 ON/OFF 状态存储(OUT TR0～TR15)和再现(LD TR0～TR15)，它与一般的继电器、接点不同，在附加了 AND、OR 指令和 NOT 的指令中不能使用。

任务内容

如图 4-41 所示为自动送料装车控制示意图。

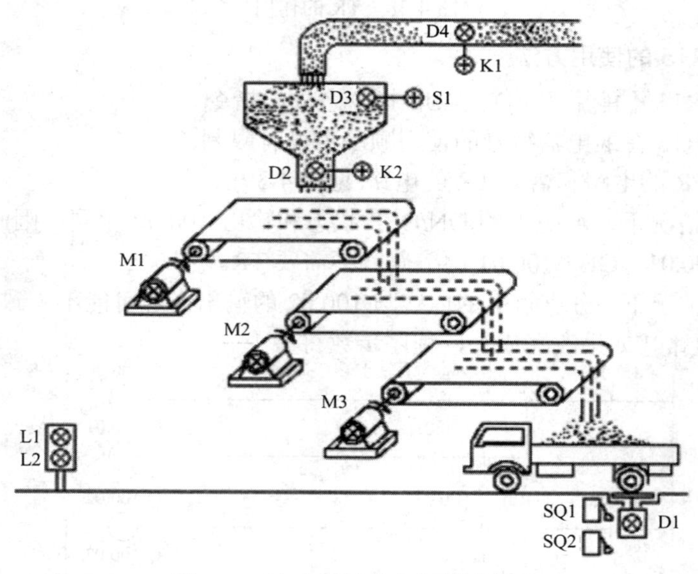

图 4-41　自动送料装车控制示意图

自动送料装车系统由三级传动带、料斗、料位检测与送料、车位和吨位检测等环节组成。控制要求如下：

系统启动后，配料装置能自动识别货车到位情况及对货车进行自动配料，当车装满时，配料系统能自动关闭。

1．初始状态

系统启动后，红灯 L2 灭，绿灯 L1 亮，表明允许汽车开进装料。料斗出料口 D2 关闭，若料位传感器 S1 置为 OFF(料斗中的物料不满)，进料阀开启进料(D4 亮)。若 S1 置为 ON(料斗中的物料已满)，则停止进料(D4 灭)。电动机 M1、M2、M3 均为 OFF。

2．装车控制

装车过程中，当汽车开进装车位置时，限位开关 SQ1 置为 ON，红灯信号灯 L2 亮，绿灯 L1 灭；同时启动电机 M3，再经 2 s 后启动 M2，再经过 1 s 最后启动 M1，再经过 1 s 后才打开出料阀(D2 亮)，物料经料斗出料。

当车装满时，限位开关 SQ2 为 ON，料斗关闭，1 s 后 M1 停止，M2 在 M1 停止 1 s 后停止，M3 在 M2 停止 1 s 后停止。同时红灯 L2 灭，绿灯 L1 亮，表明汽车可以开走。

3．停机控制

按下停止按钮，自动配料装车的整个系统终止运行。

任务实施

1．分析控制要求，确定输入/输出设备

通过对自动送料装车控制要求的分析，可以归纳出该电路的输入设备有启动按钮、停止按钮、车位限制行程开关 SQ1、车装满限制行程开关 SQ2、料斗料量检测传感器 S1、电动机 M1～M3 的长期过载保护继电器(FR1～FR3)共 8 个。为节约输入点数，根据控制要求可将停止按钮与 3 个热继电器的触点并联共用一个 PLC 输入端。7 个输出设备是电动机 M1～M3 接触器 KM1～KM3、指示灯 L1、指示灯 L2、出料阀 K1、进料阀 K2。

2．对输入/输出设备进行 I/O 地址分配

根据 I/O 个数，进行 I/O 地址分配，如表 4-11 所示。

表 4-11　输入/输出地址分配

输入设备			输出设备		
名称	符号	地址	名称	符号	地址
启动按钮	SB1	I0.00	电动机 M1 接触器	KM1	Q100.06
停止按钮	SB2	I0.01	电动机 M2 接触器	KM2	Q100.07
车位限制	SQ1	I0.03	电动机 M3 接触器	KM3	Q101.00
车满限制	SQ2	I0.04	指示灯	L1	Q100.04
检测传感器	S1	I0.02	指示灯	L2	Q100.05
			进料阀	K1	Q100.03
			出料阀	K2	Q100.01

3．绘制 PLC 外部接线图

根据 I/O 地址分配结果，绘制 PLC 外部接线图(图 4-42)。

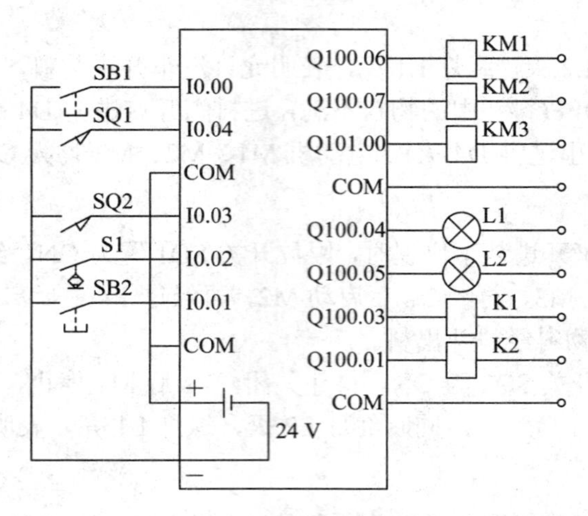

图 4-42　自动送料装车控制的 PLC 外部接线图

4．PLC 程序设计

根据控制电路要求，采用顺序控制继电器指令设计 PLC 梯形图程序或语句表程序，梯形图程序如图 4-43 所示。

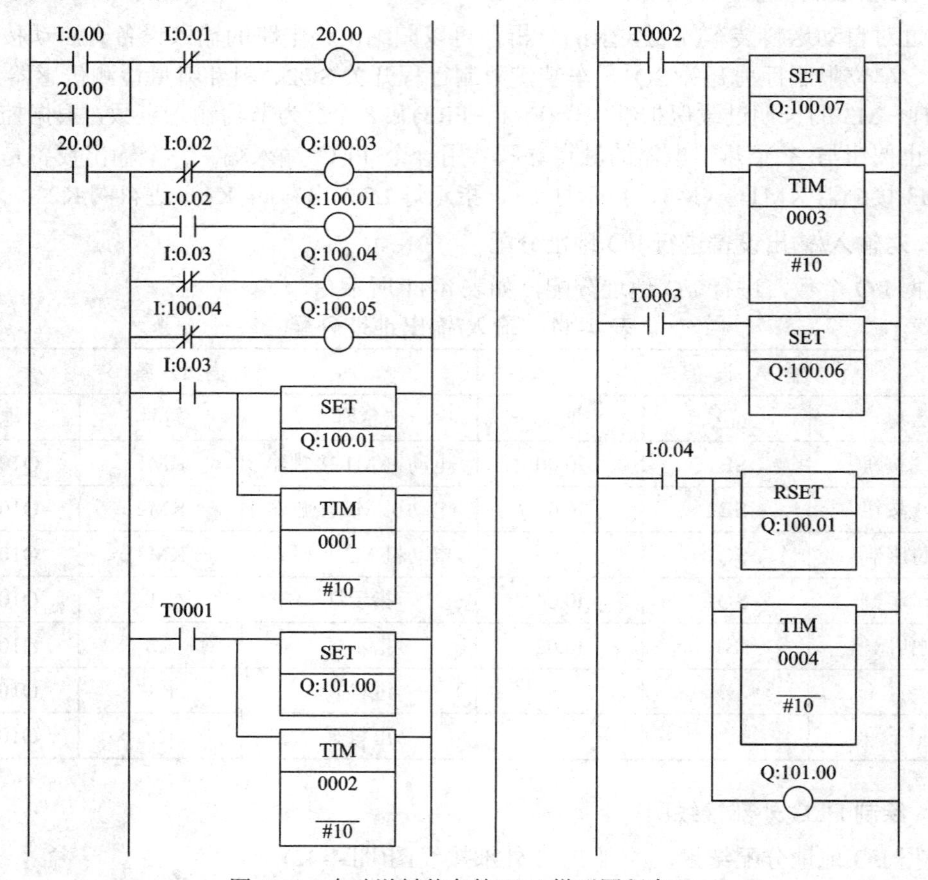

图 4-43　自动送料装车的 PLC 梯形图程序(1)

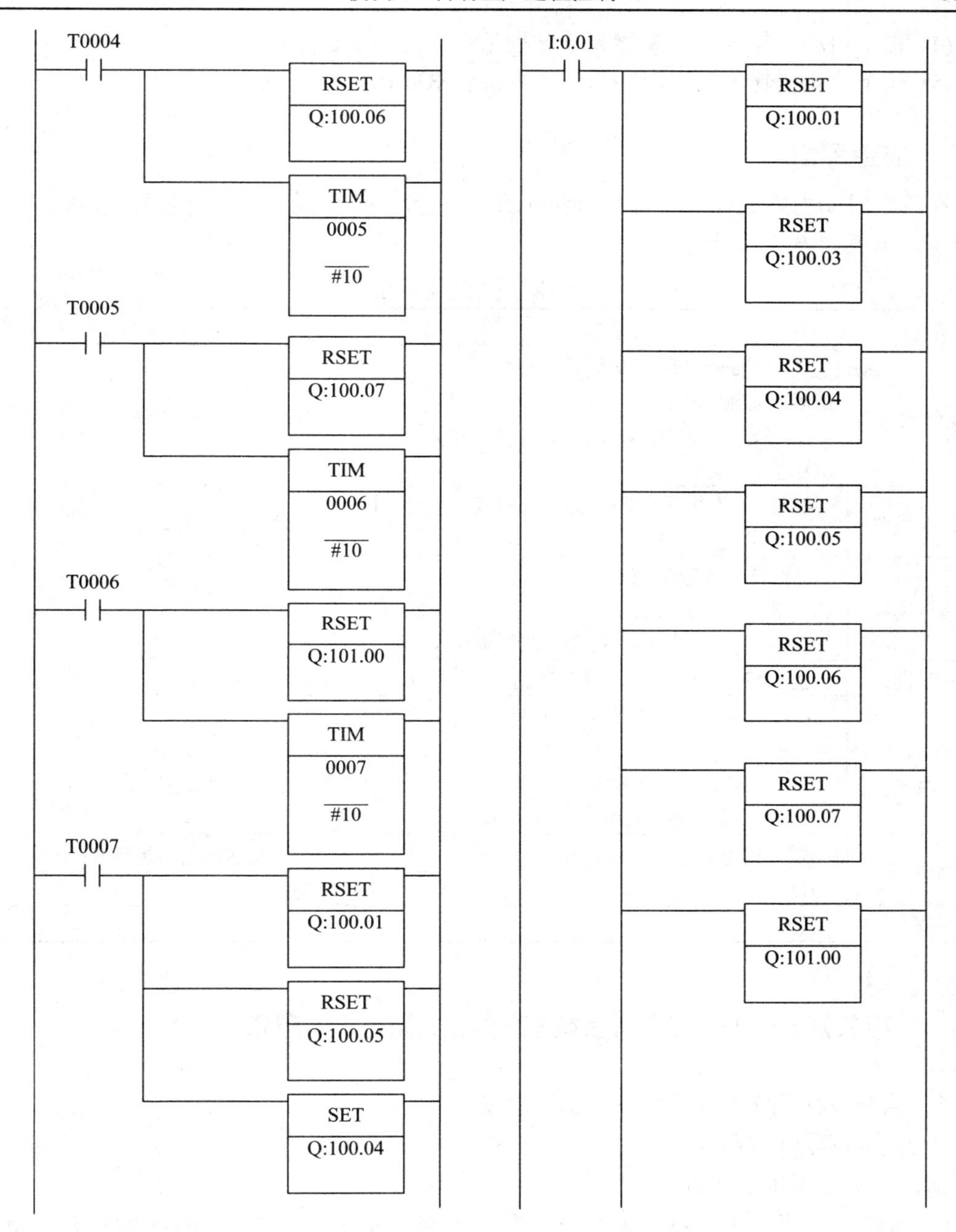

图 4-43　自动送料装车的 PLC 梯形图程序(2)

5. 安装接线

按照图 4-42 进行接线，安装方法及要求与继电器控制电路相同。

6. 运行调试

(1) 在断电状态下，连接好 PC/PPI 电缆。

(2) 运行 CX−P 编程软件，设置通信参数。

(3) 编写控制程序，编译并下载程序文件到 PLC。

(4) 按下启动按钮 SB1，观察装车过程是否按控制要求工作。

(5) 按下停止按钮 SB2，观察系统是否按要求停止。

检查评价

在规定时间内完成任务，各组自我评价并进行展示，各组之间根据评价表进行检查。检查与评价表如表 4-12 所示。

表 4-12　检查与评价表

项 目	要　　求	配分	评 分 标 准	得分
I/O 分配表	(1) 能正确分析控制要求，完整、准确确定输入/输出设备。 (2) 能正确对输入/输出设备进行 I/O 地址分配	20	不完整，每处扣 2 分	
PLC 接线图	按照 I/O 分配表绘制 PLC 外部接线图，要求完整、美观	10	不规范，每处扣 2 分	
安装与接线	(1) 能正确进行 PLC 外部接线，正确安装元件及接线。 (2) 线路安全简洁，符合工艺要求	20	不规范，每处扣 5 分	
功能图设计	能正确按工艺要求设计功能图	10	不完整，每处扣 2 分	
程序设计与调试	(1) 程序设计简洁易读，符合任务要求。 (2) 在保证人身和设备安全的前提下，通电试车一次成功	30	第一次试车不成功扣 5 分； 第二次试车不成功扣 10 分	
文明安全	安全用电，无人为损坏仪器、元件和设备，小组成员团结协作	10	成员不积极参与，扣 5 分；违反文明操作规程扣 5～10 分	
总　分				

相关知识　PLC 控制系统的结构形式及工作方式

1．具有多种工作方式的顺序控制程序设计

绝大多数自动控制系统除了自动工作方式外，还需要设置手动工作方式。一般在下列两种情况下需要采用手动方式工作。

(1) 运行自动控制程序前，系统必须处于要求的初始状态。如果系统的状态不满足运行自动程序的要求，需要进入手动工作方式，用手动操作使系统进入规定的初始状态，然后再回到自动工作方式。在调试阶段一般使用手动工作方式。

(2) 顺序自动控制对硬件的要求很高，如果有硬件故障，如某个限位开关故障，不可能正确地完成自动控制过程。在这种情况下，为了使设备不至于因此停机，可以进入手动工作方式，对设备进行手动控制。

2．具有自动和手动工作方式的控制系统的程序结构

具有自动、手动工作方式的控制系统的典型程序结构如图 4-44 所示。图中的 I1.00 是

自动/手动切换开关，当 I1.00 为 1 状态时，执行手动程序；为 0 状态时，执行自动程序。

SM0.00 的常开触点一直闭合，公用程序用于处理自动方式和手动方式都需要执行的任务，以及处理两种方式的相互切换。

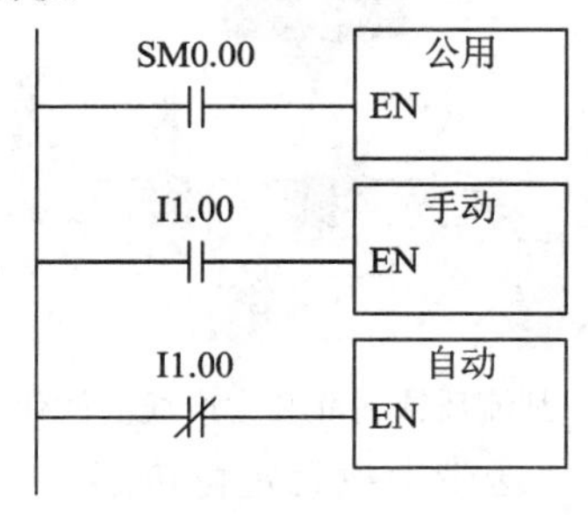

图 4-44　典型程序结构

3．控制系统一般具有的工作方式

开关量控制系统一般具有下列工作方式。

1) *手动方式*

在手动工作方式，除了必要的联锁之外，PLC 的各输出量之间基本上没什么关系，可以用手动操作开关或按钮分别对各输出量独立进行操作。

2) *单周期工作方式*

在初始状态按下启动按钮，从初始步开始，完成顺序功能图中一个周期的工作后，返回并停留在初始步。有的系统将单周期工作方式称为半自动方式。

3) *连续工作方式*

在初始状态下按下启动按钮，从初始步开始，系统工作一个周期后又开始下一个周期的工作，如果没有按停止按钮，系统将这样反复连续地不停工作。按下停止按钮，系统并不马上停止工作，要等到完成最后一个周期的工作后，系统才返回并停留在初始步。有的系统将连续工作方式称为全自动工作方式。

4) *单步工作方式*

从初始步开始，按一下启动按钮，系统转换到下一步，完成该步的任务后，系统自动停止工作并停留在该步；再按一下启动按钮，又往前走一步。单步工作方式常用于系统的调试。有的系统将单步工作方式称为调试方式。

5) *自动回原点工作方式*

开始执行自动程序之前，要求系统处于规定的初始状态。如果开机时系统没有处于初始状态，则应进入手动工作方式，用手动操作使系统进入初始状态后，再切换到自动工作方式。也可以专门设置一种使系统自动进入初始状态的工作方式，称为自动回原点工作方式。

技能训练

如图 4-45 所示为某流质饮料灌装生产线的简化示意图。在传送带上设有灌装工位和封盖工位，能自动完成饮料的灌装及封盖操作。

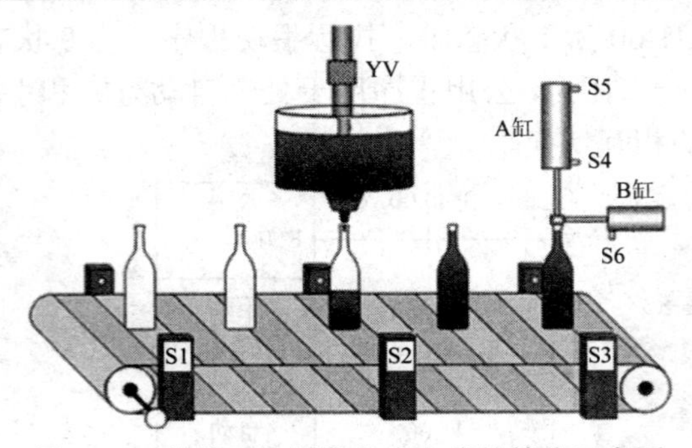

图 4-45　某流质饮料灌装生产线的简化示意图

传送带由电动机 M1 驱动，传送带上设有定位传感器 S1、灌装工位工件传感器 S2 和封盖工位工件传感器 S3，在封盖工位上有 A 缸和 B 缸 2 个单作用气缸，在 A 缸上有 2 个位置传感器，A 缸伸出到位时 S4 动作，A 缸缩回到位时 S5 动作，在 B 缸上设有 1 个传感器，当 B 缸伸出到位时 S6 动作。

按下启动按钮后传送带开始运转，若定位传感器 S1 动作，表示饮料瓶已到达一个工位，传送带应立即停止。此时如果在灌装工位上有饮料瓶，则由电磁阀 YV 对饮料瓶进行 3 s 定时灌装；如果在封盖工位上有饮料瓶，则执行封盖操作：首先 B 缸将瓶盖送出，当 S6 动作时表示瓶盖已送到位，A 缸开始执行封压；当 S4 动作时，表示瓶盖已压到位，1 s 后 A 缸缩回，当 S5 动作时表示 A 缸已缩回到位，然后 B 缸缩回，1 s 后传送带转动。任何时候按停止按钮，应立即停止正在执行的工作：传送带电机停止、电磁阀关闭、气缸归位。

任务要求：按步骤完成 PLC 控制系统设计并调试，并且采用 SCR 指令设计 PLC 控制程序。

? 思考练习

1．辅助寄存器位是否可以作为顺序控制继电器位？

2．根据图 4-46 所示的用顺序控制继电器位表示的功能图，用 SCR 指令编制 PLC 程序并调试。

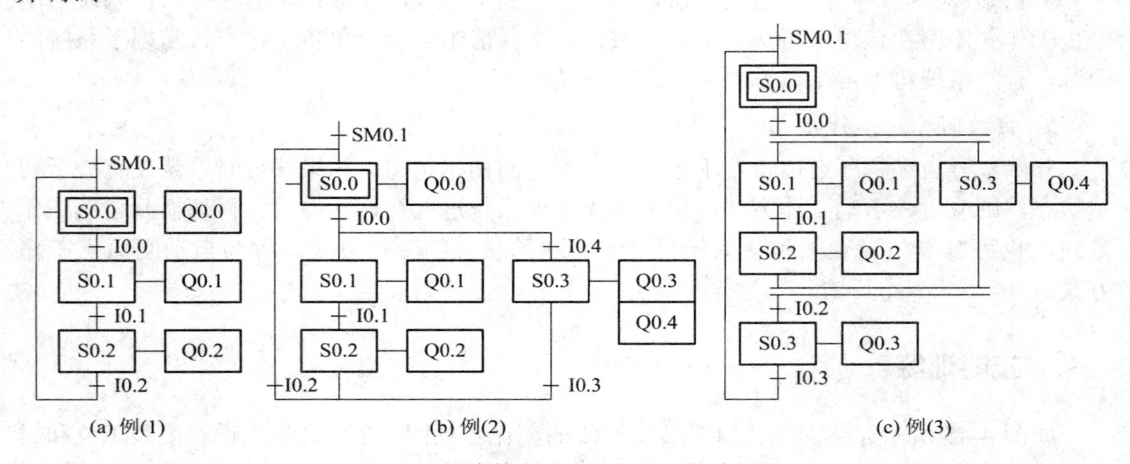

图 4-46　顺序控制继电器位表示的功能图

3. 将图 4-46 中的顺序控制继电器 S 位转换辅助继电器 M 位，写出 PLC 梯形图程序及语句表指令。

任务 4.4　机械手控制

任务目标

(1) 掌握程序运行方向的控制方法。

(2) 掌握跳转/标号指令的功能。

(3) 掌握采用子程序调用实现的 PLC 程序设计。

(4) 能运用子程序调用指令实现机械手控制程序，并且能熟练运用编程软件进行联机调试。

(5) 掌握转移 JMP/转移结束 JME 指令的应用。

(6) 掌握 PLC 控制系统的设计步骤及 PLC 的选型与硬件配置。

前导知识　转移 JMP/转移结束 JME

1. 梯形图符号

如图 4-47 所示分别是 JMP、JME 的梯形图符号。

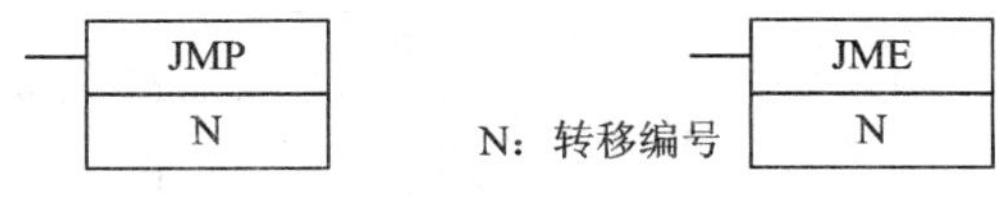

图 4-47　JMP、JME 的梯形图符号

2. 操作数说明

转移编号 N：当 N 为十六进制时其取值范围为 #0000～00FFHex；当 N 为十进制时其取值范围为&0～255。

N 的数据区域：CIO、WR、HR、AR、TC、DM、*DM、常数。

3. 功能说明

JMP 指令的输入条件如果为 OFF，则转移至 N 所指定的转移编号的 JME 指令；JMP 指令的输入条件为 ON 时，则执行下一条指令以后的内容。JMP 指令输入条件为 OFF 时，不执行 JMP-JME 间的指令。但输出将保持状态。但是，在块程序区域内将不受输入条件限制而直接转移。如图 4-48 是 JMP/JME 的应用，当 I0.00 为 ON 时，JMP 与 JME-&1 间的指令正常执行；当 I0.00 为 OFF 时，JMP 与 JME-&1 间的指令不执行，输出保持。

在转移时，所有指令的输出(继电器、通道)保持在此以前的状态。但是，TIM/TIMX 指令、TIMH/TIMHX 指令、TMHH/TMHHX 指令所启动的定时器在不执行指令时也进行当前值的更新处理，因此计时继续。这里可以通过做实验指导书中的第 N 个实验来观察 JMP/JME 跳转时各输出的情况，特别是对定时器在各种情况下的观察。

在转移时，PLC 系统不扫描 JMP 与 JME 间的程序，从而节省了 PLC 的扫描时间，提高了效率。而 IL/ILC 互锁时，PLC 系统仍然扫描互锁的程序，没有节省扫描时间。从这点来看，JMP/JME 比 IL/ILC 的效率要高。

具有相同编号的 JME 指令有 2 个以上时，程序地址较小的 JME 指令有效。此时，地址较大的 JME 指令被忽略。

如图 4-49 所示，JMP 的输入条件为 OFF 期间，在 JMP-JME 间重复执行。JMP 的输入条件为 ON 时，重复结束。在这种情况下，如果 JMP 的输入条件不为 ON，就不执行 END 指令，有可能出现周期超时现象，请注意。

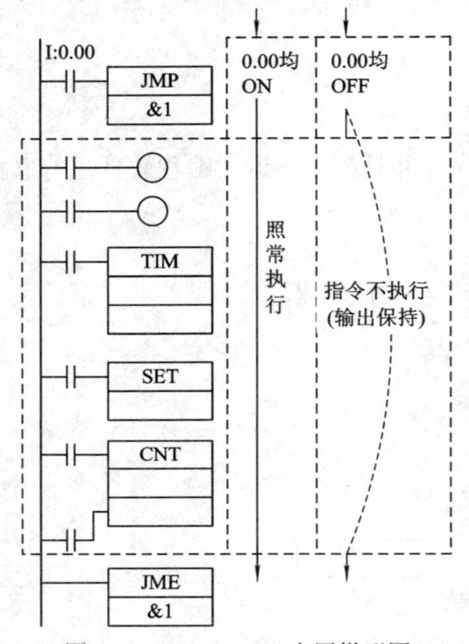

图 4-48　JMP、JME 应用梯形图(1)

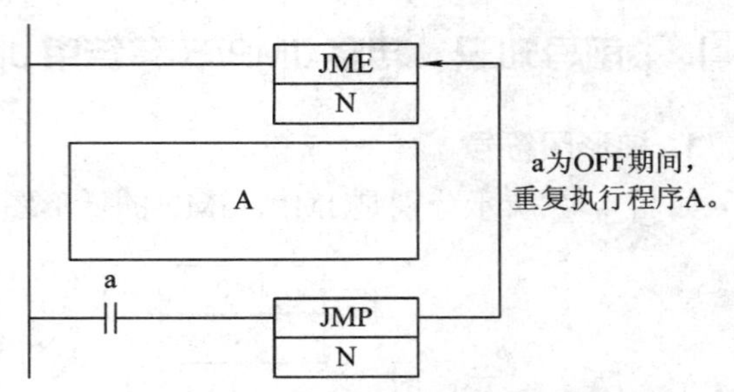

图 4-49　JMP、JME 应用梯形图(2)

4. 多个 JMP 共用 1 个 JME

多个 JMP 共用 1 个 JME 时，它们的跳转编号要一样，如图 4-50 是多个 JMP 共用 1 个 JME 的例子。当 a 为 ON 时，执行程序 A；当 a 为 OFF 时，跳过程序 A。当 b 为 ON 时，执行程序 B；当 b 为 OFF 时，跳过程序 B。

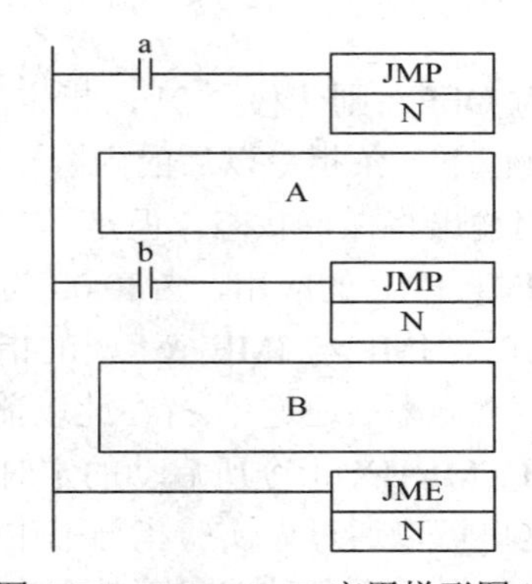

图 4-50　JMP、JME 应用梯形图(3)

5. 嵌套

跳转指令允许嵌套，如图 4-51 是 JMP、JME 指令的嵌套使用。当 a 为 ON、b 为 ON 时，执行程序 A、B、C；当 a 为 ON、b 为 OFF 时，执行程序 A、C，跳过程序 B；当 a 为 OFF 时，跳过程序 A、B、C。

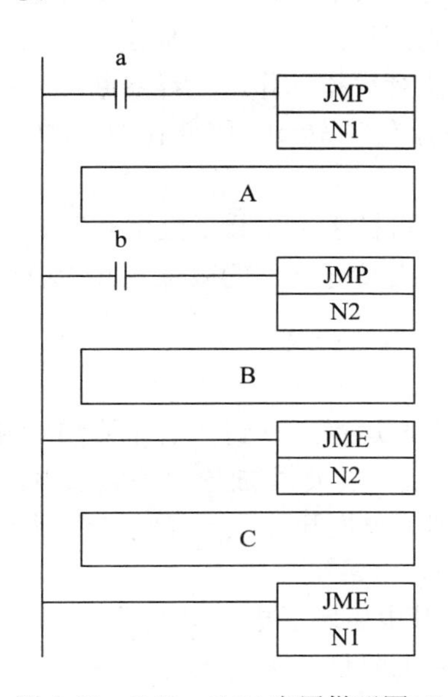

图 4-51　JMP、JME 应用梯形图(4)

任务内容

如图 4-52 所示为某物料搬运工作示意图：由传送带 A 将物料运至机械手处，机械手将物料搬至传送带 B，由传送带 B 将物料运走。

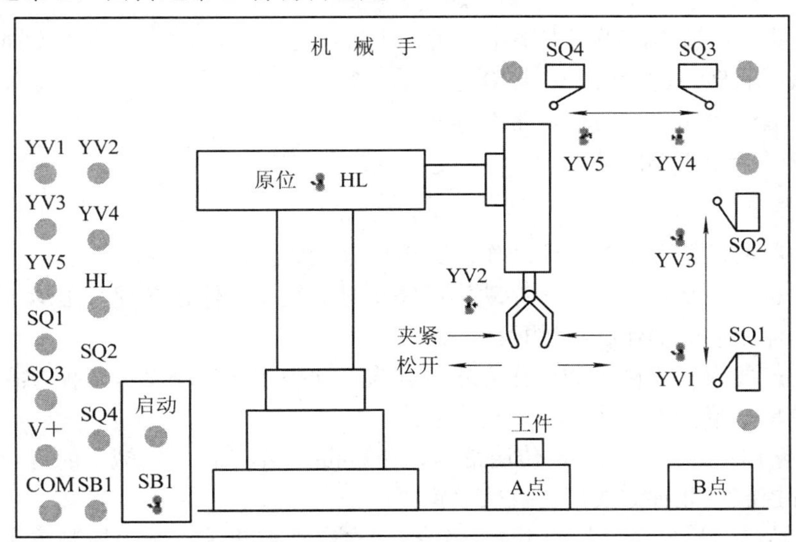

图 4-52　某物料搬运工作示意图

1. 机械结构

机械手的全部动作由气缸驱动，而气缸又由相应的电磁阀控制。其中，下降/上升和左转/右转分别由双线圈的三位电磁阀控制。当下降电磁阀通电时，机械手下降，若下降电磁阀断电，机械手停止下降，保持现有的动作状态。当上升电磁阀通电时，机械手上升。同样，左转/右转也是由对应的电磁阀控制的。夹紧/放松则是由单线圈的二位电磁阀控制气缸的运动来实现，当线圈通电时执行放松动作，当线圈断电时执行夹紧动作，并且要求只有当机械手处于上限位时才能进行左/右转动，因此在左/右转动时使用了上限条件作为联锁保护。

为了保证机械手动作准确，机械手上安装了限位开关 SQ1、SQ2、SQ3、SQ4，分别对机械手进行下降、上升、左转、右转等动作的限位，并给出动作到位的信号。

2. 工艺过程

从原点开始：

(1) 按下启动按钮，传送带 A 运行，直到光电开关 SP 检测到物体才停止；

(2) 光电开关动作，下降电磁阀及夹紧/放松电磁阀通电，机械手下降并保持松开状态；

(3) 机械手下降到位，碰到下限位开关，下降电磁阀断电，下降停止，同时夹紧/放松电磁阀断电，机械手夹紧；

(4) 机械手夹紧 2 s 后，上升电磁阀通电，机械手上升，同时机械手保持夹紧；

(5) 机械手上升到位，碰到上限位开关，上升电磁阀断电，上升停止，同时接通左转电磁阀，机械手左转；

(6) 机械手左转到位，碰到左限位开关，左转电磁阀断电，左转停止，同时接通下降电磁阀，机械手下降；

(7) 机械手下降到位，碰到下限位开关，下降电磁阀断电，下降停止，同时夹紧/放松电磁阀通电，机械手放松；

(8) 机械手放松 2 s 后，上升电磁阀通电，机械手上升；

(9) 机械手上升到位，碰到上限位开关，上升电磁阀断电，上升停止，同时接通右转电磁阀，机械手右转，此阶段传送带 B 也开始运行，右转到原点，碰到右限位开关，右转电磁阀断电，右转停止，同时传送带 B 也停止。

由此完成了一个周期的动作。

3. 控制要求

机械手按照要求按一定的顺序动作，其动作流程如图 4-53 所示。

启动时，机械手从原点开始顺序动作；停止时，机械手停止在现行工步上；重新启动后，机械手按停止前的动作继续进行。

为满足生产要求，机械手的操作方式可分为手动操作和自动操作两种方式。自动操作方式又分为单步、单周期和连续周期操作方式。

(1) 手动操作：在此方式下，传送带 A、传送带 B 不动作，机械手的每一步动作用单独的按钮进行控制，此种方式可使机械手置原位。

(2) 单步操作：机械手从原点开始，每按一次启动按钮，机械手控制系统完成一步动作后自动停止。

(3) 单周期操作：机械手从原点开始，按一下启动按钮，机械手控制系统自动完成一个周期的动作后停止。

(4) 连续周期操作：机械手从原点开始，按一下启动按钮，机械手控制系统动作将自动地、连续不断地周期性循环。

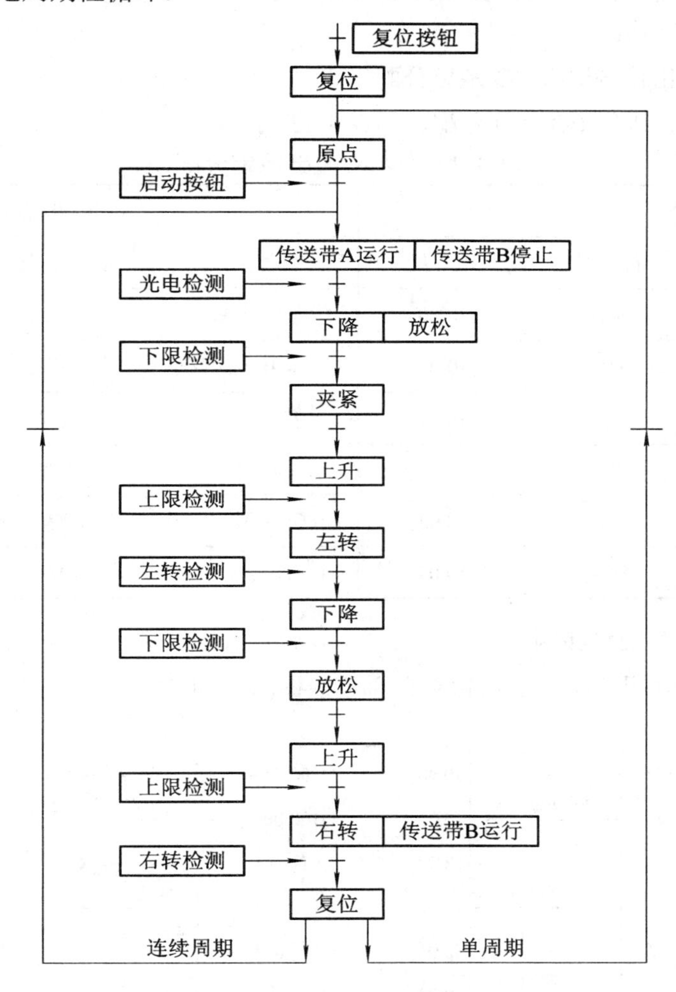

图 4-53　机械手的动作流程图

在周期操作方式下，若按一下停止按钮，则机械手动作停止，并保持当前状态。重新启动后，机械手按停止前的动作继续工作。

在连续周期操作方式下，若按一下复位按钮，则机械手将继续完成一个周期的动作后，回到原点自动停止。按下启动按钮解除复位，再重新启动后机械手继续自动周期性循环。

任务实施

1. 分析控制要求，确定输入/输出设备

通过对控制要求的分析，可知系统为开关量顺序控制系统。可以归纳出它具有 15 个输

入设备，用于产生输入控制信号，即启动按钮、停止按钮、复位按钮、下降按钮、上升按钮、左转按钮、右转按钮、夹紧按钮、放松按钮、下限位开关、上限位开关、左限位开关、右限位开关、光电开关和模式选择开关(4 档位转换开关)；8 个输出设备，即下降电磁阀、上升电磁阀、左转电磁阀、右转电磁阀、夹紧/放松电磁阀、原点显示指示灯、传送带 A 电动机和传送带 B 电动机。

2．对输入/输出设备进行 I/O 地址分配

根据 I/O 个数，进行 I/O 地址分配，如表 4-13 所示。

表 4-13　输入/输出地址分配

输入设备			输出设备		
名　称	符　号	地　址	名　称	符　号	地　址
启动按钮	SB1	I0.00	下降电磁阀	YV1	Q100.00
停止按钮	SB2	I0.05	上升电磁阀	YV2	Q100.01
下限位开关	SQ1	I0.01	右移电磁阀	YV3	Q100.02
上限位开关	SQ2	I0.02	左移电磁阀	YV4	Q100.03
左限位开关	SQ3	I0.03	放松/夹紧电磁阀	YV5	Q100.04
右限位开关	SQ4	I0.04	原点显示	HL	Q100.05

3．绘制 PLC 外部接线图

根据 I/O 地址分配结果，绘制 PLC 外部接线图(如图 4-54)。

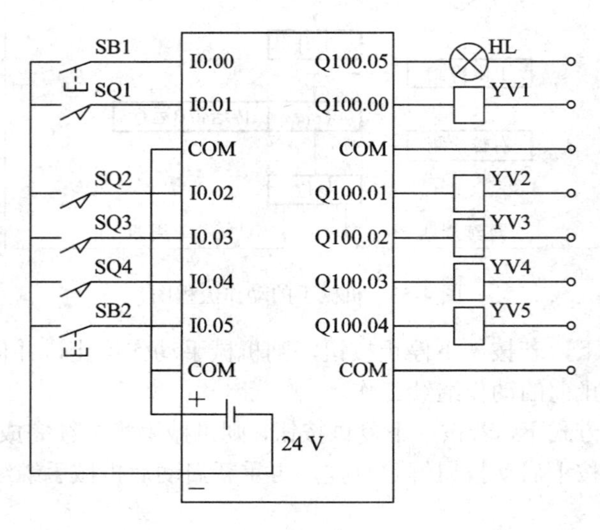

图 4-54　机械手的 PLC 外部接线图.

4．PLC 程序设计

机械手控制程序的梯形图如图 4-55 所示。

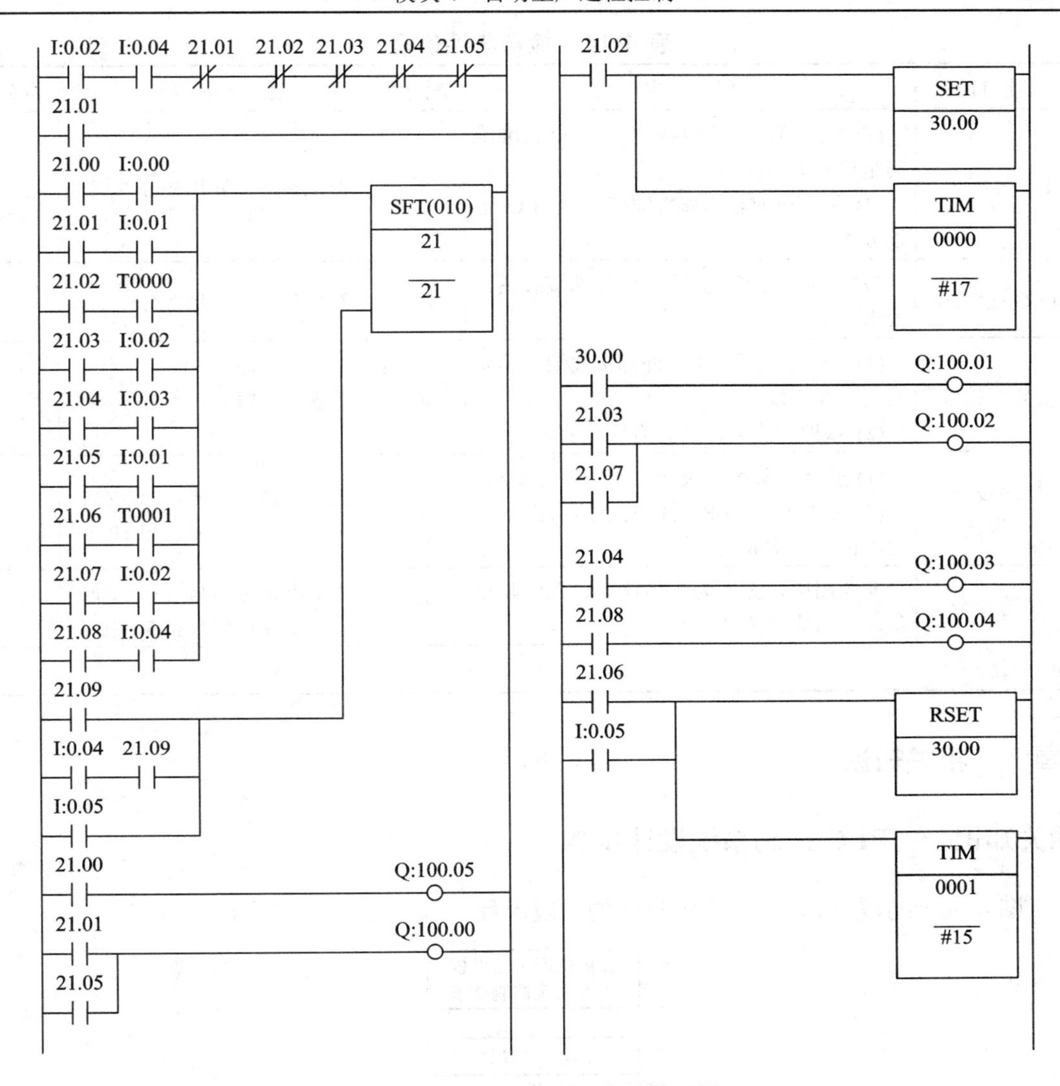

图 4-55　机械手控制程序的梯形图

5．安装配线

按照图 4-54 进行配线，安装方法及要求与继电器控制电路相同。

6．运行调试

(1) 在断电状态下，连接好 PC/PPI 电缆。

(2) 运行 CX-P 编程软件，设置通信参数。

(3) 编写控制程序，编译并下载程序文件到 PLC。

(4) 启动并运行程序，观察实验现象。

检查评价

在规定时间内完成任务，各组自我评价并进行展示，各组之间根据评价表进行检查。检查与评价表如表 4-14 所示。

表 4-14 检查与评价表

项 目	要 求	配分	评 分 标 准	得分
I/O 分配表	(1) 能正确分析控制要求，完整、准确确定输入/输出设备。 (2) 能正确对输入/输出设备进行 I/O 地址分配	20	不完整，每处扣 2 分	
PLC 接线图	按照 I/O 分配表绘制 PLC 外部接线图，要求完整、美观	10	不规范，每处扣 2 分	
安装与接线	(1) 能正确进行 PLC 外部接线图正确安装元件及接线。 (2) 线路安全简洁，符合工艺要求	30	不规范，每处扣 5 分	
程序设计与调试	(1) 程序设计简洁易读，符合任务要求。 (2) 在保证人身和设备安全的前提下，通电试车一次成功	30	第一次试车不成功扣 5 分； 第二次试车不成功扣 10 分	
文明安全	安全用电，无人为损坏仪器、元件和设备，小组成员团结协作	10	成员不积极参与，扣 5 分； 违反文明操作规程扣 5～10 分	
总　分				

相关知识

相关知识一　PLC 控制系统设计步骤

图 4-56 所示为 PLC 控制系统设计的一般流程。具体内容如下所述。

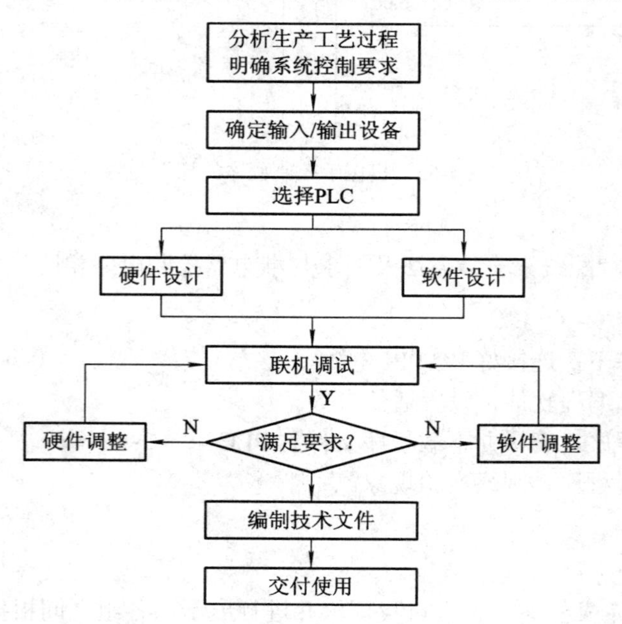

图 4-56　PLC 控制系统设计的一般流程

1. 分析被控对象

分析被控对象的工艺过程及工作特点，了解被控对象的全部功能，设备内部机械、液压、气动、仪表、电气几大系统之间的关系，PLC 与其他智能设备(如其他 PLC、计算机、变频器、工业电视、机器人)之间的关系，PLC 是否需要通信联网，需要显示哪些数据及显示的方法等，从而确定被控对象对 PLC 控制系统的控制要求。

此外，在这一阶段还应确定哪些信号需要输入给 PLC，哪些负载由 PLC 驱动，分类统计出各输入量和输出量的性质，确定是数字量还是模拟量，是直流量还是交流量，以及电压的等级，并考虑需要设置什么样的操作员接口，如是否需要设置人机界面或上位计算机操作员接口。

2. 确定输入/输出设备

根据系统的控制要求，确定系统所需的输入设备(如按钮、位置开关、转换开关等)和输出设备(如接触器、电磁阀、信号指示灯等)。据此确定 PLC 的 I/O 点数。

3. 选择 PLC

该步骤包括 PLC 的机型、容量、I/O 模块、电源和其他扩展模块的选择。

4. 分配 I/O 点

分配 PLC 的 I/O 点，画出 PLC 的 I/O 端子与输入/输出设备的连接图或对应表(可结合第 2 步进行)

5. 设计控制程序

PLC 程序设计的一般步骤如下：

(1) 对于较复杂的系统，需要绘制系统功能图(对于简单的控制系统可省去这一步)；

(2) 设计梯形图程序；

(3) 根据梯形图编写语句表程序清单；

(4) 对程序进行模拟调试及修改，直到满足控制要求为止，调试过程中，可采用分段调试的方法，并利用监控功能。

6. 硬件设计及现场施工

硬件设计及现场施工的步骤如下：

(1) 设计控制柜及操作面板、电器布置图及安装接线图；

(2) 设计控制系统各部分的电气互联图；

(3) 根据图纸进行现场接线，并检查。

7. 联机调试

联机调试是指将模拟调试通过的程序进行在线统调。开始时，先带上输出设备(接触器线圈、信号指示灯等)，不带负载进行调试。应利用监控功能，采用分段调试的方法进行。待各部分都调试正常后，再带上实际负载运行。如不符合要求，则对硬件和程序进行调整。通常只需修改部分程序即可。

全部调试完毕后，交付试运行。经过一段时间运行，如果工作正常、程序不需要修改，应将程序永久保存到 EEPROM 中，以防程序丢失。

8. 整理技术文件

系统交付使用后，应根据调试的最终结果整理出完整的技术文件，并提供给用户，以利于系统的维修和改进。技术文件应包括：

(1) PLC 的外部接线图和其他电气图纸；

(2) PLC 的编程元件表，包括程序中使用的输入/输出位、存储器位和定时器、计数器、顺序控制继电器等的地址、名称、功能，以及定时器、计数器的设定位等；

(3) 顺序功能图、带注释的梯形图和必要的总体文字说明。

相关知识二 PLC 的选型与硬件配置

PLC 的品种繁多，其结构形式、性能、容量、指令系统、编程方式、价格等各有不同，适用的场合也各有侧重。因此，合理选择 PLC，对于提高 PLC 控制系统技术、经济指标有着重要意义。

下面从 PLC 的机型选择、容量选择、I/O 模块选择、电源模块选择等方面分别加以介绍。

1. PLC 的机型选择

机型选择的基本原则是在满足功能要求及保证可靠、维护方便的前提下，力争最佳的性能价格比。

(1) 合理的结构形式。整体式 PLC 的每一个 I/O 点的平均价格比模块式的便宜，且体积相对较小，因此一般用于系统工艺过程较为固定的小型控制系统中；而模块式 PLC 的功能扩展灵活方便，I/O 点数量、输入点数与输出点数的比例、I/O 模块的种类等方面的选择余地大，维修时只需更换模块，判断故障的范围也很方便。因此，模块式 PLC 一般用于较复杂系统和环境差(维修量大)的场合。

(2) 安装方式的选择。根据 PLC 的安装方式，PLC 控制系统分为集中式、远程 I/O 式和多台 PLC 联网的分布式。集中式不需要设置驱动远程 I/O 硬件，系统反应快、成本低。大型系统经常采用远程 I/O 式，因为它们的装置分布范围很广。远程 I/O 可以分散安装在 I/O 装置附近，I/O 连线比集中式的短，但需要增设驱动器和远程 I/O 电源。多台 PLC 联网的分布式适用于多台设备分别独立控制，又要相互联系的场合，可选用小型 PLC，但必须要附加通信模块。

(3) 相当的功能要求。一般小型(低档)PLC 具有逻辑运算、定时、计数等功能，对于只需要开关量控制的设备都可满足控制要求；对于以开关量控制为主，带少量模拟量控制的系统，可选用能带 A/D 和 D/A 转换单元、具有加减算术运算、数据传送功能的增强型低档 PLC；对于控制较复杂，要求实现 PID 运算、闭环控制、通信联网等功能的，可视控制规模大小及复杂程度，选用中档或高档 PLC，但价格一般较贵。

(4) 响应速度的要求。PLC 的扫描工作方式引起的延迟可达 2～3 个扫描周期。对于大多数应用场合来说，PLC 的响应速度都可以满足要求，这不是主要问题。然而对于某些个别场合，则要求考虑 PLC 的响应速度。为了减少 PLC 的 I/O 响应的延迟时间，既可以选用扫描速度高的 PLC，也可以选用具有高速 I/O 处理功能指令的 PLC，还可以选用具有快速响应模块和中断输入模块的 PLC 等。

(5) 系统可靠性的要求。对于一般系统，PLC 的可靠性均能满足；对可靠性要求很高的系统，则应考虑是否采用冗余控制系统或热备用系统。

(6) 机型统一。一个企业，应尽量做到 PLC 的机型统一。这是因为同一机型的 PLC，其模块可互为备用，便于备品备件的采购和管理；同一机型的 PLC，其功能和编程方法相同，有利于技术力量的培训和技术水平的提高；同一机型的 PLC，其外围设备通用，资源可共享，易于联网通信，配上位计算机后易于形成一个多级分布式控制系统。

2. PLC 的容量选择

PLC 的容量包括 I/O 点数和用户程序存储容量两个方面。

(1) I/O 点数。PLC 的 I/O 点的价格还比较高，因此应该合理选用 PLC 的 I/O 点的数量。在满足控制要求的前提下力争使用的 I/O 点最少，但必须留有一定的备用量。通常 I/O 点数是根据被控对象的输入、输出信号的实际需要，再加上 10%～15%的备用量来确定的。不同机型的 PLC 输入与输出点的比例不同，选择时应在保证输入、输出点都够用的情况下，使输入、输出点都不会节余很多。有时，选择较少点数的主机加扩展模块可以比直接选择较多点数的主机更为经济。

(2) 用户程序存储容量。用户程序存储容量是指 PLC 用于存储用户程序的存储器容量，其大小由用户程序的长短决定。

它一般可按下式估算，再按实际需要留适当的余量(26%～30%)来选择。

$$存储容量 = 开关量\ I/O\ 点总数 \times 10 + 模拟量通道数 \times 100$$

绝大部分 PLC 均能满足上式的要求。特别要注意的是：当控制较复杂、数据处理量大时，可能会出现存储容量不够的问题，这时应特殊对待。

3. I/O 模块的选择

一般 I/O 模块的价格占 PLC 价格的一半以上。不同的 I/O 模块，其电路及功能也不相同，直接影响 PLC 的应用范围和价格。

4. 电源模块及其他外设的选择

(1) 电源模块的选择。电源模块的选择较为简单，只需要考虑电源的额定输出电流即可。电源模块的额定电流必须大于 CPU 模块、I/O 模块及其他模块的总消耗电流。电源模块选择仅针对模块式结构的 PLC 而言，对于整体式 PLC 不存在电源的选择。

(2) 编程器的选择。对于小型控制系统或不需要在线编程的系统，一般选用价格便宜的简易编程器。对于由中、高档 PLC 构成的复杂系统或需要在线编程的 PLC 系统，可以选配功能强、编程方便的智能编程器，但智能编程器价格较贵。如果有个人计算机，则可以选用 PLC 的编程软件包，在个人计算机上实现编程器的功能。

(3) 写入器的选择。为了防止因干扰、锂电池电压变化等原因破坏 RAM 的用户程序，可选用 EEPROM 写入器，通过它将用户程序固化在 EEPROM 中。现在有些 PLC 或其编程器本身就具有 EEPROM 写入器的功能。

技能训练

如图 4-57 所示为洗车控制系统布置图，系统设置有“自动”和“手动”两种控制方式，能够实现对汽车自动或手动清洗。

图 4-57　洗车控制系统

洗车过程包含 3 道工序：泡沫清洗、清水冲洗和风干。

若选择开关 SA 置于“手动”方式，按启动按钮 SB1，则执行泡沫清洗；按冲洗按钮 SB2，则执行清水冲洗；按风干按钮 SB3，则执行风干；按结束按钮 SB4，则结束洗车作业。

若选择方式开关 SA 置于“自动”方式，按启动按钮，则自动执行洗车流程(泡沫清洗 20 s→清水冲洗 30 s→风干 15 s→结束→回到待洗状态)。

洗车过程结束需响铃提示，任何时候按下停止按钮 SB5，将立即停止洗车作业 。

任务要求如下：

(1) 确定 PLC 的输入/输出设备，并进行 I/O 地址分配。

(2) 编写 PLC 控制程序，要求采用子程序结构。

(3) 进行 PLC 接线并联机调试。

? 思考练习

1．哪些情况下需要使用子程序？

2．每个扫描周期都会执行子程序吗？

3．同一编程元件是否可以出现在不同的子程序中？

4．在 CP 系列 PLC 中如何实现子程序的无条件调用？

5．停止调用子程序后，它控制的编程元件处于什么状态？

6．采用功能图设计 PLC 梯形图的几种方式各有什么特点？

7．有三台电动机 M1、M2、M3，在手动操作方式下分别用每个电动机各自的启/停按钮控制其启/停状态；在自动操作方式下按下启动按钮，M1～M3 每隔 5 s 依次启动；按下停止按钮，M1～M3 同时停止。试用带参数的子程序调用结构实现 PLC 程序控制。

8．送料车运行如图 4-58 所示，该车由电动机拖动，电动机正转，车子前进，电动机反转，车子后退。对送料车的控制要求如下：

(1) 单周工作方式：每按动送料按钮，预先装满料的车子便自动前进，到达卸料处(SQ2)自动停下来卸料，经延时 $t1$ 时间后，卸料完毕，车子自动返回装料处(SQ1)，装满料待命。

再按动送料按钮，重复上述过程。

(2) 自动循环方式：要求车子在装料处装满料后就自动前进送料，即延时 $t2$ 装满料后，不需等按动送料按钮，车子再次前进，重复上述过程，实现送料车自动送料。

试采用多种程序结构编制满足要求的 PLC 程序。

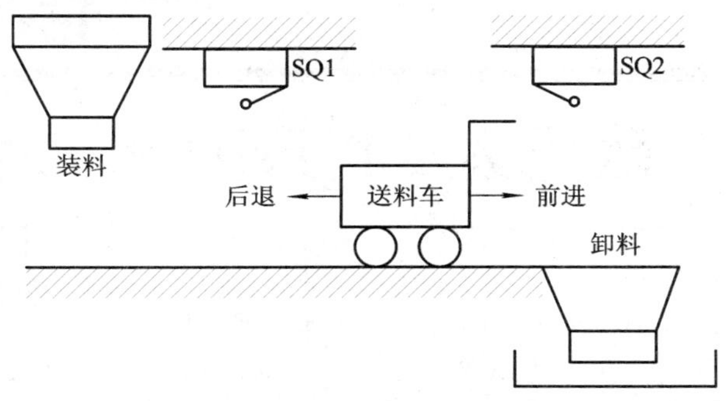

图 4-58　运料车运行

9．某生产自动线如图 4-59 所示，有一小车用电动机拖动，电动机正转，小车前进；电动机反转，小车后退。要求在第一次信号来后小车前进，碰到限位开关 A 后后退，退到原位 0 就停止；当第二次信号来后再前进，碰到限位开关 B 后后退，退到原位 0 才停止；当第三次信号来后又前进，碰到限位开关 C 后后退，退到原位 0 才停止；第四次信号来后又前进，碰到限位开关 D 后后退，退到原位 0 才停止；第五次信号来后，又和第一次信号来时情况一样，碰到限位开关 A 后就后退，如此循环往复。试编写 PLC 控制程序。

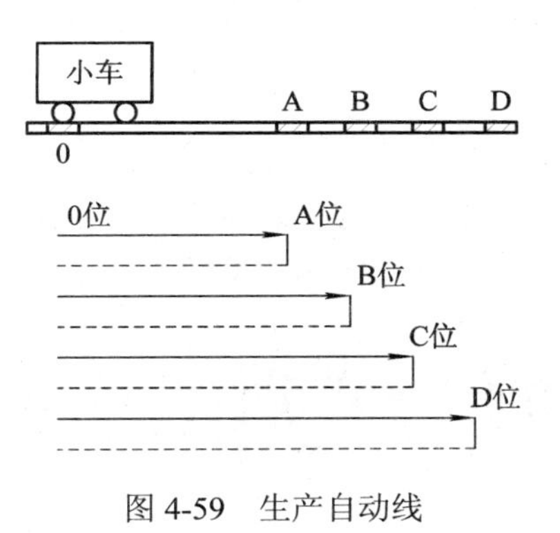

图 4-59　生产自动线

模块 5

欧姆龙 CP 系列 PLC 拓展应用

在当今的工业界，只要涉及控制的地方，都离不开 PLC 这个大脑，简单地讲，PLC 的使用可大概分为两个领域：其一为以单机控制为主的一切设备自动化领域，比如：包装机械、印刷机械、纺织机械、注塑机械、自动焊接设备、隧道盾构设备、水处理设备、切割、多轴磨床、冶金行业的辊压、连铸机械等。这些设备的所有动作、加工都需要靠依据工艺设定在 PLC 内的程序来指导执行和完成，就如人的大脑；其二为以过程控制为主的流程自动化行业，比如污水处理、自来水处理、楼宇控制、火电主控、辅控、水电主控、冶金行业、太阳能、水泥、石油、石化、铁路交通等。这些行业所有设备的连续生产运行，总存在许多的监控点和大量的实时参数，而要监视、控制和采集这些流程参数及相关的工艺设备，也必须依靠 PLC 这个大脑来完成，当然传统叫法也有叫 DCS，尽管设计之初的理念不一样，但现在的技术路线已逐渐融合。

学习目标

通过 4 项与本模块相关的任务的实施，在熟练掌握前述各种 PLC 指令及控制程序设计方法、原则、步骤、技巧等的基础上，掌握 PLC 在工业控制系统方面的应用设计。

任务 5.1　水塔水位控制程序设计

任务目标

(1) 掌握逻辑条件类指令编程。
(2) 掌握定时器指令编程。
(3) 掌握水塔水位控制程序设计。

相关知识

相关知识一　逻辑条件类指令编程

1. 基本逻辑指令的练习

(1) 用笔把图 5-1 及图 5-2 梯形图程序的助记符写在纸上。

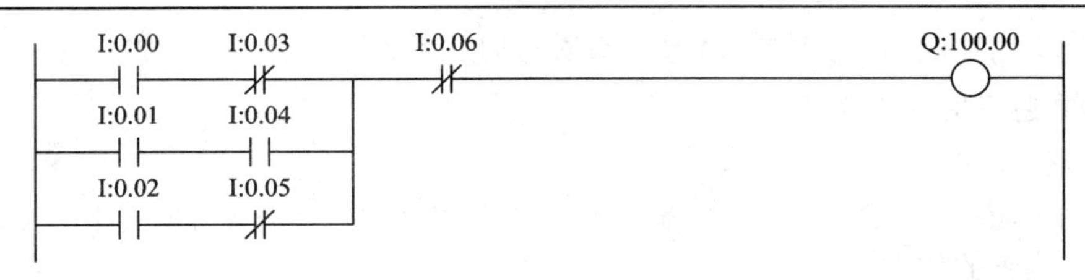

图 5-1　梯形图程序(1)

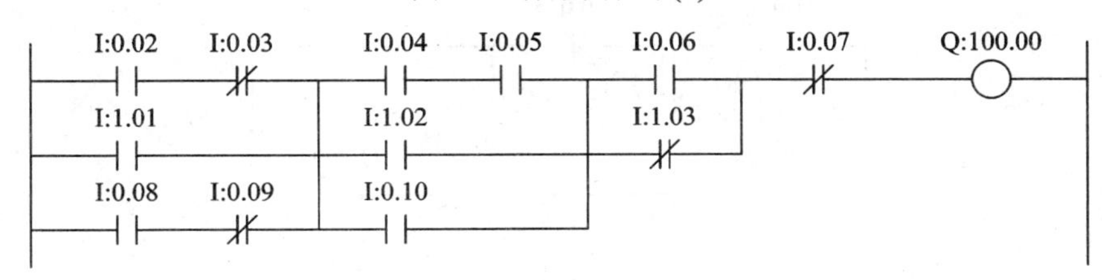

图 5-2　梯形图程序(2)

(2) 把以上的两个梯形图分别在 CP-X 里编辑出来。在编辑时要注意如何插入一列、一行，如何插入一条等操作。同时要学会一些相关的设置，用鼠标点击菜单里的“工具”→“选项”，弹出如图 5-3 的设置窗口。

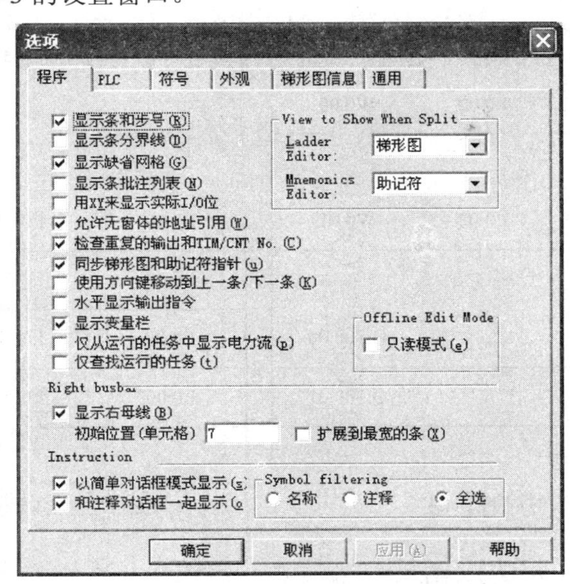

图 5-3　PLC 程序设置选项卡

(3) 梯形图编辑完毕后，分别查看它们的助记符程序，对比看看你写的是否正确。查看助符的办法是用鼠标点击“查看”工具栏上的“查看记忆”即可，如图 5-4 所示。

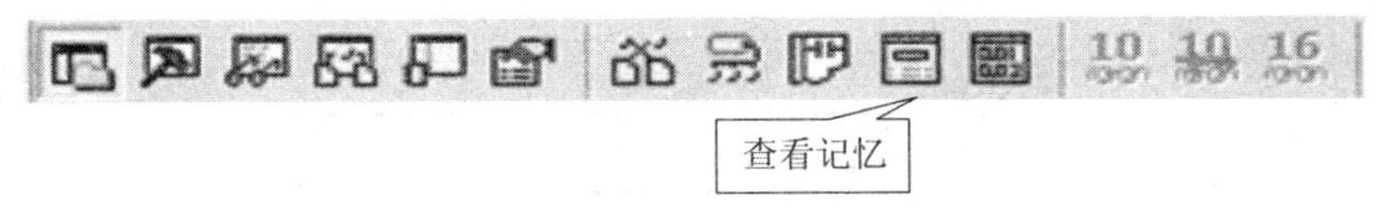

图 5-4　PLC 程序查看工具栏

(4) 把其中的一个梯形图下载到 PLC 中，并运行监视程序的运行状态。

(5) 模拟在线工作，对比在线工作，看看它们有什么异同。

2. 基本逻辑指令的应用

1) 自锁(保持)

自锁梯形图程序如图 5-5 所示，输入点 0.00 为点动输入。请先分析一下，然后运行该程序，观察自锁的作用。

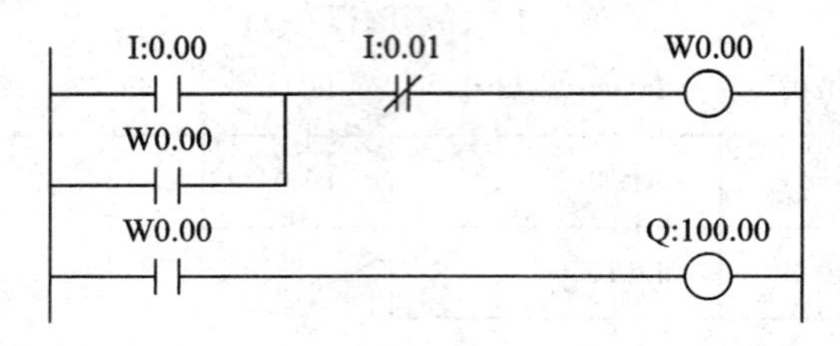

图 5-5　自锁梯形图

2) 互锁(优先)

互锁梯形图程序如图 5-6 所示，输入点 0.00、0.01 为点动输入。请先分析一下，然后运行该程序，观察互锁的作用。

3) 2-4 译码器

2-4 译码器梯形图程序如图 5-7 所示。请运行该程序，观察它的功能。

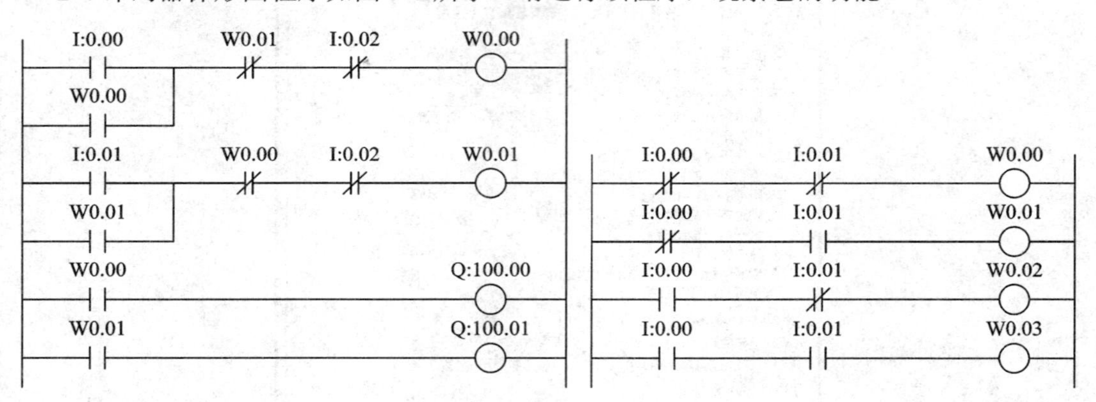

图 5-6　互锁梯形图　　　　图 5-7　2-4 译码器梯形图

相关知识二　定时器指令编程

1. 通电延时控制程序

(1) 控制要求：利用计时器指令编程实现输入/输出信号波形如图 5-8 所示的程序。

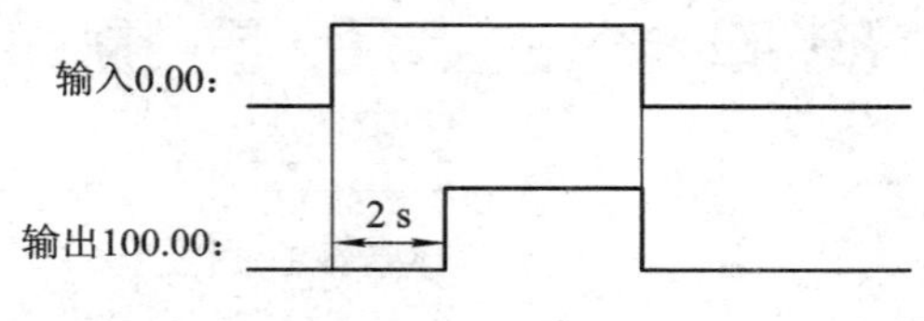

图 5-8　通电延时时序图

(2) 参考程序如图5-9所示。

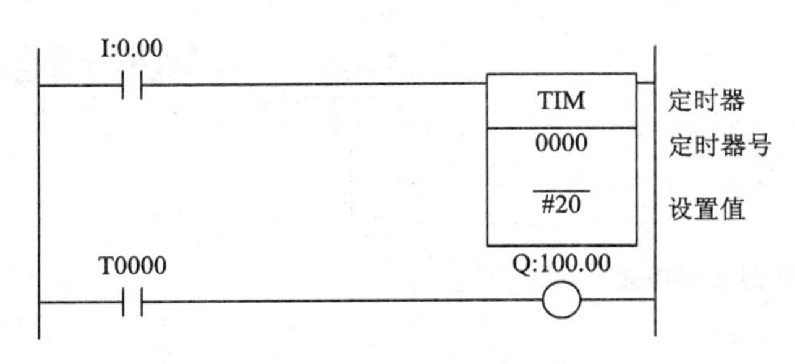

图5-9　通电延时梯形图

(3) 把程序下载到PLC中，然后选择“操作模式”为“监视”，运行程序，这时你可能会观察到计时器的当前值是以十六进制显示的，如图5-10椭圆圈内所示。如果要以十进制显示，则用鼠标点击菜单的“视图”→“监视数据类型”→“十进制”，如图5-11所示。再运行观察程序，你会发现计时器的当前值变为以十进制显示了，如图5-12椭圆圈内所示。

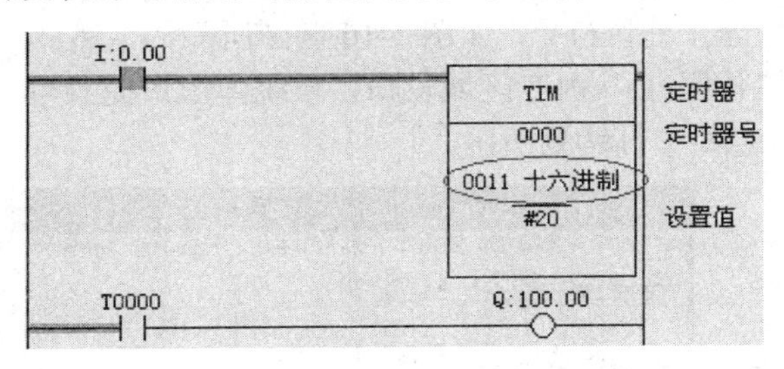

图5-10　计时器当前值以十六进制显示

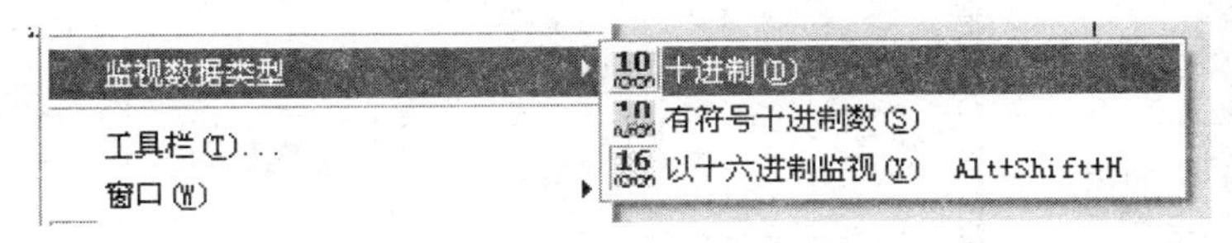

图5-11　设置以十进制显示

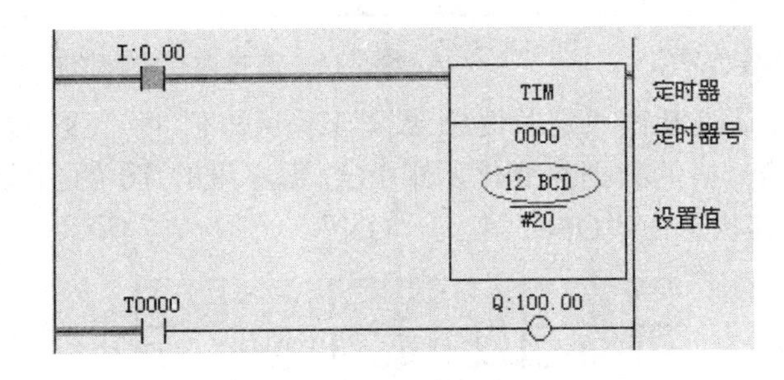

图5-12　计时器当前值以十进制显示

(4) 查找地址。如果程序很长，查找所要的地址将是一项繁重的工作，但我们可以用下面的方法来快速地找到所要找的地址。用鼠标右键点击梯形图编辑区域，系统弹出快捷菜单，如图5-13所示，然后用鼠标点击“查找位地址”项，这时系统弹出查找地址的对话框，如图5-14所示，输入要查找的地址，然后点击“查找下一个”按钮，如果所要查找的地址在程序中存在，就可以找到，如图中双箭头线所示。

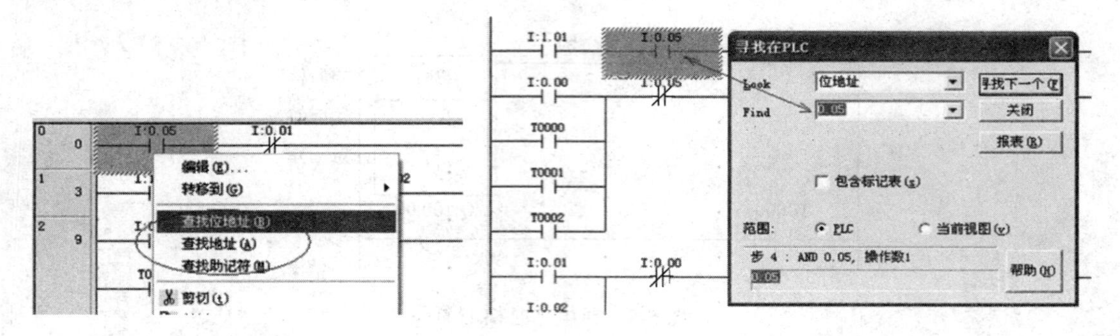

图 5-13　快捷菜单　　　　图 5-14　查找位地址

(5) 对计时器进行内存跟踪监视。对计时器进行内存跟踪监视的操作方法是用鼠标点击“工程工作区”的“内存”选项，如图 5-15 所示。系统弹出“PLC 内存”窗口。在窗口的最右边“数据工作区”内显示出 PLC 的 CPU 型号(CP1H-XA)及各内存存储区域的名称。我们选择“定时器/计数器工作区(T)”，如图 5-16 椭圆所圈的，然后再用鼠标右键单击已打开的“定时器/计数器工作区(T)”内存区域窗口，系统弹出快捷菜单，点击快捷菜单的“在线”→“监视”，如图 5-16 中打钩处所示。

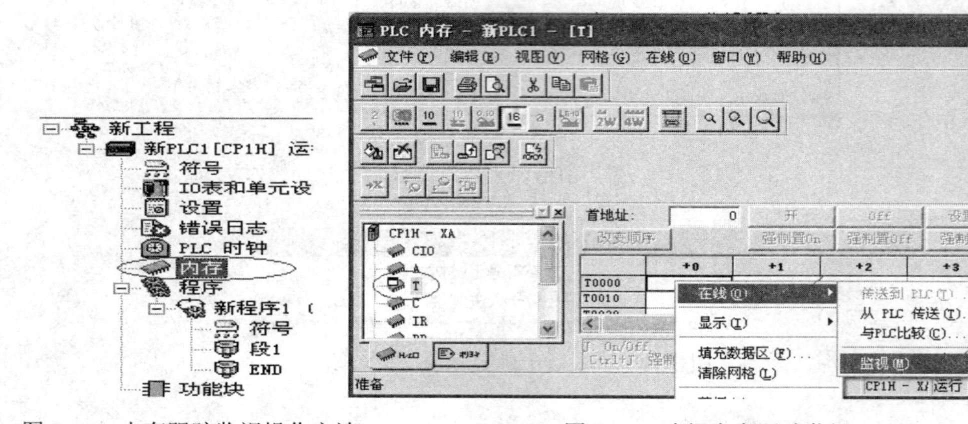

图 5-15　内存跟踪监视操作方法　　　　图 5-16　选择内存跟踪监视

运行 PLC 程序，认真观察“定时器/计数器工作区(T)”内存区域窗口里数据的变化，这里你会发现 T0 的第一格的数据在变化，跟 PLC 程序里的 T0 的当前值是一致的，当 T0 的当前值为 0 时，则其状态由“OFF”变为“ON”，如图 5-17 所示。

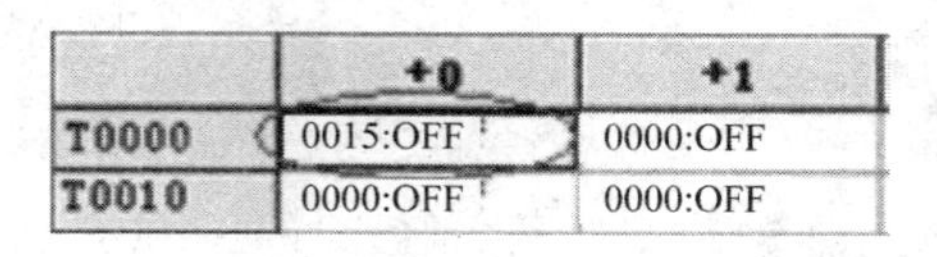

	+0	+1
T0000	0015:OFF	0000:OFF
T0010	0000:OFF	0000:OFF

图 5-17　进行内存跟踪监视

2. 断电延时控制程序

(1) 控制要求：利用计时器指令编程实现输入/输出信号波形图如图 5-18 所示的程序。

(2) 参考程序如图 5-19 所示。

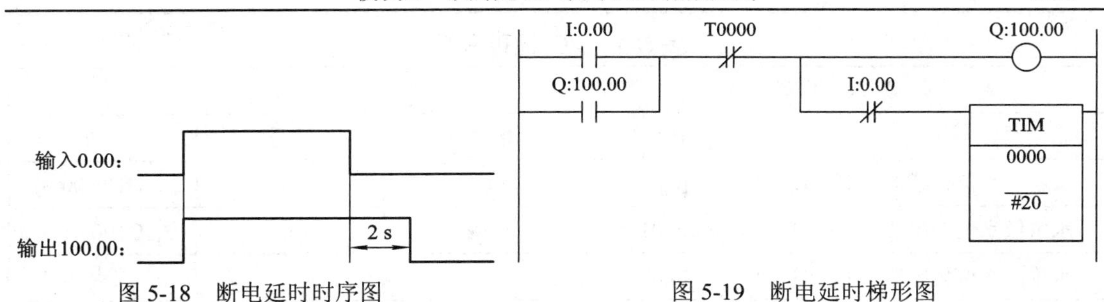

图 5-18　断电延时时序图　　　　图 5-19　断电延时梯形图

任务内容

当水池水位低于水池低水位界(S4 为 ON)，阀 Y 打开进水(Y 为 ON)，定时器开始定时，4 s 后，如果 S4 还不为 OFF，那么阀 Y 指示灯闪烁，表示阀 Y 没有进水，出现故障，S3 为 ON 后，阀 Y 关闭(Y 为 OFF)。当 S4 为 OFF，且水塔水位低于水塔低水位界时 S2 为 ON，电机 M 运转抽水。当水塔水位高于水塔高水位界时电机 M 停止。

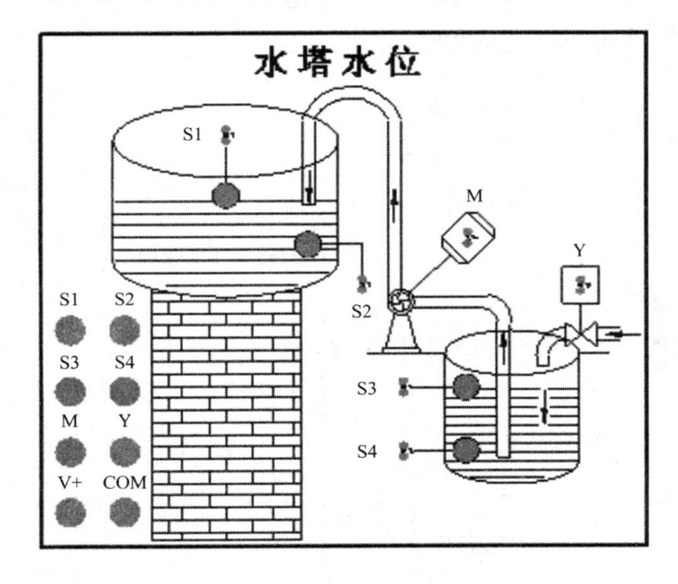

图 5-20　水塔水位示意图

任务实施

1．分析控制要求，确定输入/输出设备

通过对水塔水位控制电路的分析，可以归纳出电路中出现了 4 个输入设备，即水塔高水位传感器 S1，水塔低水位传感器 S，水箱高水位传感器 S3，水箱低水位传感器 S4；2 个输出设备，即电机 M 和电磁阀 Y。

2．对输入/输出设备进行 I/O 地址分配

根据电路要求，I/O 地址分配如表 5-1 所示。

表 5-1　I/O 地址分配

输入设备			输出设备		
名　称	符号	地址	名　称	符号	地址
水塔高水位传感器	S1	I0.00	电机	M	Q100.00
水塔低水位传感器	S2	I0.01	电磁阀	Y	Q100.01
水箱高水位传感器	S3	I0.02			
水箱低水位传感器	S4	I0.03			

3．绘制 PLC 外部接线图

根据 I/O 地址分配结果，绘制 PLC 外部接线图，如图 5-21 所示。

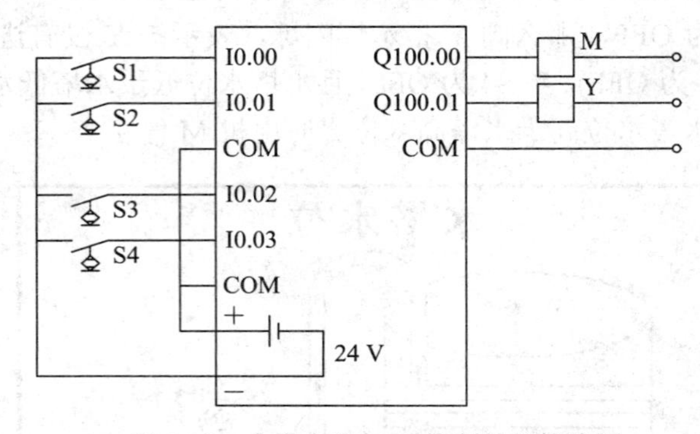

图 5-21　水塔水位 PLC 控制外部接线图

4．PLC 程序设计

根据控制电路的要求，设计 PLC 控制程序，如图 5-22 所示。

5．安装接线

按照图 5-21 所示进行接线。

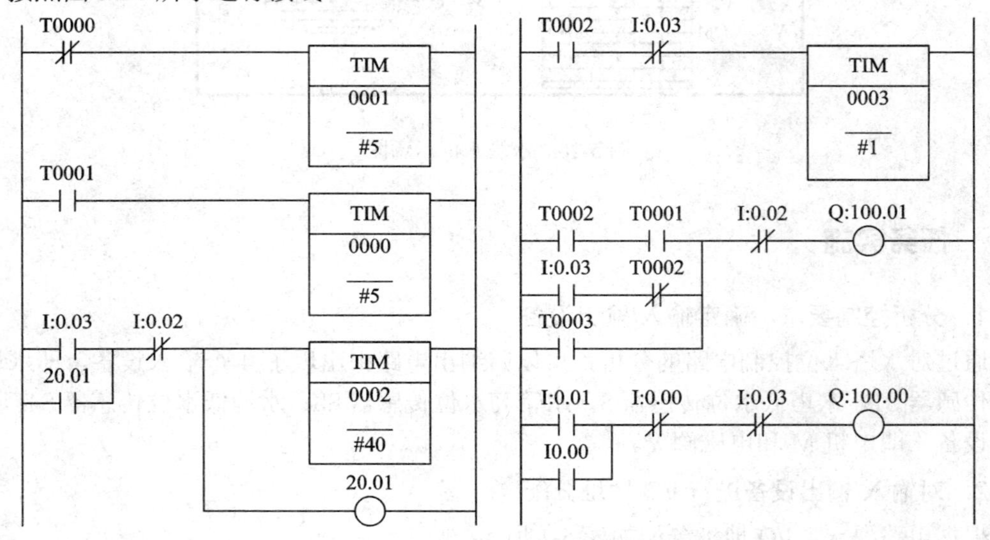

图 5-22　水塔水位控制电路的 PLC 控制程序

6．运行调试

(1) 在断电状态下，连接好PC/PPI电缆。

(2) 在作为编程器的PC上，运行CX-P编程软件，打开PLC的前盖，将运行模式开关拨到STOP位置，或者单击工具栏中的"STOP"按钮，此时PLC处于停止状态，可以进行程序输入或编写。

(3) 执行菜单命令"文件"→"新建"，生成一个新项目；执行菜单命令"文件"→"打开"，打开一个已有的项目；执行菜单命令"文件"→"另存为"，可以修改项目名称。

(4) 执行菜单命令"PLC"→"类型"，设置PLC型号。

(5) 设置通信参数。

(6) 编写控制程序。

(7) 单击工具栏的"编译"按钮或"全部编译"按钮来编译输入的程序。

(8) 下载程序文件到PLC。

(9) 将运行模式选择开关拨到RUN位置，或者单击工具栏的"RUN"按钮使PLC进入运行方式。

(10) 观察程序运行情况。

检查评价

在规定时间内完成任务，各组自我评价并进行展示，各组之间根据评价表进行检查。检查与评价表如表5-2所示。

表5-2　检查与评价表

项　目	要　　求	配　分	评 分 标 准	得　分
I/O分配表	(1) 能正确分析控制要求，完整、准确确定输入/输出设备。 (2) 能正确对输入/输出设备进行I/O地址分配	20	不完整，每处扣2分	
PLC接线图	按照I/O分配表绘制PLC外部接线图，要求完整、美观	10	不规范，每处扣2分	
安装与接线	(1) 能根据PLC外部接线图正确安装元件及接线 (2) 线路安全简洁，符合工艺要求	30	不规范，每处扣5分	
程序设计与调试	(1) 程序设计简洁易读，符合任务要求 (2) 在保证人身和设备安全的前提下，通电试车一次成功	30	第一次试车不成功扣5分；第二次试车不成功扣10分	
文明安全	安全用电，无人为损坏仪器、元件和设备，小组成员团结协作	10	成员不积极参与，扣5分；违反文明操作规程扣5～10分	
总　　分				

技能训练

1. 定时搅拌系统

定时搅拌系统如图 5-23 所示。该搅拌系统的动作过程为：初始状态是出料阀门 A 关闭，然后进料阀门 B 打开，开始进料，液面开始上升。当液面传感器 L1 的触点接通后，关闭进料阀门 B，搅拌机开始搅拌，搅拌 5 min 后。停止搅拌，打开出料阀门 A。当液面下降到传感器 L2 的触点断开时，关闭出料阀门 A，又重新打开进料阀门 B，开始进料，重复上述过程。要求选择 PLC 机型，进行 I/O 分配，设计梯形图程序。

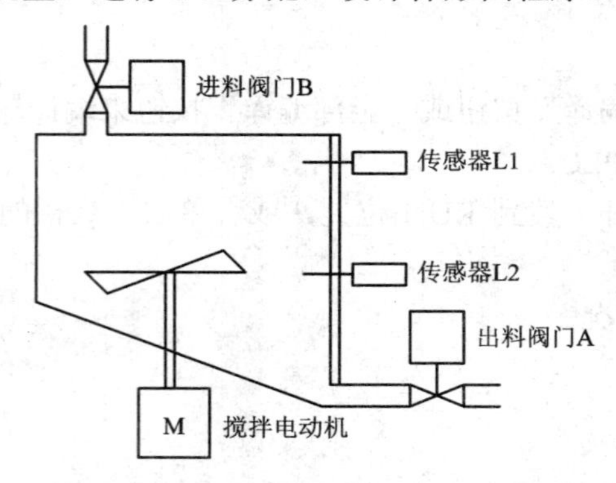

图 5-23　定时搅拌系统示意图

2. PLC 改造双速交流异步电动机自动变速控制电路

(1) 控制要求：将图 5-24 继电器双速交流异步电动机的自动变速控制电路改为 PLC 控制系统。

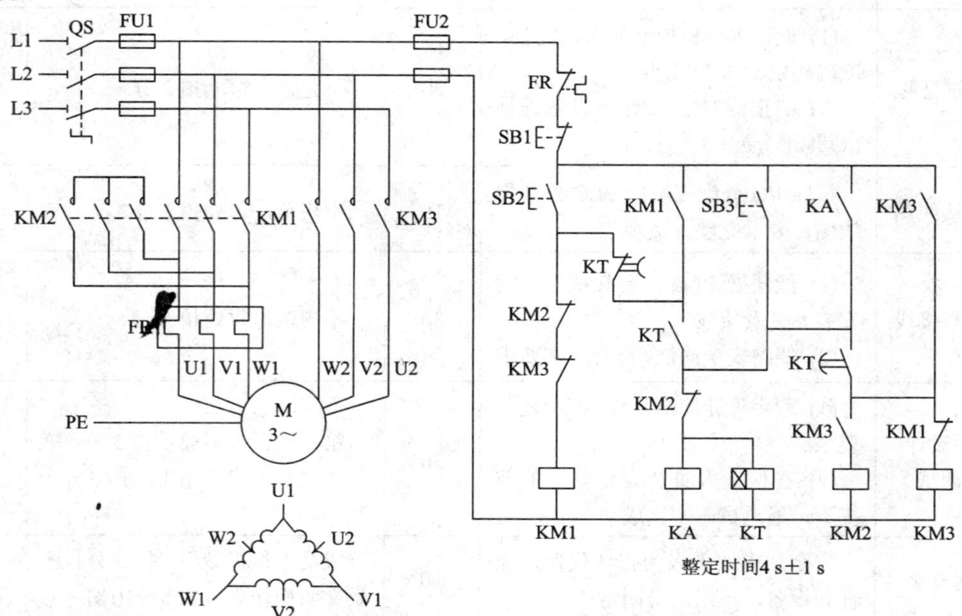

图 5-24　继电器双速交流异步电动机自动变速控制电路的主电路和控制电路

(2) 电路控制原理分析：该控制电路是通过控制电动机的绕组来改变电动机的运转速度的。当按下启动按钮 SB2 时，接触器 KM1 吸合，同时其常开触点闭合，三相异步电动机定子绕组接成三角形运转，此时启动按钮 SB3 因 KM1 和 KM2 及 KM3 互锁而无效，只有在停止按钮 SB1 按下后才有效。另一种启动方式是启动按钮 SB3 按下后(前提是 KM1 不得电)，中间继电器 KA 得电，同时自锁，对应的定时器触点 KT 瞬时导通，所以 KM1 闭合，因而构成三角形运转，同时定时器开始定时；定时时间到(整定时间就是定时时间 4 秒)，定时器的常闭触点动作，KM1 被断开，同时定时器的常开触点同时动作，接触器 KM2 和 KM3 相继闭合，电动机构成双星形运转，KM2 常闭触点动作，中间继电器 KA 失电，定时器复位；所以按钮 SB3 实现了异步电动机从低速向高速的过渡。电机热保护继电器为 FR，当电动机过载时，KM1～KM3 失电，电动机停车。

(3) 列出 I/O 分配表。

(4) 画出 PLC 的外部输入输出电路。

(5) 设计控制电路的梯形图程序。

任务 5.2　液体混合装置控制程序设计

任务目标

(1) 掌握保持、微分指令编程。

(2) 掌握计数器指令编程。

(3) 掌握液体混合装置控制程序设计。

相关知识

相关知识一　保持、微分指令编程

1. 保持指令的验证

把图 5-25 所示梯形图程序录入到 CP-X 编辑器中，然后下载到 PLC 中运行，观察中间继电器 W0.00 是如何由 OFF 转变为 ON 的，又是如何由 ON 转变为 OFF 的，画出输入端 I0.00、I0.01 及中间继电器 W0.00 的波形图。

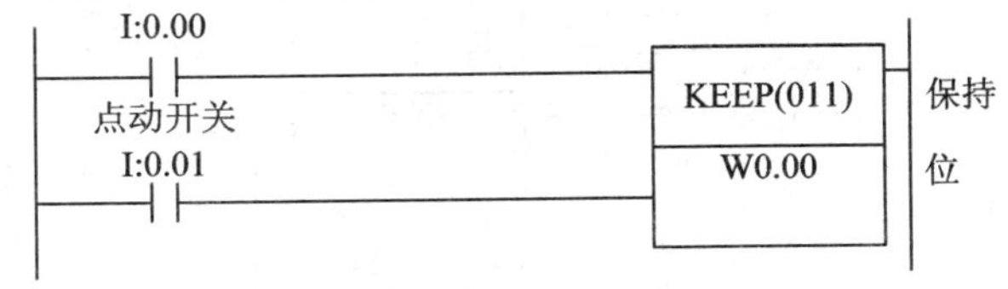

图 5-25　保持指令验证梯形图

2. 微分指令的验证

把图 5-26 所示梯形图程序录入到 CP-X 编辑器中，然后下载到 PLC 中运行，观察计数器 C0、C1、C2 的当前值是如何变化的，C0 与 C1 当前值的变化是否同步，画出输入端 I0.00、I0.01 及计数器 C0、C1、C2 的波形图。

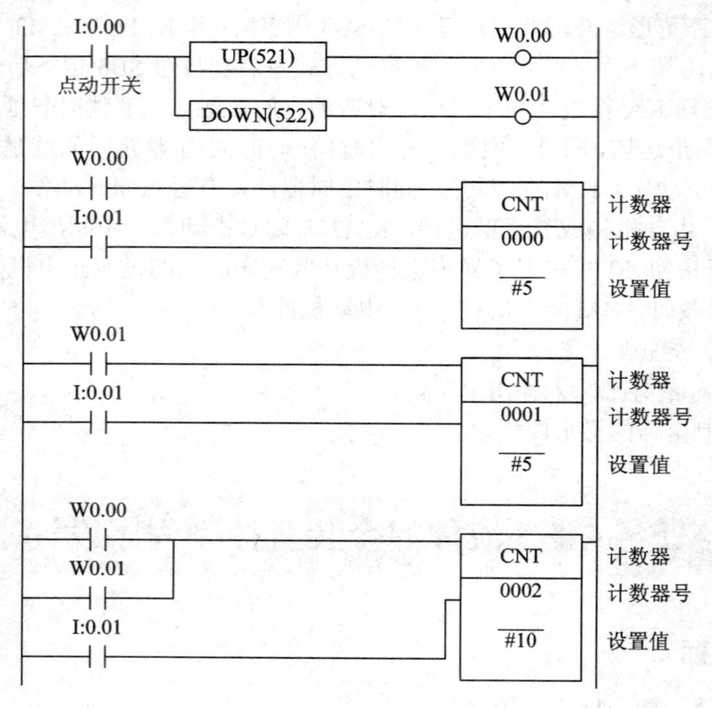

图 5-26　微分指令验证梯形图

思考：如果只对输入端 I0.00 第一个脉冲的上升沿进行微分(其他脉冲的上升沿不微分，下降沿微分保持不变)，以上梯形图程序应如何修改。

3．单按钮单路启/停输出控制程序

(1) 控制要求：用一只按钮控制一盏灯，第一次按下时灯亮，第二次按下时灯灭，如此循环；奇数次灯亮，偶数次灯灭。

(2) I/O 分配：输入端 I0.00——按钮；输出端 Q100.00——灯。

(3) 设计梯形图程序(见图 5-27)。

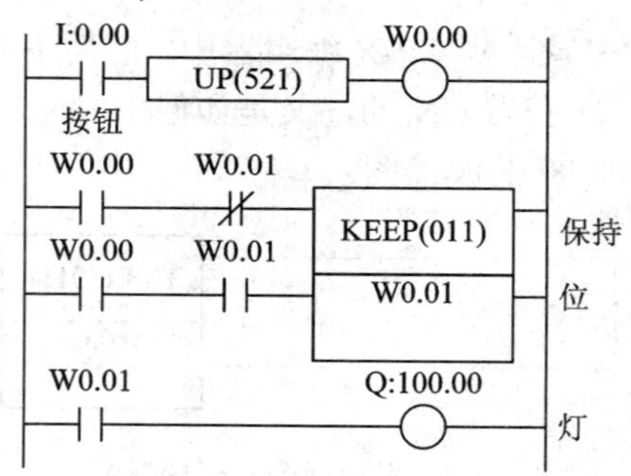

图 5-27　单按钮启/停控制梯形图(2)

(4) 程序分析：图 5-27 程序，输入端 I0.00 上升沿到来时，中间继电器 W0.00 产生一个宽度为一个时钟周期的脉冲；如果此时中间继电器 W0.01 为 OFF，则 W0.01 被置为 ON；

如果此时 W0.01 为 ON，则 W0.01 被置为 OFF，实现了程序的要求。

相关知识二　计数器指令编程

1. CNT 指令的验证

把图 5-28 所示梯形图程序录入到 CP-X 编辑器中，然后下载到 PLC 中运行，观察计数器当前值是如何变化的，输出 100.00 是什么时候被置为 ON 的，计数器是如何被复位等。

2. 运行梯形图程序

运行图 5-29 所示梯形图程序，与图 5-28 梯形图程序进行比较，找出它们的异同。

3. CNTR 指令的验证

运行图 5-29 所示梯形图程序，认真观察，回答下面几个问题：

(1) 可逆计数器对 I0.00(加法计数)进行脉冲计数时，它的当前值是如何变化的？Q100.00 在什么情况下被置为 ON?

(2) 可逆计数器对 I0.01(减法计数)进行脉冲计数时，它的当前值(图 5-30 中椭圆所圈部分)是如何变化的？Q100.00 在什么情况下被置为 ON?

(3) 当 0.01 为 ON 时，可逆计数器能否对 I0.00 进行加法计数?

(4) Q100.00 在什么情况下由 ON 变为 OFF。

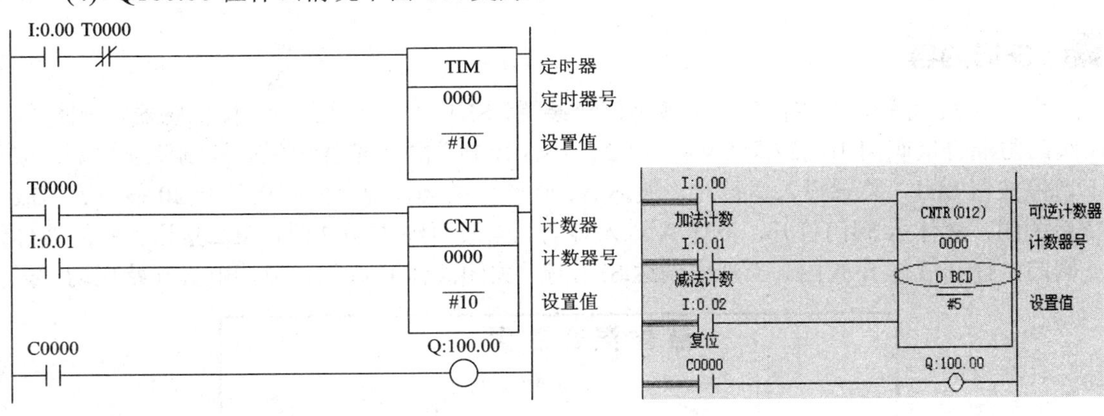

图 5-28　CNT 指令验证梯形图　　　　图 5-29　CNTR 指令验证梯形图

4. 长时间控制程序

(1) 控制要求：按下启动按钮(用输入端 0.00 模拟)，长定时器开始定时，此时即使松开启动按钮，长定时器仍然继续定时；4 小时后指示灯亮(用输出端 100.00 模拟)；此时，只有压下停止按钮(用输入端 0.01 模拟)，指示灯才会熄灭。

(2) 设计梯形图程序(见图 5-30)。

(3) 程序分析：当 I0.00 为 ON 时，W0.00 为 ON 并自锁；T0 延时 1 分钟，1 分钟后自复位。计数器 C0 对 T0 的上升沿进行计数，计到 60 时，C0 为 ON，并自复位，此时计时的时间 = 1 分钟 × 60 = 1 小时。计数器 C1 对 C0 的上升沿进行计数，计到 4 时，C1 为 ON，同时输出端 Q100.00 为 ON，即指示灯亮，此时总计时的时间 = 1 分钟 × 60 × 4 = 4 小时。C1 的复位由输入端 I0.01 进行，I0.01 为 ON，C1 被复位，输出端 Q100.00 为 OFF，即指示灯灭。

注：为了方便调试观察，T0 和 C0 的设定值要设置得小一些。

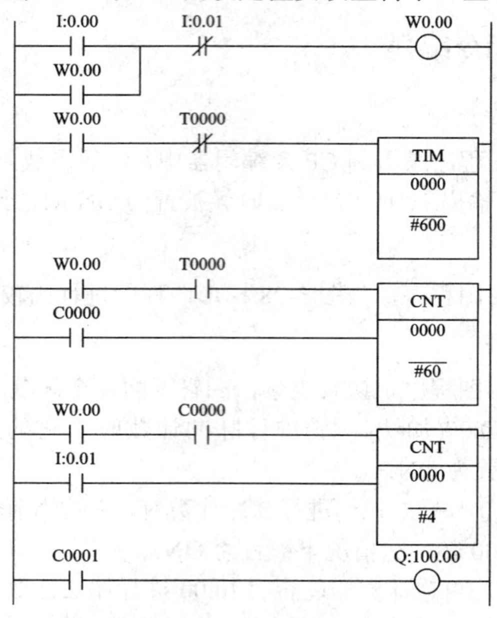

图 5-30　长时间控制梯形图

■ 任务内容

由图 5-31 可知，本装置为两种液体混合装置，SL1、SL2、SL3 为液位传感器，液体 A、B 阀门与混合液阀门由电磁阀 YV1、YV2、YV3 控制，M 为搅拌电机。控制要求如下：按下启停按钮 SB1，装置投入运行时，液体 A、B 阀门关闭，混合液阀门打开 20 秒将容器放空后关闭；液体 A 阀门打开，液体 A 流入容器。当液面到达 SL2 时，SL2 接通，关闭液体 A 阀门，打开液体 B 阀门。当液面到达 SL1 时，关闭液体 B 阀门，搅拌电机开始搅动。搅

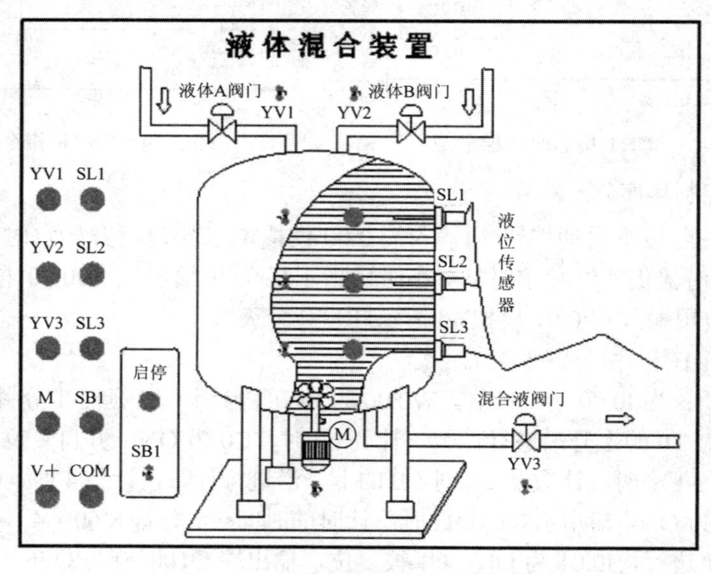

图 5-31　两种液体混合装置示意图

拌电机工作 6 秒后停止搅动，混合液阀门打开，开始放出混合液体。当液面下降到 SL3 时，SL3 由接通变为断开，再过 2 秒后，容器放空，混合液阀门关闭，开始下一周期。

在当前的混合液操作处理完毕后，按下启停按钮 SB1，停止操作。

任务实施

1．分析控制要求，确定输入/输出设备

通过对液体混合装置控制电路的分析，可以归纳出电路中出现了 4 个输入设备，即启停按钮 SB1、液位高水位传感器 SL1、液位中水位传感器 SL2、液位低水位传感器 SL3；4 个输出设备，即搅拌电机 M 和电磁阀 YV1、YV2、YV3。

2．对输入/输出设备进行 I/O 地址分配

根据电路要求，I/O 地址分配如表 5-3 所示。

表 5-3　I/O 地址分配

输入设备			输出设备		
名　称	符　号	地　址	名　称	符　号	地　址
启停按钮	SB1	I0.00	搅拌电机	M	Q100.00
液位高水位传感器	SL1	I0.01	液体 A 流入阀	YV1	Q100.01
液位中水位传感器	SL2	I0.02	液体 B 流入阀	YV2	Q100.02
液位低水位传感器	SL3	I0.03	混合液流出阀	YV3	Q100.03

3．绘制 PLC 外部接线图

根据 I/O 地址分配结果，绘制 PLC 外部接线图，如图 5-32 所示。

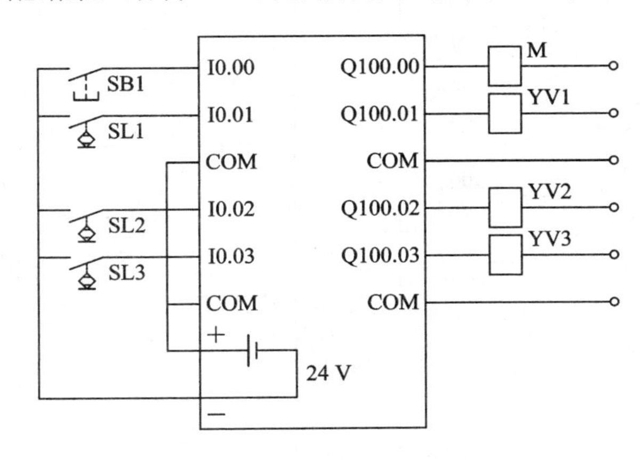

图 5-32　两种液体混合装置 PLC 控制外部接线图

4．PLC 程序设计

根据控制电路的要求，设计 PLC 控制程序，如图 5-33 所示。

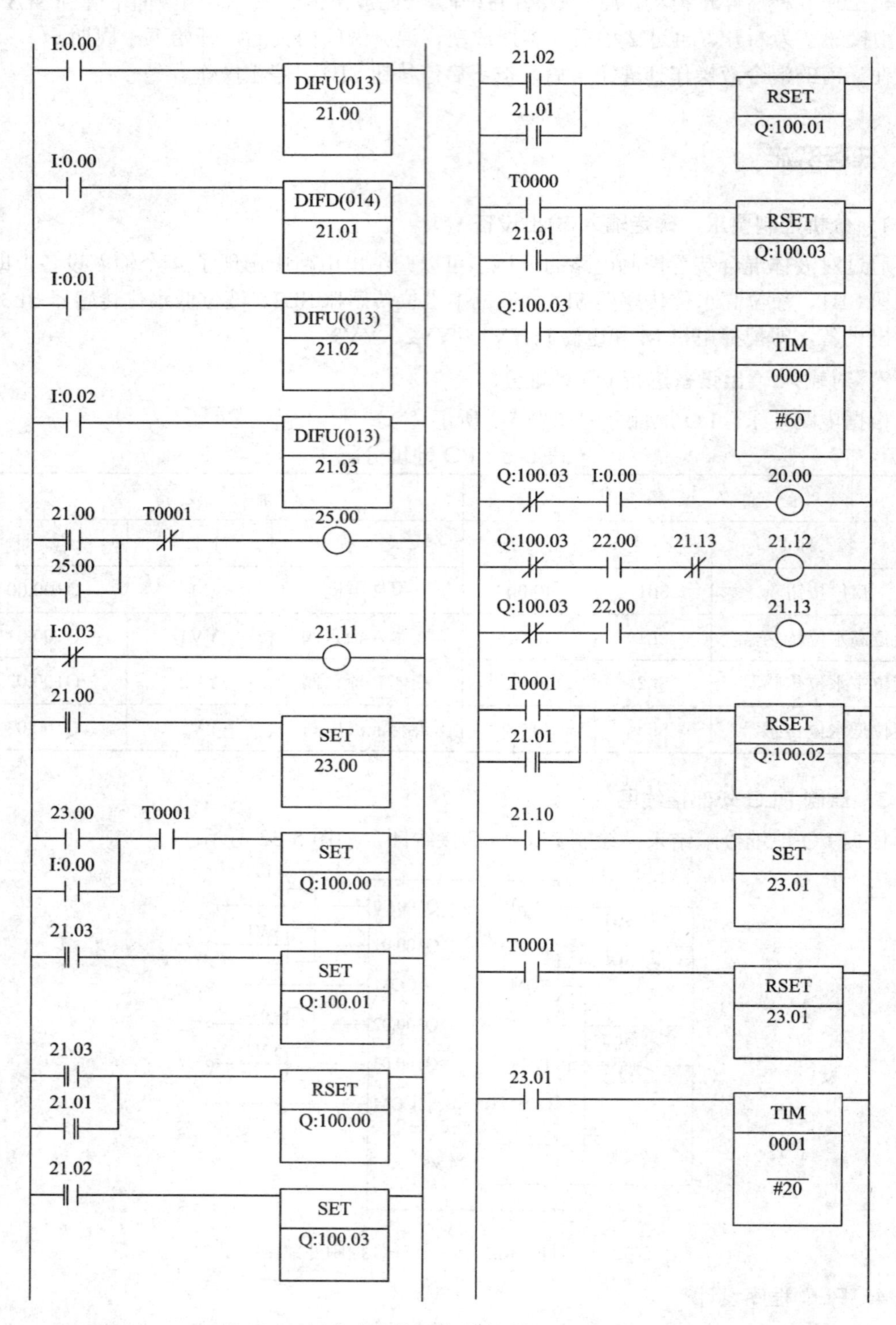

图 5-33　混合液体装置控制电路的 PLC 控制程序

5. 安装接线

按照图 5-32 所示进行接线。

6. 运行调试

(1) 在断电状态下，连接好 PC/PPI 电缆。

(2) 在作为编程器的 PC 上，运行 CX-P 编程软件，打开 PLC 的前盖，将运行模式开关拨到 STOP 位置，或者单击工具栏中的“STOP”按钮，此时 PLC 处于停止状态，可以进行程序输入或编写。

(3) 执行菜单命令“文件”→“新建”，生成一个新项目；执行菜单命令“文件”→“打开”，打开一个已有的项目；执行菜单命令“文件”→“另存为”，可以修改项目名称。

(4) 执行菜单命令“PLC”→“类型”，设置 PLC 型号。

(5) 设置通信参数。

(6) 编写控制程序。

(7) 单击工具栏的“编译”按钮或“全部编译”按钮来编译输入的程序。

(8) 下载程序文件到 PLC。

(9) 将运行模式选择开关拨到 RUN 位置，或者单击工具栏的“RUN”按钮使 PLC 进入运行方式。

(10) 观察程序运行。

检查评价

在规定时间内完成任务，各组自我评价并进行展示，各组之间根据评价表进行检查。检查与评价表如表 5-4 所示。

表 5-4　检查与评价表

项 目	要　　求	配 分	评 分 标 准	得 分
I/O 分配表	(1) 能正确分析控制要求，完整、准确确定输入/输出设备。 (2) 能正确对输入/输出设备进行 I/O 地址分配	20	不完整，每处扣 2 分	
PLC 接线图	按照 I/O 分配表绘制 PLC 外部接线图，要求完整、美观	10	不规范，每处扣 2 分	
安装与接线	(1) 能按照 PLC 外部接线图正确安装元件及接线。 (2) 线路安全简洁，符合工艺要求	30	不规范，每处扣 5 分	
程序设计与调试	(1) 程序设计简洁易读，符合任务要求。 (2) 在保证人身和设备安全的前提下，通电试车一次成功	30	第一次试车不成功扣 5 分；第二次试车不成功扣 10 分	
文明安全	安全用电，无人为损坏仪器、元件和设备，小组成员团结协作	10	成员不积极参与，扣 5 分；违反文明操作规程扣 5～10 分	
总　分				

技能训练

1. 单按钮双路交替启/停输出控制程序

(1) 控制要求：用一只按钮控制两盏灯，第一次按下按钮时第一盏灯亮，第二次按下按钮时第一盏灯灭，同时第二盏灯亮，第三次按下按钮时两盏灯灭……按如此规律循环下去。

(2) I/O 分配：输入端 0.00——按钮；输出端 100.00——灯。

(3) 编写 PLC 梯形图程序。

2. 简单抢答器控制程序

(1) 控制要求：在主持人侧，设置抢答器的启动和复位按钮，启动时表示选手可以抢答了，复位时表示答题完毕。选手(设有 5 位) 两侧各设置有一个抢答按钮和一个指示灯，当选手抢到抢答器时，对应的指示灯亮。

(2) 列出 I/O 分配表。

(3) 编写 PLC 梯形图程序。

(4) 画出 PLC 的外部接线图。

3. 完成按钮记数控制程序

(1) 控制要求：按钮 0.00 按下 3 次，信号灯 100.00 亮；再按下 3 次，信号灯灭。

(2) 上机编写程序，写出程序的梯形图。

(3) 上机运行程序，分析运行结果，根据输入信号的波形(图 5-34)画出输出信号的波形图。

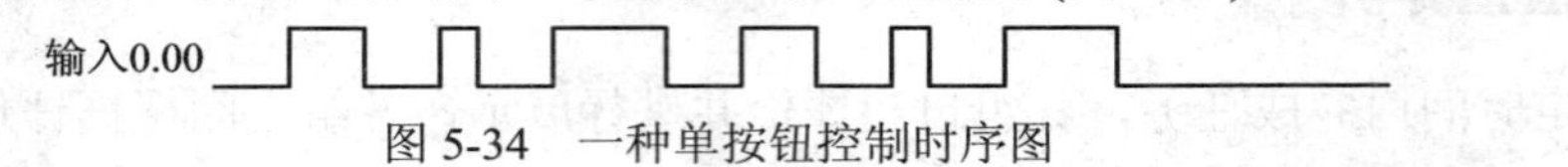

图 5-34 一种单按钮控制时序图

(4) 若要求按按钮的时间以 0.5 秒计一次，而单次按下时，按一下，计一次，程序应作如何修改？

任务 5.3 自动售货机控制程序设计

任务目标

(1) 掌握数据的传送、转换、比较及运算指令编程。

(2) 掌握移位指令编程。

(3) 掌握自动售货机控制程序设计。

相关知识

相关知识一 数据的传送、转换、比较及运算指令编程

1. 可调多谐振荡器控制程序

(1) 控制要求：多谐振荡器输出的脉冲宽度及占空比可以调整。

(2) 设计梯形图程序(图 5-35)。

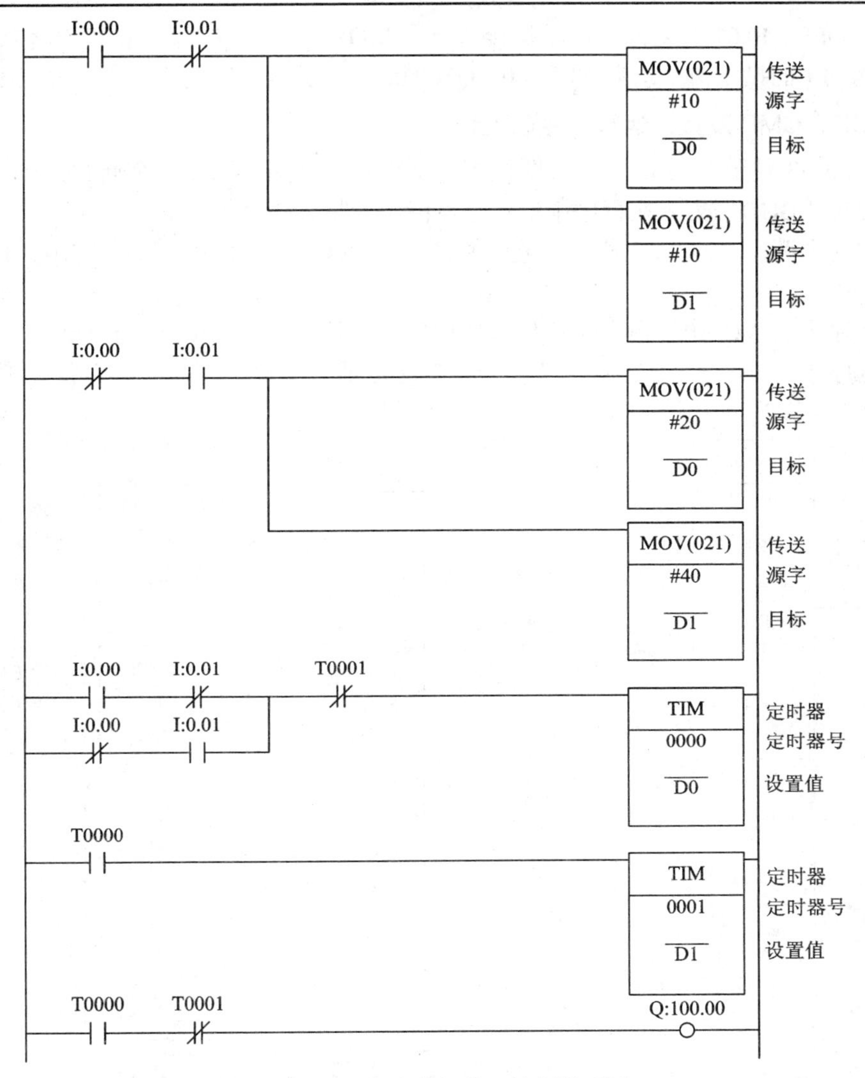

图 5-35　可调多谐振荡器控制梯形图

(3) 程序分析：

① 画出 0.00、0.01、T0、T1、100.00 的时序图(图 5-36)；

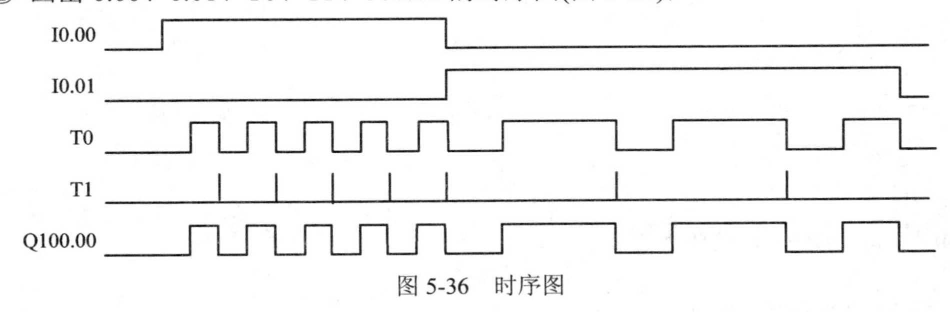

图 5-36　时序图

② 当 I0.00 为 ON、I0.01 为 OFF 时，数据传送指令 MOV 分别把立即数 10 传送给 D0、D1，则 T0、T1 的设定值均为 10，Q100.00 输出的脉冲宽度为 1 秒，占空比为 1∶1；

当 I0.00 为 OFF、I0.01 为 ON 时，数据传送指令 MOV 分别把立即数 20 和 40 传送给 D0、D1，则 T0、T1 的设定值分别为 20 和 40，Q100.00 输出的脉冲宽度为 4 秒，占空比为 2∶1。

2. BCD、CMP 及数据运算指令的验证

运行图 5-37 及图 5-38 所示梯形图程序，认真观察，回答下面几个问题：

(1) 说说“BCD”指令在程序中的作用，能不能把该指令省去？

(2) 程序中两个“MOV”指令，它们传送的立即数是否相同？计时器 T0、T1 的设置值是否相同？

(3) 程序中的“CMP”指令起着什么作用？试分析为什么 D0 会小于 D2。

(4) 程序中“+B”、“−B”和“*”三个运算指令能否用指令“+”、“−”和“*B”替换？

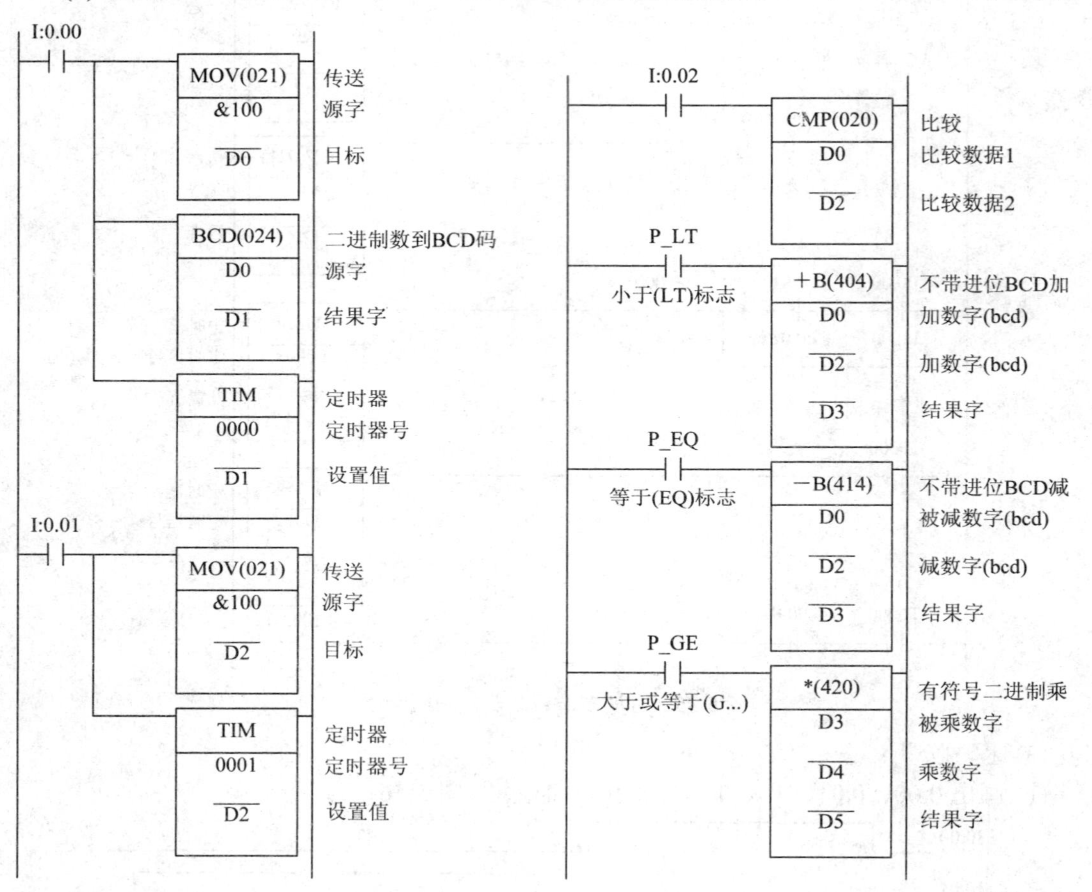

图 5-37 验证 BCD、CMP 及数据运算指令的梯形图(1)

图 5-38 验证 BCD、CMP 及数据运算指令的梯形图(2)

相关知识二 移位指令编程

1. 用 PLC 控制喷泉程序

(1) 控制要求：有 10 个喷泉头“一”字排开。系统启动后，喷泉头要求每间隔 1 s 从左到右依次喷出水来，全部喷出 10 s 后停止，然后系统又从左到右依次喷水，如此循环。10 个喷泉头由 10 个继电器控制，继电器得电，相应的喷泉头喷水。

(2) I/O 分配表如表 5-5 所示。

表 5-5　I/O 分配情况

输 入 端		输 出 端	
I0.00	启动	Q100.00	喷泉头 1
I0.01	停止	Q100.01	喷泉头 2
		…	…
		Q100.09	喷泉头 10

(3) 设计梯形图程序如图 5-39 所示。

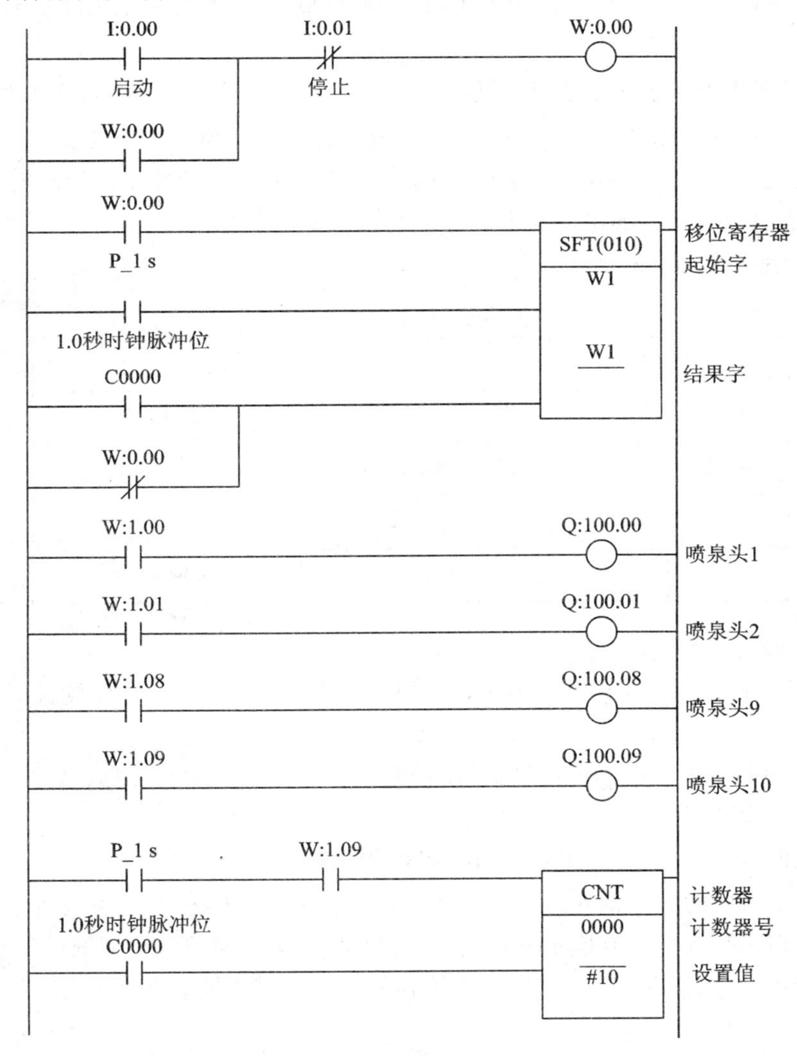

图 5-39　用 SFT 指令控制喷泉梯形图

(注：为了节省篇幅，梯形图程序只显示出四个输出，同学们在实验验证时要把其余的补上。)

(4) 程序分析：启动后 W0.00 得电(逻辑值用“1”表示)，当 P_1s 上升沿脉冲来时，移位开始通道 W1 至结束通道 W1(这里用的是同一通道)里的所有位的值均向左移动一位，第一位的值则由数据输入端 W0.00 移入。所以系统启动后 P_1s 第一个脉冲上升沿过后，W1 的值为“0000000000000001B”，即仅有 W1.00 得电，其余的均不得电，这样输出端 Q100.00 得电，喷泉头 1 喷水。当 P_1s 第二个脉冲上升沿过后，W1 的值为“0000000000000011B”，即 W1.00 和 W1.01 得电，其余的不得电，输出端 Q100.00 保持得电状态不变，喷泉头 1 继续喷水，Q100.01 得电，喷泉头 2 喷水。依此类推，当 P_1s 第 10 个脉冲上升沿过后，W1.09 得电，10 个喷泉头全部喷水，此时计数器 C0 开始计数。C0 计 10 个 P_1s 脉冲后得电，对 SFT 进行复位，W1 的值被复位为“0000000000000000B”，所有喷泉头停止喷泉，等待下一个周期的开始。

2. 用 SFTR 指令实现喷泉控制系统

(1) 控制要求：有 10 个喷泉头一字排开。系统启动后，喷泉头要求每间隔 1 s 从左到右依次喷出水来，全部喷出 10 s 后停止，然后系统从右到左依次喷水，如此循环。10 个喷泉头由 10 个继电器控制，继电器得电，相应的喷泉头喷水。

(2) I/O 分配表如表 5-6 所示。

表 5-6　I/O 分配情况

输 入 端		输 出 端	
I0.00	启动	Q100.00	喷泉头 1
I0.01	停止	Q100.01	喷泉头 2
		…	…
		Q100.09	喷泉头 10

(3) 设计梯形图程序如图 5-40 所示。

(注：为了节省篇幅，梯形图程序只显示出四个输出。同学们在实验验证时要把其余的补上。)

(4) 程序分析：本程序编程的关键就是控制字 W2 高 4 位(即 w2.15、W2.14、W2.13、W2.12)的编程控制。

系统启动时及喷泉一趟后(即 C0 得电)都对 SFTR 进行一次复位。

W2.14 作 SFTR 的脉冲输入时，一定要注意，如果 W2.14 的脉冲宽度等于或超过了两个扫描周期，SFTR 将在一个脉冲时间里作多次移位。为了避免这种情况，P_1s 后加了一个上升沿微分指令，使得 W2.14 的脉冲宽度仅为一个扫描周期，保证了 SFTR 在一个脉冲时间里只作一次移位。

W2.13 作 SFTR 的数据输入端，系统启动后为“1”。

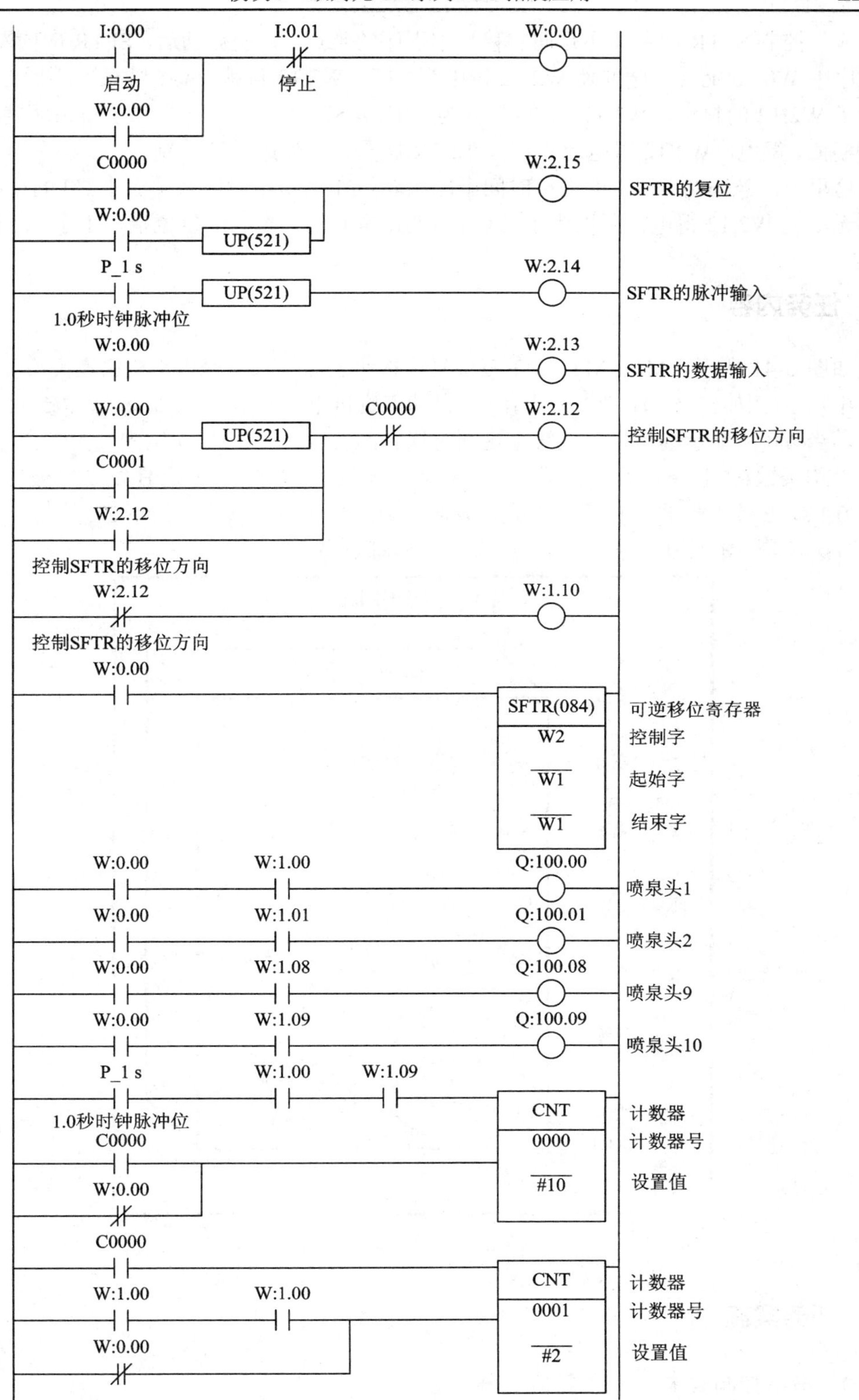

图 5-40　用 SFTR 指令控制喷泉梯形

编程控制 SFTR 向左移还是向右移是本程序的难点。系统启动后，SFTR 应向左移，因此程序中 W0.00 上升沿脉冲使 W2.12 得电为“1”，W2.12 自锁。系统喷泉一趟后 C0 得电，解除了 W2.12 的自锁，W2.12 由“1”变为“0”，SFTR 向右移。当系统喷泉两趟后(即一个周期)C1 得电，W2.12 得电为“1”，SFTR 向左移。如此循环控制。

这里要注意，C0 和 C1 的得电时间不能相同，C1 的得电时间必须大于 C0 的得电时间，否则无法使 W2.12 得电。所以为了延长 C1 的得电时间，在它的复位端串上了 W1.00。

■ 任务内容

如图 5-41 所示，M1、M2、M3 三个复位按钮表示投入自动售货机的人民币面值，Y0 为货币指示(例如按下 M1 则 Y0 显示 1)。自动售货机里有汽水(3 元/瓶)和咖啡(5 元/瓶)两种饮料，当 Y0 所显示的值大于或等于这两种饮料的价格时，C 或 D 发光二极管会点亮，表明可以购买饮料；按下汽水按钮或咖啡按钮表明购买饮料，此时 A 或 B 发光二极管会点亮，延时 0.1 s，E 或 F 发光二极管会点亮，表明饮料已从售货机取出；按下 ZL 按钮表示找零，此时 Y0 清零，延时 0.6 s 找零出口 G 发光二极管点亮。

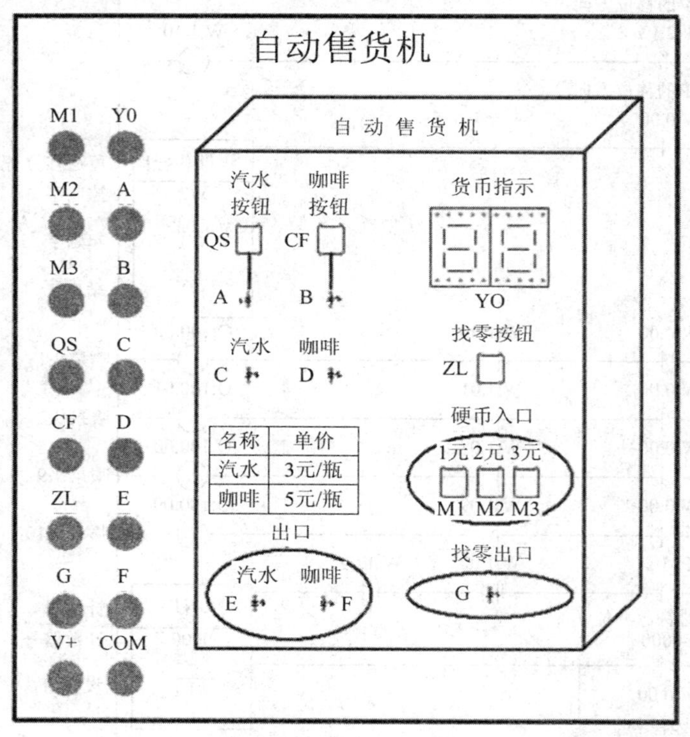

图 5-41　自动售货机示意图

任务实施

1. 分析控制要求，确定输入/输出设备

通过对自动售货机装置控制电路的分析，可以归纳出电路中出现了 6 个输入设备，即

汽水按钮 QS、咖啡按钮 CF、找零按钮 ZL、一元硬币入口 M1、二元硬币入口 M2、三元硬币入口 M3，8 个输出设备，即货币指示灯 Y0、汽水按钮指示灯 A、咖啡按钮指示灯 B、汽水指示灯 C、咖啡指示灯 D、出口汽水指示灯 E、出口咖啡指示灯 F、找零出口指示灯 G。

2. 对输入/输出设备进行 I/O 地址分配

根据电路要求，I/O 地址分配如表 5-7 所示。

表 5-7　I/O 地址分配

输入设备			输出设备		
名称	符号	地址	名称	符号	地址
汽水按钮	QS	I0.03	货币指示	Y0	Q100.00
咖啡按钮	CF	I0.04	汽水按钮指示灯	A	Q100.02
找零按钮	ZL	I0.05	咖啡按钮指示灯	B	Q100.04
一元硬币入口	M1	I0.00	汽水指示灯	C	Q100.01
二元硬币入口	M2	I0.01	咖啡指示灯	D	Q100.03
三元硬币入口	M3	I0.02	出口汽水指示灯	E	Q100.05
			出口咖啡指示灯	F	Q100.06
			找零出口指示灯	G	Q100.07

3. 绘制 PLC 外部接线图

根据 I/O 地址分配结果，绘制 PLC 外部接线图，如图 5-42 所示。

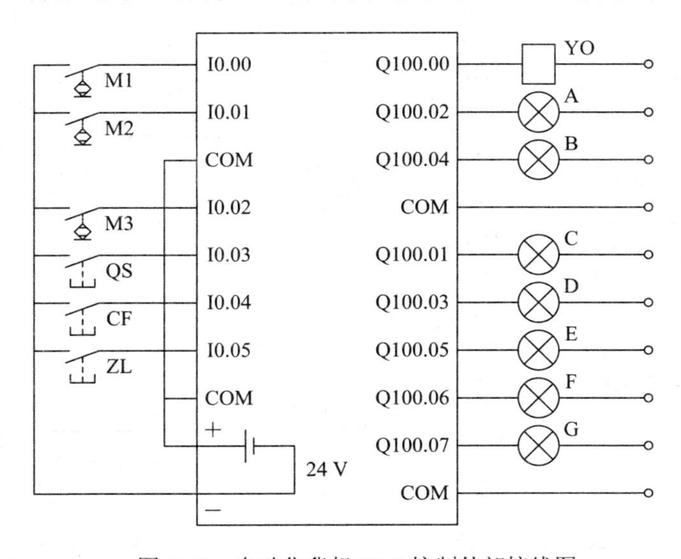

图 5-42　自动售货机 PLC 控制外部接线图

4. PLC 程序设计

根据控制电路的要求，设计 PLC 控制程序，如图 5-43 所示。

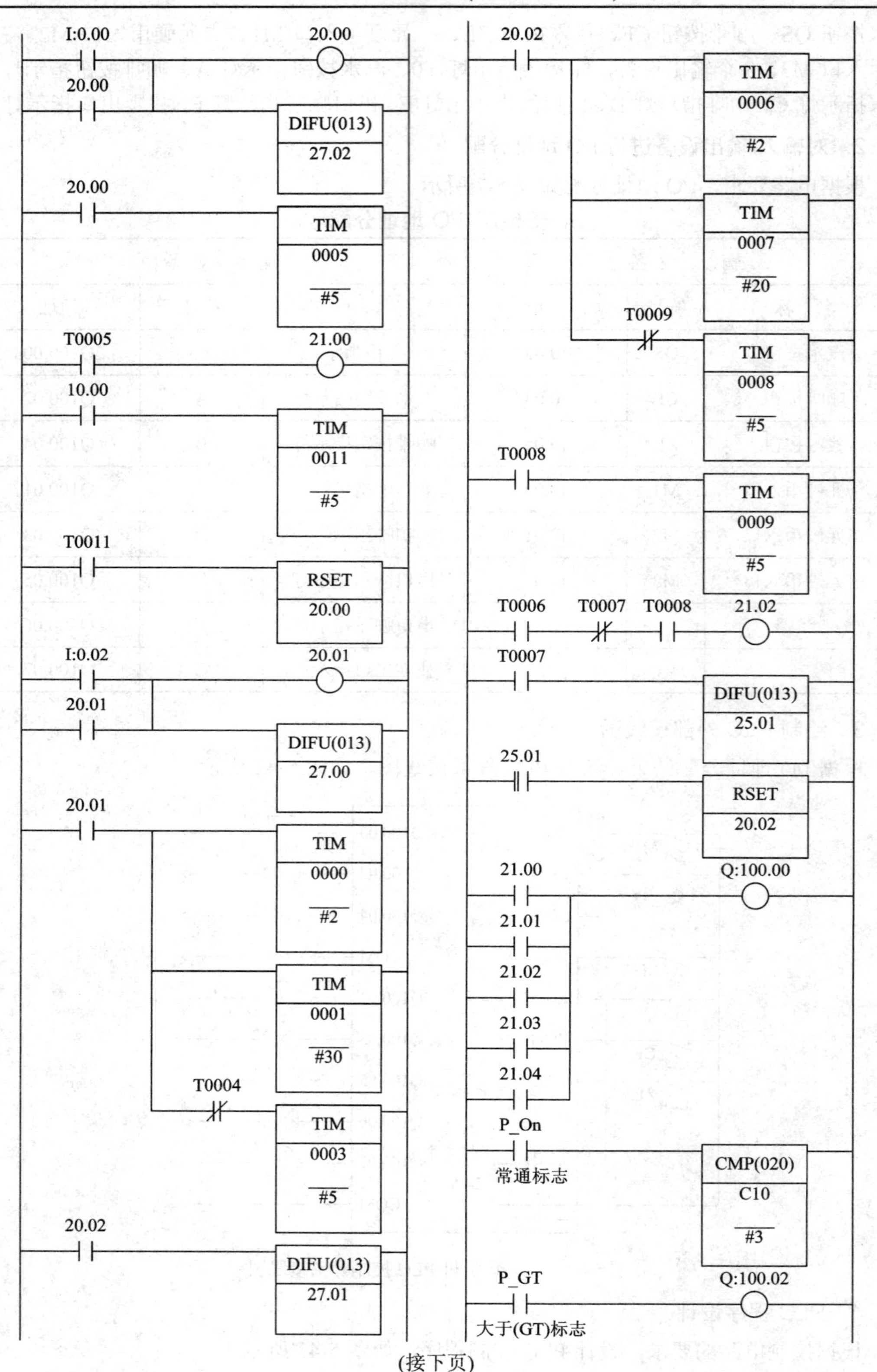

I:0.00
20.00
20.00
DIFU(013)
27.02
20.00
TIM
0005
#5
T0005
21.00
10.00
TIM
0011
#5
T0011
RSET
20.00
I:0.02
20.01
20.01
DIFU(013)
27.00
20.01
TIM
0000
#2
TIM
0001
#30
T0004
TIM
0003
#5
20.02
DIFU(013)
27.01
20.02
TIM
0006
#2
TIM
0007
#20
T0009
TIM
0008
#5
T0008
TIM
0009
#5
T0006
T0007
T0008
21.02
T0007
DIFU(013)
25.01
25.01
RSET
20.02
21.00
Q:100.00
21.01
21.02
21.03
21.04
P_On
常通标志
CMP(020)
C10
#3
P_GT
大于(GT)标志
Q:100.02

(接下页)

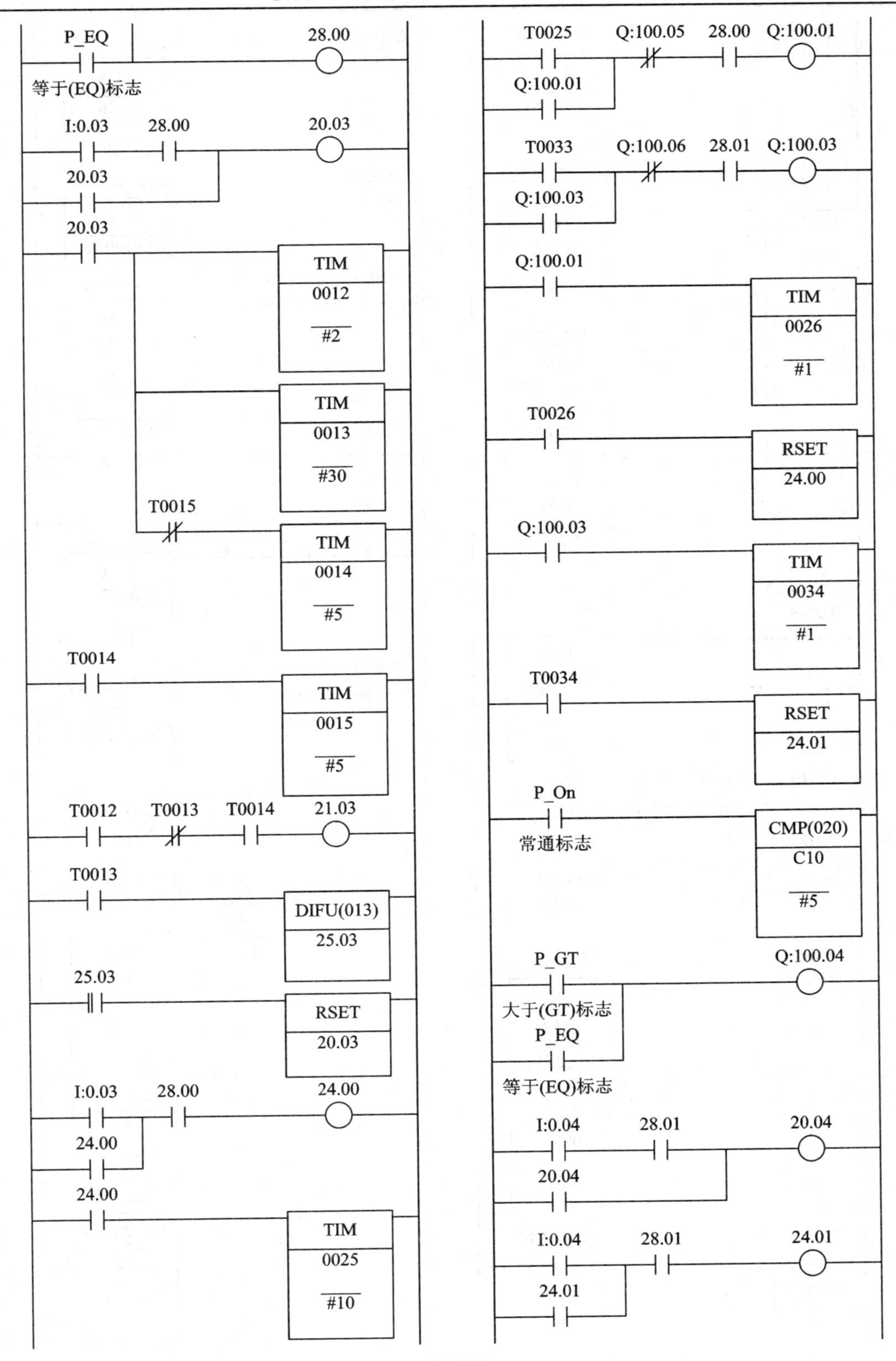
P_EQ
28.00
等于(EQ)标志
I:0.03
28.00
20.03
20.03
20.03
TIM
0012
#2
TIM
0013
#30
T0015
TIM
0014
#5
T0014
TIM
0015
#5
T0012
T0013
T0014
21.03
T0013
DIFU(013)
25.03
25.03
RSET
20.03
I:0.03
28.00
24.00
24.00
24.00
TIM
0025
#10
T0025
Q:100.05
28.00
Q:100.01
Q:100.01
T0033
Q:100.06
28.01
Q:100.03
Q:100.03
Q:100.01
TIM
0026
#1
T0026
RSET
24.00
Q:100.03
TIM
0034
#1
T0034
RSET
24.01
P_On
常通标志
CMP(020)
C10
#5
P_GT
Q:100.04
大于(GT)标志
P_EQ
等于(EQ)标志
I:0.04
28.01
20.04
20.04
I:0.04
28.01
24.01
24.01

(接下页)

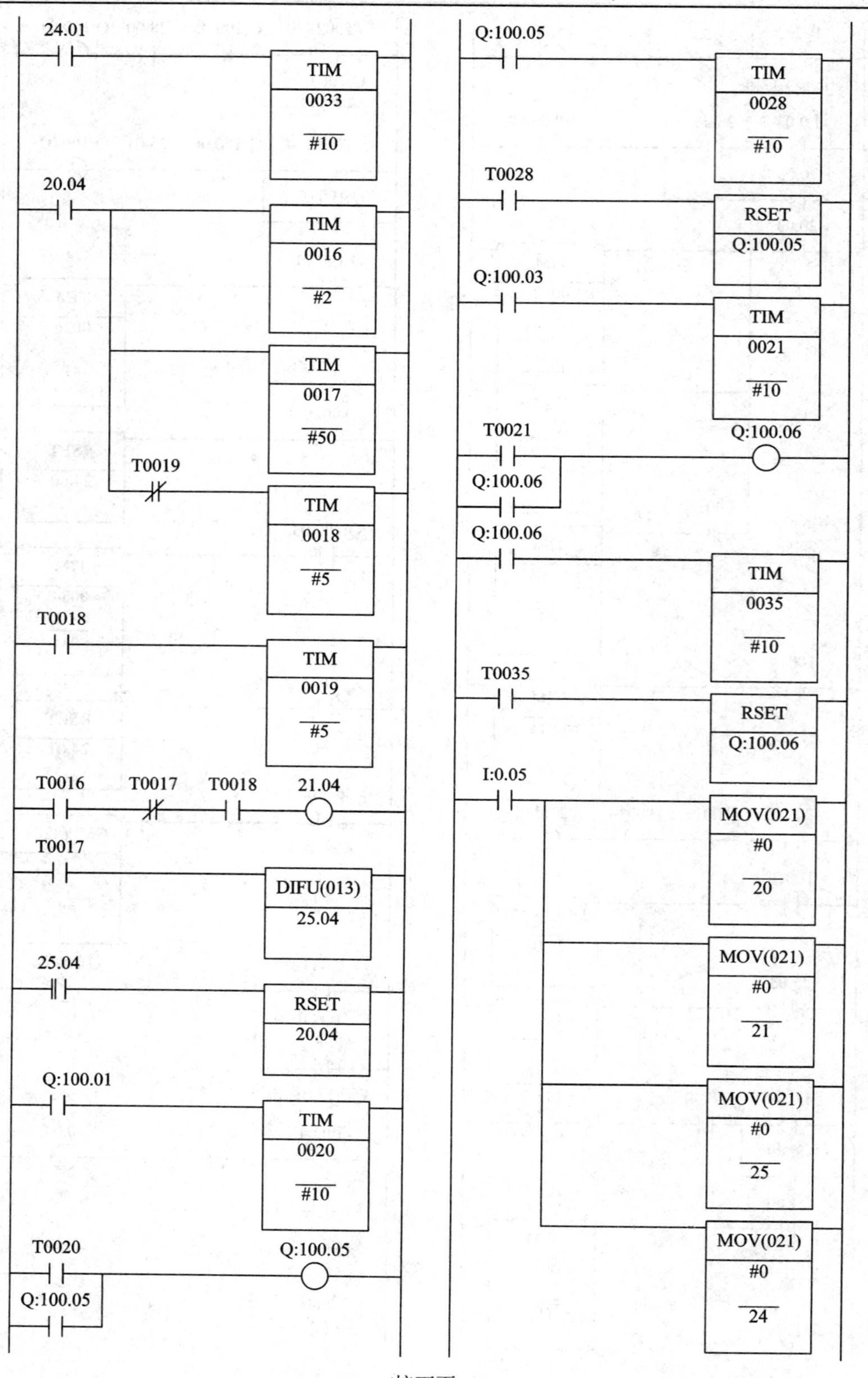
24.01
TIM
0033
#10
20.04
TIM
0016
#2
TIM
0017
#50
T0019
TIM
0018
#5
T0018
TIM
0019
#5
T0016
T0017
T0018
21.04
T0017
DIFU(013)
25.04
25.04
RSET
20.04
Q:100.01
TIM
0020
#10
T0020
Q:100.05
Q:100.05
Q:100.05
TIM
0028
#10
T0028
RSET
Q:100.05
Q:100.03
TIM
0021
#10
T0021
Q:100.06
Q:100.06
Q:100.06
TIM
0035
#10
T0035
RSET
Q:100.06
I:0.05
MOV(021)
#0
20
MOV(021)
#0
21
MOV(021)
#0
25
MOV(021)
#0
24

(接下页)

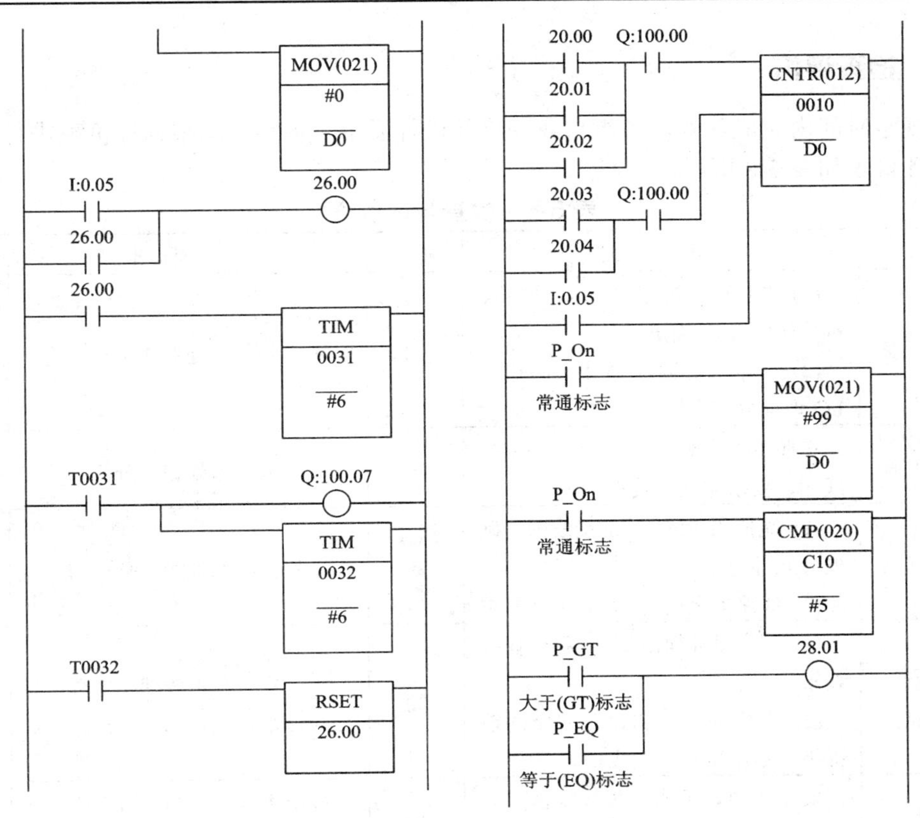

图 5-43　自动售货机控制程序

5．安装接线

按照图 5-43 所示进行接线。

6．运行调试

(1) 在断电状态下，连接好 PC/PPI 电缆。

(2) 在作为编程器的 PC 上，运行 CX-P 编程软件，打开 PLC 的前盖，将运行模式开关拨到 STOP 位置，或者单击工具栏中的“STOP”按钮，此时 PLC 处于停止状态，可以进行程序输入或编写。

(3) 执行菜单命令“文件”→“新建”，生成一个新项目；执行菜单命令“文件”→“打开”，打开一个已有的项目；执行菜单命令“文件”→“另存为”，可以修改项目名称。

(4) 执行菜单命令“PLC”→“类型”，设置 PLC 型号。

(5) 设置通信参数。

(6) 编写控制程序。

(7) 单击工具栏的“编译”按钮或“全部编译”按钮编译输入的程序。

(8) 下载程序文件到 PLC。

(9) 将运行模式选择开关拨到 RUN 位置，或者单击工具栏的“RUN”按钮使 PLC 进入运行方式。

(10) 观察程序运行情况。

检查评价

在规定时间内完成任务，各组自我评价并进行展示，各组之间根据评价表进行检查。检查与评价表如表 5-8 所示。

表 5-8　检查与评价表

项 目	要　求	配 分	评 分 标 准	得 分
I/O 分配表	(1) 能正确分析控制要求，完整、准确确定输入/输出设备。 (2) 能正确对输入/输出设备进行 I/O 地址分配	20	不完整，每处扣 2 分	
PLC 接线图	按照 I/O 分配表绘制 PLC 外部接线图，要求完整、美观	10	不规范，每处扣 2 分	
安装与接线	(1) 能按照 PLC 外部接线图正确安装元件及接线。 (2) 线路安全简洁，符合工艺要求	30	不规范，每处扣 5 分	
程序设计与调试	(1) 程序设计简洁易读，符合任务要求。 (2) 在保证人身和设备安全的前提下，通电试车一次成功	30	第一次试车不成功扣 5 分；第二次试车不成功扣 10 分	
文明安全	安全用电，无人为损坏仪器、元件和设备，小组成员团结协作	10	成员不积极参与，扣 5 分；违反文明操作规程扣 5～10 分	
总　分				

技能训练

1. 三个正整数相加减控制程序

(1) 控制要求：三个正整数 D0、D1、D2，如果 D0≥D1，则 D3 = D0−D1，否则 D3 = D0 + D1；如果 D3≥D2，则 D4 = D3−D2，否则 D4 = D3 + D2。

(2) 编写 PLC 梯形图程序。

2. 包装机

某包装机，当光电开关检测到空包装箱放在指定位置时，按一下启动按钮，包装机按下面的动作顺序开始运行：

(1) 料斗开关打开，物料落进包装箱。当包装箱中物料达到规定重量时，重量检测开关动作，使料斗开关关闭，并启动封箱机对装箱进行 5 s 的封箱处理。封箱机用单线圈的电磁阀控制。

(2) 当搬走处理好的包装箱、再搬上 1 个空箱时(均为人工搬)，又重复上述过程。

(3) 当成品包装箱满 50 个时，包装机自动停止运行。

按上述要求，选择 PLC 机型，进行 I/O 分配，画出 PLC 外部接线图，设计满足要求的梯形图程序。

任务 5.4　轧钢机控制程序设计

任务目标

(1) 掌握 SFC 语言程序转化为梯形图程序方法。
(2) 掌握跳转与互锁指令编程。
(3) 掌握模拟电位器、LED 及系统时间的应用。
(4) 掌握多台电机的顺序启停控制程序设计。
(5) 掌握轧钢机控制程序设计。

相关知识

相关知识一　SFC 语言程序转化为梯形图程序

本小节以大小球分类传送控制为例，介绍将 SFC 语言程序转化为梯形图程序的方法。

大小球分类控制程序控制传送机将大、小球分类传送至指定框中存放。

(1) 控制要求。

图 5-44 为使用传送机将大、小球分类后分别传送的系统。左上为原位(当机械臂处于

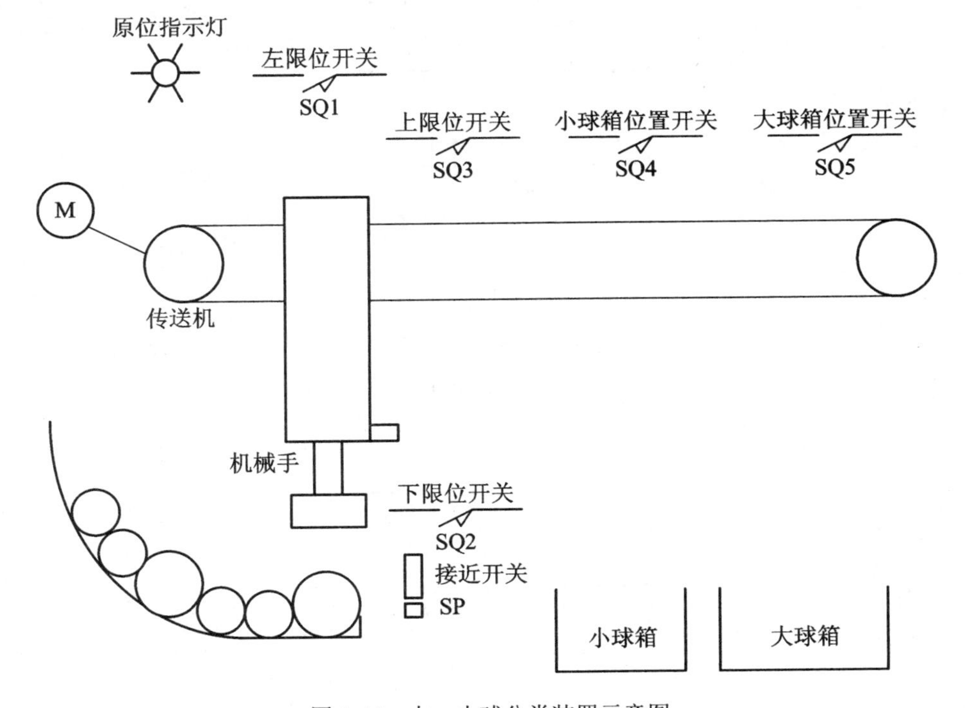

图 5-44　大、小球分类装置示意图

原位时，SQ1、SQ3 接通，原位指示灯亮)，机械臂的动作顺序为下行、抓紧、上行、右行、下行、放松、上行、左行八个工序。另外，机械臂下行，机械手抓的是大球时，下限开关 SQ2 不接通，抓的是小球时，SQ2 接通。

(2) 功能图。

本例子在很多书本上都有介绍，基本上，在处理抓大小球时都是采用 SFC 的选择分支来考虑的。编者认为不管机械手抓的是小球还是大球，系统的工序都没有变化，还是下行、抓紧、上行、右行、下行、放松、上行、左行八个工序，只不过系统在处理机械臂右行这一步时要根据所抓的大小球进行判断(小球 W0.03 = 1)到底是在小球箱位置开关 SQ4 点下行还是在大球箱位置开关 SQ5 点下行，如图 5-45 所示。

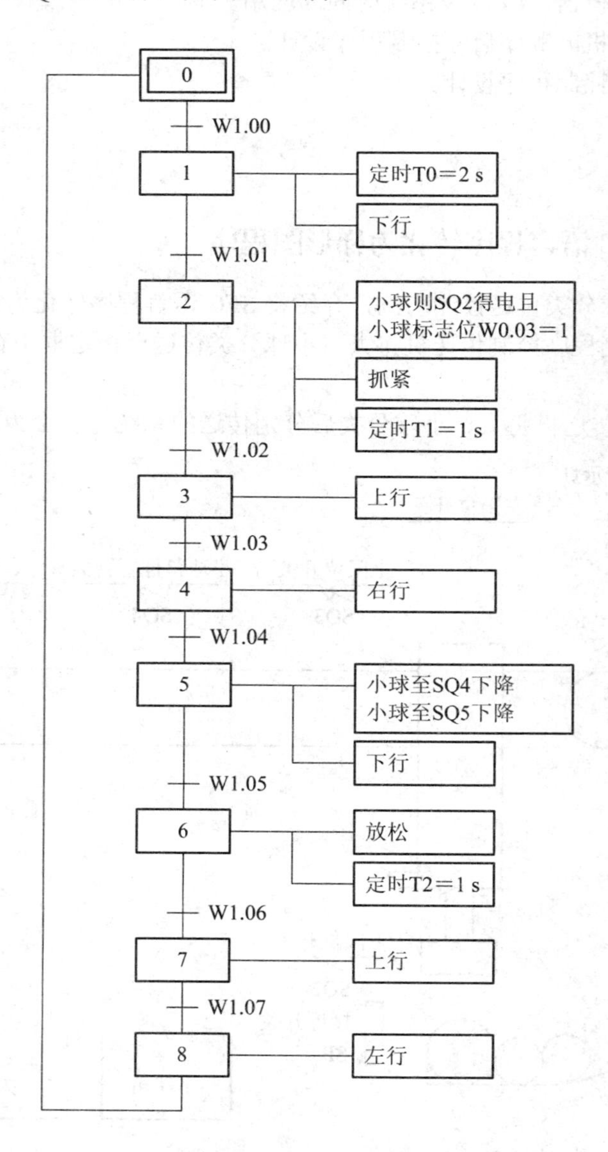

图 5-45　大、小球分类装置程序功能图

(3) I/O 分配表(表 5-9)。

表 5-9　大、小球分类装置 I/O 分配表

输　入		输　出	
操作功能	地址	操作功能	地址
启动 SB	I0.00	下行	Q100.00
SQ1	I0.01	抓紧	Q100.01
SQ2	I0.02	上行	Q100.02
SQ3	I0.03	右行	Q100.03
SQ4	I0.04	左行	Q100.04
SQ5	I0.05		
SP	I0.06		

(4) 程序分析。

把图 5-46 的 SFC 语言程序转化为梯形图程序的关键是如何实现 W1.00～W1.07 这八个位的状态变化。这个变化要满足在同一时刻 W1.00～W1.07 最多只能有一个位是为 1，其余的均为 0；同时还要满足以下顺序，即当系统启动后有大小球需要分类时 W1.00 为 1，完成工序的第一步后 W1.00 由 1 变为 0，W1.01 由 0 变为 1 进行第二步工序，第二步工序完成后 W1.01 由 1 变为 0，W1.02 由 0 变为 1 进行第三步工序……直到 W1.07 由 0 变为 1 并完成所有工序机械臂回到原点，进入下一个循环。

那么 SFT 是如何实现这八个位的状态变化的呢？可以简单分析如下：

系统启动时，SFT 的数据输入端 W0.00 被置为 1。如果有大小球需要分类，即 0.06=1，则 SFT 的脉冲输入端 W0.01 产生一个脉冲，把 W0.00 = 1 移入 W1 的第一位 W1.00，则 W1.00 由 0 变为 1。当 W1.00 为 1 后，需要把数据输入端 W0.00 的自锁断开，把它复位为 0，这样才能保证 W1.00～W1.07 最多只有一个位为 1。

机械臂下行所定的时间 2 秒(T0 = 2 s)到时，T0 产生一个脉冲传送给 W0.01，这时 W0.01 得到第二个脉冲，把 SFT 的数据输入端 W0.00 = 0 的数据移入 W1.00，同时，W1.00 原有的值 1 移入 W1.01，这样 W1.00 由 1 变为 0，W1.01 由 0 变为 1。

该程序在控制系统每完成一个工序时，捕获一个脉冲信号送给 W0.01，使得 SFT 实现移位的操作，这样就能实现把控制该工序的位的状态由 1 变为 0，而把控制下一工序的位的状态由 0 变为 1。

为了保证系统能够循环，在最后工序完成时(左限位开关 SQ1(0.01)得电)，把 W1.07 作为 SFT 的数据输入端，同时 W0.01 捕获一个脉冲，这样就把 W1.07=1 移入 W1.00，同时 W1.07 原有的值移入 W1.08(W1.08 及以后的位不用)，实现了 W1.00～W1.07 位状态的循环。

程序中在第一工序即机械臂下行时，如果是小球，SQ2(0.02)得电，使小球标志位 W0.03 得电并自锁；在第五工序即机械臂右行时，程序根据小球标志位 W0.03，判断机械臂是在小球箱位置开关 SQ4 点下行还是在大球箱位置开关 SQ5 点下行；在第七工序即机械手放球时，W1.05 得电，解除机械手抓紧 Q100.01 的自锁，同时也解除了小球标志位 W0.03 的自锁。

(5) 梯形图程序(图 5-46)。

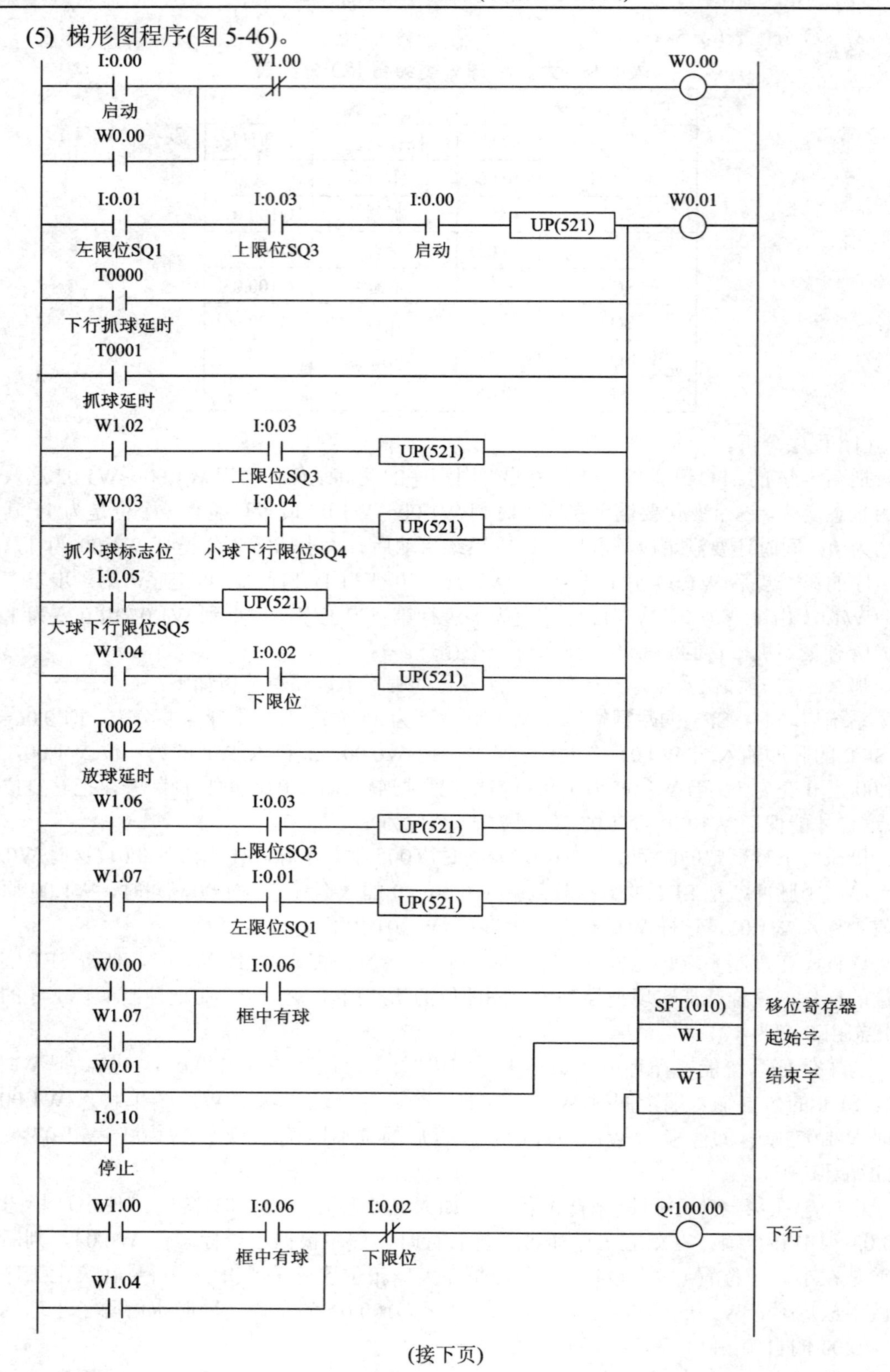

(接下页)

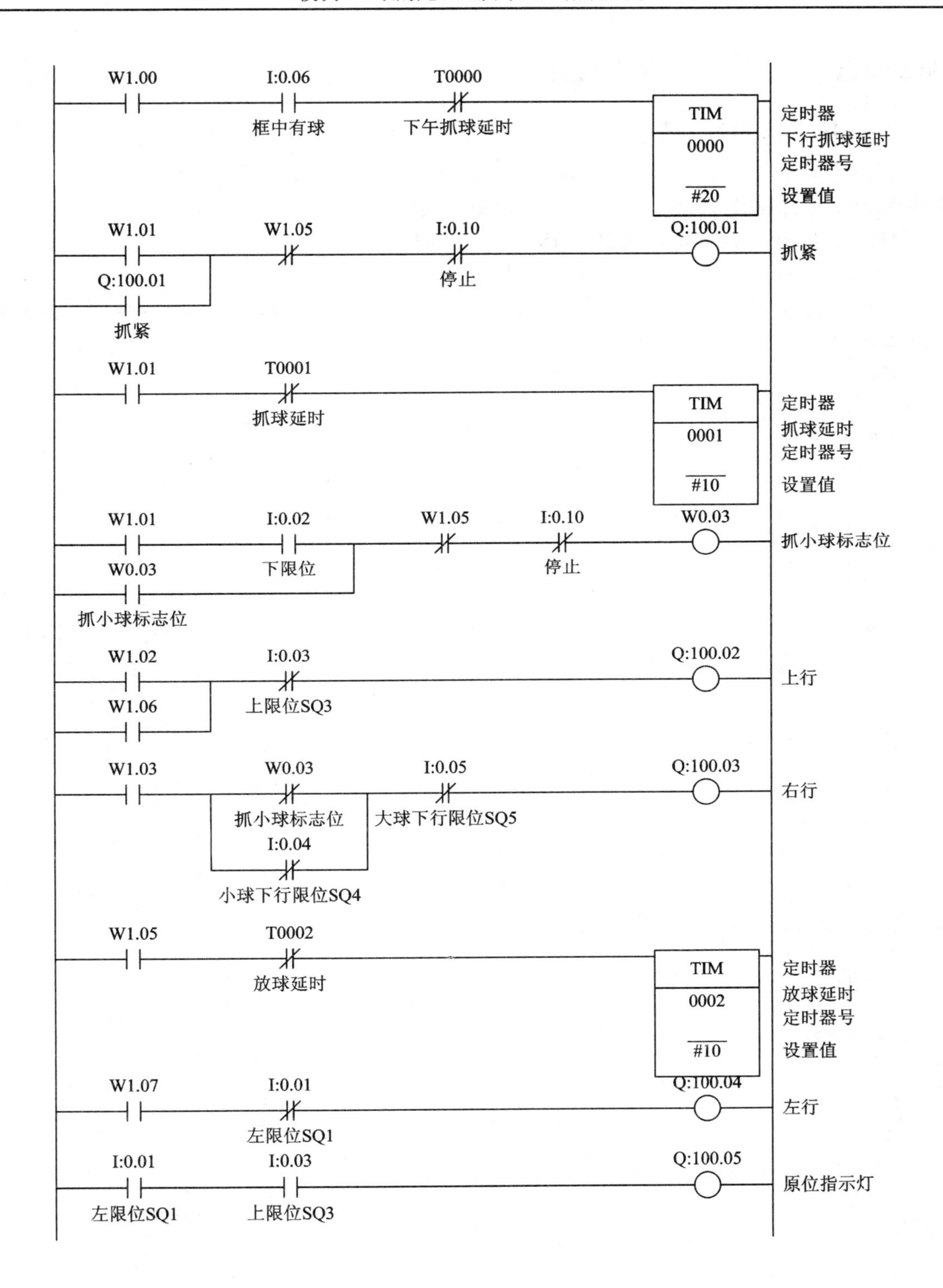
W1.00
I:0.06
T0000
框中有球
下午抓球延时
TIM
0000
#20
定时器
下行抓球延时
定时器号
设置值
W1.01
W1.05
I:0.10
Q:100.01
Q:100.01
停止
抓紧
抓紧
W1.01
T0001
抓球延时
TIM
0001
#10
定时器
抓球延时
定时器号
设置值
W1.01
I:0.02
W1.05
I:0.10
W0.03
W0.03
下限位
停止
抓小球标志位
抓小球标志位
W1.02
I:0.03
Q:100.02
W1.06
上限位SQ3
上行
W1.03
W0.03
I:0.05
Q:100.03
抓小球标志位
I:0.04
大球下行限位SQ5
小球下行限位SQ4
右行
W1.05
T0002
放球延时
TIM
0002
#10
定时器
放球延时
定时器号
设置值
W1.07
I:0.01
Q:100.04
左限位SQ1
左行
I:0.01
I:0.03
Q:100.05
左限位SQ1
上限位SQ3
原位指示灯

(接下页)

相关知识二　跳转与互锁指令编程

1. JMP/JME 指令验证

把图 5-47 梯形图程序录入到 CP-X 编辑器中，然后下载到 PLC 中运行，认真观察各位地址状态的变化以及 T0000、C0000 当前值是否变化，然后回答下面的问题：

(1) 当 I0.00 为 OFF 时，JMP 与 JME 之间的程序能否执行？

(2) 当 I0.00 为 ON 时，JMP 与 JME 之间的程序能否执行？

(3) 当 I0.00 由 ON 变为 OFF 时，JMP 与 JME 之间各地址位的状态是何变化？T0000 和 C0000 的当前值是否变化？

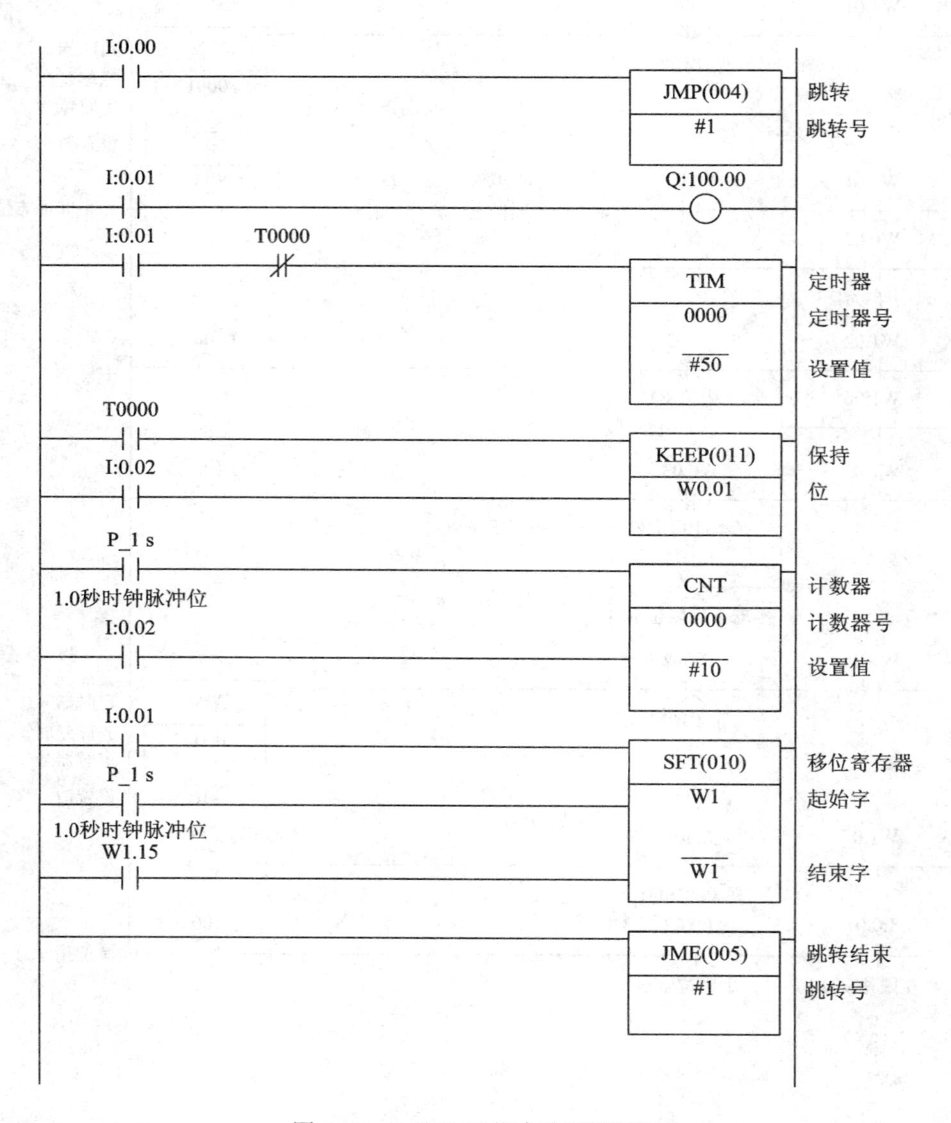

图 5-47　JMP/JME 指令验证梯形图

2. IL/ILC 指令的验证

把图 5-48 梯形图程序录入到 CP-X 编辑器中，然后下载到 PLC 中运行，认真观察各位地址状态的变化以及 T0000、C0000 当前值是否变化，然后回答下面的问题：

(1) 当 I0.00 为 OFF 时，IL 与 ILC 之间的程序能否执行？

(2) 当 I0.00 为 ON 时，IL 与 ILC 之间的程序能否执行？

(3) 当 I0.00 由 ON 变为 OFF 时，IL 与 ILC 之间各地址位的状态是何变化？T0 和 C0 的当前值是否变化？

(4) IL/ILC 与 JMP/JME 相比较，它们有哪些异同？

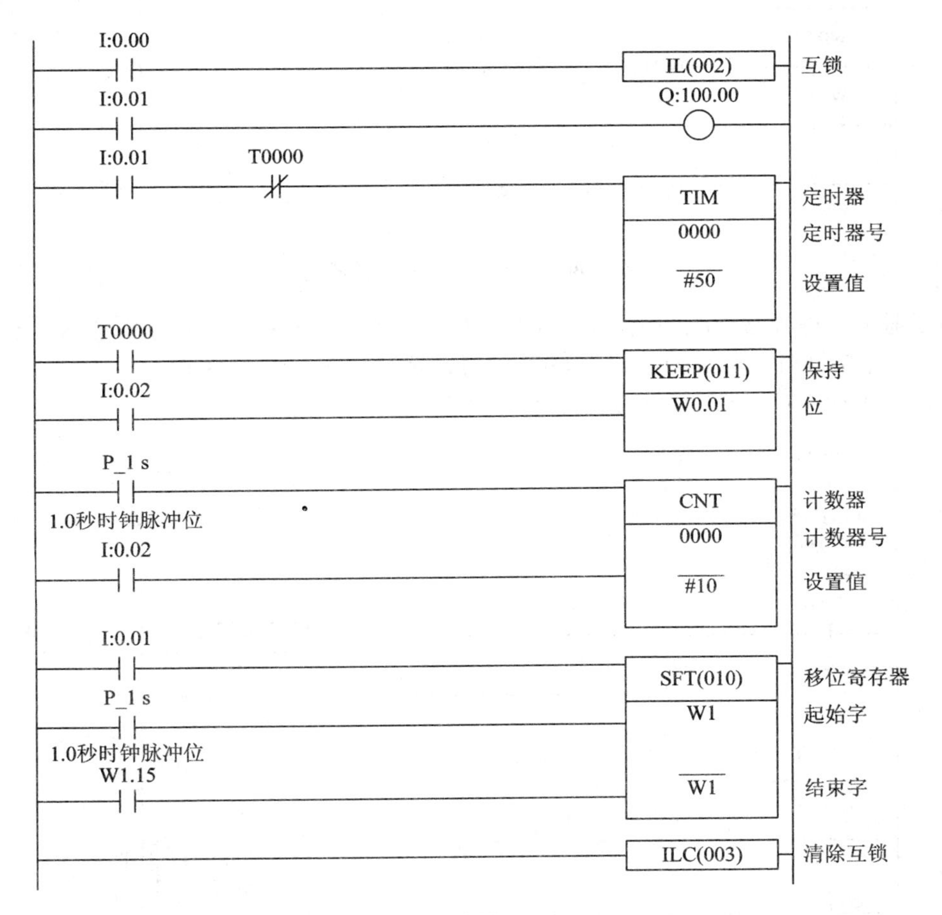

图 5-48　IL/ILC 指令验证梯形图

3. 互锁异常问题的解决

在 IL 写 ILC 之间如果有用到微分命令，有时会出现异常情况。在异常情况出现时要认真分析程序，找出问题所在，然后修改程序避免异常情况的出现。

运行图 5-49 梯形图程序，认真观察，你会发现当 W0.01 得电，按下点动停止按钮 W0.01，W0.00 失电，互锁的条件不满足，然后再按下点动启动按钮 W0.00，W0.00 得电，互锁的条件满足，W0.02 会异常得电。这就是说该程序在重新启动时可能会出现异常情况。

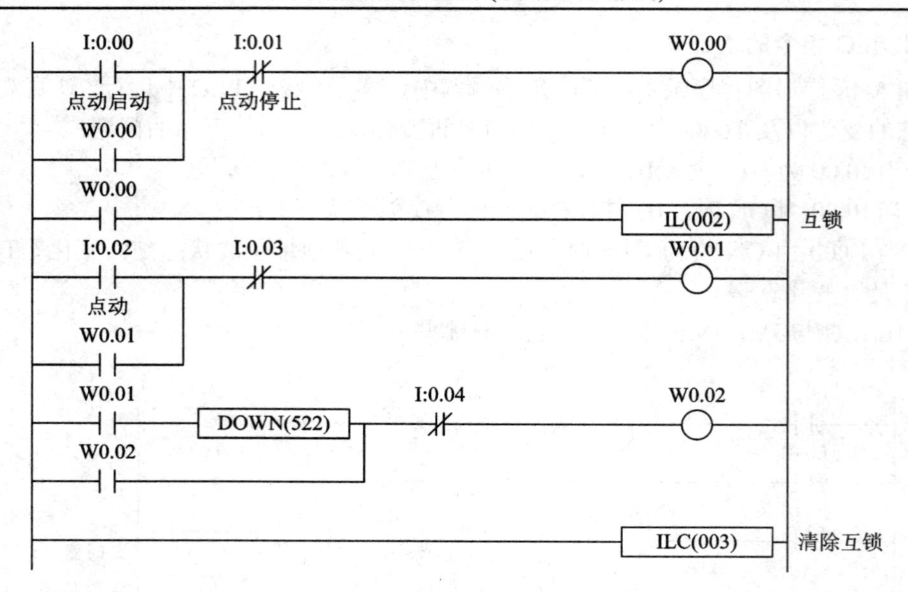

图 5-49　一种互锁异常的梯形图

为了避免这种异常情况的出现，如图 5-50 梯形图程序所示，在程序中加入一条 KEEP 指令，在程序启动时，把 W0.03 置为 OFF 状态，然后在 W0.01 在 DOWN 后串上了 W0.03，这样就保证了程序重新启动时不会出现异常情况。

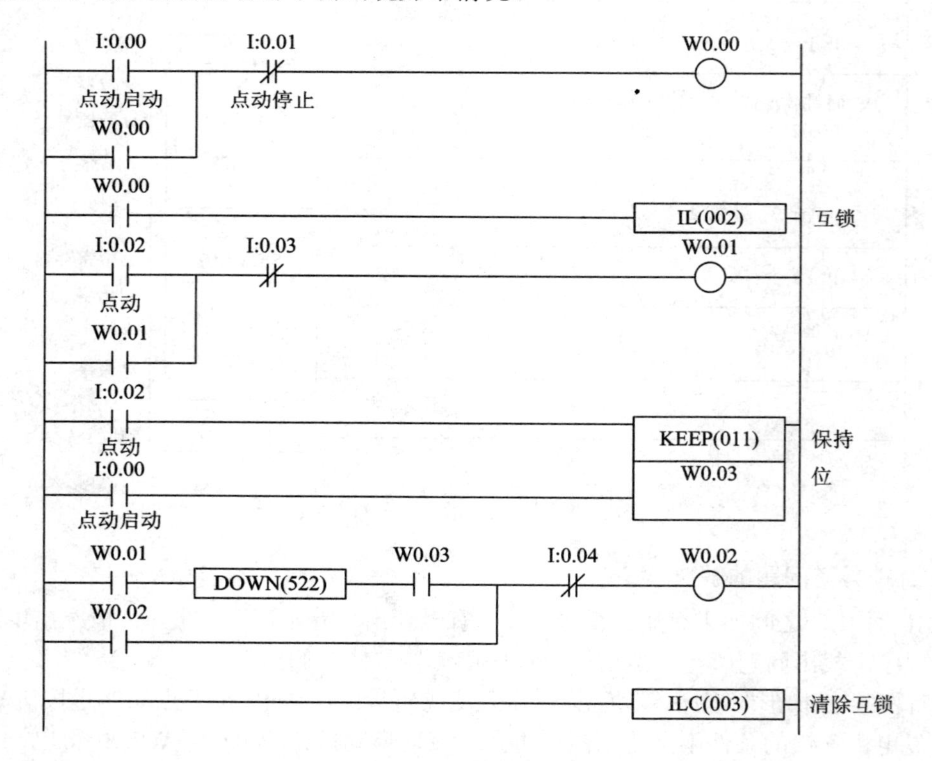

图 5-50　一种解决互锁异常的梯形图

相关知识三　模拟电位器、LED 及系统时间的应用

运行如图 5-51 所示的 PLC 梯形图程序，回答下面问题：

(1) 把 0.00 置于 ON，0.01、0.02 置于 OFF，然后把模拟电位器调到最小值，再从小到大(顺时针方向)慢慢地调，认真观察 LED 上的显示。A642 的最小值是多少？最大值是多少？LED 是以什么数据显示的？

(2) 把 0.01 置于 ON，0.00、0.02 置于 OFF，慢慢旋转模拟电位器，认真观察 LED 上的显示并与(1)比较。LED 是以什么数据显示的？D0 的最小值是多少？最大值是多少？

(3) 当 0.00、0.01、0.02 都处于 OFF 状态时，LED 还显示吗？什么情况能灭 LED 上的显示？

(4) 如果要用 SCTRL 在 LED 分别显示 0～9，则它对应的参数值应该是什么？请用表列出。

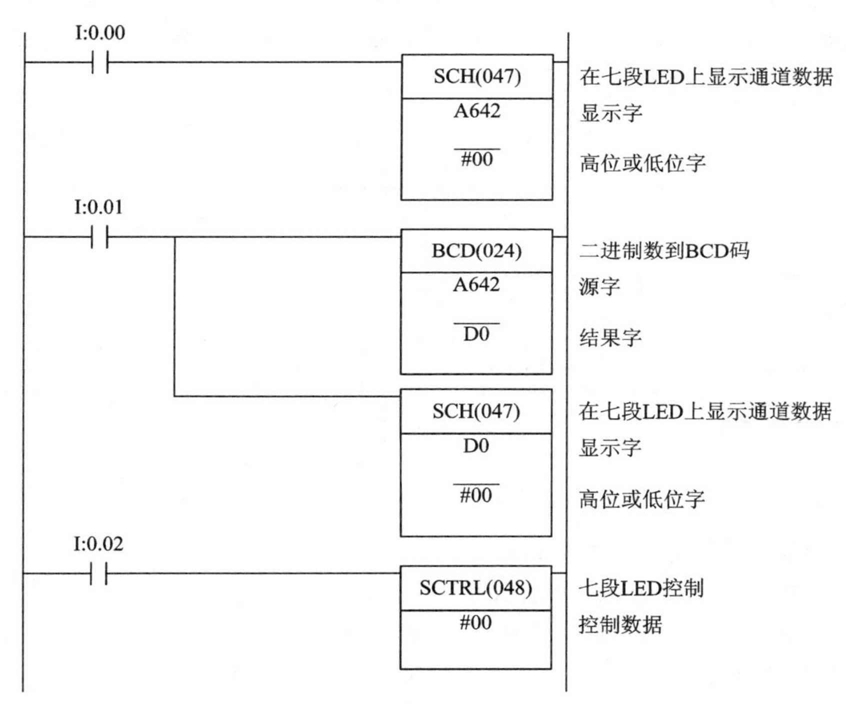

图 5-51　模拟电位器、LED 应用程序梯形图

相关知识四　三台电机的顺序启停控制

PLC 用于三台电机 M1、M2、M3 启/停控制系统设计的示例如下：

(1) 控制要求：

① 启动 M1 运行 5 s 后，M2 开始运行。

② M2 运行 3 s 后，M1 停止运行，M3 开始运行。

③ M3 运行 4 s 后，M2 停止运行，M1 又开始运行。

④ M1 开始运行 10 s 后，M3 停止运行，M2 开始运行。M2 第二次运行后转第②步进

入循环运行，直到停止。

(2) I/O 分配表(表 5-10)：

表 5-10　三台电机的 I/O 分配表

输　入		输　出	
操作功能	地址	操作功能	地址
启动	I0.00	M1 运行	Q100.00
停止	I0.01	M2 运行	Q100.01
		M3 运行	Q100.02

(3) 根据系统的控制要求及 I/0 分配表画出时序图(图 5-52)。

由时序图可以看出：当系统启动后进入到 B 点，系统便进入循环运行，B 点到 C 点之间是它的运行周期；D 点是要停止系统的运行，系统收到停止信号后要等到 M3 在 E 点运行完毕后才停止系统。

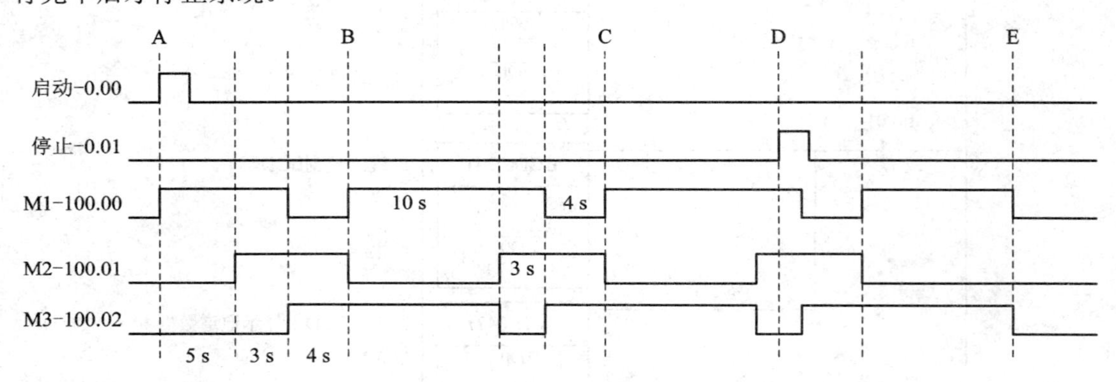

图 5-52　时序图

(4) PLC 的外部接线图(图 5-53)。

因所用的 PLC 是 OMRON-CP1H-XA 继电器输出型的，它输出的最大开关能力是 AC 250V/2A、DC24V/4A(公共)，而电机用电是 380 V 的交流电，所以 PLC 不能直接接继电器 KM，而是要通过中间继电器 KA 来实现控制对 KM 的控制。

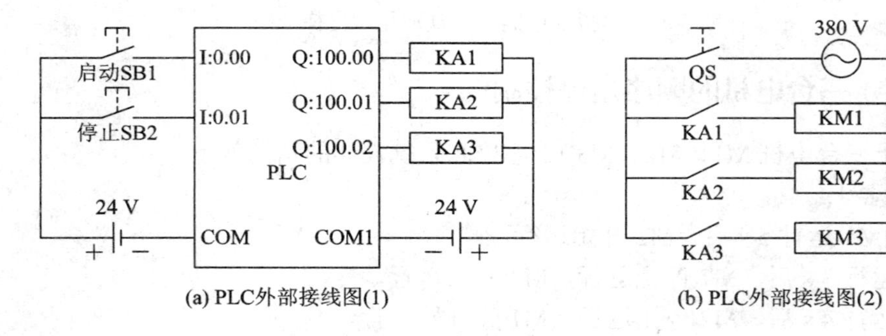

(a) PLC外部接线图(1)　　(b) PLC外部接线图(2)

图 5-53　接线图

(5) 程序设计(图 5-54)。

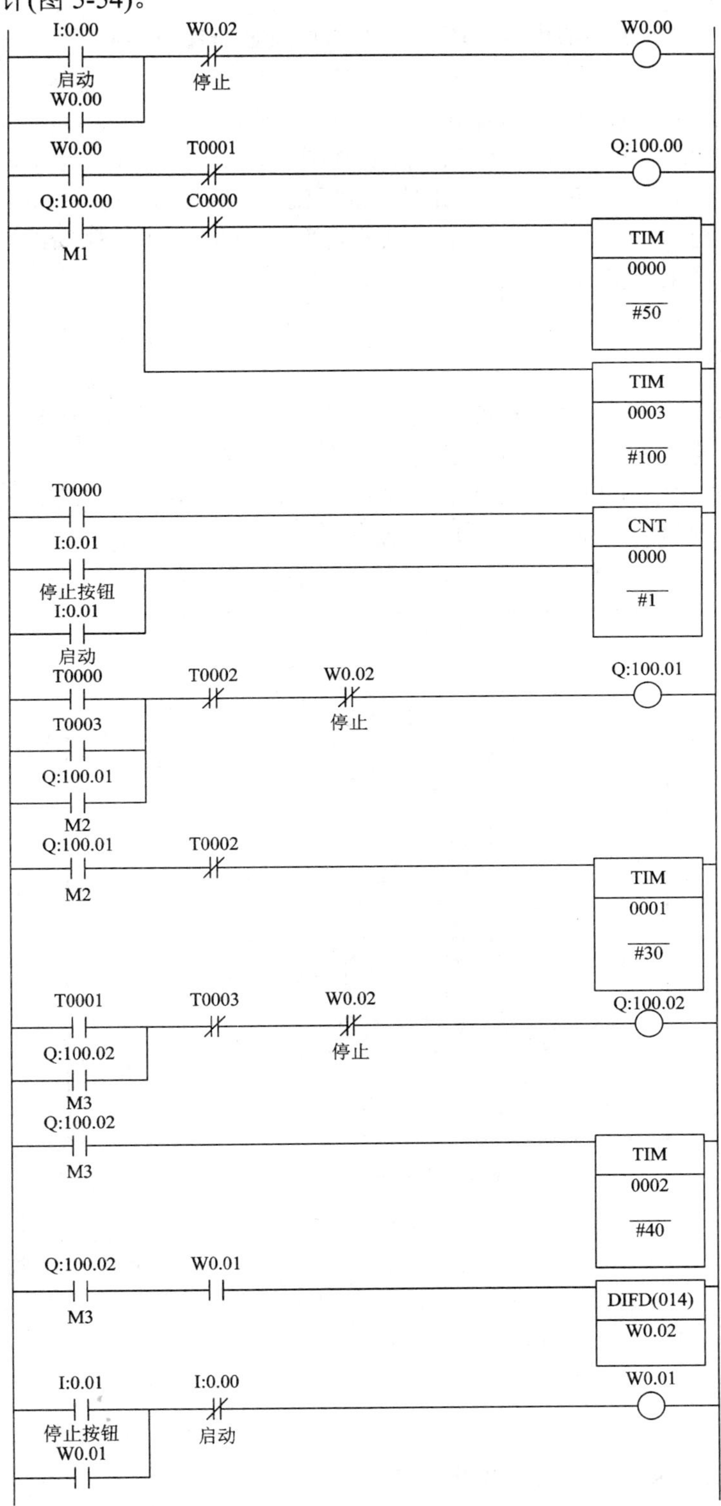

图 5-54　三台电机控制程序梯形图

(6) 程序分析：

画出控制要求的时序图(图 5-52)后，编写程序就显得比较容易了。在程序中有两个地方要注意。

① 系统启动后，M1 运行 5 秒(用 T0 计时)后，M2 开始运行 3 秒后，M1 停止，所以 M1 第一次运行的时间是 8 秒(5+3)，在以后的都是 13 秒(10+3)(见时序图)。由此可知，T0 在系统启动后仅计时一次，所以当 T0 计时一次后就要把它断开，程序中是用 C0 来实现的。

② 当系统收到 0.01 的停止信号后，系统要等到 M3(100.02)下降沿到来时才停止，程序是用下降沿微分来实现的。

任务内容

如图 5-55 所示，当启动按钮 SD 接通后，电机 M1、M2 运行，传送钢板，检测传送带上有无钢板的传感器 S1 的信号(即开关为 ON)，有信号表示有钢板，电机 M3 正转(MZ 灯亮)；S1 的信号消失(为 OFF)，检测传送带上钢板到位后的传感器 S2 有信号(为 ON)，表示钢板到位，电磁阀动作(YU1 灯亮)，电机 M3 反转(MF 灯亮)。YU1 给一向下压下量，S2 信号消失(为 OFF)，S1 有信号(为 ON)，电机 M3 正转……重复上述过程。

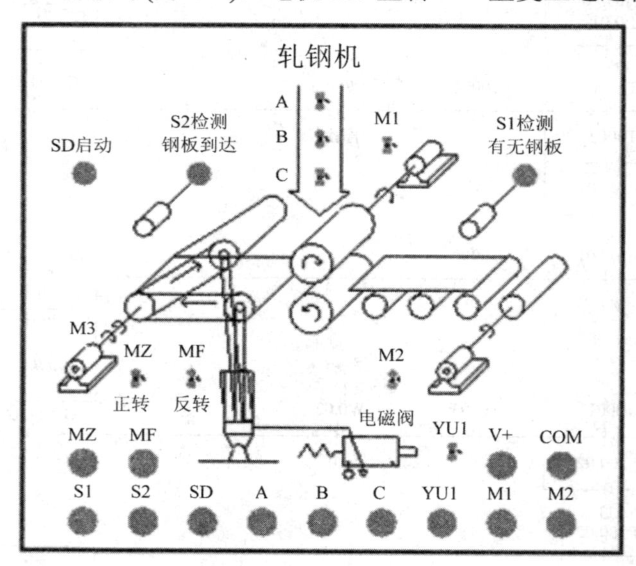

图 5-55　轧钢机控制示意图

输出端子 100.01 第一次接通，发光管 A 亮，表示有一向下压下量；第二次接通时，A、B 亮，表示有两个向下压下量；第三次接通时，A、B、C 亮，表示有三个向下压下量。在输出端子 100.01 第三次接通断开时，电磁阀 YU1 灯灭，“A、B、C”全灭，“M2”灯亮送走钢板，按下启动开关系统停止工作。

任务实施

1. 分析控制要求，确定输入/输出设备

通过对轧钢机装置控制电路的分析，可以归纳出电路中出现了 3 个输入端子，即启动

SD，检测钢板到达限位开关 S1，检测有无钢板传感器(检测开关)S2；8 个输出设备，即电机 M1、电机 M2、电机 M3 正转接触器 MZ，电机 M3 反转接触器 MF 和一向下压指示灯 A、二向下压指示灯 B，三向下压指示灯 C，电磁阀指示灯 YU1。

2. 对输入/输出设备进行 I/O 地址分配

根据电路要求，I/O 地址分配如表 5-11 所示。

表 5-11　I/O 地址分配

输入设备			输出设备		
名称	符号	地址	名称	符号	地址
启动按钮	SD	I0.00	电机 M1	M1	Q100.00
限位开关	S1	I0.01	电机 M2	M2	Q100.01
检测开关	S2	I0.02	电机 M3 正转接触器	MZ	Q100.02
			电机 M3 反转接触器	MF	Q100.03
			一向下压指示灯	A	Q100.04
			二向下压指示灯	B	Q100.05
			三向下压指示灯	C	Q100.06
			电磁阀指示灯	YU1	Q100.07

3. 绘制 PLC 外部接线图

根据 I/O 地址分配结果，绘制 PLC 外部接线图(如图 5-56)。

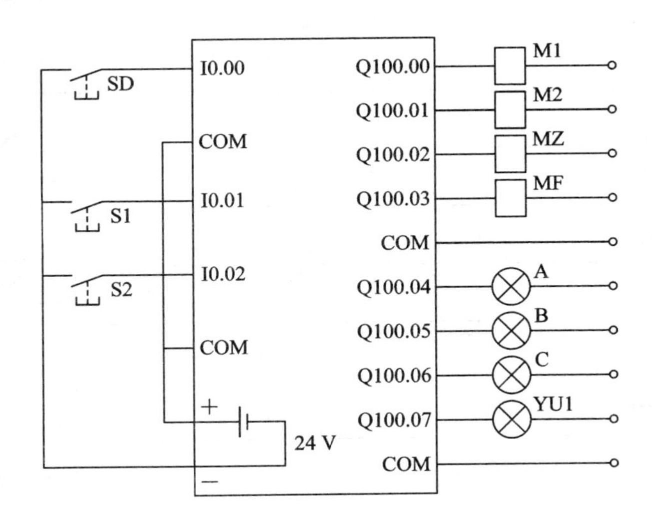

图 5-56　轧钢机 PLC 控制外部接线图

4. 程序设计

根据控制电路的要求，设计 PLC 控制程序，如图 5-57 所示。

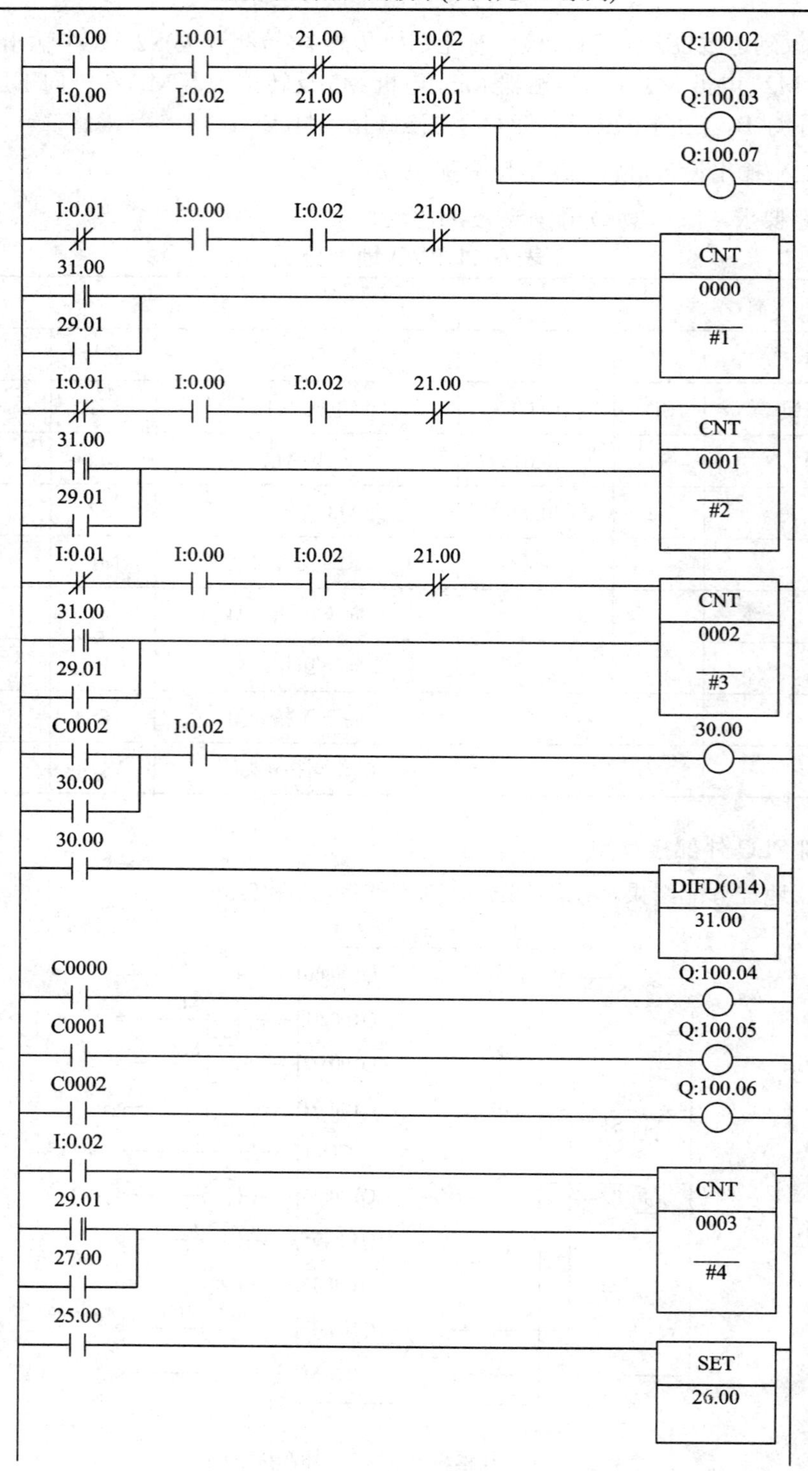

图 5-57　轧钢机控制程序

5．安装接线

按照图 5-56 所示进行接线。

6．运行调试

(1) 在断电状态下，连接好 PC/PPI 电缆。

(2) 在作为编程器的 PC 上，运行 CX-P 编程软件，打开 PLC 的前盖，将运行模式开关拨到 STOP 位置，或者单击工具栏中的“STOP”按钮，此时 PLC 处于停止状态，可以进行程序输入或编写。

(3) 执行菜单命令“文件”→“新建”，生成一个新项目；执行菜单命令“文件”→“打开”，打开一个已有的项目；执行菜单命令“文件”→“另存为”，可以修改项目名称。

(4) 执行菜单命令“PLC”→“类型”，设置 PLC 型号。

(5) 设置通信参数。

(6) 编写控制程序。

(7) 单击工具栏的“编译”按钮或“全部编译”按钮来编译输入的程序。

(8) 下载程序文件到 PLC。

(9) 将运行模式选择开关拨到 RUN 位置，或者单击工具栏的“RUN”按钮使 PLC 进入运行方式。

(10) 观察程序运行。

检查评价

在规定时间内完成任务，各组自我评价并进行展示，各组之间根据评价表进行检查。检查与评价表如表 5-12 所示。

表 5-12　检查与评价表

项 目	要　　求	配 分	评 分 标 准	得 分
I/O 分配表	(1) 能正确分析控制要求，完整、准确确定输入/输出设备。 (2) 能正确对输入/输出设备进行 I/O 地址分配	20	不完整，每处扣 2 分	
PLC 接线图	按照 I/O 分配表绘制 PLC 外部接线图，要求完整、美观	10	不规范，每处扣 2 分	
安装与接线	(1) 能正确进行 PLC 外部接线图正确安装元件及接线。 (2) 线路安全简洁，符合工艺要求	30	不规范，每处扣 5 分	
程序设计与调试	(1) 程序设计简洁易读，符合任务要求。 (2) 在保证人身和设备安全的前提下，通电试车一次成功	30	第一次试车不成功扣 5 分；第二次试车不成功扣 10 分	
文明安全	安全用电，无人为损坏仪器、元件和设备，小组成员团结协作	10	成员不积极参与，扣 5 分；违反文明操作规程扣 5～10 分	
总　　分				

技能训练

1. 小车

小车工作示意图如图 5-58，操作面板布置如图 5-59 所示。工作方式选择开关用于从 4 种工作方式中选择一种执行，6 个控制按钮分别为启动、停止控制以及手动时的操作按钮。系统设有 4 种工作方式，各种工作方式的工作过程将在下面介绍，要求完成相关程序设计。

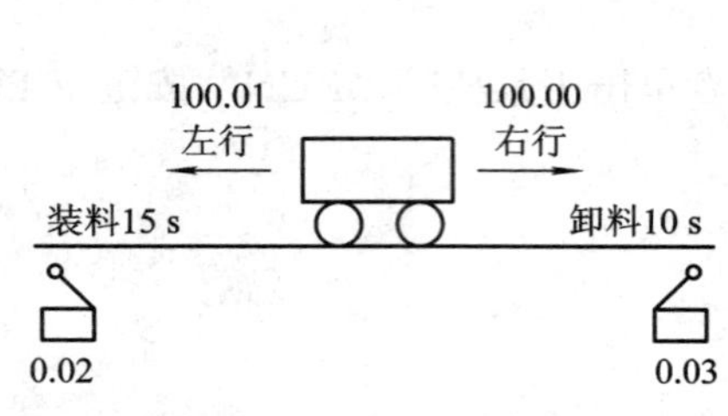

图 5-58　小车工作示意图

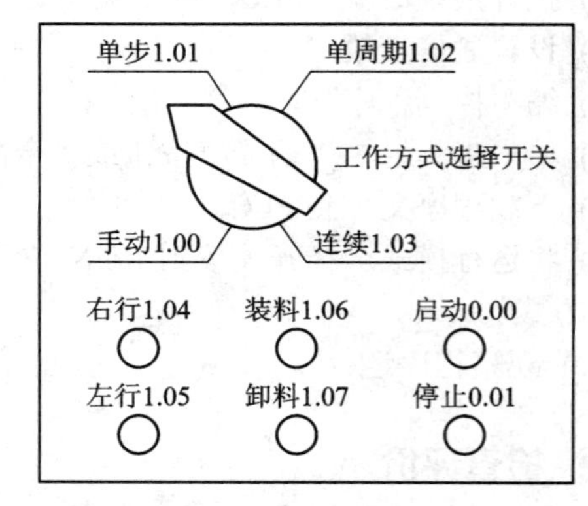

图 5-59　操作面板布置图

(1) 手动工作方式：工作方式开关拨到手动位置，1.00 接通。操作过程如下:

① 按住右行按钮 1.04，小车右行，松开按钮或碰到 0.03，右行停止。

② 按住左行按钮 1.05，小车左行，松开按钮或碰到 0.02，左行停止。

③ 小车停在 0.02 处时，按住装料按钮 1.06，小车装料，松开按钮，装料停止。

④ 小车停在 0.03 处时，按住卸料按钮 1.07，小车卸料，松开按钮，卸料停止。

在执行自动程序之前，如果系统没有处于初始状态 (所谓初始状态，是指小车卸完料后停在左端)，应选择手动方式操作小车，使系统处于初始状态。

(2) 单周期工作方式：工作方式开关拨到单周期位置，1.02 接通。按一下启动按钮 0.00，从初始步开始，小车按图 5-60(a)所示功能表图的规定完成一个周期的工作，返回并停在初始步，从初始步到第一步的转换条件是 0.00 为 ON。

(3) 连续工作方式：工作方式开关拨到连续位置，1.03 接通。在初始状态按一下启动按钮 0.00 后，小车按图 5-60(b)所示功能表图从初始步开始连续循环工作。按一下停止按钮 0.01 后，在完成最后一个周期的工作后，系统停在初始步，初始步到第一步的转换条件应是 W1.00 为 ON，表示系统处在工作状态。

(4) 单步工作方式：工作方式开关拨到单步位置，1.01 接通。按图 5-60(c)所示功能表图从初始步开始，按一下启动按钮，系统转换到下一步，完成该步的任务后，自动停止工作，并停在该步上，再按一下启动按钮，再向下走一步。从初始步到第一步的转换条件是 0.00 为 ON，其余各步的转换条件应是工作开关单周期或连续地与 0.00 的常开触点相串联。

图 5-60 所示各种自动工作方式的功能图可以合并为图 5-61，其中辅助继电器 W1.01 的控制电路如图 5-62 所示。

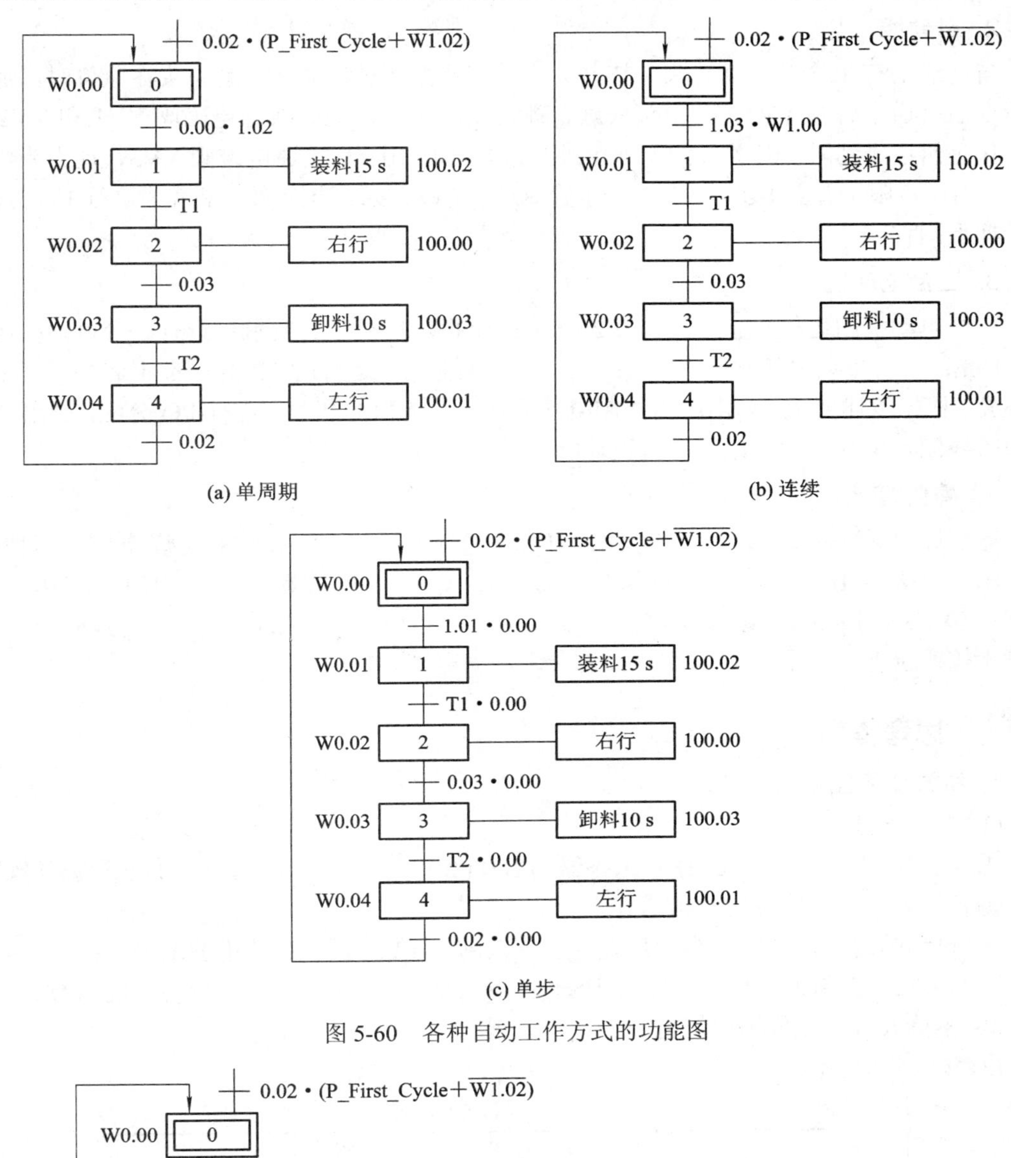

图 5-60　各种自动工作方式的功能图

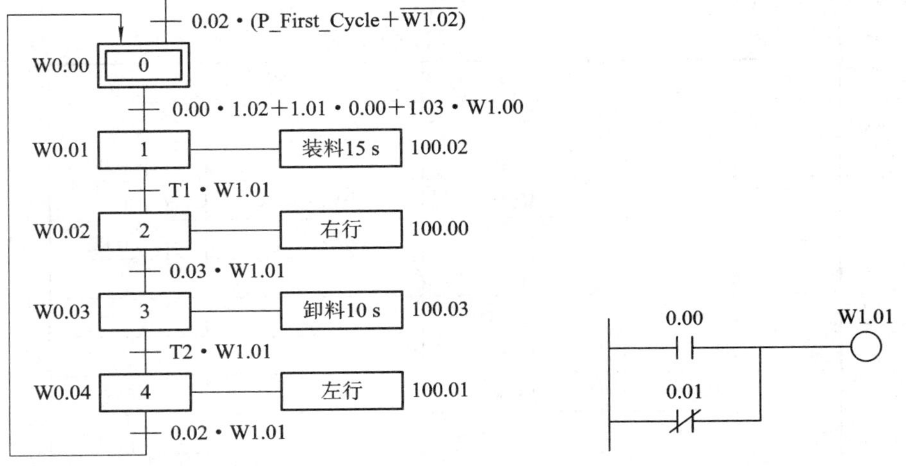

图 5-61　自动工作方式功能图的合并

图 5-62　W1.01 控制梯形图

2. 自动线

自动线上有 1 个钻孔动力头，该动力头的工作循环过程如下：动力头在原位时，加启动命令后接通电磁阀 YV1，动力头快进。碰到限位开 SQ1 时，接通电磁阀 YV1 和 YV2 转为工作进给；碰到限位开关 SQ2，停止进给，并延时 10 s 后接通电磁阀 YV3，动力头快速退回。当原点限位开关 SQ3 接通时，动力头快退结束。要求选择 PLC 机型，进行 I/O 分配，设计梯形图程序。

3. 三台电动机

三台电动机的运行状态用 L1、L2、L3 三个指示灯显示。要求：只有一台电动机运行时 L1 亮；二台电动机运行时 L2 亮；三台及以上电动机运行时 L3 亮；都不运行时三个灯都不亮。根据上述要求，列出所需控制电器元件，选择 PLC 机型，进行 I/O 分配，画出 PLC 外部接线图及电动机的主电路图，设计满足要求的梯形图程序。

4. 霓虹灯

霓虹灯闪烁流程如下：① 首先 HL1 灯亮；② 1 s 后 HL1 灯灭，HL 2 灯亮；③ 再隔 1 s 后，HL2 灯灭，HL3 灯亮；④ 再隔 1 s 后，HL3 灯灭；⑤ 再隔 1 s 后，HL1、HL2、HL3 全亮；⑥ 再隔 1 s 后，HL1、HL2、HL3 全灭；⑦ 重复⑤和⑥的动作；⑧ 循环①至⑦直至停止按钮按下。试用 PLC 实现该控制要求，编写其梯形图程序。

? 思考练习

1. 抢答器控制程序设计。

(1) 控制要求：

① 在主持人侧设置有 LED 及抢答器的启动(允许抢答)、复位、清零、加分和减分按钮。选手侧各设置 1 个抢答按钮及指示灯。

② 抢到的选手，相应的指示灯亮，主持人侧的 LED 显示该选手的编号，在回答问题的选手剩最后一分钟时，LED 转为倒计时显示，倒计时结束，显示该抢答者的分数。

③ 主持人按下复位按钮，LED 灭。

(2) I/O 分配表(表 5-13)。

表 5-13　I/O 分配表

输　入		输　出	
操作功能	地址	操作功能	地址
抢答开始(启动)	I0.10	指示灯 0	Q100.00
复位	I0.11	指示灯 1	Q100.01
加减分数量的设定	I1.00	指示灯 2	Q100.02
加分	I1.02		
减分	I1.03		
清零	I1.11		
选手 0 按钮	I0.00		
选手 1 按钮	I0.01		
选手 2 按钮	I0.02		

(3) 编写梯形图程序。

2. 十字路口红绿灯控制程序设计。

(1) 控制要求：

① 南北方向：绿灯亮 30 s 后闪烁 5 s，要求每秒闪烁一次，然后绿灯灭，黄灯亮 5 s，黄灯灭后，红灯亮出 30 s。

② 东西方向：在南北方向绿灯和黄灯亮的时间里，东西方向的红灯亮，红灯灭后，绿灯亮 20 s 后闪烁 5 s 后灭，然后黄灯亮 5 s。

③ 在绿灯亮时在 LED 上显示倒计时。

④ 在晚上 20:00 至凌晨 4:00，南北方向的绿灯延长亮 5 s，东西方向的绿灯减少亮 5 s。

⑤系统启动/停止控制：用一个切换开关完成。

(2) 列出 I/O 分配表。

(3) 画出时序图。

(4) 编写梯形图程序。

3. PLC 用于园林植物灌溉控制系统设计。

(1) 控制要求：

① A 灌溉区要求每次喷 2 分钟，停 5 分钟，循环 10 次后自动停止。

② B 灌溉区采用旋转式喷头进行喷灌，每次工作 5 分钟，停 20 分钟，循环 3 次后自动停止。

③ C 灌溉区，每隔 2 天自动灌溉 1 次，每次灌溉时间为 20 分钟。

④ A、B、C 区灌溉的时间均从早上 8：00 开始。

⑤ 考虑到系统的可靠性和经济效益，要求系统有手动控制和自动控制功能。在手动工作方式时，按 1 下灌溉键，则 A、B、C 区均灌溉 1 次；在自动工作方式时，A 区和 B 区每天自动灌溉 1 次，C 区每两天自动灌溉 1 次。

⑥ 当温度、温度达到或超过某一控制点时，停止灌溉，并报警。

(2) 列出 I/O 分配表。

(3) 画出 PLC 的外部接线图。

(4) 编写梯形图程序。

4. PLC 用于两种液体混料控制系统设计。

(1) 控制要求：

① 当混料罐的液面在最上方时，按下启动按钮后，可进行连续自动混料。如果初始工作时，液面不在最下方，应该先按复位按钮，排出罐内液体，使料位液面处于最下方，才能进行混料操作。

② 首先，阀门 A 打开，液体 A 流入容器；当液面升至 M(中)位置时，阀门 A 关闭，阀门 B 打开，液体 B 流入；当液面升至 H(高)位置时，阀门 B 关闭，搅拌电动机开始工作。搅拌电动机工作 6 s 后停止搅拌，阀门 C 打开，开始放出混合液体。当液面降到 L(低)位置时，延时 2 s 后，关闭阀门 C，然后再开始下一周期的操作。

③ 如果工作期间按下停止按钮，则要等到该次周期工作完毕后，方能停止，不再进行下一周期的工作。

(2) 列出 I/O 分配表。

(3) 画出 PLC 的外部接线图。

(4) 编写梯形图程序。

5. PLC 用于全自动洗衣机控制系统设计。

(1) 控制要求：

① 使用操作顺序是：接通电源→打开水龙头→将衣服放入洗衣桶内→加入适量洗衣粉→关上门盖→选择水位→选择洗涤方式→选择洗衣周期→选择洗衣程序→按启动键→洗衣机启动，按规定好的程序自动完成洗涤全过程。

② 水位调节旋钮有高、中、低、少量 4 种水位可供选择。

③ 洗涤方式开关有通常和柔和两种方式可供选择。在通常洗涤方式下，电动机工作流程是：正转 27 s→停转 3 s→反转 27 s→停转 3 s→正转 27 s……，循环工作；在柔和洗涤方式下，电动机工作流程是：正转 3 s→停转 7 s→反转 3 s→停转 7 s→正转 3 s……，循环工作。

④ 洗衣周期选择开关有标准和经济两种方式可供选择。在标准方式时，洗衣过程是：洗涤 12 min→清洗 4 min→脱水 5 min；在经济方式时，洗衣过程是：洗涤 6 min→清洗 2 min→脱水 3.5 min。

(2) 列出 I/O 分配表。

(3) 画出 PLC 的外部接线图。

(4) 编写梯形图程序。

6. PLC 用于电梯控制系统设计。

(1) 控制要求：

① 有 1 个 4 层楼房的电梯，上行与下行选择由乘电梯的人选择信号决定，顺向优先执行。

② 行车途中如遇到呼梯信号时，顺向截车，反向不截车。

③ 选择信号、呼梯信号具有记忆功能，执行后解除。

④ 选择信号、呼梯信号、行车方向均有信号指示灯，行车楼层位置用 LED 显示。

⑤ 停层时可以延时开门、手动开门、本层顺向呼梯开门。

⑥ 有选择信号时自动关门，关门后延时自动行车。

⑦ 无选择信号时不能自动关门。

⑧ 行车时不能手动开门或本层呼梯开门，开门不能行车。

(2) 列出 I/O 分配表。

(3) 画出 PLC 的外部接线图。

(4) 编写梯形图程序。

附录

CX-P 软件的安装、使用

一、CX-P 软件的安装

安装前，要认真阅读安装说明书，并按照说明书要求进行安装。CX-P 编程软件共有三张安装盘，分别是 cx-one1、cx-one2、cx-one3。

先安装.Net Framework 及其所提供的 SP。

把第三张光盘(cx-one3)放入光驱，安装文件在 DotNetFramework 目录，先运行 dotnetfx.exe 安装.Net Framework，如图 1 所示。

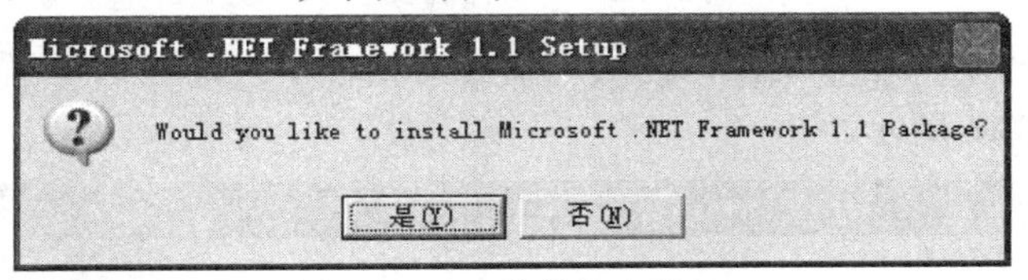

图 1　CX-P 软件的安装(1)

选择“是(Y)”进行安装，安装完毕后再运行\DotNetFramework\SP1\ NDP1.1sp1-KB867460-X86.exe，安装.Net Framework 所提供的 SP。在确定是否要安装.Net Framework SP1 的弹出对话框中(如图 2 所示)，选择“OK”按钮。

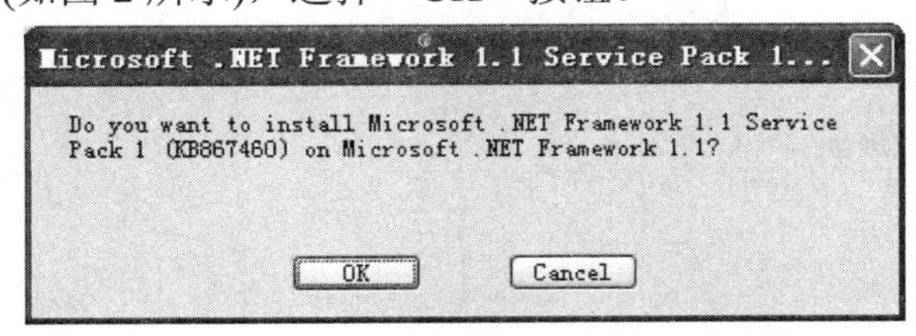

图 2　CX-P 软件的安装(2)

.Net Framework 和 SP1 安装完毕后，系统需要重启，如图 3 所示。

图 3　CX-P 软件的安装(3)

计算机重启后，放入第一张光盘，进行 CX-P 软件的安装，点击 setup.exe(这步一般会自动运行)，弹出选择安装语言的对话框，如图 4 所示。

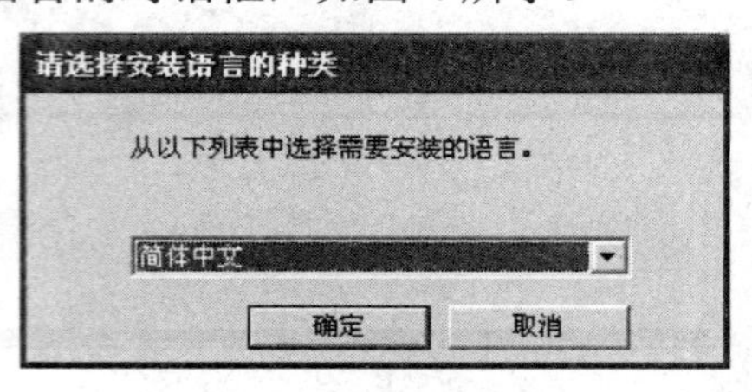

图 4　CX-P 软件的安装(4)

选择好要安装的语言后点击“确定”按钮，进行下一步操作。如果没有安装.Net Framework，这时会弹出错误的警告框，如图 5 所示，提示说如果要安装 CX-Profibus，则需要安装 .Net Framework，选择“是(Y)”则进行安装.Net Framework 的操作，如果选择“否(N)”则跳过 .Net Framework 的安装。

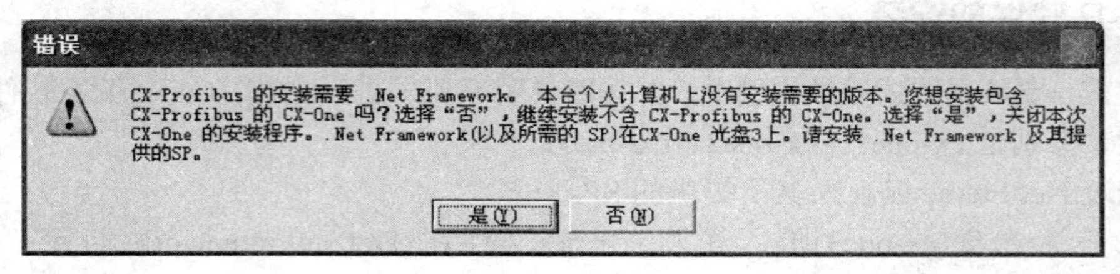

图 5　CX-P 软件的安装(5)

按安装向导的提示，逐步安装，在用户信息对话框里，需输入正确的序列号，才能进行下一步安装。如图 6 所示。

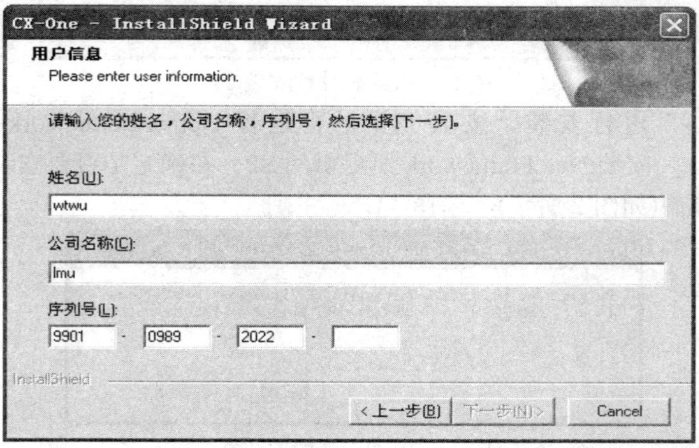

图 6　CX-P 软件的安装(6)

系统默认将 CX-P 安装到 C:\Program File\OMRON\CX-One\目录中，如果要安装到其他目录中，则应在图 7 所示的界面中点击“浏览”按钮进行选择。

确定好目标文件夹后，点击“下一步”按钮，弹出如图 8 所示的安装类型对话框。安装类型有两种：一种是完全安装，把程序所有的功能模块全部安装上；另一种是自定义安装，可以根据用户的需要选择程序的功能模块。

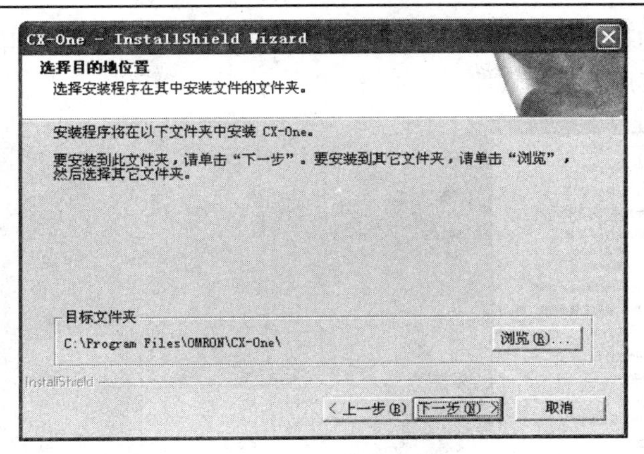

图 7　CX-P 软件的安装(7)

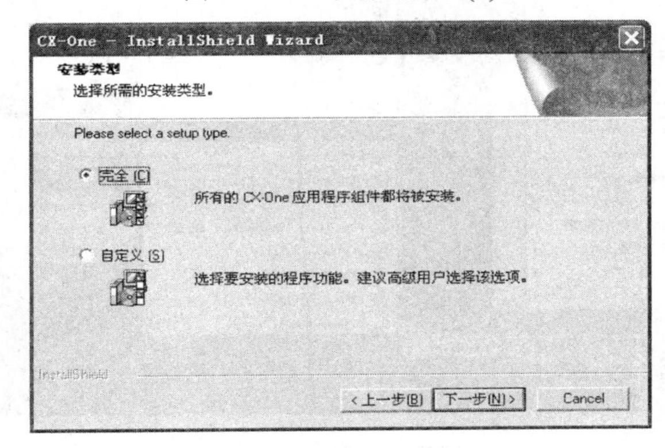

图 8　CX-P 软件的安装(8)

注意：如果没有安装.Net Framework，则只能选择自定义安装，因为 CX_Profibus 的功能模块不能安装，因此在自定义安装里，该模块不能选择，否则安装不了。

在这里，我们不妨选择自定义安装，点击“下一步”按钮，弹出如图 9 所示功能选择框，如果 Net Framework 已经安装了，则在功能选择框里所有的功能模块都选择上，如果 Net Framework 没有安装，则 CX_Profibus 没有选择上，如果选择上了，会弹出图 5 的提示框。(CX_Profibus 的功能模块是对 CX_Profibus Master 单元，软件提供参数编辑和监视。如果对功能模块不清楚的，可以选中它，再看右边的描述，如图 9 所示)。

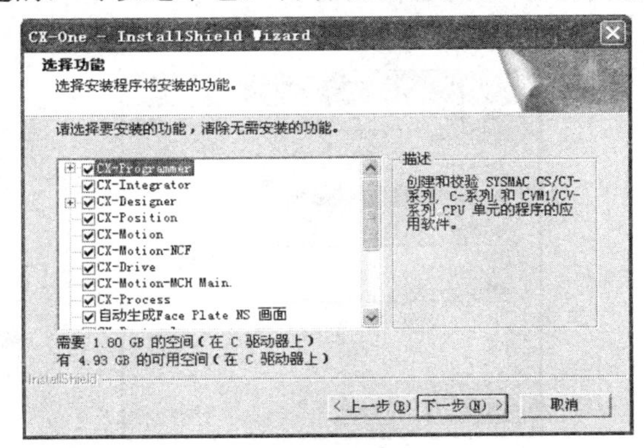

图 9　CX-P 软件的安装(9)

根据安装程序的提示，分别插入光盘 cx-one2、cx-one3，安装完毕后重启计算机。重启完毕后，就可以应用 CX-P 软件了，如图 10 所示。

图 10　安装完成

二、CX-P 软件的使用

1. 创建新的工程

通过程序窗口的“文件”菜单选择新建项或选择工具栏中的新建按钮均可创建一个 PLC 工程，并在主窗口中弹出一个变更 PLC 的窗口(如图 11 所示)，在此窗口中输入设备名称即工程名称并选择 PLC CPU 的型号和网络连接类型。对于 CPIH PLC 网络连接类型选择为 USB。工程工作区将显示新生成的工程的内容，梯形图也显示在图形工作区，随时可以开始编制程序。

图 11　“变更 PLC”对话框

CX-P 工程由梯形图、地址和网络细节、PLC 内存内容、IO 表、扩展指令(如果需要的话)以及符号组成。每一个 CX-P 工程文件都是独立的，是一个单独的文档。CX-P 在同一时刻只能够打开一个工程文件。CX-P 工程文件具有.CXP 或者.CXT 的文件扩展名(通常使用.CXP 文件，它是 .CXT 文件的一个压缩版本)。

下面以交通灯控制程序为例介绍 CX-P 的具体操作方法。交通灯控制程序要求：上电之后东西交通灯处于红灯状态南北交通灯处于绿灯状态；东西绿灯亮 4 s 之后，黄灯和绿灯同时亮 2 s，然后红灯亮 6 s，依次循环;南北红灯亮 6 s 后，绿灯亮 4 s，黄灯和绿灯同时亮 2 s，依次循环。

保存工程：从工具栏中单击【保存工程】按钮。CX-P“保存文件”对话框将被显示。

当一个新的 PLC 被添加到工程中的时候，将创建以下空表：空的本地符号表、包含预置符号的全局符号表、IO 表、PLC 内存数据、PLC 设置数据。

工程工作区将显示新生成的工程的内容，梯形图也显示在图形工作区，随时可以开始编制程序。

在梯形图程序中，当前光标的位置将以一个高亮的矩形块来表示，其被称为光标。使用鼠标和方向键能够将光标定位于图表的任何位置。可以从选择菜单或者使用相关的快捷键在当前光标位置来添加一个元素。一个元素可以定位于任意一个空的网格位置上，或者可以覆盖任意一个水平元素，前提是要有足够的空间画出这个元素。任务和程序类型取决于程序特性中定义的 PLC 类型。

在任何时候，都可以通过以下步骤改变程序的特性：

(1) 单击工程工作区里面的程序对象。

(2) 单击工具栏中的【显示属性】按钮。“程序属性”对话框将被显示。

(3) 在任务类型栏中选择任务类型。由于本程序是为一个循环任务所写，将任务类型设置为“循环任务 00”。程序名称左侧的图标将改变以反映相应的任务类型，任务号码将显示在程序名称的右侧。

(4) 设置启动操作设定，则程序将在 PLC 启动时启动。

2．创建符号和地址

生成一个梯形图程序的重要一步就是对程序要访问的那些 PLC 数据区进行定义。可以省略这步，而在程序中直接使用地址。然而为了便于程序的阅读和维护，最好还是为这些地址建立符号名称。按照以下步骤来生成符号：

(1) 单击图表窗口，在工具栏中单击【查看本地符号】按钮。

(2) 在符号窗口中单击鼠标右键在弹出的快捷菜单中单击【新建符号】按钮，符号插入对话框将被显示。

(3) 在名称栏中输入“EWGREEN”。

(4) 在地址栏中输入“100.00”。

(5) 将数据类型栏设置为“BOOL”，表示一个位(二进制)值。

(6) 在注释栏中输入“东西绿灯”。

(7) 单击【确定】按钮以继续进行，逐个输入符号。

符号窗口及新符号插入对话框如图 12 所示。

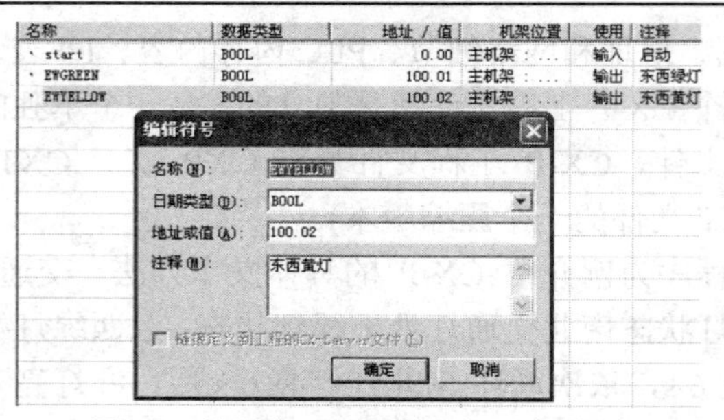

图 12　符号窗口及新符号插入对话框

3. 梯形图编程

一个 PLC 程序既可以使用梯形图也可以使用助记符编程语言来生成。梯形图程序是在梯形图工作区中生成的。在输入设备名称并选择 PLC CPU 的型号和网络连接类型之后，即出现图形工作区，可随时进行编程。如果在其他视图或窗口时，可通过单击工具栏上的【查看梯形图】按钮或双击工程工作区中“段”，即可看到梯形图工作区。之后可以根据所设计的梯形图，通过表 1 所示图表工具栏的按钮来编辑交通灯控制梯形图程序。如最先单击【新建一个常开的接触点】按钮，放置新常开接点，将出现如图 13 所示的对话框，如果之前创建了符号和地址，可直接选择符号名称如图 13(a)所示，否则直接输入地址及注释如图 13(b)所示，然后单击【确定】按钮即可。之后按照梯形图的设计，选择相应的按钮进行编辑即可。

表 1　图表工具栏

图　标	功 能 介 绍
	缩小 - 将梯形图编辑区显示缩小
	缩放 - 将梯形图编辑区缩放到合适大小显示
	放大 - 放大梯形图编辑窗口中的显示
	网格 - 切换网格显示
	切换注释 - 切换符号注释的显示
	显示梯级注释 - 切换梯级注释的显示
	监视运行覆盖
	显示程序/段的注释，在梯形视图的最上方显示
	显示嵌套的多重互锁映射
	选择模式 - 返回正常的鼠标选择模式
	接触点 - 新建一个常开的接触点
	新建常闭接触点 - 新建一个常闭接触点
	新建一个并联的常开接触点
	新建一个并联的常闭接触点
	新建垂直线 - 新建一个垂直线连接
	新建水平线 - 新建一个水平线连接
	新建线圈 - 新建一个常开线圈
	新建常闭线圈 - 新建一个常闭线圈
	新建 PLC 指令 - 新建一个 PLC 指令引用

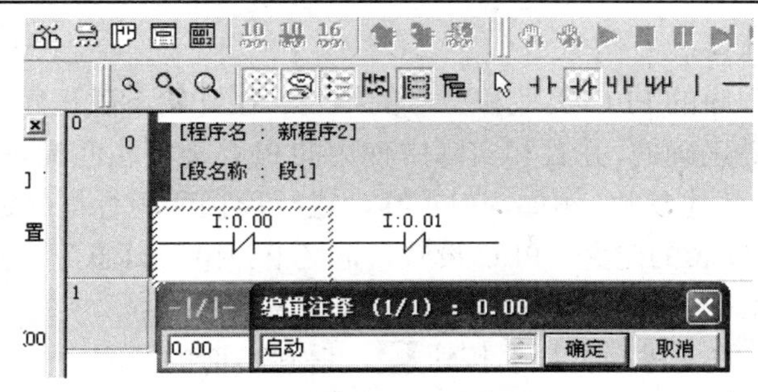

(a) 已创建符号和地址

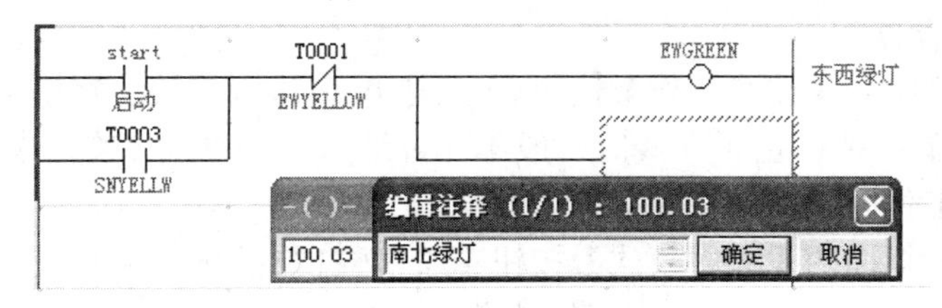

(b) 输入地址及注释

图 13　新建点对话框和新线圈对话框

在编制梯形图之后，可在工具栏中单击【助记符视图】按钮来激活助记符视图，查看助记符指令。确认梯形图无误，保存工程。之后可按需要进行下面介绍操作中的几种，一般的操作步骤是：

(1) 编译(自动检查)程序。

(2) 选择在线工作。

(3) 把程序传送到 PLC。

(4) 在执行期间进行监视。

(5) 执行在线编辑(如果需要的话)。具体操作方法，见下文介绍。

4. 编译程序

无论是在线程序还是离线程序，在其生成和编辑过程中都会不断被检验。在梯形图中，程序错误以红线出现。如果条中出现一个错误，在梯形图条的左边将会出现一道红线。例如在图表窗口已经放置了一个元素，但是并没有分配符号和地址的情况下，这种情形就会出现。在程序编写完成后，可选择程序工具栏的编译程序按钮，即可列出程序中所有的错误，输出(例如编译进程或者错误细目)将显示在输出窗口的编译标签下面，编译结果显示如图 14 所示。

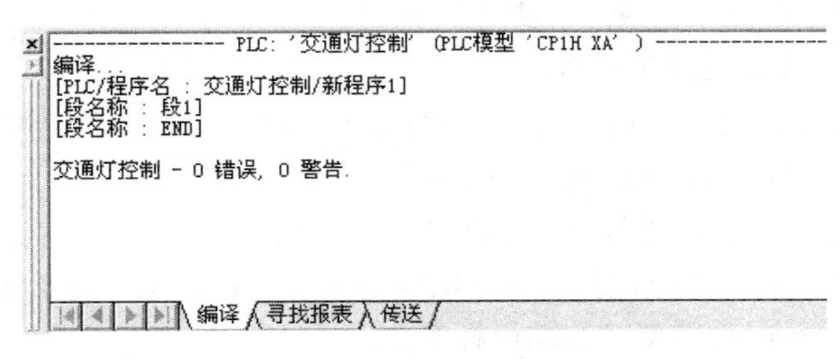

图 14　编译结果窗口

5．程序下载到 PLC

工程包含要装载程序的 PLC 类型和型号的细目。在开始下载程序之前，必须检查这些信息以确保这些信息是正确的，并且和实际中使用的 PLC 类型相匹配。还要为相连接的 PLC 选择适当的通信类型。其他参数，例如，在同 PLC 进行连接和运行程序之前就需要指定 PLC 设置信息。关于工程 IO 表的定义，PLC 设置，记忆卡，错误日志等信息。可按照以下步骤来将程序下载到 PLC。

(1) 单击工具栏中的【保存工程】按钮，保存当前的工程。如果在此以前还未保存工程，那么就会显示“保存 CX-P 文件”对话框。在文件名栏输入文件名称，然后单击【保存】按钮，完成保存操作。

(2) 单击工具栏中的【在线工作】按钮，与 PLC 进行连接。将出现一个“确认”对话框，单击【确认】按钮。由于在线时一般不允许编辑，所以程序变成灰色。

(3) 选择工程工作区里面的程序对象。

(4) 单击工具栏里面的【程序模式】按钮，把 PLC 的操作模式设为编程。如果未执行这一步，那么 CX-P 将自动把 PLC 设置成此模式。

(5) 单击工具栏上面的【下载】按钮，将显示“下载选项”对话框。

(6) 设置程序栏，并单击【确认】按钮，下载成功窗口如图 15 所示。

图 15　下载成功窗口

6．从 PLC 上载程序

将 PLC 程序上传可按照下列步骤：

(1) 选择工程工作区中的 PLC 对象。

(2) 单击工具栏中的【上载】按钮。工程树中的第一个程序将被编译。如果 PLC 是离线状态，那么将显示确认对话框，单击【确认】按钮，与 PLC 连接。将显示上载对话框。

(3) 设置程序栏，然后单击【确认】按钮。

7．工程程序和 PLC 程序的比较

工程程序可以和 PLC 程序进行比较。按照以下步骤来比较工程程序和 PLC 程序：

(1) 选择工程工作区中的 PLC 对象。

(2) 选择工具栏中与 PLC 进行比较的按钮，将显示比较选项对话框。

(3) 设置程序栏，单击【确认】按钮。比较对话框将被显示。有关工程程序和 PLC 程序之间的比较细节显示在输出窗口的编译标签中。

8．离线程序校验

可以在当前工程和一个关闭的工程文件之间进行程序校验。(从文件【菜单】中单击【比较程序】然后选择要比较的文件)校验的结果可以保存到 CSV 格式的文件中。可以通过两种方式来显示比较结果。

(1) 概况显示，显示比较程序的程序列表。

(2) 助记符显示，以助记符形式显示指定程序，不同之处用颜色标明。

比较结果以段和助记符来显示，包括添加或省略的指令。也可以从助记符比较结果跳转到梯形试图的相应位置。可以通过从“比较结果”对话框的【文件】菜单中选择【另存为】命令将比较结果存至文件中。如果文件是从概况显示中保存的，所有的程序的比较结果将以 CSV 格式保存。如果文件是从助记符显示中保存的，当前显示程序的比较结果将以 CSV 格式保存。下列简写将在程序地址和助记符之间显示且将被保存至 CSV 文件中。*：不匹配，D：区别，M：移动，N：缺失。

9．监视程序

一旦程序被下载，就可以在图表工作区中对其运行进行监视 (以模拟显示的方式)。按照以下步骤来监视程序：

(1) 选择工程工作区中的 PLC 对象。

(2) 选择工程工具栏中的【切换 PLC 监视】按钮。

(3) 在程序执行时，可以监视梯形图中的数据和控制流，例如，连接的选择和数值的增加。通过监视窗口可以监视一个 (或全部)PLC 数据。此窗口允许同时对多个 PLC 的地址进行监视。

10．在线编辑

虽然下载的程序已经变成灰色以防止被直接编辑，但是还是可以选择在线编辑特性来修改梯形图程序。当使用在线编辑功能时，通常使 PLC 运行在“监视”模式下面。在“运行”模式下面进行在线编辑是不可能的。使用以下步骤进行在线编辑：

(1) 拖动鼠标，选择要编辑的条。

(2) 在工具栏中单击【与 PLC 进行比较】按钮，以确认编辑区域的内容和 PLC 内的相同。

(3) 在工具栏中单击【在线编辑条】按钮，条的背景将改变，表明其现在已经是一个可编辑区。此区域以外的条不能被改变，但是可以把这些条里面的元素复制到可编辑条中去。

(4) 单击【转移至在线编辑条】按钮，则返回到在线编辑条的最上面。

(5) 当对结果满意时，在工具栏中单击【发送在线编辑修改】按钮，所编辑的内容将被检查并且被传送到 PLC。

(6) 一旦这些改变被传送到 PLC，编辑区域再次变成只读。单击工具栏中的【取消在线编辑】按钮，可以取消在确认改变之前所做的任何在线编辑。

三、PLC 与计算机的连接

PLC 如何与计算机连接呢？拿一条 AB 接口的 USB 连接线(方接口的是 A，扁接口的是 B)把 PLC 与计算机连接起来。当初次连接时，系统会弹出如图 16 所示的对话框，要求安装驱动程序。选择“从列表或指定位置安装(高级)”项，进入第二个对话框，如图 17 所示。用鼠标点击“浏览”按钮，弹出“浏览文件夹”对话窗口，如图 18 所示。

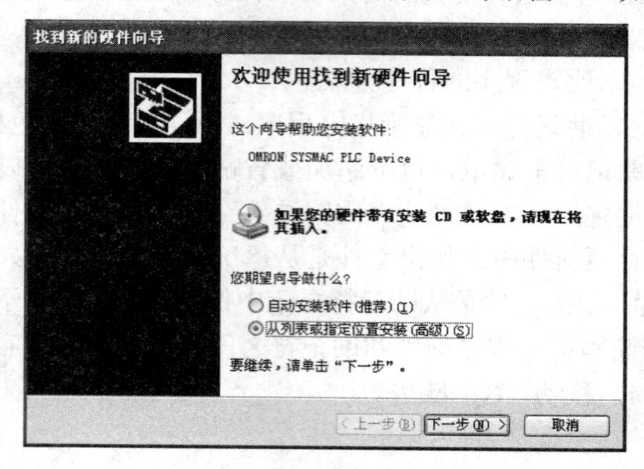

图 16　安装驱动程序

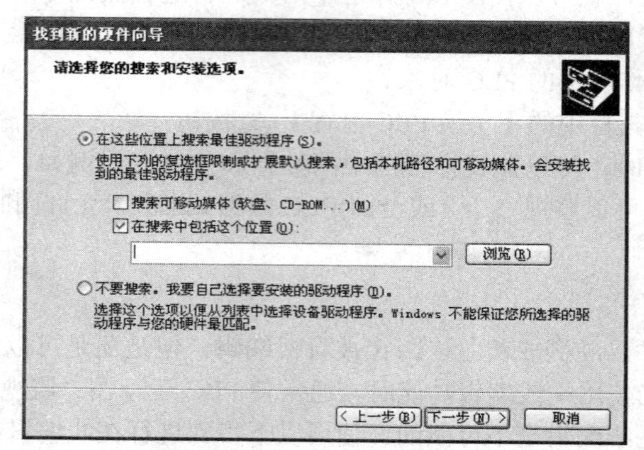

图 17　从列表或指定位置安装

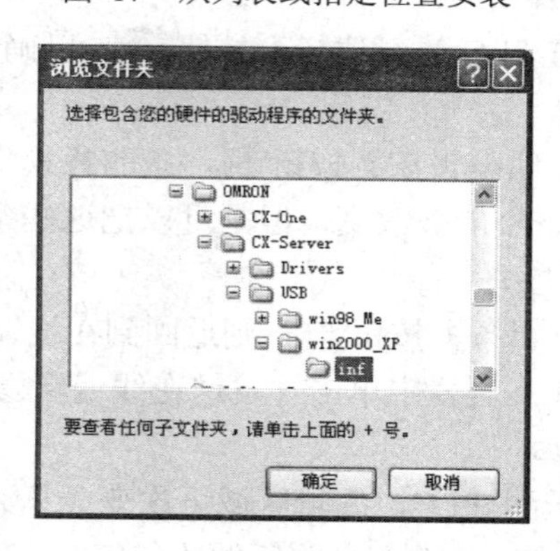

图 18　浏览文件夹

在“浏览文件夹”对话窗口里找到驱动程序所在的路径“C:\Program Files\OMRON\CX-Server\USB\win2000_XP\inf”，然后点击“确定”按钮。

系统找到了驱动程序后就开始安装，在安装的过程中会弹出如图 19 的对话框，用鼠标点“仍然继续”按钮继续安装驱动程序，否则停止安装。

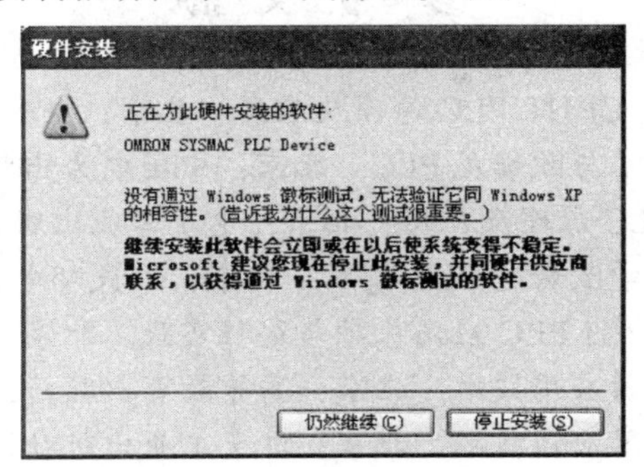

图 19　开始安装

驱动程序安装完毕后，计算机系统右下角任务栏会提示说发现新硬件，新硬件已经安装并可以使用。这时打开计算机的设备管理器，你会在“通用串行总线控制器”时发现多了“OMRON SYSMAC PLC Device”这一项，如图 20 所示。这说明 PLC 设备已经连接好了，可以通过编程软件 CP-X 与计算机进行通讯。

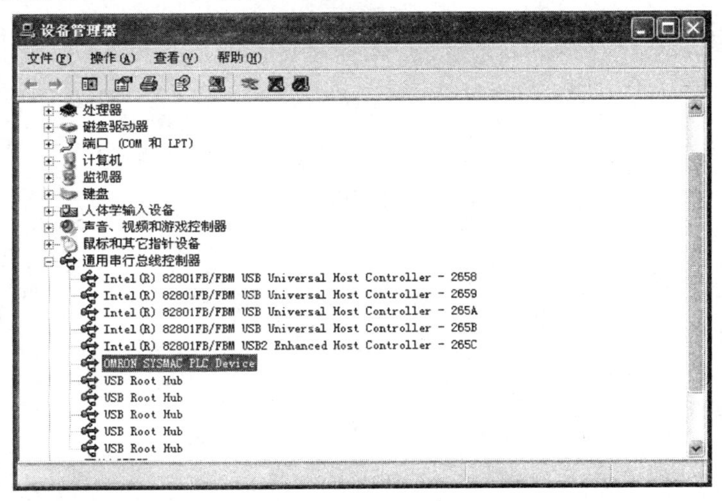

图 20　安装完成

参 考 文 献

[1] 王冬青，等. 欧姆龙 CP1H PLC 原理及应用. 北京：电子工业出版社，2011.
[2] 高万林. 电气控制技术与欧姆龙 PLC. 北京：中国电力出版社，2010.
[3] 程周. 电气控制与 PLC 原理及应用. 北京：电子工业出版社，2005.
[4] 蔡杏山. 零起步轻松学欧姆龙 PLC 技术. 北京：人民邮电出版社，2011.
[5] 霍罡，等. 欧姆龙 CPH1 PLC 应用基础与编程实践. 北京：机械工业出版社，2008.
[6] 胡学林. 可编程控制器应用技术. 北京：高等教育出版社，2011.
[7] 林小宁. 可编程控制器应用技术. 北京：电子工业出版社，2013.